U0286209

面向新工科的电工电子信息基础课程系列教材

教育部高等学校电工电子基础课程教学指导分委员会推荐教材

先进传感器

原理、技术与应用

王元庆　编著

清华大学出版社

北京

内 容 简 介

本书介绍的先进传感器主要是 21 世纪以来发展或兴起的新型传感器件,其共同特点是具有更高的灵敏度、更强的智能化、更高的集成度、更广的应用面,并且具有极为广阔的发展前景。本书介绍新型结型光电传感器、CMOS 图像传感器、电荷耦合器件、半导体光子探测器、超导光子探测器、热红外传感器、机器视觉传感器、光纤传感器、智能化集成传感器等新型传感器的工作原理、结构、特性等基本知识,并在此基础上进一步介绍各类传感器的基本概念、典型外围电路、信号处理等应用类知识。

根据各类传感器的特点,本书对不同传感器的介绍重点略有不同,有些传感器重点关注技术、工程层面,有些传感器重点介绍理论、原理、结构层面。为了便于阅读,附录中列举书中涉及的相关理论知识,供读者延伸阅读。

本书立足基本理论、面向应用技术,具有一定的理论性和很强的实用性,可作为电子与信息工程、检测技术与仪器、工业自动化、电子与光学仪器等专业的教材,也可供相关领域的科技工作者参考。

图书在版编目(CIP)数据

先进传感器:原理、技术与应用/王元庆编著. —北京:清华大学出版社,2023.9
面向新工科的电工电子信息基础课程系列教材
ISBN 978-7-302-63776-9

Ⅰ. ①先… Ⅱ. ①王… Ⅲ. ①传感器－高等学校－教材 Ⅳ. ①TP212

中国国家版本馆 CIP 数据核字(2023)第 101372 号

责任编辑:文 怡
封面设计:王昭红
责任校对:申晓焕
责任印制:沈 露

出版发行:清华大学出版社
  网 址:http://www.tup.com.cn, http://www.wqbook.com
  地 址:北京清华大学学研大厦 A 座 邮 编:100084
  社 总 机:010-83470000 邮 购:010-62786544
  投稿与读者服务:010-62776969, c-service@tup.tsinghua.edu.cn
  质量反馈:010-62772015, zhiliang@tup.tsinghua.edu.cn
  课件下载:http://www.tup.com.cn, 010-83470236
印 装 者:三河市龙大印装有限公司
经 销:全国新华书店
开 本:185mm×260mm 印 张:25 字 数:580 千字
版 次:2023 年 9 月第 1 版 印 次:2023 年 9 月第 1 次印刷
印 数:1~1500
定 价:89.00 元

产品编号:095952-01

传感器技术可以应用于几乎所有的领域,几乎所有科技领域的进步都会促进传感器技术的发展。很多重要的、令人兴奋的创新和发现不断应用于传感器技术的研究与开发,大大地推动了传感器技术的迅猛发展。例如,微纳加工技术、新材料、新工艺、小型化/智能化/高效率电子系统等,它们在传感器技术的发展中起到了极为重要的作用。

21世纪是全面进入信息电子化的时代,随着人类探知领域和空间的拓展,需要获得的自然界信息的种类日益增加,需要信息传递的速度加快,信息处理能力增强。信息化发展的需要,要求与之相对应的信息获取技术同步发展,各种新型的、先进的传感器应运而生。

传感器技术是众多学科相互交叉的综合性高新技术密集型前沿技术,涉及的相关领域有材料学、力学、电学、磁学、微电子学、光学、声学、化学、生物学、精密机械、仿生学、测量技术、半导体技术、计算机技术、信息处理技术,乃至系统科学、人工智能、自动化技术等。这些学科的每一次最新研究进展和技术突破都会促成先进传感器技术的进步。

现代人类的一切活动都离不开信息的获取,传感器发挥的作用越来越大,它们在航空航天、兵器、信息产业、机械、电力、能源、交通、冶金、石油、建筑、邮电、生物、医学、环保、材料、灾害预测预防、农林渔业、食品、烟酒制造、建筑、汽车、舰船、机器人、家电、公共安全等领域得到了越来越广泛的应用。

仅举两例,窥豹一斑、尝鼎一脔,亦足见微知著。

例一:任何机器人都离不开传感器,机器人要具备智能行为必须不断感知外界环境,从而做出相应的行为决策;同时感知内部状态,确保安全有效运行。无人机是机器人的一种类型,安装有加速度传感器、磁传感器、倾角传感器、电流传感器、发动机进气流量传感器等,其飞行过程中的各个动作都是由各种传感器与控制系统协作完成的。能够感知周围环境的无人机,在物流、航拍、农业植保、环保检测、电路巡检等领域中得到了广泛应用。

例二:传感器无时无刻不陪伴人们的左右,在人们的日常生活中,跑步、看地图、打电话、玩游戏时,传感器呈现了异彩纷呈的电子世界。例如,手机包含声音、触摸、光线、距离、指纹、加速度、重力、陀螺、磁场、图像、GPS、温度、气压、心率、血氧、紫外线、计步等传感器,传感器越多,用户的交互体验也会越好。又如,轿车包含30~100种传感器,对温度、压力、位置、距离、转速、加速度、湿度、电磁、光电、振动等做实时准确测量。再如,高速列车有1000多个传感器搜集运行状态的各种信息,对关键系统和部位的温度、速度、加速度、压力、绝缘性能、位置等做实时监测。

前言

　　本书介绍了九大类先进传感技术，详解传感器 30 余种。为了更好地编写本书，作者邀请业内专家提供了专业的资料或建议，借此机会，感谢南京大学电子科学与工程学院的张腊宝教授、毛成副研究员，现代工程与应用科学学院王峰副教授。

　　华夏广博浩瀚、济济多士，不乏秉文之德、逸群之才。欢迎广大读者、专家丹铅点勘、校纸厘正，不吝赐教。

王元庆

2023 年 6 月·百廿南雍

目录

目录

目录

目录

目录

第1章
新型传感器综述

传感器是将外界被测量转换成可用信号的器件或系统，对于电子系统而言，可以将传感器更具体地定义为"将外界被测量转换成电信号的器件或系统"。传感器的这种"转换"过程存在着特定的规律，这些规律可以概括为传感器的静态特性和动态特性。

本章将介绍传感器的基础知识、数学模型、特性参数。它们是传感器的共性知识，适用于全书的所有传感器。

1.1 传感器基本概念

1.1.1 传感器的定义

GB/T 7665—2005《传感器通用术语》中给出了传感器的定义，传感器是指"能感受规定的被测量并按照一定的规律转换成可用信号的器件或装置，通常由敏感元件和转换元件组成"。这个定义可以分解成以下四层意思：

（1）传感器是测量器件或装置；

（2）它对应某一被测量；

（3）给出某一可用信号；

（4）被测量和可用信号之间存在一定的规律，有对应关系。

如果从传感器在电路中的作用来定义，传感器"是一种能够将外界被测量转变为可用信号的电子器件或系统"。

传感器可以是独立的器件、模块或者系统，器件、模块或者系统总是有与之相对应的外部环境。传感器则是感知这个外部环境的某个被测量，把这个被测量具体化为"外界被测量"。外界被测量可以是物理量、化学量、生物量等。

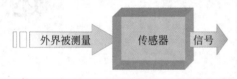

图 1-1 传感器模型

图 1-1 是传感器模型，它的输入是外界被测量（简称"被测量"）。被测量有很多种类型，如温度、亮度、重量、流量、压力、磁场、加速度、图像、离子浓度、生物特征等。传感器将外界被测量转变为输出信号，这种信号是可以被后续电路所使用的信号。通常情况下，这些输出信号可以是电压、电流、电荷、电势、电阻、电容、电感、频率等。

若设定外界被测量为 x，传感器的输出信号为 y，则传感器可以表达为最一般的关系式，即

$$y = f(x) \tag{1-1}$$

例如，热电阻是一种测量温度的传感器，热电阻的阻值 R_t 随着外界温度 T 的变化而变化。参照式(1-1)，阻值 R_t 即为输出信号，外界温度 T 即为被测量。热电阻的输出信号与被测量之间遵循以下关系：

$$R_T = R_0(1 + aT + bT^2 - 100cT^3 + cT^4) \tag{1-2}$$

式中：$a = 3.90802 \times 10^{-3}$；$b = -5.80195 \times 10^{-7}$；$c = -4.27351 \times 10^{-12}$。

可以将传感器输出信号简称"输出"，将外界被测量简称"输入"。从式(1-1)、式(1-2)

不难看出,在传感器的表达式中,传感器的输出是一个函数关系式的"函数",而"输入"是函数关系式的"自变量"。传感器的输出与输入的关系可以用一个函数关系式来表达。

从这个意义上理解,可以把传感器看成一个函数变换器。这个函数发生器以外界被测量为自变量,以输出信号为函数值。外界被测量经过传感器这个函数变换器之后,输出一个指定的函数值。传感器原理的研究,其中一个重要任务就是以数学的手段表述传感器的定量特性,或者说找出这个函数变换器的输出与输入的关系。

既然传感器是一种函数变换器,那么其输出与输入的关系就可以用其他方式加以描述,如曲线或表格的方式。

曲线是一种图形化的数据表达方式,它可以直观地描述传感器的输出与输入的关系和特征。图 1-2 是传感器的输出曲线,横坐标表示传感器的输入,纵坐标表示传感器的输出,由于输出与输入有着明确的对应关系,因此不同的输入(T_0, T_1, T_2, $\cdots$, T_n)有对应的输出(R_{T0}, R_{T1}, R_{T2}, $\cdots$, R_{Tn})。

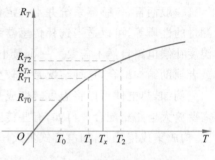

图 1-2　传感器的输出曲线

从传感器的输出曲线不难看出,若已知传感器的输出与输入的对应关系,则当知道传感器的输出量(如 R_{Tx})时,可以根据这种已知关系得到输入量 T_x 的大小。换句话说,可以通过传感器的输出信号得出外界被测量的大小。例如,根据热电阻的阻值变换可以测量出外界温度。这个过程就是使用传感器测量外界被测量的过程。

1.1.2　传感器系统的组成

一般情况下,传感器不会单独使用,总是由相应的电路、结构等相配合,构成一个完整的传感器系统。传感器系统可能由以下几部分组成(图 1-3)。

(1) 传感器:直接感受被测量,并输出与被测量呈确定关系的物理量的元件,通常是电子元件。

(2) 辅助结构:将外界物理量经过结构的传递,变换成可以被敏感元件测量的外界物理量。

(3) 转换电路:将敏感元件输出信号装换成后续电路可以直接使用的电信号,一般直接使用的电信号有电压、电流、频率等。

(4) 信号处理:对传感器或者转换电路的输出信号进行放大、滤波等处理,达到后续电路应用要求,如提高信噪比、达到 A/D 转换器的输入量程等。

(5) 补偿电路:对传感器自身的缺陷而引起的输出信号的电特性进行修正,以期达到更理想的信号特征的电路,如温度补偿电路、线性补偿电路、不等位电势补偿电路等。

(6) 输出电路:提高传感器及其系统对后续电路的通用适应能力的电路,如阻抗匹配电路、整形电路等。

(7) 供电电路:为传感器及其周围电路或结构提供动力的电路,如稳压源、恒流源等。

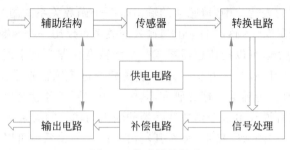

图 1-3　传感器的组成

一般而言,传感器系统并不一定包含上述全部 7 个模块,根据传感器的特点、外界被测量的性质等,可以适当选择传感器系统的结构。例如,传感器不受外界温度影响,那么温度补偿电路自然不需要。一个最小的传感器系统就是传感器本身,它不需要任何电路或者辅助结构配合,这种情况是比较少见的。

例如,热电偶可以将温度转变成热电势输出,无须辅助结构、转换电路、供电电路,但需要放大电路相配合。再如,有些传感器则是将上述的相关电路与结构集成到一块芯片上,构成集成传感器,如电容式集成压力传感器。

1.1.3　传感器的分类

随着应用需求的扩大,新材料、新效应的发现,新技术、新工艺的进步,传感器技术的发展也随之加快。传感器种类也越来越多,功能各不相同。同一被测量可以用不同转换原理的传感器实现探测,同一转换原理可以构成对应被测量的传感器,相同被测量、相同转换原理的传感器应用于不同的场合而具有不同的形态。传感器的分类方法通常有很多种,基于不同的分类角度,可以有不同的分类方法。之所以有不同的分类方法,主要目的是便于研究、开发和应用。

1. 按被测量分类

按传感器的被测量分类是一种常见的分类方法,能够很方便地表示传感器的功能,也便于用户选用。根据被测量的不同,传感器可以分为声音传感器、光敏传感器、压力传感器、磁敏传感器、加速度传感器等。这样的被测量有很多,通常用被测量作为限定词加在"传感器"的前面,如厚度、角度、距离、位移、液位、速度、转速、力矩、重力、压力、流量、温度、湿度、黏度、浓度等传感器。这种分类方式可以一目了然地看出传感器的应用范围,有利于传感器的生产或者挑选。

需要指出,"被测量"是指传感器可以直接测量的量,并不意味着某一传感器只能测量一种被测量,可以通过辅助结构将其他的外界被测量转换成某一传感器可以直接测量的量。例如,压力传感器的直接被测量是压力,但是可以利用辅助结构将速度、位移、振动、温度等其他外界被测量转换成压力,从而利用压力传感器测量速度、位移、温度等。把通过辅助结构实现的被测量称为"间接被测量"。了解直接被测量和间接被测量的关系,对于选用传感器是很有帮助的。表 1-1 给出的是常用的直接被测量和间接被测量,其中,间接被测量仅仅是举例列表,不局限于表中的间接被测量。

表 1-1 常用的传感器分类

分　类	直接被测量	间接被测量
位移	线位移	长度、厚度、应变、振动、磨损、不平度
	角位移	旋转角、偏转角、角振动
速度	线速度	速度、振动、流量、动量
	角速度	转速、角振动
加速度	线加速度	振动、冲击、质量
	角加速度	角振动、扭矩、转动惯量
压力	压力	重力、应力、力矩
时间	频率	周期、计数、统计分布
	温度	热容量、气体速度、涡流
	光	光通量与密度、光谱分布

2. 按输出信号分类

按传感器的输出信号分类是另一种常见的分类方法,能够很方便地表示传感器的输出信号,也便于用户的系统设计。根据输出信号的不同,传感器可以分为电压型传感器、电流型传感器、电阻型传感器等。传感器的输出信号类型很多,通常用输出信号作为限定词加在"传感器"的前面,如电容传感器、电荷传感器、电感传感器、电势传感器、频率传感器等。这种分类方式可以一目了然地看出传感器的输出信号类型,便于设计者构思系统设计的选型。

3. 按工作原理分类

按被测量或者输出信号分类,将原理不同的传感器归为一类,不易找出每种类型的传感器在转换机理上的共性和差异,因此,不利于掌握传感器的一些基本原理和分析方法。例如,温度传感器就包括用不同材料和方法制成的各种传感器,如热电偶温度传感器、热敏电阻温度传感器、金属热电阻温度传感器、温敏二极管、温敏三极管、红外温度传感器等。

按工作原理分类是以传感器对信号转换的作用原理命名的,通常在传感器前面加一个工作原理的限定词,如应变式传感器、电容式传感器、压电式传感器、热电式传感器、电感式传感器、霍尔传感器、热电式传感器等。这种分类方法较清楚地反映出传感器的工作原理,有利于对传感器研究的深入分析。另外,还可以将其工作原理和被测量结合在一起,即"工作原理＋被测量"作为限定词,如硅电容压力传感器、光纤加速度传感器、CMOS 图像传感器、电容式指纹传感器等。

针对传感器的分类,不同的被测量可以采用相同的测量原理,同一个被测量可以采用不同的测量原理。因此,必须掌握在不同的测量原理之间、测量不同的被测量时,各自具有的特点。

4. 按照构成原理分类

将外界被测量转换为可用的信号,这个过程必然应用到一些自然效应,根据构成原理可以将传感器分为两大类型,即结构型传感器和物性型传感器。

（1）结构型传感器：以结构（如形状、尺寸等）为基础，利用某些物理规律感受（敏感）被测量，并将其转换为电信号实现测量。例如，电容式压力传感器必须有按规定参数设计制成的电容式敏感元件，当被测压力作用在电容式敏感元件的动极板上时，引起电容间隙的变化导致电容值的变化，从而实现对压力的测量。又如，谐振式压力传感器必须设计制作一个合适的感受被测压力的谐振敏感元件，当被测压力变化时，改变谐振敏感结构的等效刚度，导致谐振敏感元件的固有频率发生变化，从而实现对压力的测量。

（2）物性型传感器：某些功能材料本身所具有的物理、化学或生物内在特性可受外界被测量的调制，将这类功能材料应用于敏感单元将外界被测量转换为可用电信号，即构成物性型传感器。例如：利用具有压电特性的石英晶体材料制成的压电式压力传感器，就是利用石英晶体材料本身具有的正压电效应而实现对压力测量的；利用半导体材料在被测压力作用下引起其内部应力变化导致其电阻值变化制成的压阻式传感器，就是利用半导体材料的压阻效应而实现对压力测量的。

传感器对物理效应和敏感结构都有一定要求，但侧重点不同：结构型传感器强调要依靠精密设计制作的结构才能保证其正常工作，而物性型传感器则主要依靠材料本身的物理特性、物理效应来实现对被测量的敏感。

物性型传感器也包括化学传感器和生物传感器。

化学传感器是利用电化学反应原理，把无机或有机化学的物质成分、浓度等转换为电信号的传感器。最常用的是离子敏传感器，即利用离子选择性电极，测量溶液的 pH 值或某些离子的活度，如 K^+、Na^+、Ca^{2+} 等。电极的测量对象不同，但其测量原理基本相同，主要是利用电极界面（固相）和被测溶液（液相）之间的电化学反应，即利用电极对溶液中离子的选择性响应而产生的电位差。所产生的电位差与被测离子活度对数呈线性关系，故检测出其反应过程中的电位差或由其影响的电流值，即可给出被测离子的活度。化学传感器的核心部分是离子选择性敏感膜。膜可以分为固体膜和液体膜。玻璃膜、单晶膜和多晶膜属固体膜，而带正、负电荷的载体膜和中性载体膜则为液体膜。化学传感器广泛应用于化学分析、化学工业的在线检测及环保检测中。

生物传感器是近年来发展很快的一类传感器。它是一种利用生物活性物质选择性来识别和测定生物化学物质的传感器。生物活性物质对某种物质具有选择性亲和力，也称其为功能识别能力。利用这种单一的识别能力来判定某种物质是否存在，其浓度是多少，进而利用电化学的方法进行电信号的转换。生物传感器主要由两大部分组成：一是功能识别物质。其作用是对被测物质进行特定识别。这些功能识别物有酶、抗原、抗体、微生物及细胞等。用特殊方法把这些识别物固化在特制的有机膜上，从而形成具有对特定的从低分子化合物到高分子化合物进行识别功能的功能膜。二是电、光信号转换装置。此装置的作用是把在功能膜上进行的识别被测物所产生的化学反应转换成便于传输的电信号或光信号。其中最常应用的是电极，如氧电极和过氧化氢电极。近年来有人将功能膜固定在场效应晶体管上代替栅-漏极的生物传感器，使得传感器体积做得非常小。如果采用光学方法来识别在功能膜上的反应，则要靠光强的变化来测量被测物质，如荧光生物传感器等。变换装置直接关系着传感器的灵敏度及线性度。生物传感器的最大特点是能在分子水平上识别被测物质,不仅在化学工业的监测上,而且在医学诊断、环保监测等方面都有着广泛的应用前景。

近年来,材料科学技术飞速发展与进步,物性型传感器具有性能稳定、体积小、灵敏度高等众多优点,便于批量生产、成本较低,其应用也越来越广泛。

本书介绍新型传感器是指基于新效应、新材料、新工艺而发展的,已经或正在走向实用化的传感器,相对于传统的结构型传感器而言,新型传感器大部分属于物性型传感器。

随着现代科学技术的迅猛发展,许多新效应、新材料不断被发现,新加工工艺不断发展和完善,这些都进一步促进了新型传感器的研究开发工作。了解这方面的知识,对于学习和理解新型传感器十分有益。本书将根据各章中传感器所应用到的新效应、新材料、新工艺或者相关知识,列出对应附录做概要性介绍。

1.1.4 传感器的应用

传感器是一切系统感知、获取与检测信息的唯一通道,因此在电子系统中的作用非常重要。传感器技术与通信技术、计算机技术构成信息科学技术的三大支柱产业,世界各国都将传感器技术作为单独的科技或产业领域,列为重点发展的高技术,备受重视。

传感器技术是众多学科相互交叉的综合性高新技术密集型前沿技术,涉及材料学、力学、电学、磁学、微电子学、光学、声学、化学、生物学、精密机械、仿生学、测量技术、半导体技术、计算机技术、信息处理技术乃至系统科学、人工智能、自动化技术等。

传感器广泛应用于各个领域,如航空航天、兵器、信息产业、机械、电力、能源、交通、冶金、石油、建筑、邮电、生物、医学、环保、材料、灾害预测预防、农林渔业、食品、烟酒制造、建筑、汽车、舰船、机器人、家电、公共安全等。

以图1-4所示的华为手机为例,其包含有各种类型的传感器,在这些传感器的配合下,它可以完成各种任务,使人们的生活发生巨大变化。下面举几个实例,手机里的传感器有哪些,它们各有什么作用。

(a) 手机外形　　　　　　　　　　　　　　　(b) 手机拆解图

图 1-4　华为手机中的传感器

1. 触摸屏

尽管触摸屏的名称上没有"传感器",但它是一种标准的集成传感器件。它可接收触头等外界物理量,并将触点所在的二维坐标位置检测出来。触摸屏通常与显示屏配合使用,可以对屏幕进行各种操作。作为一种最新的手机输入设备,触摸屏提供了一种简单、方便、自然的人机交互方式。

2. 光线传感器

光线传感器感知手机屏幕所处的环境的光亮度,手机则根据光线传感器的输出信号判断所在的环境进而调节屏幕亮度。有的手机还可以自由控制按键灯的明暗状态。比如,在明亮的户外屏幕会自动调到最亮的状态,而在黑暗环境里屏幕亮度也会相应降低。

3. 距离传感器

通过测量脉冲光的飞行时间,可测量手机到前方遮挡物之间的距离。当手机放在耳朵附近接听电话时,屏幕灯会熄灭,并自动锁屏,可以防止人脸的误操作;当人脸离开时,屏幕灯会自动开启,并且自动解锁。

4. 重力传感器

压电传感器与采用弹性重物相结合,测量重物正交两个方向分力的大小来感知手机的姿态,判断手机处于横屏方向还是直屏方向。重力传感器使手机的操作更加方便,可以根据手机屏幕的横和竖自动旋转显示内容。

5. 加速度传感器

加速度传感器用来检测手机受到的加速度的大小和方向,通过多个维度计算判断手机的瞬时加速或减速的动作。比如,测量手机的运动速度,当手机从手中掉落时,加速度感应器可以感受到失重,就自动关闭电源、存储器等,以减少摔坏的可能。也有相关的加速度感应游戏。

6. 指纹传感器

指纹传感器可以获得指纹图像,并对指纹图像进行自动识别,确定指纹身份。手机指纹传感器的功能也在不断开发之中,它不仅是解锁设备,也会和其他功能相结合,如移动支付等。

7. 全球定位传感器

全球定位模块主要作用是通过天线来接收定位卫星的坐标信息,如接收北斗或者GPS导航卫星的信号,计算出手机所处的地表坐标位置。全球定位传感器在手机定位方面应用十分广泛,如地图导航、微信定位甚至设备丢失后定位查找等。

除了上述传感器之外,手机传感器还有很多,如陀螺仪传感器、磁场传感器、气压传感器、温度传感器、霍尔传感器、紫外线传感器、血氧传感器、心率传感器等。

21世纪是人类全面进入信息电子化的时代,随着人类探知领域和空间的拓展,需要获得的自然信息种类日益增加,信息传递速度加快,信息处理能力增强,因此要求与此相对应的信息获取技术,即传感技术必须跟上信息电子化技术的发展需要。

无论是传感器的研究、设计还是应用,都需要对传感器的特性有必要的、正确的了解。如前所述,从物理层面上理解,传感器是一种将外界被测量转换为可用信号的电子器件。这种输出(可用信号)与输入(外界被测量)之间存在着固定的对应关系,即输出随着输入而发生变化,这种变化之间呈现什么样的特性是传感器的研究与应用所关心的问题。我们需要研究或者了解传感器输出与输入的关系及特性,以便指导传感器的设计、制造、校准和使用。

根据传感器测量的被测量的性质,传感器的输出响应特性也会有所不同,可以将这种响应特性分为两类,即静态特性和动态特性。

(1) 静态特性:传感器所测量的外界被测量在某个维度不发生变化,是一种稳定状态的量,这类被测量称为静态输入量,考察传感器对于静态输入量的输出变化称为静态特性,主要包括线性度、灵敏度、分辨率、迟滞、重复性、漂移等。

(2) 动态特性:传感器所测量的外界被测量在某个维度发生变化,是一种发生变化的量,这种情况下传感器的输出与输入之间的关系称为动态特性。动态特性的性能指标有两类,即时域单位阶跃响应性能指标和频域频率特性性能指标。

这里的"维度"是指时间维度或者频率维度。时间维度是指外界被测量随着时间而发生变化,如阶跃变化、脉冲变化等。频率维度是指外界被测量是周期变化的,其变化频率是我们考察的变量,如正弦变化、方波变化等。在特定维度上不发生变化的输入信号称为"静态信号",在特定维度上发生变化的输入信号称为"动态信号"。

从数学层面上理解,传感器是一种函数变换器,传感器的输出是一个函数关系式的"函数",而"输入"是函数关系式的"自变量"。传感器的输出与输入的关系可以用一个函数关系式来表达,从理论和技术上表征输出与输入之间的关系,建立传感器的数学模型,这是研究科学问题的基本出发点。

由于输入信号的状态不同,传感器所表现出来的输出特性也不同,所以传感器的静态特性和动态特性可以分开来研究。无论是静态特性还是动态特性,都可以用数学模型加以描述。对应于不同性质的输入信号,传感器的数学模型常有动态与静态之分。由于不同性质的传感器有不同的内在参数关系(有不同的数学模型),它们的静态特性和动态特性也表现出不同的特点。

一般情况下,为了研究各种传感器的共性问题,首先根据数学理论提出传感器的静态和动态两个数学模型的一般关系式,然后根据各种传感器的不同特性依据具体条件做数学层面的简化,最后得到具有特定物理意义的特性描述。

1.2 传感器的静态特性

1.2.1 传感器静态特性方程

静态数学模型是指在静态信号作用下得到的数学模型,描述的是传感器在静态工作条件下的输入与输出特性。静态工作条件是指传感器的输入量恒定或缓慢变化,而输出量也达到相应的稳定值的工作状态,这时,输出量为输入量的确定函数。传感器的静态模型的一般式在数学理论上可用 n 次方代数方程式来表示,即

$$y = a_0 + a_1 x + a_2 x^2 + \cdots + a_n x^n \qquad (1\text{-}3)$$

式中:x 为传感器的输入量,即被测量;y 为传感器的输出量,即测量值;a_0 为零位输

出；a_1 为传感器线性灵敏度；$a_2, a_3, \cdots, a_n$ 为非线性项的待定常数。

方程式的系数 $a_0, a_1, a_2, \cdots, a_n$ 决定了传感器特性曲线的形状和位置，它可以通过基本数学模型进行数学推导得到，也可以通过传感器的试验数据经曲线拟合求出。根据传感器方程式的系数不同，它们各自可能含有不同项数形式的数学模型，理论上为了研究方便，式(1-3)可以分为四种情况（如图 1-5 所示，图中的曲线未考虑零位输出的具体情况）：

$$
\begin{cases}
y = a_1 x \\
y = a_1 x + a_3 x^3 + a_5 x^5 + \cdots \\
y = a_1 x + a_2 x^2 + a_4 x^4 + \cdots \\
y = a_1 x + a_2 x^2 + a_3 x^3 + \cdots
\end{cases}
\tag{1-4}
$$

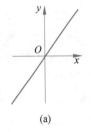 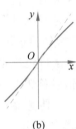 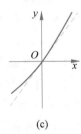 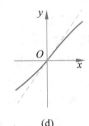

(a)   (b)   (c)   (d)

图 1-5 传感器的静态特性

这种表示输出量与输入量之间的关系曲线称为传感器的特性曲线。从特性曲线可以直观地看出传感器的静态特性，这是使用特性曲线方式表示静态特性的优越之处。曲线能表示出传感器特性的变化趋势以及输出何处最大或何处最小，传感器灵敏度何处最高或何处最低等。当然，也能通过其特性曲线，粗略地判别出是线性或非线性传感器。

根据特性曲线的表现可以把它们分为线性特性传感器和非线性特性传感器两大特性类型。

1. 线性特性传感器

图 1-5(a)为线性特性传感器的特性曲线，传感器的输出与输出之间的函数曲线为一条直线。线性特性通常是理想的传感器应具有的特性，只有具备这样特性的传感器，才更有利于后续的信号应用环节正确无误地反映被测的真值。由图 1-5(a)可知

$$
a_0 = a_2 = a_3 = \cdots = a_n = 0
\tag{1-5}
$$

因此得到

$$
y = a_1 x
\tag{1-6}
$$

因为直线上任何点的斜率均相等，所以传感器的灵敏度为

$$
S = \frac{y}{x} = a_1 = 常数
\tag{1-7}
$$

2. 非线性特性传感器

图 1-5(b)～(d)为非线性特性传感器的特性曲线，传感器的输出与输出之间的函数

曲线为一条曲线。非线性特性传感器的数学模型是变化万千的，无法像线性特性传感器那样简单表达，图1-5(b)～(d)只是其中的3个特例。

(1) 仅有奇次非线性项，如图1-5(b)所示，其数学模型为

$$y = a_1 x + a_3 x^3 + a_5 x^5 + \cdots \tag{1-8}$$

具有这种特性的传感器，一般在输入量 x 相当大的范围内具有较宽的准线性，这是较接近理想线性的非线性特性，它相对坐标原点是对称的，即 $y(-x) = -y(x)$，所以它具有相当宽的近似线性范围。通常，实际特性也可能不过零点。

(2) 仅有偶次非线性项，如图1-5(c)所示，其数学模型为

$$y = a_1 x + a_2 x^2 + a_4 x^4 + \cdots \tag{1-9}$$

方程仅包含一次方项和偶次方项，因为它没有对称性，所以线性范围较窄。一般传感器设计很少采用这种特性。通常，实际特性可能不过零点。

(3) 一般情况下传感器的数学模型，如图1-5(d)所示，包括多项式的所有项数，其数学模型为

$$y = a_1 x + a_2 x^2 + a_3 x^3 + \cdots \tag{1-10}$$

这是考虑了非线性和随机等因素的一种传感器特性。

当传感器的特性出现了图1-5(b)～(d)所示的非线性的情况时，就必须采用线性补偿措施。

传感器及其元部件的静态特性方程除在多数情况下可用代数多项式表示以外，在一些情况下以非多项式的函数形式，如双曲线函数、指数函数、对数函数等来表示更为合适。

1.2.2 传感器主要静态特性参数

传感器的静态特性可以通过各静态性能参数来定量地表示，它是衡量传感器静态性能优劣的重要依据。静态特性参数是传感器使用的重要依据，传感器的出厂说明书中一般列有其主要的静态性能参数的额定数值。

衡量传感器静态特性的主要技术参数有线性度、灵敏度、分辨率、迟滞(滞环)和重复性。在介绍具体的静态特性参数之前，首先了解直线拟合的相关知识。

拟合直线的求解有多种方法，常见的有理论拟合直线法、端点拟合直线法、端点平移拟合直线法、独立拟合直线法、端点旋转拟合直线法和最小二乘拟合直线法。

1. 理论拟合直线法

如图1-6所示，理论拟合法取传感器的代数方程式的线性部分分量作为拟合直线。这种拟合直线是传感器的理论特性，与实际测试值无关。方法十分简单、方便，但一般 Δ_{max} 较大。

若传感器的代数方程式为

$$y = a_0 + a_1 x + a_2 x^2 + \cdots + a_n x^n \tag{1-11}$$

则取理论拟合直线方程为

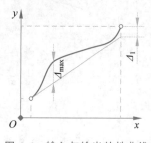

图1-6 输入与输出特性曲线

$$y = a_0 + a_1 x \tag{1-12}$$

2. 端点拟合直线法

如图 1-7 所示，以传感器的实际特性曲线最小端点和最大端点的两个极值端点为参考点，将经过这两个极值端点的直线作为拟合直线。其中"最小端点"为最小被测量及最小输出信号对应的坐标点，"最大端点"为最大被测量及最大输出信号对应的坐标点。这种方法简单，但最大偏差 Δ_{max} 也很大。

$$y = a_0 + Kx \tag{1-13}$$

3. 端点平移拟合直线法

如图 1-8 所示，在端点平移拟合法得到的直线基础上，平移这条拟合直线，直到所产生的最大误差为原先最大误差的一半，即

$$\Delta'_{max} = \frac{1}{2}\Delta_{max} \tag{1-14}$$

所得到的直线 L_O 即为最佳的拟合直线。

4. 独立拟合直线法

如图 1-9 所示，作两条与端点拟合直线平行的直线 L_m、L_M，使之包围所有的标定点（试验点），以与两直线等距离的直线 L_O 为最佳拟合直线。独立线性度方法也称最佳直线法，其实质就是使实际输出特性相对于所选拟合直线的最大正偏差等于最大负偏差的一条直线作为拟合直线。

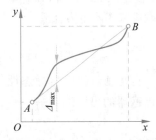

图 1-7 端点拟合直线法

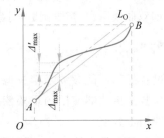

图 1-8 端点平移拟合直线法

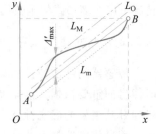

图 1-9 独立拟合直线法

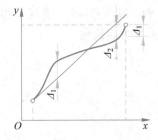

图 1-10 端点旋转拟合直线法

5. 端点旋转拟合直线法

如图 1-10 所示，以传感器极值端点为参考点，作任意一条直线，再以参考点为圆心旋转这条直线（调整直线的斜率），传感器的实际特性曲线与这条直线之间会出现数值相反方向的误差 Δ_1 和 Δ_2，例如其中一项误差 Δ_1 为正值，另一项误差 Δ_2 为负值。总会出现这样的情况：

$$\Delta_1 = |\Delta_2| \tag{1-15}$$

这种情况下所对应的直线即为最佳的拟合直线。

6. 最小二乘拟合直线法

最小二乘法原理就是要获得一条拟合直线，所产生的误差评价函数达到最小。这个"误差评价函数"通常是各测量值的残余误差的平方和，满足这个条件的直线能够保证传

感器数据的残差达到最小值。

设最小二乘法拟合直线方程为 $y=b+kx$，式中系数 b 和 k 是可变量，最小二乘法的计算过程就是找到满足误差评价函数的 b 和 k。具体的分析过程如下：

设传感器的输入信号选择 n 个已知的测量点，传感器在第 i 个测量点的实际输出值为 y_i，此测量点的拟合直线所对应的值为 $b+kx_i$，两者之间的残差为

$$\Delta_i = y_i - (b + kx_i) \tag{1-16}$$

按最小二乘法原理，应使 $\sum_{i=1}^{n}\Delta_i^2$ 最小，故由 $\sum_{i=1}^{n}\Delta_i^2$ 分别对 k 和 b 求一阶偏导数并令其等于零，即可求得 k 和 b。

由

$$\frac{\partial}{\partial k}\big[y_i - (b + kx_i)\big]^2 = 0 \tag{1-17}$$

$$\frac{\partial}{\partial b}\big[y_i - (b + kx_i)\big]^2 = 0 \tag{1-18}$$

解得

$$k = \frac{n\sum x_i y_i - \sum x_i \sum y_i}{n\sum x_i^2 - \left(\sum x_i\right)^2} \tag{1-19}$$

$$b = \frac{\sum x_i^2 \sum y_i - \sum x_i \sum x_i y_i}{n\sum x_i^2 - \left(\sum x_i\right)^2} \tag{1-20}$$

式中

$$\sum x_i = x_1 + x_2 + \cdots + x_n$$

$$\sum y_i = y_1 + y_2 + \cdots + y_n$$

$$\sum x_i y_i = x_1 y_1 + x_2 y_2 + \cdots + x_n y_n$$

$$\sum x_i^2 = x_1^2 + x_2^2 + \cdots + x_n^2$$

最小二乘法的拟合精度很高，但实际特性曲线相对于拟合直线的最大偏差的绝对值并不一定最小，最大正、负偏差的绝对值也不一定相等。

1）线性度

线性度是评价传感器特性的非线性程度的参数。

理想传感器的输出与输入之间是线性关系的，但在实际的传感器往往表现为非线性特性。为此，常用一条拟合直线近似代表实际的特性曲线。传感器的实际输入与输出特性和理论拟合的线性输入与输出特性之间的接近程度，其评价指标就是线性度。

线性度用传感器的实际输入与输出特性曲线与理论拟合直线（理想输入与输出特性曲线）的最大偏差对传感器满量程输出之比的百分数表示。线性度也称为"非线性误差"或"非线性度"。

如图 1-11 所示，传感器的实际特性曲线为 $y=f(x)$，理论拟合直线为 $y=a+bx$，实

际特性曲线与理论拟合直线之间存在着误差，假设最大值为 Δ_{max}，被测量的最大值和最小值分别为 x_{max}、x_{min}，对应的传感器的输出信号的最大值和最小值为 y_{max}、y_{min}。

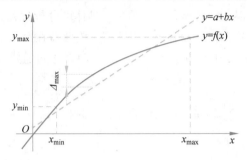

图 1-11　输入与输出特性曲线

非线性误差（线性度）为

$$\delta = \frac{\Delta_{max}}{y_{FS}} \times 100\% \tag{1-21}$$

式中：Δ_{max} 为实际特性曲线与理想直线间的最大偏差；$y_{FS} = y_{max} - y_{min}$ 为传感器的满量程；δ 为非线性误差（线性度）。

非线性误差（线性度）的大小是以拟合直线作为参考基准计算出来的，拟合直线不同，所得出的线性度就不一样，因而不能笼统地提线性度或非线性误差，必须说明其所依据的拟合直线，比较传感器线性度优劣时必须建立在相同的拟合方法上。

通常为了标定和数据处理的方便，对非线性特性的传感器可采用各种方法进行线性化补偿，使其输出随输入的变化呈线性特性。当然，实际情况可能很难准确地达到线性特性，还需要作拟合直线，并给出线性度。

2）灵敏度

灵敏度是传感器在稳态下输出信号的变化量 Δy 与被测量的变化量 Δx 之间的比值，用 K 表示，即

$$K = \frac{\Delta y}{\Delta x} \tag{1-22}$$

若传感器的输入与输出特性为线性，则

$$K = \frac{y}{x} \tag{1-23}$$

若传感器的输入与输出特性为非线性，则灵敏度不是常数，而是随被测量的大小而不同，应以 dy/dx 表示传感器在某一工作点的灵敏度。

若传感器的输出信号与供给传感器的电源电压有关，则其灵敏度的表达式往往需要包括电源电压的因素。灵敏度是一个有单位的量，其单位取决于传感器输出信号的单位和被测量的单位以及有关的电源电压的单位。例如，某位移传感器，当电源电压为 1V 时，每 1mm 位移变化引起的输出电压变化为 100mV，则其灵敏度可表示为 100mV/(mm·V)。

3）分辨率

分辨率表示引起传感器输出信号产生可观测的微小变化所需的被测量的最小变化

量,或者说传感器能检测出的被测量的最小变化量。

被测量的微小变化不一定能够引起输出信号的变化,只有当被测量变化到一定程度 $\Delta x_{\min}$ 时,传感器的输出才会产生相应的变化 $\Delta y_{\min}$。这个刚开始引起传感器输出信号响应的最小被测量 $\Delta x_{\min}$ 便是传感器的分辨率。

4)迟滞

迟滞也称为回程误差,是指在相同测量条件下,对应于同一大小的输入信号,传感器正行程、反行程的输出信号大小不相等的现象。这里的"正"是指被测量由小增大,"反"是指被测量由大减小。

迟滞特性(图 1-12)表明传感器正、反行程阶段的输出与输入特性曲线不重合的程度,用正、反行程间输出信号的最大差值 $\Delta H_{\max}$ 相对于满量程输出 Y_{FS} 的百分比,即

$$\gamma_{H} = \frac{\Delta H_{\max}}{Y_{FS}} \times 100\% \tag{1-24}$$

5)重复性

重复性(图 1-13)表示传感器在被测量按同一方向做全量程多次测试时所得输入与输出特性曲线一致的程度。重复性指标一般采用输出最大不重复误差 $\Delta R_{\max}$ 与满量程输出 Y_{FS} 的百分比表示,即

$$\gamma_{R} = \frac{\Delta R_{\max}}{Y_{FS}} \times 100\% \tag{1-25}$$

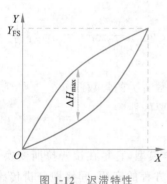

图 1-12　迟滞特性

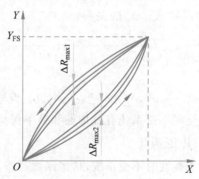

图 1-13　重复性特性

6)漂移

漂移是指传感器在输入量不变的情况下,输出量随时间变化的现象。漂移将影响传感器的稳定性或可靠性。产生漂移主要有两个原因:一是传感器自身结构参数发生老化,如零点漂移(简称零漂);二是在测试过程中周围环境(如温度、湿度、压力等)发生变化,这种情况最常见的是温度漂移(简称温漂)。

1.3　传感器的动态特性

传感器的动态特性是指传感器对动态激励(输入)的响应(输出)特性,即其输出对随考察维度(时间、频率)变化的输入量的响应特性。一个动态特性理想的传感器,其输出

随考察维度变化的规律(输出变化曲线)，将能反映出输入随考察维度变化的规律(输入变化曲线)。但实际上由于传感器原理性或者材料、结构、工艺等因素，传感器的输出信号与输入信号并不具有某种完全一致性，这种输入与输出间的差异称为动态误差。动态误差反映的是惯性延迟所引起的附加误差。

对传感器的动态响应特性的研究，可以从传感器的动态响应数学模型入手，在数学的层面加以分析。传感器的动态特性一般从时域和频域两个维度加以考察，时域响应特性一般是指传感器对阶跃输入变量的响应状态，频域响应特性一般是指传感器对正弦输入变量的响应状态。对应的传感器动态特性指标分为两类。

(1)阶跃响应指标：采用阶跃输入变量激励传感器，引起传感器在时域的输出响应，考察其时域动态特性，用延迟时间、上升时间、响应时间、超调量等来表征传感器的动态指标。

(2)频率响应指标：采用正弦输入变量激励传感器，引起传感器在频域的输出响应，考察其频域动态特性，包括幅频响应特性和相频响应特性所对应的各种动态指标。

1.3.1 传感器的数学模型

1. 微分方程

传感器通常可以视为线性时不变系统，用线性时不变系统理论来描述传感器的动态特性是比较常见的数学描述模型。从数学上可以用常系数线性微分方程表示传感器输出 $y(t)$ 与输入 $x(t)$ 的关系：

$$a_n \frac{d^n y}{dt^n} + a_{n-1} \frac{d^{n-1} y}{dt^{n-1}} + \cdots + a_1 \frac{dy}{dt} + a_0 y = b_m \frac{d^m x}{dt^m} + b_{m-1} \frac{d^{m-1} x}{dt^{m-1}} + \cdots + b_1 \frac{dx}{dt} + b_0 x$$

$$(1\text{-}26)$$

式中：$a_n, \cdots, a_1, a_0$ 和 $b_m, \cdots, b_1, b_0$ 为与系统结构参数有关的常数。

线性时不变系统有叠加性和频率保持特性两个重要的性质。

2. 传递函数

对于线性时不变系统，传递函数是常用的一种数学模型，它是在拉普拉斯变换[①]的基础上建立的。用传递函数描述系统可以免去求解微分方程的麻烦，间接地分析传感器参数与性能的关系，并且可以根据传递函数在复平面上的形状直接判断传感器的动态性能，找出改善传感器品质的方法。

对于线性定常系统，在零初始条件下，系统输出量的拉普拉斯变换与输入量的拉普拉斯变换之比，称为系统的"传递函数"。设输入 $x(t)$ 和输出 $y(t)$ 及它们的各阶时间导数的初始值($t=0$ 时)为 0，对式(1-26)各项分别做拉普拉斯变换，并令 $Y(s) = \mathcal{L}[y(t)]$，$X(s) = \mathcal{L}[x(t)]$，可得 s 的代数方程为

$$[a_0 s^n + a_1 s^{n-1} + \cdots + a_{n-1} s + a_n] Y(s) = [b_0 s^m + b_1 s^{m-1} + \cdots + b_{m-1} s + b_m] X(s)$$

$$(1\text{-}27)$$

---

① 拉普拉斯变换的相关知识见附录 A。

并认为所得的传递函数 $H(s)$ 为

$$传递函数 = \frac{输出信号的拉普拉斯变换}{输入信号的拉普拉斯变换}\bigg|_{零初始条件} = \frac{Y(s)}{X(s)} \tag{1-28}$$

式中：$s = \sigma + j\omega$，则

$$H(s) = \frac{\mathcal{L}[y(t)]}{\mathcal{L}[x(t)]} = \frac{Y(s)}{X(s)} = \frac{b_m s^m + b_{m-1} s^{m-1} + \cdots + b_1 s + b_0}{a_n s^n + a_{n-1} s^{n-1} + \cdots + a_1 s + a_0} \tag{1-29}$$

式 (1-29) 等号的右边是一个与输入 $x(t)$ 无关的表达式，它只与系统结构参数 (a, b) 有关，正如前文所言，传感器的输入与输出关系特性是传感器部结构参数作用关系的外部特性表现。

3. 频率响应函数

对于稳定的常系数线性系统，可用傅里叶变换代替拉普拉斯变换，相应地有

$$H(j\omega) = A(\omega) e^{j\varphi(\omega)} \tag{1-30}$$

模（传感器的幅频特性）为

$$A(\omega) = |H(j\omega)| = \sqrt{[H_R(\omega)]^2 + [H_I(\omega)]^2} \tag{1-31}$$

相角（传感器的相频特性）为

$$\varphi(\omega) = \arctan \frac{H_I(\omega)}{H_R(\omega)} \tag{1-32}$$

1.3.2 传感器的动态特性分析

一般可以将大多数传感器简化为一阶系统或二阶系统。

1. 零阶特性传感器的频率响应

零阶特性传感器的微分方程为

$$a_0 y(t) = b_0 x(t) \tag{1-33}$$

式 (1-33) 可改写为

$$y(t) = \frac{b_0}{a_0} x(t) = Kx(t) \tag{1-34}$$

传递函数为

$$\frac{y(s)}{x(s)} = \frac{b_0}{a_0} = K \tag{1-35}$$

式中：K 为静态灵敏度。

对于零阶特性传感器而言，无论输入量如何随时间或频率变化，输出信号的幅值总是与输入量呈确定的比例，无时间滞后，与频率无关。

2. 一阶传感器的频率响应

一阶传感器的微分方程为

$$a_1 \frac{\mathrm{d}y(t)}{\mathrm{d}t} + a_0 y(t) = b_0 x(t) \tag{1-36}$$

式 (1-36) 可改写为

$$\tau \frac{\mathrm{d}y(t)}{\mathrm{d}t} + y(t) = Kx(t) \tag{1-37}$$

式中：τ 为传感器的时间常数（具有时间量纲），$K = b_0/a_0$ 为传感器的静态灵敏度。

这类传感器的幅频特性和相频特性如下：

幅频特性为

$$A(\omega) = \frac{K}{\sqrt{1+(\omega\tau)^2}} \tag{1-38}$$

相频特性为

$$\varphi(\omega) = -\arctan(\omega\tau) \tag{1-39}$$

图 1-14 为一阶传感器的频率响应特性曲线。从式(1-38)、式(1-39)和图 1-14 看出，时间常数 τ 越小，$A(\omega)$ 越接近 1，$\varphi(\omega)$ 越接近 0，因此，频率响应特性越好。当 $\omega\tau \ll 1$ 时，$A(\omega) \approx 1$，输出与输入的幅值几乎相等，它表明传感器输出与输入呈线性关系。$\varphi(\omega)$ 很小，$\tan\varphi \approx \varphi$，$\varphi(\omega) \approx -\omega\tau$，相位差与频率 ω 呈线性关系。

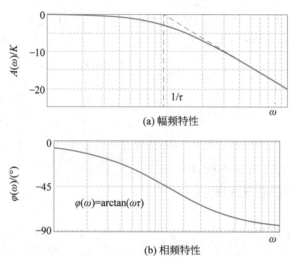

(a) 幅频特性

(b) 相频特性

图 1-14　一阶传感器的频率响应特性曲线（伯德图）

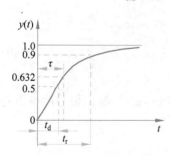

图 1-15　一阶传感器单位阶跃
响应的时域动态特性

一阶传感器单位阶跃响应的时域动态特性如图 1-15 所示（$K=1$，$A_0=1$）。其时域动态特性可以用时间常数 τ 描述：一阶传感器输出上升到稳态值的 63.2% 所需的时间。

3. 二阶传感器的频率响应

典型的二阶传感器的微分方程为

$$a_2 \frac{\mathrm{d}^2 y(t)}{\mathrm{d}t^2} + a_1 \frac{\mathrm{d}y(t)}{\mathrm{d}t} + a_0 y(t) = a_0 x(t) \tag{1-40}$$

幅频特性为

$$A(\omega) = \left\{ \left[1 - \left(\frac{\omega}{\omega_n} \right)^2 \right]^2 + 4\zeta^2 \left(\frac{\omega}{\omega_n} \right)^2 \right\}^{-\frac{1}{2}} \tag{1-41}$$

相频特性为

$$\varphi(\omega) = -\arctan \frac{2\zeta \left(\frac{\omega}{\omega_n} \right)}{1 - \left(\frac{\omega}{\omega_n} \right)^2} \tag{1-42}$$

式中：ω_n 为传感器的固有角频率，$\omega_n = \sqrt{a_0/a_2}$；$\zeta$ 为传感器的阻尼系数，$\zeta = \dfrac{a_1}{2\sqrt{a_0 a_2}}$。

图 1-16 为二阶传感器的频率响应特性曲线。从式(1-41)、式(1-42)和图 1-16 可见，传感器的频率响应特性好坏主要取决于传感器的固有角频率 ω_n 和阻尼系数 ζ。当 $0 < \zeta < 1$，$\omega_n \gg \omega$ 时，$A(\omega) \approx 1$(常数)，$\varphi(\omega)$ 很小，$\varphi(\omega) \approx -2\zeta \dfrac{\omega}{\omega_n}$，即相位差与频率 ω 呈线性关系，此时，系统的输出 $y(t)$ 真实准确地再现输入 $x(t)$ 的波形。

在 $\omega = \omega_n$ 附近，系统发生共振，幅频特性受阻尼系数影响极大，实际测量时应避免此情况。

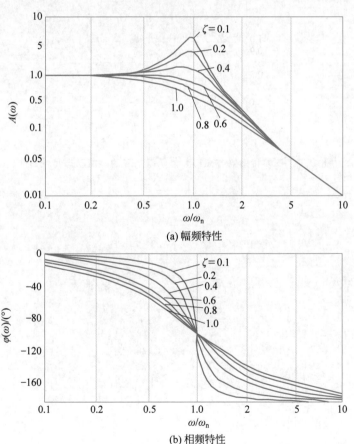

(a) 幅频特性

(b) 相频特性

图 1-16　二阶传感器的频率响应特性曲线

通过上面的分析可得出结论：为了使测试结果能精确地再现被测信号的波形，在传感器设计时必须使其阻尼系数 $\zeta<1$，固有角频率 ω_n 至少应大于被测信号频率 ω 的 $3\sim5$ 倍，即 $\omega_n\geqslant(3\sim5)\omega$。在实际测试中，被测量为非周期信号，选用和设计传感器时，保证传感器固有角频率 ω_n 不低于被测信号基频 ω 的 10 倍即可。

4. 二阶传感器的动态特性参数

二阶传感器单位阶跃响应的时域动态特性曲线如图 1-17 所示。其时域动态特性参数描述如下。

延迟时间 t_d：传感器输出达到稳态值的 50% 所需的时间。

上升时间 t_r：传感器输出达到稳态值的 90% 所需的时间。

峰值时间 t_p：二阶传感器输出响应曲线达到第一个峰值所需的时间。

响应时间 t_s：二阶传感器从输入量开始起作用到输出指示值进入稳态值规定的范围所需要的时间。

超调量 σ：二阶传感器输出第一次达到稳定值后又超出稳定值而出现的最大偏差，即二阶传感器输出超过稳定值的最大值。

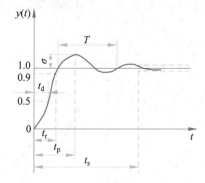

图 1-17　二阶传感器($\zeta<1$)单位阶跃响应的时域动态特性曲线

第
2
章

新型结型光电传感器

新型结型光电传感器的核心原理是基于 PN 结光电效应,由 PN 结的核心结构构成各种类型的新型光电传感器,如光电位置传感器(PSD)、自扫描光电二极管阵列(SSPD)、CMOS 图像传感器[①]、象限探测器、光敏器件阵列等。

由于篇幅关系,本章仅介绍光电位置敏感器件、自扫描光电二极管阵列,有关象限探测器、光敏器件阵列参见附录 C。

本章主要介绍 PSD、SSPD 的工作原理、结构以及外围电路,主要涉及横向光电效应、电荷储存原理、弱信号读出电路等。最后通过对实例的介绍和分析,帮助读者进一步了解新型结型光电传感器应用方面的知识,使读者加深对新型结型光电传感器知识的理解。

2.1 光电位置传感器

光电位置传感器是一种能够感知光斑的平均能量中心的传感器。PSD 是 PN 结型或肖特基型的半导体器件,它通过横向光电效应将入射在器件表面光敏面上的激励光转换成光电流。根据其输出信号可以计算出光敏面上的光斑的坐标值,从而实现对光斑位置的探测。

附录 C 介绍了一种象限探测器,同样也可以探测光斑的坐标位置。与象限探测器相比,PSD 具有以下特点:

(1) 它对光斑的形状无严格要求,即输出信号与光的聚焦无关,只与光的能量中心位置有关,这给测量带来方便。

(2) 光敏面上无须分割,消除了死区,可连续测量光斑位置,位置分辨率高,一维 PSD 可达 $0.2\mu m$。

(3) 可同时检测位置和光强。PSD 器件输出的总光电流与入射光强有关,而各信号电极输出光电流之和等于总光电流,所以从总光电流可求得相应的入射光强。

光电位置传感器广泛地应用于激光束对准、位移和振动测量、平面度检测、二维坐标检测系统等。

2.1.1 横向光电效应

当 PN 结或金属-半导体结的其中一面被非均匀光辐射照明时,在平行于结平面的方向会出现电势差,这一现象称作横向光电效应。如图 2-1(a)所示,设 PN 结的 N 区高浓度掺杂,电导率很大,基底欧姆接触,形成等电势层,P 区电阻率均匀,若不计漏电流,横向光电效应可以用描述 Lucovsky 方程描述:

$$\nabla^2\Phi - J_S r(e^{\frac{q\Phi}{kT}} - 1) - rc\frac{\partial\Phi}{\partial t} = -rqf(x,y,t) \tag{2-1}$$

式中: J_S 为二极管的反向饱和电流密度; Φ 为光生电动势; c 为单位面积 PN 结电容; K 为玻耳兹曼常数; T 为热力学温度; q 为电子电荷数; r 为 P 区方块电阻, $r = \rho_p/W_p$; $f(x,y,t)$ 为单位时间单位面积被分离的光生电子-空穴对。

---

① CMOS 即"互补金属氧化物半导体",基于 CMOS 的图像传感器一般称作"CMOS 图像传感器"。

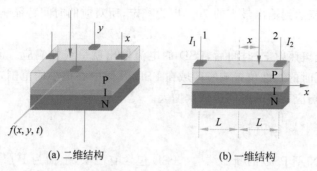

(a) 二维结构　　　　　　　(b) 一维结构

图 2-1　PN 结横向效应

当 PN 结处于反偏置状态时，$e^{\frac{q\Phi}{kT}} \approx 0$，则式(2-1)可化简为

$$\nabla^2 \Phi + J_s r - rc \frac{\partial \Phi}{\partial t} = -rqf \tag{2-2}$$

进而调整为线性常微分方程：

$$\frac{\partial \Phi}{\partial t} - \frac{1}{rc} \nabla^2 \Phi = \frac{qf + J_s}{c} \tag{2-3}$$

解方程(2-3)可以求出光生电动势 Φ 随光斑位置(x, y)的关系。

以一维 PSD 为例，如图 2-1(b)所示的结构及相关参数，两端电极之间的长度为 $2L$，接地端对应于截平面中心，x 为光斑相对于结平面中心的距离。假设 PN 结的负载为零，电极接触电阻为零。器件的电气性能决定了：当 $x = -L$，$x = L$ 时，$\Phi = 0$；当 $t = 0$ 时，$x = L$ 时，$\Phi = 0$。以此为边界条件，解常微分方程：

$$\Phi(x, t) = \frac{I_0}{cL} \sum_{n=1}^{\infty} \frac{rc4L^2}{n^2 \pi^2} \cos \frac{n\pi(x_p + L)}{2L} \sin \frac{n\pi x}{2L} (1 - e^{-n^2 \pi^2 t / rc4L^2}) \tag{2-4}$$

在 PN 结平面上，相对于结平面中心的任意一点的位置为 x_p。根据光生电动势 Φ 的计算式(2-4)，可以得出电极 1 和电极 2 的动态电流：

$$\begin{cases} i_1 = \frac{1}{r} \frac{\partial \Phi}{\partial t} \Big|_{x_p = -L} = \frac{I_0}{\pi} \sum_{n=1}^{\infty} \frac{1}{n} \sin \frac{n\pi x}{2L} (1 - e^{-n^2 \pi^2 t / rc4L^2}) \\ i_2 = \frac{1}{r} \frac{\partial \Phi}{\partial t} \Big|_{x_p = L} = \frac{I_0}{\pi} \sum_{n=1}^{\infty} \frac{1}{n} \cos(n\pi) \sin \frac{n\pi x}{2L} (1 - e^{-n^2 \pi^2 t / rc4L^2}) \end{cases} \tag{2-5}$$

进而推导出两个电极输出电流的稳态解$(t \to \infty)$：

$$\begin{cases} I_1 = \frac{I_0}{\pi} \sum_{n=1}^{\infty} \frac{1}{n} \sin \frac{nx\pi}{2L} = \frac{I_0}{2} \left(1 - \frac{x}{L}\right) \\ I_2 = \frac{I_0}{\pi} \sum_{n=1}^{\infty} \frac{1}{n} \cos(n\pi) \sin \frac{nx\pi}{2L} = \frac{I_0}{2} \left(1 + \frac{x}{L}\right) \end{cases} \tag{2-6}$$

综合式(2-5)、式(2-6)可知：当光斑照射 PN 结时，电极的输出电流随着时间而动态增加，两端电极的电流之和为 I_0；随着时间的延长，电极的电流逐步趋向稳定值，稳定值的大小与光板的位置相关，如图 2-2 所示。

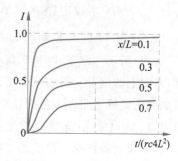

图 2-2　PN 结横向效应

通常认为电流达到输出最大的70％即为稳定,所对应的时间特征响应时间:

$$\tau_c = rc\,4L^2/\pi^2 \tag{2-7}$$

一般认为,光斑照射 τ_c 时间后,PSD 的电流输出就呈线性响应。但是,实际情况并没有这么理想,此时的线性位置响应区域在 PSD 几何中心很小的范围,随着离中心距离的扩大达到线性响应所需的时间也依次增大。

2.1.2　PSD 的坐标位置计算

图 2-3 为 PIN 型 PSD 的断面结构。PSD 包含有三层,上面为 P 层,下面为 N 层,中间为 I 层,它们被制作在同一硅片上,P 层不仅作为光敏层,还是一个均匀的电阻层。

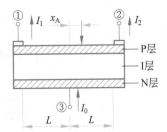

图 2-3　PIN 型 PSD 的断面结构

当入射光照射到 PSD 的光敏层时,在入射位置上就产生了与光能成比例的电荷,此电荷作为光电流通过电阻层(P 层)由电极输出。由于 P 层的电阻是均匀的,所以由电极①和电极②输出的电流分别与光点到各电极的距离(电阻值)成反比。设电极①和电极②与光敏面中心点之间的距离均为 L,电极①和电极②输出的光电流分别为 I_1 和 I_2,电极③上的电流为总电流 I_0,则 $I_0 = I_1 + I_2$。

若以 PSD 的中心点位置作为原点,光点离中心点的距离为 x_A,并且电极③处于中心点位置,如图 2-3 所示。根据附录 B 中"横向光电效应"相关知识可知,电极①和电极②的输出电流为

$$\begin{cases} I_1 = \dfrac{L - x_A}{2L}I_0 \\[2mm] I_2 = \dfrac{L + x_A}{2L}I_0 \end{cases} \tag{2-8}$$

$$x_A = \frac{I_2 - I_1}{I_2 + I_1}L \tag{2-9}$$

式中: L 为输出电极与公共电极之间的距离。

利用式(2-8)即可确定光斑能量中心相对于器件中心的位置 x_A,它只与 I_1、I_2 电流的差值与总电流之间的比值有关,而与总电流无关(与入射光能的大小无关)。

2.1.3　PSD 等效电路

1. 一维 PSD 及其等效电路

PSD 分为一维 PSD 和二维 PSD 两类。一维 PSD 主要用来测量光点在一维(x 坐标)方向上的位置。图 2-4(a)是一维 PSD 结构。其中 1 和 2 为信号电极,3 为公共电极,可加偏压。感光面大多是细长矩形条。图 2-4(b)为一维 PSD 等效电路,其中 R_{sh} 为并联电阻,I_p 为电流源(光敏面的光生电流),VD 为理想二极管,R_D 为定位电阻,C_j 为结电容(它是决定器件响应速度的主要因素)。

根据式(2-8)就可写出入射光点位于 A 点的坐标位置:

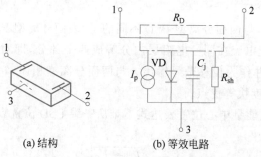

(a) 结构   (b) 等效电路

图 2-4　一维 PSD 结构与等效电路

$$x_A = \frac{I_2 - I_1}{I_2 + I_1} L \tag{2-10}$$

2. 二维 PSD 及其等效电路

二维 PSD 用来测定光点在平面上的二维 (x, y) 坐标，它的感光面是方形的，比一维 PSD 多一对电极，按其结构可分为两种形式。

1) 两面分离型 PSD

如图 2-5(a) 所示，两对互相垂直的信号电极分别在上下表面上，两个表面都是均匀电阻层，与光点位置有关的信号电流先在一个面 (上表面) 上的两个信号电极 $3(x)$、$4(x')$ 上形成 I_x、I_x' 的电流，汇总后又在另一个面 (下表面) 的两个信号电极 $1(y)$、$2(y')$ 上形成两路电流 I_y、I_y'。这种形式的 PSD 因为电流分路少，所以灵敏度较高，有较高的位置线性度和高的空间分辨率。

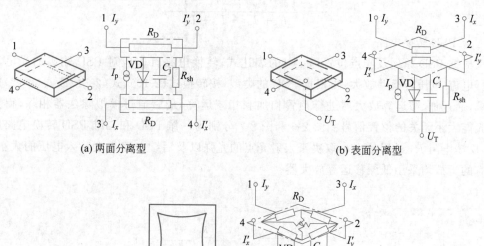

(a) 两面分离型   (b) 表面分离型

(c) 改进表面分离型

图 2-5　二维 PSD 结构与等效电路

2) 表面分离型 PSD

如图 2-5(b)所示，与两面分离型 PSD 不同的是，表面分离型 PSD 相互垂直的两对电极在同一个表面上，光电流在同一电阻层内分解成四个部分，即对应于电极 3、4、1、2 的电流 I_x、I'_x、I_y、I'_y，并作为位移信号输出。与两面分离型相比，它具有易于施加偏压容易、暗电流小、响应速度快等优点。

二维 PSD 的光点能量中心位置表达式不难从一维 PSD 位置表达式中得到，即

$$\begin{cases} x = \dfrac{I'_x - I_x}{I_x + I'_x} L \\[2mm] y = \dfrac{I_y - I'_y}{I_y + I'_y} L \end{cases} \tag{2-11}$$

需要指出，式(2-8)与式(2-11)都是近似式，在器件中心附近区域是准确的，而偏离器件中心较远或接近边缘处误差较大。为了减少这种误差，对表面分离型的光敏面和电极进行了改进，改进后的表面分离型被称为改进表面分离型 PSD。

改进表面分离型的光敏面及电极的引出线如图 2-5(c)所示。它具有暗电流小、响应时间短、边缘四周的位置误差小和易于施加反偏电压的特点。

从等效电路可见，与表面分离型相比又多了 4 个电阻，此时，入射光点 A 的位置 (x,y) 表达式为

$$\begin{cases} x = \dfrac{(I'_x + I_y) - (I_x + I'_y)}{I'_x + I_x + I'_y + I_y} L \\[2mm] y = \dfrac{(I'_x + I'_y) - (I_x + I_y)}{I'_x + I_x + I'_y + I_y} L \end{cases} \tag{2-12}$$

3) PSD 转换电路

根据 PSD 原理及光点位置 (x,y) 的表达式，转换电路首先应对 PSD 输出的光电流进行电流-电压转换并放大，再根据 PSD 的类型，按转换式(2-10)、式(2-11)或式(2-12)的要求，通过加、减运算放大器进行预置相加和相减运算，最后通过模拟除法器相除，得到与光能大小无关的位置信号。图 2-6 和图 2-7 分别为一维 PSD 和二维 PSD 转换电路原理，反馈电阻 R_f 的阻值大小取决于入射光点的光强以及后续电路最大输入电压的大小，所有的运放均采用低漂移运算放大器。

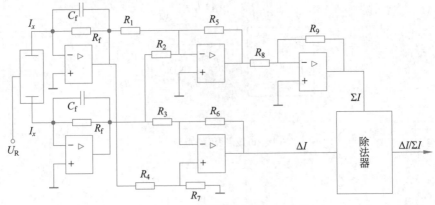

图 2-6　一维 PSD 转换电路图

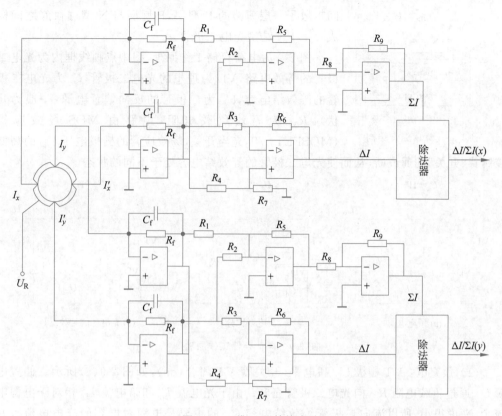

图 2-7 二维 PSD 转换电路

自扫描光电二极管阵列将若干光电二极管集成在一个硅片上,芯片内部集成了数字移位寄存器作为扫描驱动电路,光电二极管以电荷存储的方式工作。

根据像素的排列形状不同,自扫描光电二极管列阵可分成线阵、面阵以及其他形式的特殊列阵,线阵有 64、128、256、512 等像素。这种电荷储存的工作方式由 Gene Weckler 于 1967 年提出,其基本思路是光子能量首先转换为光电流,光电流在电容上积分之后以电压方式读出。其具体的工作原理和特性将在本节加以简单介绍。

2.2.1 电荷存储工作原理

SSPD 的像素(光电二极管)是依照预充电—放电(积分)—充电(信号输出)—放电(积分)—充电(信号输出)……循环往复过程工作的,主要有两个间断,即放电(积分)—充电(信号输出)。预充电过程实质上就是充电过程,只不过与充电(信号输出)稍有区别。下面对这三个过程加以介绍。

图 2-8 为 SSPD 像素结构,它与普通的 MOSFET 的基本结构几乎相同,区别在于其氧化层部分裸露,光线可以透过氧化层直接照射到半导体层。而 N 型硅衬底与氧化层之

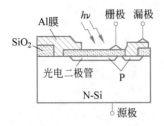

图 2-8　SSPD 像素结构

间扩散了一层薄薄的 P 型层，P 型层与 N 型硅衬底之间构成一个 PN 结型光电二极管。

　　图 2-9 为电荷存储工作原理，图中点画线框内为光电二极管的等效电路，VD 为理想的光电二极管，C_d 为光电二极管的等效结电容，U_c 为二极管的反向偏置电源（一般为几伏），R_L 为等效负载电阻，电路由 MOS 场效应管（MOSFET）VT 充当开关，场效应管的栅极电压 U_g 的高低控制着"开关"的通或断，从而使光电二极管的等效结电容处于不同的状态。

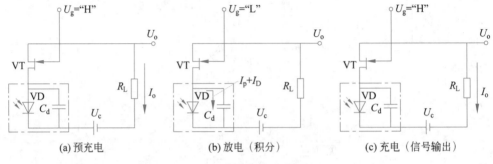

图 2-9　电荷存储工作原理

　　(1) 预充电：VT 栅极 U_g 高电平，开关管 VT 闭合(on)，如图 2-9(a)所示。偏置电源 U_c 通过负载电阻 R_L 向光电二极管充电。由于光电流 I_p 和暗电流 I_D 相对于电源电流 I_o 来说很小，所以流向二极管等效结电容 C_d 的主要是电源对电容的充电电流。并且，当充电达到稳定后，PN 结上的电压基本上为电源电压 U_c。此时结电容 C_d 上的电荷为

$$Q = C_d U_c \tag{2-13}$$

　　充电过程的曲线如图 2-10 的 $t_{\text{on-0}}$ 段所示。

　　(2) 曝光过程（即放电或称积分过程）：VT 栅极 U_g 为低电平，开关管 VT 断开(off)，如图 2-9(b)所示。由于光电流和暗电流的存在，结电容 C_d 将缓慢放电。设 MOSFET 的断开时间为 T_s（电荷积分时间），曝光过程中或电荷积分时间 T_s 内交变辐照度 $E(t)$ 所产生的平均光生电流为 $\bar{I}_p$；那么在曝光过程中 C_d 上所释放的电荷为

$$\Delta Q = (\bar{I}_p + I_D)T_s \approx \bar{I}_p T_s \tag{2-14}$$

式中，由于室温下光电二极管的暗电流 I_D 很小（pA 量级），所以忽略不计。

　　等效结电容 C_d 上的电压因放电而下降，如图 2-10 的 $t_{\text{off-1}}$ 段所示，下降到 U_{cd}，且有

$$U_{cd} = U_c - \frac{\Delta Q}{C_d} \tag{2-15}$$

　　(3) 循环充电：VT 栅极 U_g 再次为高电平，开关管 VT 闭合(on)，如图 2-9(c)所示。光电二极管上的信号经过时间 T_s 的积分后，结电容 C_d 上的电压为 U_{cd}，以这个电压为起始值，电源 U_c 通过负载电阻 R_L 向结电容 C_d 再充电，直到 C_d 上的电压达到 U_c，如图 2-10 的 $t_{\text{on-1}}$ 段所示。

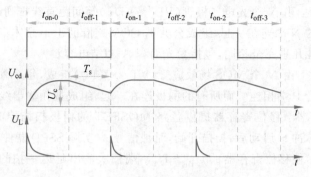

图 2-10　信号波形

显然,补充的电荷等于曝光过程中 C_d 上所释放的电荷。再充电电流在负载电阻上的压降 U_L 就等于光生电流在负载电阻上的压降,其最大值为 U_{Lmax},且

$$U_{Lmax} = U_c - U_{cd} = \Delta Q / C_d \qquad (2\text{-}16)$$

输出的峰值电压 U_{Lmax} 反映了光电二极管的光生电信号的大小。

将式(2-14)代入式(2-16),可得

$$U_{Lmax} = \frac{\bar{I}_p T_s}{C_d} = \frac{S_p \bar{E} T_s}{C_d} \qquad (2\text{-}17)$$

式中: $\bar{E}$ 为积分时间内的平均辐照度; S_p 为光电灵敏度。

负载电阻 R_L 上的电流为

$$I_L = \frac{U_{Lmax}}{R_L} = \frac{\bar{I}_p T_s}{R_L C_d} = \bar{I}_p \frac{T_s}{\tau} \qquad (2\text{-}18)$$

式中: τ 为电路的时间常数, $\tau = R_L C_d$。

MOSFET 周期性地通断,电路不断重复"放电—充电—放电"的过程,负载上定期地输出信号,信号的大小反映了该时间像素的光照度大小。

从以上分析可见,SSPD 对光生电流信号的存储是在 $t_{off\text{-}i}$ 间段完成的。输出信号是在 $t_{on\text{-}i}(i > 0)$ 间段再充电过程中取出的。并且,输出信号的最大值 U_{Lmax} 与入射光的辐照度 $\bar{E}$ 和积分时间 T_s 的乘积(曝光量 $H = \bar{E} T_s$)成正比,与结电容 C_d 成反比。因此,增加积分时间 T_s,或减小结电容 C_d,均可提高器件的灵敏度。

不过,由于结电容 C_d 所能存储的电荷量 Q_{max} 是有限的,因此器件的曝光量必然也是有限的。也就是说,存在一个最大曝光量 H_{max},它与结电容 C_d 所能存储的电荷量 Q_{max} 有关,并且

$$H_{max} = (\bar{E} T_s)_{max} = \frac{C_d U_c}{S_p} \qquad (2\text{-}19)$$

2.2.2　线阵 SSPD 器件

1. 线阵 SSPD 器件

图 2-11 是线阵 SSPD 器件电气原理图。主要由三部分组成:

（1）感光部分：由 N 个光电二极管（$VD_1 \sim VD_N$）等间距直线排列组成（由此称为线阵），所有二极管的 N 端连在一起，组成公共端 COM。借助于半导体集成技术使每个光电二极管的电特性几乎完全相同，包括受光面积 A 和结电容 C_d。

（2）多路开关：由 N 个 MOS 场效应管（$VT_1 \sim VT_N$）组成，每个管子的源极分别与对应的光电二极管 P 端相连。而所有的漏极连在一起，组成视频输出线（U_o）。

（3）移位寄存器：移位寄存器提供各路 MOSFET 的栅极扫描控制信号（负脉冲）。当用一个帧起始脉冲 S 启动后，扫描开始，时钟信号 ϕ（实际 SSPD 器件的时钟有二相、三相、四相和六相等）使移位寄存器的 $U_{B1} \sim U_{BN}$ 端依次输出延迟一拍的负脉冲采样扫描信号。

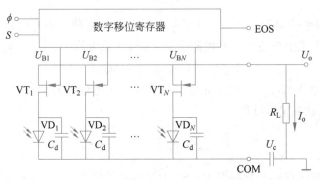

图 2-11 线阵 SSPD 器件电气原理图

移位寄存器顺序输出的控制信号使多路开关 $VT_1 \sim VT_N$ 按顺序依次闭合、断开，从而依次把光电二极管 $VD_1 \sim VD_N$ 上的光电信号从视频线上输出，形成输出信号 U_o，如图 2-12 所示。光电信号幅度随不同位置上的光照度大小而变化，形成一帧反映光敏区上光学图像特性的电图像输出信号。

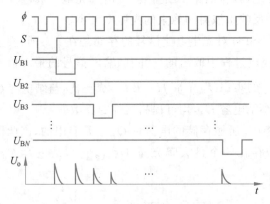

图 2-12 SSPD 器件工作波形图

2. 面阵 SSPD 器件

图 2-13 为面阵 SSPD 器件的结构原理，与线型 SSPD 器件相比，它同样由感光、多路开关和移位寄存器三部分构成，只不过移位寄存器分水平和垂直两块（称水平扫描电路

和垂直扫描电路），另外其感光部分是以二维阵列分布的。

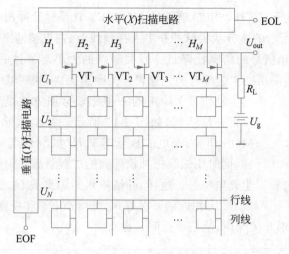

图 2-13　面阵 SSPD 器件的结构原理

水平扫描电路输出的扫描信号 $H_1 \sim H_M$ 控制 MOS 开关 $VT_1 \sim VT_M$ 的通断，垂直扫描电路输出的扫描信号 $U_1 \sim U_N$ 控制每一像素内的 MOS 开关的栅极，从而把按二维空间分布照射在面阵上的光强信息转变为相应的电信号，从视频线 U_{out} 上串行输出。这种工作方式又称为 XY 寻址方式，其工作原理和线阵完全相同，图 2-14 是它的工作波形。

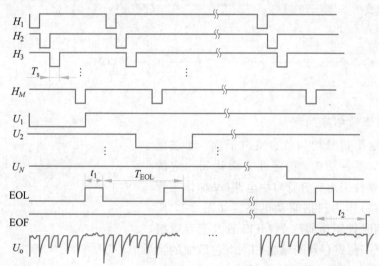

T_s—像素采样周期；T_{EOL}—行采样周期；t_1—行回扫时间；t_2—场（帧）回扫时间。

图 2-14　面阵 SSPD 工作波形

面阵的时序电路要考虑回扫的时间问题。一般每一行扫完后，要留出 2 个像素采样时间间隔。为便于消隐，一般总是取行回扫时间 $t_{Lfb} \geqslant 2T_s$（像素采样周期）、帧回扫时间 $t_{Ffb} \geqslant 2T_{EOL}$（行采样周期）。

3. 开关噪声及其补偿

与普通 MOS 型开关一样，SSPD 器件的 MOSFET 在采样脉冲出现的瞬间（前后沿）也会形成如图 2-15 所示的微分状尖脉冲并串入视频线上，在视频输出信号中产生较大的开关噪声，使器件输出信号的信噪比降低。开关噪声的大小与器件的线路板图设计、驱动信号的质量以及所采用的工艺等有关。这种开关噪声无法克服，但可以补偿。

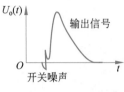

图 2-15　开关噪声

补偿开关噪声的一种比较常用方法是在 SSPD 器件内增一列补偿阵列，如图 2-16 所示。补偿单元阵列的结构（包括 MOS 开关、光电二极管等）、尺寸、材料与光敏阵列的完全一样，同时用铝膜把补偿阵列的二极管覆盖，使之隔离光照，不产生光电信号。这样，补偿阵列的输出端 U_N 只输出与视频信号线 U_s 上相同的开关噪声，把噪声 U_N 和视频输出 U_s 送入差分放大，就基本上能抵消开关噪声，使信噪比明显提高。

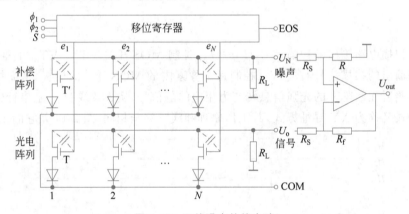

图 2-16　开关噪声补偿电路

4. 扫描驱动电路

为了使输出信号均匀性、噪声干扰、动态范围、工作频率、器件功耗、稳定性方面达到一定的要求，SSPD 器件采用变容管自举电路（又称作三管动态无比电路）作为扫描驱动电路。如图 2-17 所示，它由两相时钟驱动的三个 MOS 管及变容管组成。V_{ef} 为上一位寄存器的输出，T_0 由它后面的第二位寄存器输出反馈电压 V_{ef} 控制，使 T_5 和 T_0 轮流导通，进行电位传输，这样也就不受 T_5 和 T_0 沟道宽长比的限制，电路具有极小的功耗，且器件总的功耗与列阵位数无关。

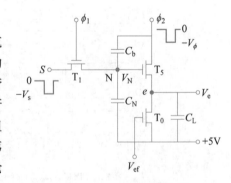

图 2-17　扫描驱动电路

1）低功耗扫描驱动电路

如图 2-17 所示，V_N 是节点 N 处的电压，即 T_5 上栅极电压 V_G，$V_{ef} \approx V_N$（忽略 T_1 上压降）。C_b 是 T_5 的漏举电容，它是一只 MOS 变容管。

当多晶硅栅极电压 $V_G=V_N=V_{ef}=0$ 时,变容管只与 T_5 管的漏区(P^+)叠交很小一点面积,叠交长度 l 约等于扩散深度。当 $V_G=V_N=V_{ef}\neq 0$ 时,自举电容器栅极下面形成反型层,这种变容管与漏区叠交长度为 L,纵向宽度 W 不随 V_N 而变,那么多晶硅栅极加上两种不同电压引起栅极下面反型层面积变化,其面积比变成长度比,这里电容值仍按平板电容计算,可见在不同栅压条件下,变容管的电容值是不同的。当 $V_G=V_N=V_{ef}=0$ 时,$C_b=C_0Wl$,当 $V_G=V_N=V_{ef}\neq 0$ 时,$C_b'=C_0WL$,其中,C_0 为单位面积电容值。则有

$$\frac{C_b'}{C_b}=\frac{L}{l}=n \tag{2-20}$$

根据电路参数的要求和工艺条件,取适当的 n 值,可使变容管的电容对传输管 T_5 起到很好的漏举作用。

当 $V_G=V_N=V_{ef}\neq 0$ 且 V_ϕ 呈负电位时,通过 V_b' 耦合在 N 节点上的电压为

$$\Delta V_G=\frac{C_b'}{C_b'+C_b}V_{\phi 2},\quad C_b'>C_N \tag{2-21}$$

这时 MOS 管上的栅压 $V_G'=V_{ef}+\Delta V_G$,并且 $|V_G'|>|V_G|$。由于 T_5 栅压的提高,导致其跨导增大,可以使时钟脉冲 V_ϕ "满幅度"地从 T_5 源极输出,同时输出脉冲波形前沿变陡。

当 $V_G=V_N=V_{ef}=0$ 时,有

$$\Delta V_G=\frac{C_b}{C_b+C_N}V_{\phi 2} \tag{2-22}$$

只要 $C_b\ll C_N$,$V_{\phi 2}$(负脉冲)再次出现,耦合在 N 节点上的电压 $\Delta V_G<V_T$,此时 V_T 是 T_5 管的开启电压,$V_{\phi 2}$ 仅靠通过 C_b 耦合到 N 节点的电压 ΔV_G 远不足以使 T_5 导通,也就不会影响移位寄存器的正常输出。

基于变容管自举电路构成两相时钟信号驱动的移位寄存器作扫描电路如图 2-18 所示,D 是光电二极管,C_d 为存储电容。当信号电压未加上时,电容 C_b 为 C_{min},很小;而当信号电压加上时,该电容 C_b 增大为 C_{max},较 C_{min} 大若干倍。此时除信号电压 V_s' 外,还要加上 ϕ_2 通过 C_b 和 C_N 分压的值。T_5 管的栅电压为

$$V_N=V_s'+\frac{C_{max}}{C_{max}+C_N}V_\phi \tag{2-23}$$

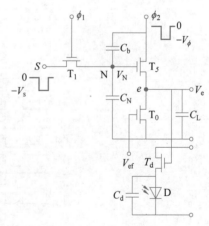

图 2-18 SSPD 单元电路

式中,V_s' 为信号 V_s 经由 T_1 管在 N 端的电压贡献。

因此,加到 T_5 管的栅电压较无自举电容 C_b 时有所提高,从而使 T_5 管跨导增大,减小了对 C_L 的充电时间常数,提高了扫描电路的工作频率;栅极电位的提高,使输出电压 V_e 提高许多,有利于 T_d 管的导通,进而缩短对光电二极管存储电容 C_d 的充电时间,提高了器件的工作频率。

该扫描电路除输出幅度高,工作频率高外,最大的特点是功耗很低。实质上它是一种动态无比电路,T_0、T_5 管不是同时导通,无直流通路,所以消耗的功率很小,当器件工

作时,整个移位寄存器的功耗与移位寄存器的位数无关。这种电路对高位数的 SSPD 器件尤为关键。

当采样开关 T_d 被扫描电路输出的脉冲导通时,外加电压通过采样电阻 R_L 和 T_d 管对光电二极管的 PN 结电容充电;当 T_d 截止后,存储在结电容上的电荷被光生电流泄放(不考虑暗电流),在光照积累时间确定的情况下,PN 结电容上被泄放的电荷量与入射的光强成正比。当 T_d 再次导通时,电源通过 R_L、T_d 对 PN 结电容再充电,以补充被光生电流所泄放的电荷,其充电电流的幅度与所补充的电荷量成比例。

2）低功耗动态移位寄存器

以变容管自举电路为核心构成的单元扫描电路,组合形成阵列器件,如图 2-19(a)所示,各主要电路点的波形如图 2-19(b)所示。电路呈现三种工作模式,即起始模式、读出模式、曝光模式,各单元光敏二极管在波形 $e_1,e_2,\cdots$ 的驱动下,依次向外围电路(负载 R_L)输出信号。

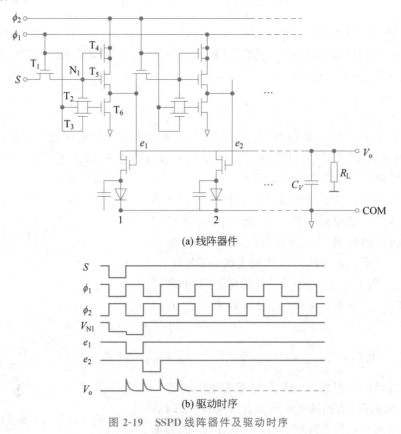

(a) 线阵器件

(b) 驱动时序

图 2-19　SSPD 线阵器件及驱动时序

2.2.3　SSPD 器件的主要特性参数

1. 光电特性

在电荷存储工作方式下的 SSPD 器件,其光照引起的二极管输出电荷 ΔQ 正比于曝光量,如图 2-20 所示,存在一线性工作区。当曝光量达到 H_{max} 后,输出电荷就达到最大

值 Q_{max},不再随曝光量而增加。H_{max} 称为饱和曝光量,Q_{max} 称为饱和电荷。

若器件最小允许起始脉冲周期为 T_{smin}(由最高多路扫描频率决定),则对应的光照度 $E_s = H_{max}/T_{smin}$ 称为饱和照度。光照度是光辐射的计量单位,相关知识可参见附录 D。

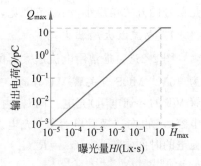

图 2-20　光电输出特性

在低光照水平下,由光电二极管热激发产生电子-空穴对与储存电荷的复合(暗电流),而在积分过程中引起电荷的自衰减,从而限制了弱光照图像的检测。在这两个极端之间,根据列阵位数和二极管尺寸的不同,SSPD 器件一般有 3~6 个量级的线性工作范围。

2. 暗信号

SSPD 器件的暗信号主要由积分暗电流、开关噪声和热噪声三部分组成。

在室温下,SSPD 器件中光电二极管的暗电流典型值小于 1pA。假定暗电流为 1pA、积分时间 $T_s = 40ms$,则暗电流将提供 0.04pC 的输出电荷。如果饱和电荷 $Q_s = 4pC$,则暗电流将贡献 1% 的饱和输出信号;当 $T_s = 4ms$ 时,暗电流贡献降为 0.1%。暗电流与温度有密切的关系,即温度每升高 7℃,暗电流约增加 1 倍。因此,随着器件温度升高,允许的最大积分时间缩短。如果降低器件的工作温度,例如采用液氮或半导体制冷,可使积分时间大大延长(几分钟乃至几小时),这样便可探测非常微弱的光强信号。

前面已介绍过开关噪声,它与时钟脉冲的上升时间和下降时间、电路的布局以及器件的工艺和设计方案等有密切关系。采用比较好的驱动和放大电路,开关噪声幅度可小于 5% 饱和电平。开关噪声大部分是周期性的,可以用特殊的电荷积分、采样保持电路加以消除。剩下的是暗信号中的非周期性固定图形噪声,其典型值一般小于 1% 饱和电平。

热噪声是随机的、非重复性的波动,它叠加在暗电流上,是一种不能通过信号处理去掉的极限噪声,其典型幅值为 0.1% 饱和电平,对大多数应用影响不大。

3. 动态范围

SSPD 器件的动态范围为输出饱和信号与暗场噪声信号之比值。动态范围典型值为500∶1。在动态范围要求很高的场合,可给 SSPD 线阵的每个二极管附加漏电很小的电容器,其动态范围可高达 10000∶1。二极管面积沿着与阵列垂直方向增加,但大部分面积由不透明的铝层所覆盖,这就提供了附加的自身电容和电荷储存能力,而不增大光电敏感面积或严重增加暗电流。

2.2.4　SSPD 器件的信号读出及放大电路

从前面分析 SSPD 器件的工作原理可知,有 N 像素的 SSPD 器件输出信号是在视频线上流动的 N 个电流脉冲串。由于实际器件的视频线电容 C_v 远比单个光电二极管的结电容 C_d 大(一般的小阵列器件,$C_v \approx 20pF$,$C_d \approx 0.2pF$),所以光电信号在输出之前就被衰减了(电荷的再分配)。一般信号都比较小,因而需要加信号读出放大器。

信号读出放大器通常分为两种类型:一是电流放大型,其输出信号为尖脉冲,优点是工作频率高(可达 10MHz)，电路简单；二是电荷积分放大型，其输出信号为箱形波，优点是信号的开关噪声小，动态范围宽，扫描频率中等(2MHz)以下。

1. 电流放大输出电路

图 2-21(a)是常用电流放大器的原理图，加在视频线公共端 COM 上的偏压 U_B 一般为 +5V。MOS 开关管 VT 导通，二极管电容 C_d 以时间常数 t_1($t_1 = R_{sw}C_d$，R_{sw} 为开关管 VT 的导通电阻)充电。同时，由于视频线电容 C_v 的存在，在开关管 VT 闭合的初期，电容 C_v 也向二极管电容 C_d 充电。然后 C_v 自己再被外部电源通过输入电阻 R_s 充电，充电的时间常数为 t_2($t_2 = R_sC_v$)，输出波形见图 2-21(b)。一般时间常数 t_2 比时间常数 t_1 大得多。

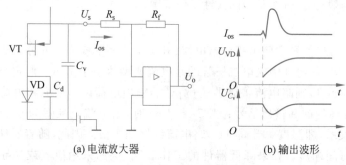

(a) 电流放大器   (b) 输出波形

图 2-21   电流放大电路及输出波形

由此可见，在阵列的输出端和放大器之间串接的输入电阻 R_s 虽然可以限制放大器的噪声频带，减少开关噪声，但同时也使信号读出速度降低。为了能减少开关噪声又不影响读出速度，调整 R_s，在给定最高工作频率 f_s 下，使视频脉冲波形正好能恢复到基线。

电路的输出电压为 $U_o = I_sR_f$。

2. 电荷积分输出电路

电荷积分输出方式就是在输出视频线上对每一光电二极管的输出电流脉冲进行积分，然后输出一串"箱形"的电压信号。电荷放大电路如图 2-22(a)所示。采用积分放大器，反馈电容为 C_f。当 MOS 开关管 VT 导通、VT′ 截止时，输出端通过放大器对光电二极管结电容 C_d 再充电。因此放大器的输出电压为

$$U_o = \frac{C_d}{C_f}U_d \tag{2-24}$$

式中，U_d 为结电容 C_d 上储存的信号电压。

由于开关噪声是周期性的正、负脉冲，因此在积分过程中它的影响就大大降低。信号 R 提供给积分放大器复位脉冲，在下一个视频信号脉冲输出之前，使反馈电容 C_f 两端的电荷充分放电，放大器复位到初始状态。输出波形如图 2-22(b)所示。由于积分及复位电路响应的限制，这种输出方式的信号读出速度不能很高。

这种输出方式的主要优点是输出信号的信噪比较高，动态范围宽，适用于高精度光辐射测量等场合。

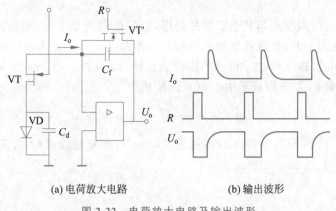

(a) 电荷放大电路　　　　　　　(b) 输出波形

图 2-22　电荷放大电路及输出波形

2.3　光敏管阵列传感器的应用

2.3.1　静脉输液检测

通过上述介绍可以看出,光电传感器作为检测系统中的信息采集元件,至少具有以下优点:

(1) 非接触式检测,即不触及被测对象,无损伤。

(2) 响应速度快,其响应时间通常可达 $10^{-1} \sim 10^{-6}$ s。

(3) 受环境影响相对较小,如果采用适当的方法,还可以克服背景光的干扰。

(4) 测量精度高。

当然,光电传感器也有不足,主要是信号微弱、背景光干扰和光源稳定性等问题,一般来说,通过适当的办法是可以克服的。

本节将介绍一个应用实例,以助于读者加深对这类传感器的理解。

临床医学中常采用静脉穿刺的办法将药液直接经静脉注入体内,这种输液方式称作静脉输液。病人在输液过程中对已输液量或留剩液量等状况都需要医务人员不断地巡视,尚未做到远距离观察。为了实现自动报警的目的,我们对此做了一些研究。

根据临床医学的有关知识,一定量(以毫升为计量单位)的药液其输液量与滴液数有关,一般来说,由茂菲氏滴管的小滴管滴落的每一滴为 1/15mL,或者说每 15 滴液滴总计为 1mL。现在还有一种茂菲氏滴管,每一滴为 1/20mL。不过,无论是哪一种滴管,其每滴的体积是恒定的。因此,只要能检测液滴滴数,即可检测到药液的输入量。

由于医学自身的特殊要求,检测系统绝对不能直接接触药液,尤其是提取信号的传感器,否则有可能造成细菌污染。因此,必须要进行非接触测量。

下面介绍一种光电式液滴传感器,这种传感器充分利用液滴的光学特性,实现了非接触检测。为理解液滴传感器的工作原理,首先需要了解液滴的光学特性。

2.3.2　液滴的光学特性

用于静脉输入的药液很多,从光学角度上讲,可以分成三类,即透明的、不透明的和半透明的。首先,对透明液滴的光学特性加以分析。

图 2-23(a)为液滴在滴落状态下的外观形状，其侧面为瓜子形、横截面为圆形；当平行光束入射到液滴上时，光线将依照光学折射规律改变光路。设药液的光学折射率与水的光学折射率相近，即 $n=4/3$；液滴的横截面直径为 $2r$，那么，平行光经液滴折射而成为会聚光，并且会聚光点 O' 到液滴中心 O 点的距离为

$$l = r + \frac{2r^2}{nr + 2(n-1)r} = 2r \tag{2-25}$$

一般液滴直径 $2r=2.5\sim3\mathrm{mm}$，也就是说，当平行光穿过液滴时，光束被会聚到距离液滴滴落轨迹中心线 $2.5\sim3\mathrm{mm}$ 处。

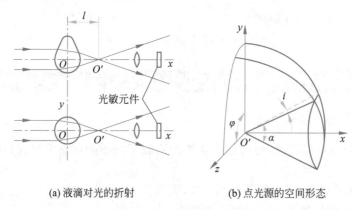

(a) 液滴对光的折射　　　　　　(b) 点光源的空间形态

图 2-23　液滴的光学特性分析

如图 2-23(a)所示，在入射光相对方向安置光敏元件，那么，当无液滴滴落时，光线直接投射到光敏元件的光敏面上；而当有液滴滴落时，对于光敏元件而言，此时所接收到的光线为前方某一位置一点光源的部分光线。两种情况下，光敏元件所接收到的光强度不同，所产生的光电流也不同。

为导出光敏元件的最佳安放位置，不妨做如图 2-23(b)所示的假设：光源为均匀发光光源，光强度为 Φ_0，光源所产生的平行光完全为光敏元件所接收；而经液滴会聚所产生的点光源 O' 相对于光敏元件的光敏面锥角为 α 的锥体的光束被光敏元件所接收。设锥体的轴线与 $O'x$ 轴相重合，如图 2-23(b)所示，则光敏元件所接收的光强度为

$$\Phi_0'' = \int_0^{2\pi}\int_0^{\alpha/2} \Phi_0' \sin i \, \mathrm{d}i \, \mathrm{d}\Phi = \int_0^{2\pi} \Phi_0' \, \mathrm{d}\Phi \int_0^{\alpha/2} \sin i \, \mathrm{d}i = 4\pi\Phi_0' \sin^2(\alpha/4) \tag{2-26}$$

式中：Φ_0' 为点光源 O' 的光强度，Φ_0' 与 Φ_0 有关。

式(2-26)中的 α 值与光敏面直径 D_2 以及光敏面到点光源 O' 的距离 x_2 有关，并且有

$$\tan\frac{\alpha}{2} = \frac{D_2}{2x_2} \tag{2-27}$$

对于光敏元件如光敏二极管，其光电流 I 与入射光强度 Φ 之间在一定的范围内呈线性关系，为了在后继电路上区别出平行光入射（无液滴经过）与点光源入射（有液滴经过），两者的光电流在数值上必须有明显的差异。设点光源入射的光强度 Φ_0'' 是平行光入射的光强度 Φ_0 的 1/2，则无液滴滴落时的光电流 I_0 约为有液滴滴落时光电流 I_0' 的 2 倍。这样，后继电路（如电压比较器）的设计就简单一些而且可靠性高。为了做到这一

点,必须将光敏元件的光敏面安放在距液滴滴落线 O 的适当位置。

如图 2-24 所示,设平行光束直径为 D_1,光敏面为圆形,直径为 D_2,光敏面所在的发散光锥体横截面直径为 D_3,光敏面距点光源 O' 为 x_2,距液滴中心 O 为 x_1。若光敏面所接收到的光强度为总的光强度的 1/2,那么,光敏面的受光面积[图 2-24(b)中的阴影部分]应为光敏面所在的发散光锥体横断面面积的 1/2,即

$$D_3 = \sqrt{2} D_2 \tag{2-28}$$

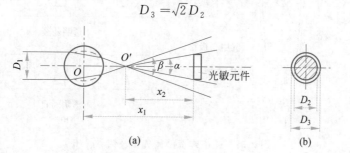

图 2-24   光敏元件受光示意图

对图 2-24 进行几何分析,并结合式(2-28)可得

$$x_2 \approx D_3 \frac{2r}{D_1} = \frac{2\sqrt{2} D_2}{D_1} r \tag{2-29}$$

进而可求得光敏面距液滴中心点 O 的距离为

$$x_1 = x_2 + 2r = \left(2 + \frac{2\sqrt{2} D_2}{2 D_1}\right) r \tag{2-30}$$

上述所讨论的结果只是针对透明药液,但同样也适用于半透明药液。而对于不透明药液来说,情况就更为简单,这种不透明药液滴落时将完全遮挡住入射光束。因此液滴滴落时,光敏面的光照度几乎为零。

2.3.3   液滴传感与信号调理电路

根据上述对液滴光学特性的分析设计了如图 2-25(a)所示的传感器。传感器由一对光电管构成,发光二极管发出经调制的平行光束,穿过茂菲氏滴管到达光电二极管。实际设计的传感器采用砷化镓红外发光二极管作光源,产生束径为 3mm(D_1=3mm)的平行光,光电二极管的光敏面直径为 3mm(D_2=3mm),根据式(2-30),光电二极管距茂菲氏滴管的滴落中心线的距离不小于 $4.1r$,即 $10.3 \sim 12.4$mm。结构上,将光电二极管设计成中心距离可调节,范围在 $10 \sim 13$mm。为使用方便,将这一对光电管安装在一个小夹子上,使用时,将夹子夹于滴管的上、中凸圈 a、b 之间即可。

对于不同性质的药液,随着液滴的滴落,光电二极管将输出一系列脉冲信号,如图 2-25(b)所示,供后继的电压比较电路处理。

为了消除日光、灯光等背景光对检测系统的干扰,提高电路的可靠性,需要将发光二极管的光强进行调制。电路采用 LM567,如图 2-26 所示,图中 4PIN 插座的 1、2、3、4 接线对应于图 2-25(a)中的相同符号。在 B 点产生的是频率为 10kHz 的方波信号,此信号控制复合管 VT_1、VT_2 的导通,从而使流经发光管的电流以一定的频率通断,进而使发光

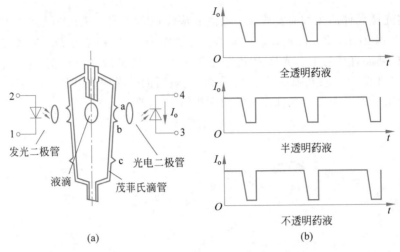

(a)　　　　　　　　　　　(b)

图 2-25　光电式液滴传感器及信号输出

二极管发出同样频率(10kHz)的调制光,R_{W1} 为限流电阻。光电二极管所接收的为调制
光辐射,从而产生以 10kHz 为载频的调幅光生电流,经 741 反向放大(放大倍率 50~
100)后进入 LM567。从 LM567 的 3 脚进入的信号是很复杂的,含有各种频率的信号(包
括干扰),但在 LM567 片内相敏检波的作用下,只让 10kHz 的载波通过,并在 8 脚输出的
信号中滤除了 10kHz 的载频信号。通过光源调制以及随后的解调电路,可以有效地消除
背景光的影响,在 LM567 的输出端 8 脚可得到如图 2-25(b)的脉冲信号输出,图中每一
脉冲对应于一个液滴的滴落。

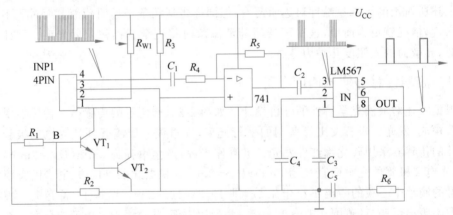

图 2-26　信号处理电路

　　在实际设计的输液监测系统中,以 MCS-51 单片机为中心构成信号处理系统,同时可以
监测 60 个床位,每个床位除了液滴计数信号外,还有漏液和呼叫信号,这些信号由多路选择
开关以扫描方式巡回读入,数据量大。为了减小单片机系统的负担,采用由 74LS161 构成
的 15 进 1 计数器计数,计数器的作用是每接收 15 个来自 LM567 的输入脉冲后输出一个脉
冲信号,从而将液滴计数转变为容量计数。该输出信号由 555 时基电路构成的单稳电路整
形后,送到后继单片机系统的输入通道,每个输出脉冲对应于一个床位的输液量。

第 3 章

CMOS图像传感器

自扫描光电二极管阵列(SSPD)是 CMOS 图像传感器的基础,其光电结构及原理已经在第 2 章做了详细分析。本章重点介绍 CMOS 图像传感器的器件层面的相关知识,包括像素结构、彩色滤光片、外围电路等。

CMOS 图像传感器的像素结构一般包括光敏结构、读出电路结构、微透镜,对于获取彩色图像的传感器,还包含彩色滤光片。外围电路包括信号的读出、放大等,读出电路根据像素结构而设计,具有读出、矫正、放大的作用。传感器的像素结构、外围电路等每个器件相互配合,提高了像素单元的光电响应特性,使得 CMOS 图像传感器的性能尤其是低照度条件下的响应特性得以提高,从而使得传感器的应用面大幅度扩展,进入实用化阶段。

3.1 像素结构

CMOS 图像传感器结构大致可以分为三层,即光学层、传输层、感光层,如图 3-1(a)所示,光信号首先经过光学层,透过微透镜、彩色滤光片,途经电路层之后,照射到感光层。光学层包含彩色滤光片和微透镜阵列,对于采用分层感应滤光技术的传感器,不包含独立的彩色滤光片。传输层最为复杂,包含像素电路、行列选通、读出电路等,电路形式多种多样、各具优缺点。感光层主要是光电二极管阵列,一整片的硅衬底上扩散了阵列排布的 n 新层,构成相互独立的像素感光单元。CMOS 图像传感器的结构大致如此,一些新型结构有所不同,例如光学层后置、分层感应滤光层等,但传感器的整体结构与图 3-1(a)没有太大的区别。

CMOS 图像传感器的电路结构有多种形式,但其基本结构一般都包含四个主要模块:像素阵列、模拟信号处理器、行列选择电路、时钟与控制电路。若干像素按照一定的规律布置,构成图像传感器阵列,如图 3-1(b)所示。像素阵列由行选通器和列选通器控制,在时序信号的驱动下,分别读取每个像素的信号,由外围的放大器加以放大。

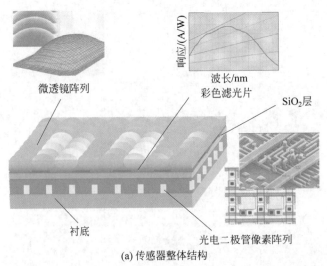

(a) 传感器整体结构

图 3-1 CMOS 图像传感器阵列结构

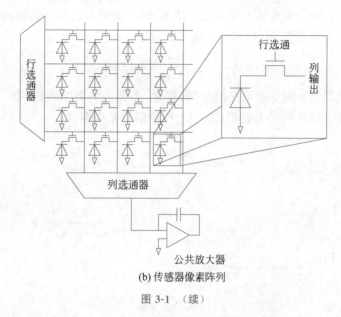

(b) 传感器像素阵列

图 3-1 （续）

从像素电路结构的角度看，CMOS 图像传感器可以分为两大类：被动式像素传感器(Passive Pixel Sensor，PPS)和主动式像素传感器(Active Pixel Sensor，APS)，主动像素电路是目前主流的像素电路结构。

3.1.1 被动式像素传感器

被动式像素传感器又称为“无源像素传感器”，像素电路内部没有放大电路，只有光电二极管和开关管，如图 3-2 的虚线框部分。这一电路结构与 SSPD 是一样的，参见图 2-21、图 2-22。

当像素由行选择线(简称“行线”)时，像素经由列选择线①(简称“列线”)被复位，光电二极管的输出电压被置 0，随后，光电二极管开始对入射光信号积分(即曝光)。开关的作用是将光电二极管与读出电路相连接，用以读出光电二极管的电流信号。信号传输到列线上，由数据总线传输至公共放大器，信号经放大后输出。

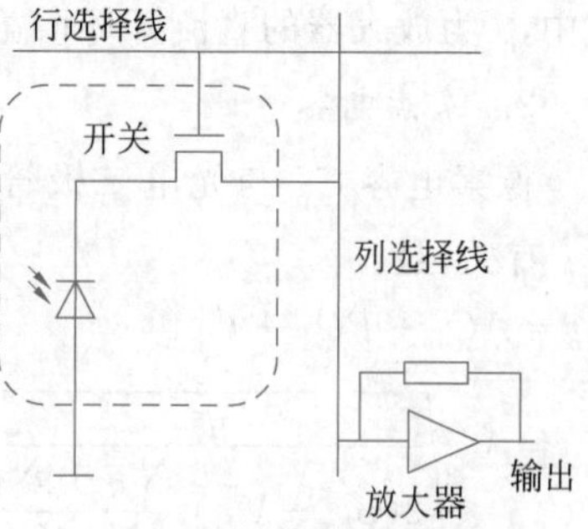

图 3-2 PPS 像素电路结构

1. 像素电路分析

如图 3-3(a)所示，在 p 型硅衬底上扩散 n 阱②构成光电二极管，与 FET 开关管的 n^+ 区相接，在之间的开关管栅极(行选通线)的作用下，

① 行、列选择线：行选择线又称“行选通”(Select Row)；列选择线又称“数据线”(Bit Line)或“列选通”(Select Col)。

② n 阱：n-well，又译作“n 型阱区”“n 型阱”。

信号由列线输出。因为光电流太微弱无法精确测量，需要对其做一定时间的积分。波长为 λ 的光子在积分周期 T 内，所积累的电子数量为

$$Q = \frac{q \cdot FF \cdot T \cdot A}{hc} \lambda \eta_0(\lambda) P(\lambda) \tag{3-1}$$

式中，FF 为像素的填充因子（"填充因子"的概念，参见 3.3 节"特性参数"），A 为像素面积，$\eta_0(\lambda)$ 为光电二极管的光电效率，$P(\lambda)$ 为单位面积光功率。

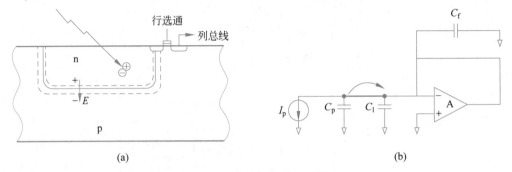

图 3-3　被动式像素中光电二极管结构

PPS 的等效电路如图 3-3（b）所示，当行线接通之后，像素电容 C_p 上的电荷将传输到输出电路的中线路寄生电容 C_1、放大器的反馈电容 C_f 之上，此时，输出电路上的电荷总量为

$$Q_o = \frac{C_1 + C_f}{C_1 + C_f + C_p} Q \tag{3-2}$$

但行线断开，像素与输出电路隔离，放大器的电压输出为

$$V_o = \frac{Q}{C_f} \frac{C_1 + C_f}{C_1 + C_f + C_p} \frac{\beta}{\beta + 1} \tag{3-3}$$

式中，β 为放大器的直流开环增益。可见，输出电压与像素的电荷量呈线性关系。

2. 像素电容

像素电容 C_p 与光电二极管的结电容 C_j、侧壁电容 C_s、行选通开关管的栅-漏电容 C_{gd} 有关，且

$$C_p = AC_j + PC_s + C_{gd}$$

$$= A \sqrt{\frac{q\varepsilon}{2(\varphi_{bi} - V_D) \frac{N_A + N_D}{N_A N_D}}} + P \int_0^{x_j} \sqrt{\frac{q\varepsilon}{2(\varphi_{bi} - V_D) \frac{N_A(x) + N_D(x)}{N_A(x) N_D(x)}}} \, dx + W C_{gd0}$$

$$\tag{3-4}$$

式中，A、P、W 分别为光电二极管的面积和周长，W 为行选通开关管的栅极宽度，C_{gd0} 为单位长度栅漏电容，ε 为硅材料的介电常数。对于大尺寸像素，像素电容主要由结电容决定；对于小尺寸像素，像素电容由侧壁电容和栅-漏电容决定。φ_{bi}、$V_D(x)$ 分别为光电二极管 PN 结的内建电势和反偏置电压，N_A、N_D 分别为本征电子浓度和掺杂电子浓度，$N_A(x)$、$N_D(x)$ 分别为光电二极管底部侧壁方向的本征电子浓度和掺杂电子浓度，是与

结的深度方向的位置有关的函数,因此,栅-漏电容 C_{gd} 可以沿着结的侧壁的深度方向积分计算得到,侧壁深度为 x_j。

由图 3-3(a)可知,列线与行选通管的漏极相连,这里包括栅极-漏极电容 C_{gd}、漏极-衬底电容 C_{db}、金属-衬底电容 C_{met},线路的寄生电容 C_1 与它们有关:

$$C_1 = m\,(C_{gd} + C_{db} + C_{met}) \tag{3-5}$$

式中,m 是像素阵列的行数,寄生电容 C_1 主要由括号中的前两项决定。

$$C_{gd} = C_{gd0}W$$
$$C_{db} = C_j A_{sd} + C_{jsw} P_{sd} \tag{3-6}$$
$$C_{met} = C_m pW_{col} + 2C_{msw} p$$

式中,C_j 为结电容,A_{sd} 为行选通管漏-源面积,C_{jsw} 为 n 区与衬底之间的侧壁电容,P_{sd} 为行选通晶体管漏-源周长,C_m 为金属线-衬底单位电容,p 为像素间距,W_{col} 为列线宽度,C_{msw} 为金属线-衬底边缘电容。

3. 电路噪声

如图 3-4 所示,PPS 读出电路的暂态噪声包括六方面:放大器读出噪声,含热噪声 $\bar{v}_{th}$、闪耀噪声 $\bar{v}_f$;来自像素电容和反馈电容的像素复位噪声 $\bar{v}_{rp}$ 和反馈复位噪声 $\bar{v}_{rf}$,kT/C 噪声相关;像素与列线连接导致微弱电流的起伏,带来的暗电流散粒噪声,包括像素暗电流噪声 $\bar{v}_{dp}$ 和列线暗电流噪声 $\bar{v}_{dl}$。这些噪声当然是互不相关的,可以用叠加法加以分析,当分析某一噪声输出时,图 3-4 中的其他噪声源均设置为零,最后将所有噪声输出相加计算。

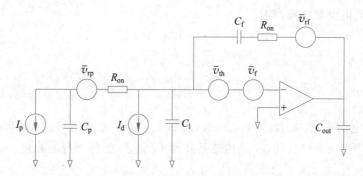

图 3-4 被动式像素读出电路的暂态噪声

1) 放大器读出噪声

放大器的噪声源主要是热噪声和闪耀噪声,热噪声主要由温度对电路器件的作用引起,闪耀噪声主要是 $1/f$ 噪声,两者的幅值分别为

$$\bar{v}_{th} = \sqrt{\Delta f \frac{16m_{th}kT}{3g_m}} \tag{3-7}$$

$$\bar{v}_f = \sqrt{\Delta f \frac{2K_f m_f}{WLC_{ox}^2}\frac{1}{f}} \tag{3-8}$$

式中,m_{th} 是无输入信号时放大器的噪声贡献因子,k 是玻耳兹曼常数,T 是器件温度,

g_m 是晶体管的跨导，K_f 是闪耀噪声因子，m_f 是无输入信号时放大器的闪耀噪声，W 和 L 分别是输入器件的长和宽，C_{ox} 是氧化层电容。

2）复位噪声

电路用场效应管开关对像素和反馈电容执行复位操作，复位噪声由开关的沟道电阻的热噪声引起。由于复位噪声的存在，像素在每次复位时会有微小的输出偏差。像素复位噪声和反馈电容复位噪声性质相同，因为用相同的推导过程可以得出形式相同的噪声幅值：

$$\bar{v}_r = \sqrt{\frac{G^2 h S_{no} \pi f_{3dB}}{2}} \qquad (3\text{-}9)$$

式中，$S_{no}(=4kTR_{on})$ 是高频噪声幅值，$G(=C_p/C_f)$ 是环路增益，h 是开关的占空比，$f_{3dB}(=1/2\pi R_{on}C_p$ 或 $1/2\pi R_{on}C_f)$ 是闭环带宽。

将 S_{no} 和 f_{3dB} 代入式（3-9）可得

$$\bar{v}_{rp} = G\sqrt{\frac{hkT}{C_p}} \qquad (3\text{-}10)$$

$$\bar{v}_{rf} = G\sqrt{\frac{hkT}{C_f}} \qquad (3\text{-}11)$$

3）暗电流散粒噪声

像素暗电流噪声和列线暗电流噪声是散粒噪声，其大小与暗电流密度和光电二极管面积有关，两者的性质相同，因为用相同的推导过程可以得出形式相同的噪声幅值。从输出端观察，暗电流散粒噪声为

$$v_{dp} = \frac{q}{C_f}\sqrt{\frac{J_d A_p T_i}{q}} \qquad (3\text{-}12)$$

$$v_{dl} = \frac{q}{C_f}\sqrt{\frac{mJ_d A_{sd} T_s}{q}} \qquad (3\text{-}13)$$

式中，J_d 是暗电流密度，A_p 是光电二极管面积，A_{sd} 是源-栅极面积，T_i 是积分时间（曝光时间），T_s 是一行的采样时间，m 是传感器阵列中所包含的像素行的数量。

4. PPS 的性能特点

PPS 使用单只晶体管就可以完成行选通和信号读出，因此具有单元结构简单、寻址简单、填充因子高、量子效率高等特点。这种电路至少有四个明显的优点：

（1）在给定的工艺和填充因子的条件下，PPS 可以构建更高的像素密度。

（2）较大的填充因子：由于电路简单，所占面积很小，能够为感光区域腾出更多的面积。这一特点对于小尺寸像素而言特别实用，不做任何光学处理的情况下，其填充因子大 80%，而主动式像素电路只有 30%。

（3）FPN 噪声低：固定图案噪声（Fixed pattern noise，FPN）是像素的暗电流等导致的噪声，任何形式的像素电路结构都难以避免，由于像素几何失配不会产生过大的噪声，因此，其 FPN 噪声要比主动式像素低。结合相关双采样（Correlated Double-Sampling，

CDS)技术,噪声水平会进一步下降。

(4) 线性度好:电荷-电压转换与反馈电容相关,因此电路具有良好的线性度,而主动式像素电路因为电路结构的原因,输出信号存在非线性。

不过 PPS 的缺点也是明显的:

(1) 由于列选择线上的电容较大,电流很容易受到干扰,所以只有光电流较大才能输出信噪比较高的信号,因此,需要光电二极管的尺寸做得大一些。

(2) 由于受到漏电流以及列线上电容的影响,列线不能太长。由于电荷-电压转换电路不是在像素内部完成,电荷信号对受到的列线干扰特别敏感。随着阵列规模的增大,列线电容也随之增大,读出噪声水平与读出速率的快慢和列总线电容的大小均成正比关系。因此,像素阵列的规模不能做得很大,很难向大型阵列器件发展,经典的无源像素结构只能做成大像素尺寸、小阵列、低速率的器件。

(3) 包括选址模拟开关的暗电流噪声的因素,读出噪声大,因此,图像信号的信噪比也就不高。每个像素的输出仅仅依赖光电二极管微弱信号,因此灵敏度低。

总之,PPS 具有单元结构简单、寻址简单、填充因子高、量子效率高等优点,但由于列选通具有相对较大的电容,包括选址模拟开关的暗电流噪声的因素,读出噪声大,因此图像信号的信噪比也就不高。读出噪声的典型值为 250e-rms[①],而商用的读出噪声为 20e-rms。由于单纯依赖光电二极管的微弱的光生电流,因此灵敏度低。因为这些难以克服的不足,特别是主动式像素电路出现之后,PPS 结构已经很少采用。

3.1.2　主动式像素传感器

主动式像素传感器又称为“有源像素传感器”,它与 PPS 像素电路结构相似,但每个像素内部都含有一个电压放大或缓冲电路,用以改善像素的性能。每个像素的信号放大后,经过开关管传输到列总线上,再由像素阵列外的公共放大器放大后输出。由于放大电路只有在对应的像素读出信号时才被激活,因此具有较低的工作功耗。APS 具有和PPS 一样高的量子效率,由于信号是被缓冲放大后读出,所以 APS 读出噪声比 PPS 小,固定图案噪声低、图像信号的信噪比高。越来越多的设计者采用 APS,应用于大部分中低档次的芯片。

APS 是当前 CMOS 图像传感器中广泛应用的电路,目前发展了多种形式的像素电路结构,例如光电管型、光栅型、曝光控制型、对数型、CTIA 型(电容跨阻放大器)、针孔光电管型、TFA 型(ASIC 片上薄膜)等。

1. 光电管型像素电路

光电管型电路是一种标准的结构,如图 3-5(a)所示,每个像素内都增加了缓冲放大器,包含三只晶体管和四个信号线:复位晶体管 T_1、源跟随晶体管 T_2 和行选通晶体管 T_3,以及“复位”、“行选通”、“列线”、V_{dd}。同一列的所有像素单元的源跟随器共享一个位于列线底部的电流源负载,光电二极管的偏压由复位晶体管复位为一固定初始值(V_{dd} —

---

① e-rms:以电子的均方根(root mean square)表达的噪声参量,也可写为 Electrons r. m. s. 。

V_{TH1}），V_{TH1} 是 T_1 的阈值电压。T_3 在行选通信号的作用下闭合，复位信号被驱动到列线上。复位后，电路开始对光信号积分，光生电荷在光电二极管 PN 结等效电容上积累，使得结电压下降。若光电流为 I_p，积分时间为 T，则电容上的电荷量为

$$\Delta Q_p = I_p T \tag{3-14}$$

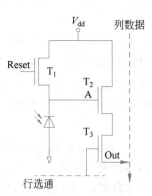

(a) 光电管型像素电路

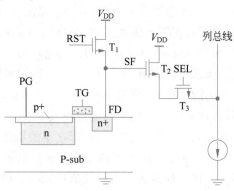

(b) 光栅型像素电路

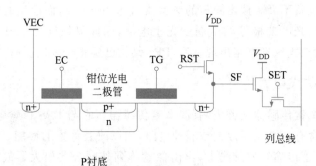

(c) 曝光控制型像素电路

图 3-5　信号放大电路相同的像素电路

光电二极管结电压的变化为

$$\Delta V_p = V_{dd} - V_{\text{TH1}} - \frac{I_p T}{C_p - C_{gd1}} \tag{3-15}$$

式中：C_{gd1} 为 T_1 的栅-漏电容。待积分时间过后，光电二极管的光生电压信号就是 T_2 的栅极电压，经 T_2 放大后，形成输出电压：

$$V_{\text{out}} = \Delta V_p \frac{g_m}{g_m + g_{mb}} - V_{\text{TH2}} - \sqrt{\frac{2I_o}{\frac{W}{L} - \mu_n C_{ox}}} \tag{3-16}$$

式中：V_{TH2}、g_m、g_{mb} 分别是 T_2 的阈值电压、跨导和体跨导，W、L 分别是 T_2 栅极的宽度和长度，μ_n 是 T_2 所有半导体材料的电子迁移率。

2. 光栅型像素电路

光电管型像素电路存在高的噪声，因此，很多研究者先后提出了多种方案降低噪声，

典型的电路结构如图 3-5(b)所示。

图 3-5(b)是光栅型像素电路,每个像素内部集成了光栅 PG 和传输栅 TG。这个传输栅是传输晶体管的栅极,用于隔离和传输光电二极管与浮置扩散区(图中的节点 FD)之间的信号联系,FD 节点的寄生电容 C_{FD} 能够储存来自光电二极管的信号电荷(光生电子)。电路的工作时序如下:

(1) 信号电荷在光栅(PG)下积分,在信号电荷被读出前,输出浮动扩散点首先被复位晶体管 T_1 复位,清空浮置扩散区内的电子,FD 点电压复位至 V_{DD};同时,行选通晶体管 T_3 闭合,复位电压 V_{rst} 由源跟随器跟随输出。

(2) 积分完成后,晶体管 T_1 断开,传输晶体管的栅极 TG 高电平,光电二极管存储的电荷迅速向浮置扩散区转移;随后,栅极上的脉冲控制信号由高电平转变为低电平,光栅下的信号电荷全部转移至节点 FD,产生一个信号电压 V_{sig},该信号同样由源跟随器跟随输出。

上述两步操作表明,光栅型像素电路能够同时进行电荷积分和读出操作,在列线上先后输出复位电压 V_{rst} 和信号电压 V_{sig}。复位电压由位于列线底部的采样电容重新引入,该电容一般为 1~4pF。将复位电压与信号电压相减,可得到光生信号电压($V_{rst} - V_{sig}$),这便是相关双采样技术的基本思想。通过相关双采样电路和差动放大器相配合,在两次信号相减的同时,消除了信号电压中的噪声,能够有效抑制源跟随管的 $1/f$ 噪声、源跟随管阈值电压不一致而引起的 FPN 噪声、由复位管复位操作引起的热噪声,输出信号的噪声达到了大多数电荷耦合器件的噪声水平。

光栅型像素电路利用了电荷耦合的原理,"电荷耦合"的概念,将在第 4 章详细介绍。电荷转移和相关双采样能够形成低噪声输出,提高像素的信噪比,传输栅的存在也能够避免相邻像素间的串扰(Crosstalk),减轻了溢出现象,也大幅提高了读取速度。光栅器件的多晶硅栅极能够吸收掉一部分光线,导致到达硅体的光线,尤其是短波长光线的能量有所减少,降低了像素灵敏度。背照式 CMOS 图像传感器工艺成熟之后,多晶硅的光能吸收问题得以解决,光栅型像素电路的这一缺点也得到了一定程度的克服,提高了低光照的适应性。

光栅型像素电路的工作模式为开发全局曝光方式 CMOS 图像传感器奠定了基础。全局曝光方式将整个像素阵列同时曝光,并且同时结束曝光;在每个像素曝光结束后,其曝光过程中捕获的信号电荷同时在其悬浮扩散区进行存储,然后再逐行地读出每个像素的信号。

3. 曝光控制型像素电路

如图 3-5(c)所示,其结构非常类似于光栅型像素电路,增加了一个用于曝光控制的传输门 EC。EC 信号控制像素的全局复位,TG 信号用于控制电荷从光电二极管到悬浮扩散区的转移。电路的工作过程是:在曝光积分时间内,所有像素首先通过全局复位信号 EC 进行复位,在曝光积累结束前,TG 信号使得光电二极管中积累的电荷转移到悬浮区内;在曝光积累结束后,像素曝光信号 V_{sig} 首先被采样,然后,光电二极管复位,采样像素的复位信号 V_{rst}。

这种像素结构有几个突出的特点：

1）抑制图像的"开花"（Blooming）问题

对于较暗背景中特别亮的小面积目标，对应的像素积分的电荷很多，会溢出并进入它的周边像素，使得它周围原本没有光照的像素形成虚假的光信号输出，这种现象称为"开花"。当光电二极管的输出信号达到一定的强光值时，传输门 EC 开启，使光电二极管上溢出的电荷向电压 V_{EC} 释放，V_{EC} 的电压值通常可以在芯片外部控制调整。

2）充分复位光电二极管

由传输门 EC 直接对光电二极管复位，将其复位至 V_{EC}，若 $V_{EC}=V_{dd}$，便可以将光电二极管的电压直接复位至 V_{dd}。这一操作是与图 3-5（b）的电路结构相比较的，光栅型像素电路由 RST 对 FD 复位，再通过传输门 TG 间接对光电二极管复位。这一操作有可能出现光电二极管复位不充分的情况，这必然影响图像质量。

3）获得高帧频图像输出

传输门 EC 可以对曝光操作进行控制，可以用于流水线型的全局曝光读出模式，大大提高图像传感器的帧频。其工作模式不仅可以获得高速图像的读出，也可以做到全局快门控制，以全局曝光方式工作。

4. 对数型像素电路

对数型像素电路具有较理想的线性输出特性，拥有很高的动态范围，一般可高达120dB，其像素单元结构如图 3-6（a）所示。它由光敏二极管、负载管 T_1、源跟随器 T_2 和行选通管 T_3 组成。设置栅极偏置电压（图中接到电源电压 V_{DD}），使负载管 T_1 工作在亚阈值区，T_1 的漏源电流为

$$I_{DS1} = I_0 \frac{W_1}{L_1} \exp\left(\frac{(V_{GS1}-V_{th1})}{n(kT/q)}\right) \exp\left(\frac{1-n}{n(kT/q)}V_{SB}\right) \tag{3-17}$$

式中：I_0 为一常数，由具体的工艺决定，n 为亚阈值斜率系数，与栅效率有关，V_{SB} 为 T_1 的源衬结偏置电压。由式（3-17）可得

$$V_{GS1} = V_{th1} + n\frac{kT}{q}\ln\left(\frac{I_{DS1}}{I_0(W_1/L_1)}\right) + V_{SB}(n-1) \tag{3-18}$$

当稳态建立后，流过 T_1 的电流与光电二极管的电流相等，即 $I_p + I_d = I_{DS1}$，并且根据图 3-6（b）的电路连接，可知 $V_{out}=V_S=V_{SB}$。忽略暗电流 I_d，且 $n\gg1$，可得 T_1 的输出电压：

$$V_{out} = \frac{V_{DD}-V_{th1}}{n} - \frac{kT}{q}\ln\left(\frac{I_p}{I_0 W_1/L_1}\right) \tag{3-19}$$

由式（3-19）可以看出，T_1 的输出电压是源跟随器的 T_2 栅极电压，它随着光照强度的增加而呈对数下降。光信号被连续地转化为电压信号，而不像其他类型像素电路那样需要复位和积分的分步过程。

对数响应型有以下缺陷：

（1）光电转换特性对器件物理参数相当敏感，特别是负载管的阈值电压，由于受工艺的影响，不同像素间的负载管的阈值电压存在一定的偏差，一般在 $\pm20\%$ 之内，因此它的

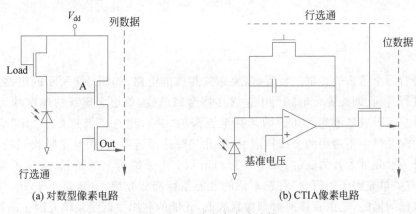

(a) 对数型像素电路   (b) CTIA 像素电路

图 3-6 两种像素电路结构

FPN 非常大。

(2) 在低光照下,由于光电流较小,电路的动态响应缓慢,需要较长的建立时间,这会造成图像的拖影。

(3) 为了获得需要的负载电阻,负载管需要大的宽长比(W_1/L_1),造成像素单元面积增大,不利于应用在对芯片面积或者分辨率有严格要求的场合。

(4) 由于对数响应型对输入信号进行了极度压缩,降低了图像的对比度,因此它对探测小的光学信号的变化能力比较差,不适合边缘探测和移动探测。

尽管对数型像素电路存在大的 FPN,但还是比较适用于大动态范围要求的场合。在 3.3 节将作更进一步的电路分析。

5. CTIA 型像素电路

图 3-6(b)所示的 CTIA 像素电路,由运算放大器和反馈积分电容构成的积分运算器,能够有效压制低噪声,同时具有高增益和低读出噪声的优点。当复位开关的控制信号为"1"时,复位开关闭合,积分电容被复位;当复位开关的控制信号为"0"时,复位开关断开,光电流流向积分电容,开始曝光积分。

积分电容和复位管被放置在放大器的反馈环路中,在积分工作期间,即使输出积分到很高的电压,电路也可以通过放大器的高增益确保电路的"虚短"特性,这既能保持探测器零偏,又能防止光电流在像素内部寄生电容上积分,使光电流几乎全部注入积分电容上,因此 CTIA 的注入效率很高。由于密勒效应的影响,只要运算放大器的增益足够高,单元内部的积分电容就可以做得很小,从而在低背景、低信号应用中也能获得高灵敏度,且在较宽的背景范围内,该读出都有很低的噪声。CTIA 的输入阻抗很低,线性度也极好。CTIA 成为了目前很多高性能红外读出电路设计的重点研究对象。

由于硅片处理的差异导致晶体管阈值和放大特性的不同,像素电路具有较高的固有噪声。为了克服这一缺点,可以采用双采样电路,它可以很好地消除阈值差异,降低视频背景的漂移噪声。但是 CTIA 也有固有的不足,由于其电路内部含运算放大器电路结构,因此其面积和功耗将明显大于其他的电路结构,其面积也比一般电路面积大。

3.1.3　像素的光学结构

1. 微透镜

围绕着每个像素的光电二极管，需要布置相应的电路，如图 3-7 所示的电路层，对每个像素进行选通、调控等。电路层中包含多层金属总线，单层金属线的厚度约为 10nm，多层金属总线形成厚度达到几十纳米甚至更深的"井"，光电二极管处于"井"结构的底部。这种深井是由不透明的金属构成的，因此井壁是不透明的、而且是吸收光的，它会阻挡一部分入射光进入井的底部，如图 3-7(a) 所示。由于结构上的特点，决定了像素的填充因子(有关填充因子的概念，将在本章的性能指标部分介绍)一定是小于 100% 的。如果不采取任何措施，光束直接照射到像素表面，光能的利用率就受到填充因子的影响。

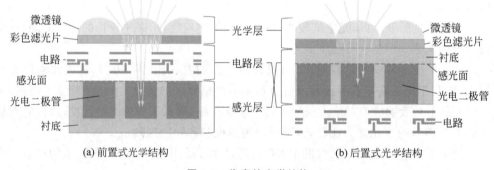

图 3-7　像素的光学结构

为了提高入射光的利用率，每个像素都会制作一个微透镜，在透镜的折射下，原本被井壁阻挡的光线可以投射到井的底部，聚集在光电二极管的感光面上，如图 3-7(b) 所示。微透镜的作用就是对入射的光束进行收集会聚，再投射到光电二极管的感光面，这样一来，入射光的利用率得以提高，等效地提高了像素的填充因子(达 90%)。有研究表明，微透镜可以使像素的入射光的利用率提高近 1 倍左右，在可见光谱范围内的量子效率平均提高两倍多。根据微透镜所布置的位置，像素的光学结构有前置式和后置式两种。

前置式结构如图 3-7(a) 所示，光线经过光学层，由微透镜会聚后，穿越电路层的深井，再到达感光层，投射到光电二极管感光面上。这种结构的常规版图可以制作像素间距大于 $2\mu m$ 尺寸的图像阵列。由于像素填充因子的影响，在不同的视场角下，光能的利用效率有所不同。对于要求更小尺寸的像素和更多层金属的版图，前置式结构已经无法满足。

后置式结构如图 3-7(b) 所示，这种结构又称为背光式(BSI)像素结构。光学层布置在电路的背面，光线穿过光学层，由微透镜会聚后，直接照射感光层。背光像素的受光照面在硅片的"背面"，这是相对于半导体工艺制作的所有器件和导线都在"正面"而言的。为了让光线能够从背面照射到光电二极管的 PN 结上，像素阵列光电二极管的硅片背面必须减薄，使得光线可以穿过硅片并进入一定的深度。由于背光像素的电路层在光照的另一面，背面没有电路，像素的光能利用效率不受电路布置的任何影响。因此，背光结构的电路层允许安排更多的金属层,布置复杂的电路,并且可以制作出极小像素间距的传感器,一般小于 $1.2\mu m$。

目前,在图像传感器上使用的微透镜可以是折射型,也可以是衍射型,折射型微透镜适用于较小尺寸像素(一般为 $3\sim 12\mu m$),折射型适用于较大尺寸的像素($20\sim 50\mu m$)。BSI 像素在背面制作微透镜,可以是折射型,也可以是衍射型,由使用波长、所需 F 数和工艺条件决定。

折射型微透镜具有设计和工艺简单的特点,但是采用光刻胶热熔工艺的微透镜的焦长和表面形貌较难控制,获得的相对孔径在 $F/1\sim F/10$,过高或过低相对孔径的微透镜较难实现。衍射微透镜采用二元光学方法制作,通过多次光刻和离子束刻蚀或反应离子刻蚀,微透镜的衍射效率理论上可以达到 95%(8 台阶)和 98.7%(16 台阶)以上,但是衍射微透镜存在多次套刻对准的问题,且受到光刻工艺对最小线宽的限制,获得高衍射效率的微透镜比较困难。

折射型微透镜阵列的制作方法有多种:平面工艺离子交换法、光敏玻璃法、全息法、菲涅耳透镜法、光刻胶熔融法、PMMAX 光照射及熔融法。其中,光刻胶熔融法(回流工艺)工艺简单、制作周期短、成本低廉,因而被广泛采用。光刻胶热熔成形技术与图形转移技术相结合,是微透镜加工的常用工艺,柱形光刻胶受热后发生物理变化,在表面张力作用下形成球冠面形。微透镜的具体形貌与光刻胶和基底的浸润程度有关,也与升降温速、热熔温度、保持时间、基底材料与光刻胶材料的界面状况等因素有关。通过对这些因素的改变,可以灵活控制微透镜的形貌参数,获得不同光学参数的微透镜。

光刻胶熔融法制作工艺的大致流程分为涂光刻胶、曝光和显影、热熔烘烤几个步骤:

(1)涂光刻胶:在制作了彩色滤光片的硅片顶层,以旋涂的方式涂布厚度均匀的光刻胶。为了避免出现 $45°$ 角旋纹的问题,涂布机需要保持一定的旋转速度($500\sim 2000rad/s$),环境温度保持稳定(一般在 $25℃$)。

(2)曝光和显影:采用掩膜版对光刻胶进行紫外曝光,得到一定尺寸的矩形图案,然后放入显影液显影,通过显影液清洗掉多余的光刻胶。显影时间需要严格控制,确保保留下来的胶层的厚度均匀性。

(3)热熔烘烤:将显影后的硅片放入烘箱中,通过热熔烘烤,形成微透镜阵列。

回流工艺比较成熟、稳定可控、成本较低,在微透镜制作工艺中比较常用。根据 CMOS 图像传感器的结构层次可知,一般是在彩色滤光片制作完成后,再在滤光片层上制作微透镜。

CMOS 图像传感器应用端的要求越来越高,特别是像素尺寸要求不断缩小。但是,在像素内有源电路的部分无法进一步缩小,所以光电二极管的感光面积必然缩小,从而降低了像素的光电转换效率。通过在每个像素上制作一个微透镜,就可以有效解决光电转换效率的问题。此外,由于光敏元件面积减小,像素的灵敏度提高、噪声降低、响应速度提高(结电容减小的缘故)。微透镜是一种很好的提高填充因子的方法,它在 CMOS 图像传感器中已得到广泛应用,大幅度提高了器件的低光照的响应特性,从而将 CMOS 图像传感器推向实用化的层面。

2. 彩色滤光片

光电二极管是由半导体材料制成，具有宽光谱的光谱响应特性，对不同波长的光能量无法分辨。为了区分不同颜色的光，从而记录彩色图像信号，像素结构中需要使用彩色滤光片。

白光
红色滤光片
红光
光电二极管

图 3-8　彩色滤光片对光线的调控

若干像素单元按照矩阵的方式排列，便构成 CMOS 图像传感器的阵列结构。如图 3-8 所示，器件在硅衬底上制作光电二极管像素阵列，然后再依次制作 SiO_2 层、彩色滤光片层、微透镜阵列层。微透镜、彩色滤光片、像素三者一一对应，即每个像素单元对应一只微透镜、一种颜色的滤光片。

以红色滤光片为例，如图 3-8，白光照射在像素上方，透过彩色滤光片之后，只有红色的光能够透过，其他颜色的光被滤光片吸收。透过滤光片的红色光投射在光电二极管的感光面，该像素所输出的电信号只与红色光照度相关。这样一来，该像素便具有了颜色选择性，它可以且仅记录红色光的光照度。

彩色 CMOS 图像传感器的关键是在硅片上集成高性能、高可靠的彩色滤光片阵列，目前彩色滤光的方法主要分为两大类，即基于颜料的方法和基于结构的方法。基于颜料的方法利用燃料、颜料等聚合物材料，通过对材料的光谱吸收特性实现颜色的分离；基于结构的方法利用光的自身特性，通过特定设计的结构实现颜色的分离。从彩色滤光片阵列布局的方式上看，主要有色彩马赛克（color mosaic，CM）和分层响应（color stacked，CS）两种方案。前者是一种"边到边"（side-by-side）的技术方案，具有分色效果好、工艺兼容性好、成本低等优势；而后者是"深度滤波"（depth filters）技术，具有光信号摄取比例高、分辨率高等特点。在 CMOS 图像传感器的制造工艺中，将彩色滤光片称为"彩色滤光层"。

1）马赛克彩色滤光片

马赛克彩色滤光片是一种基于颜料的彩色滤光方法，它利用染料的光谱特性实现色彩的分离，也是目前常用的彩色滤光方案，其制作工艺流程如图 3-9 所示。

（1）平坦层工艺：在衬底表面涂布一层平坦胶水，然后进行烘烤固化形成平坦层（Planarization，PL 层）。平坦层改善了衬底表面的平整度，从而可以提高彩色滤光层的光学性能，同时，也能增加色彩材料的黏附力。

（2）彩色滤光层制备：彩色滤光层的三种颜色分三个步骤分别制作，工艺过程相同。以旋涂的方式在 PL 层上涂布某一种颜色的光阻剂，然后用光掩膜版做光刻曝光，曝光出需要保留的这种颜色的像素滤光区域，最后利用显影液显影掉多余的未曝光绿色光阻剂材料，通过合适温度的热烘处理实现滤光片材料的进一步固化，即可完成对应颜色的滤光区的制作。三次相同的工艺之后，最终完成彩色滤光层的制备。

彩色滤光层制造工艺和滤光性能主要依赖于彩色光刻胶的成分，彩色光刻胶需要具有较好的负性光敏特性。在完成彩色滤光层制作后，其表面会存在一定程度的不平整情况，这种表面状态会改变微透镜的面型，从而影响光电二极管对光的吸收。因此，在制作

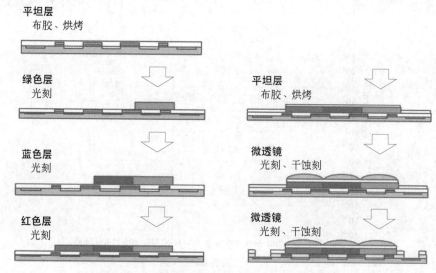

图 3-9　彩色滤光片及微透镜制作流程

微透镜工艺之前,需要在彩色滤光层涂布一层平坦层。

基于颜料的彩色滤光片的每种颜色的制作都需要一系列流程,工艺过程比较复杂,且燃料对环境不友好。受到聚合物材料的限制,颜色的光谱特性不易调节。由于染料吸收系数低,滤光薄膜不宜做得太薄(例如几百纳米的厚度),也因此限制了入射光线的角度,因为入射角过大,容易出现相邻颜色之间的串扰。

2)分层响应滤光技术

分层响应是一种基于结构的彩色滤光方法,它利用光线在硅片中穿越深度的光谱特性实现色彩分离。光子在硅材料中的传播过程与光的波长有关,在能量被完全吸收之前,光子能在硅材料中穿越一定的深度,这个深度与光子的能量相关。光子的能量与它的波长(频率)相关,短波长(高频率)光,例如蓝光、紫外光等的能量高,长波长(低频率)光,例如红光、红外光等的能量低。相比于短波长光,长波长光在硅片中能够穿越得更深,如图 3-10 所示。例如,400nm 波长光在硅材料中的吸收深度不到 $0.1\mu m$,500nm 波长光在硅材料中的吸收深度将近 $10\mu m$,600nm 波长光在硅材料中的吸收的深度将近 $15\mu m$,红外光在硅材料中的吸收深度大于 $0.1mm$。

既然光在硅片中的吸收深度与光的波长密切相关,那么通过测量吸收深度就可以记录颜色信息,这便是"深度滤色"的思想,又称为"分层响应"(X3)。基于深度滤色的基本原理,设计出如图 3-11 所示的分层响应彩色滤光结构,用三层独立的光电二极管相互层叠,对三种不同波长的光实行分层响应。蓝色光的吸收区域为 $x=0.2\sim0.299\mu m$,绿色光的吸收区域为 $x=0.796\sim1.194\mu m$,红色光的吸收区域为 $x=1.819\sim2.728\mu m$。三个区域分别输出光电流 I_B、I_G、I_R,对应蓝、绿、红三色光的照度。

以保护玻璃上表面作为坐标原点,建立坐标 x,在 $x=x_1$,$x=x_2$ 之间被吸收的光能量为

$$E(\lambda)=E_0(\lambda)(e^{-\alpha(\lambda)x_1}-e^{-\alpha(\lambda)x_2}) \tag{3-20}$$

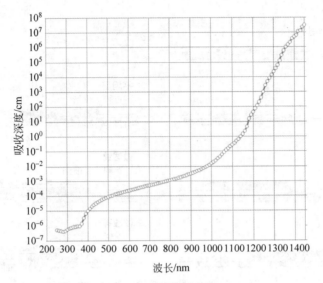

图 3-10　光波吸收深度

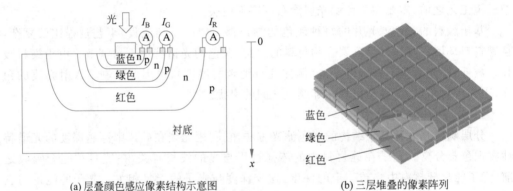

(a) 层叠颜色感应像素结构示意图　　　(b) 三层堆叠的像素阵列

图 3-11　分层响应彩色滤光结构

式中，$E_0(\lambda)$ 是入射光的能量，$\alpha(\lambda)$ 是波长为 λ 的光在硅片中的吸收系数，$\alpha(\lambda) = 4\pi k(\lambda)/\lambda$，$k(\lambda)$ 是晶体硅的消光系数。

由式(3-20)可以得到吸收效率：

$$\eta(\lambda) = \frac{E(\lambda)}{E_0(\lambda)} = e^{-\alpha(\lambda)x_1} - e^{-\alpha(\lambda)x_2} \tag{3-21}$$

引入未知参数 γ_1、γ_2，且 $0 \leqslant \gamma_1 \leqslant 1$，$0 \leqslant \gamma_2$，$x_1 = (1-\gamma_1)x_0$，$x_2 = (1+\gamma_2)x_0$。则波长为 λ 的光束，其吸收深度为

$$d = (\gamma_1 + \gamma_2)x_0 \tag{3-22}$$

令 $d\eta(\lambda)/d\lambda = 0$，可以计算出峰值吸收效率：

$$\eta_p = \left(\frac{1-\gamma_1}{1+\gamma_2}\right)^{(1-\gamma_1)/(\gamma_1+\gamma_2)} - \left(\frac{1-\gamma_1}{1+\gamma_2}\right)^{(1+\gamma_2)/(\gamma_1+\gamma_2)} \tag{3-23}$$

以及吸收层的基准深度：

$$x_0 = \frac{1}{(\gamma_1 + \gamma_2)\alpha(\lambda)} \ln \frac{1 + \gamma_2}{1 - \gamma_1} \tag{3-24}$$

若某一颜色,其峰值波长为 λ_m,则该颜色的吸收层基准深度为

$$x_0 = \frac{1}{(\gamma_1 + \gamma_2)\alpha(\lambda_m)} \ln \frac{1 + \gamma_2}{1 - \gamma_1} \tag{3-25}$$

例如,取 $\gamma_1 = \gamma_2 = 0.2$,峰值波长为 $0.45\mu m$ 蓝光,其吸收层的基准深度为 $0.249\mu m$;峰值波长为 $0.53\mu m$ 绿光,其基准深度为 $0.995\mu m$;峰值波长为 $0.62\mu m$ 红光,其基准深度为 $2.274\mu m$。

3) 等离激元滤光技术

等离激元滤光技术(Plasmonic Color Filter)是一种基于结构的彩色滤光方法,它利用光波的表面微结构传播特性实现色彩的分离。与其他的基于结构的滤光方法一样,等离激元滤光具有色彩饱和度高、滤光性能稳定、对环境友好等优点。

常见的微结构有两种:亚波长光栅和多层介质薄膜,亚波长光栅结构能够提供超越衍射极限的分辨率,通过调整结构参数可获得不同的偏振特性;多层介质薄膜结构的彩色滤光片只需要多层介质的堆叠就可以制作,因此在实际的生产中占有一定的优势。这里,对亚波长光栅结构做简单的介绍,实际上,亚波长光栅有很多种不同的结构,例如,彩色偏振等离激元、周期性银纳米线等离激元、圆环、铝同轴孔、同心圆沟槽等。

白光与微结构相互作用会产生干涉、衍射或散射等光学现象,这些现象的光学特性与光的波长相关。研究者设计了各种形状的周期性微结构,这种数百纳米的微结构可以产生表面等离子谐振(Surface Plasmon Resonance,SPR),通过调节微结构阵列的周期来改变透射光的波长,如图 3-12(a)所示。在金属薄膜上制作的周期通信圆沟槽,中央留有一个小于波长的小孔,如图 3-12(b)所示。若光的波数与微结构波数相匹配,表面等离子会被激发并被周期微结构衍射,沿着径向传播。与表面等离子波数不匹配的光会被正面金属层反射,只有波数匹配的光透射,从而实现了波长的选择。

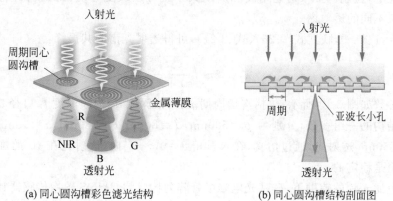

(a) 同心圆沟槽彩色滤光结构　　(b) 同心圆沟槽结构剖面图

图 3-12　等离子体激元彩色滤光

入射光的波矢为

$$k_x = k_0 \sin\theta + mK \tag{3-26}$$

式中，k_0 是入射光在自由空间中的波矢；θ 是光的入射角；m 为散射阶数，与衍射级数对应的整数；K 是光栅矢量，$K = 2\pi/p$，p 为微结构阵列的周期，即图 3-13 中的沟槽周期。

表面等离子波矢为

$$k_s = \frac{\omega}{c} \sqrt{\frac{\varepsilon_d \varepsilon_f}{\varepsilon_d + \varepsilon_f}} = \frac{2\pi}{\lambda} \sqrt{\frac{\varepsilon_d \varepsilon_m}{\varepsilon_d + \varepsilon_f}} \qquad (3\text{-}27)$$

式中，ε_d 是介质膜材料的介电常数，ε_m 是金属薄膜材料的介电常数，ω 为平面波矢量的角频率，c 为真空中的光波速度。在金属和介质的交界面上，任何给定频率光的波矢量都会小于金属表面的等离子体波矢量，所以需要满足一定的条件才能激发表面等离激元。常见的激发方式有带电粒子激发，用于相位匹配的棱镜耦合、光栅耦合，近场照明激发等。

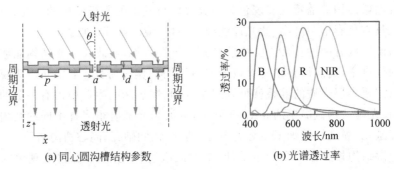

(a) 同心圆沟槽结构参数   (b) 光谱透过率

图 3-13   同心圆沟槽滤光结构与效果

当入射光波矢与表面等离子波矢匹配时，即 $k = k_s$，表面等离子就被激发。根据式(3-26)、式(3-27)可知，峰值波长的位置不仅与金属和介质的介电常数、入射光的方位角和周期大小有关，而且与阵列的散射阶数有着密切的联系。散射阶数取决于阵列的几何形状，纳米结构形状的改变也会影响透射峰值波长的位置。在阵列的几何形状和材料确定的情况下，通过调整入射光角度和周期大小就可以改变透射峰的波长位置，以此获得峰值波长不同的透射谱。

取 $m = 1$、$\theta = 0$，联立式(3-26)、式(3-27)，可得透射光谱的共振峰：

$$\lambda_p = 2\pi \sqrt{\frac{\varepsilon_d \varepsilon_f}{\varepsilon_d + \varepsilon_m}} \qquad (3\text{-}28)$$

结构参数如图 3-13 所示，包括沟槽周期 p、沟槽深度 d、薄膜厚度 t，口径 a。研究者设计了微结构的一组参数，分别为 $p = 500\text{nm}$，$d = 80\text{nm}$，$t = 180\text{nm}$，$a = 90\text{nm}$。对于峰值波长为 650nm 透射光，通过仿真，在入射角 $\theta = 0° \sim 45°$ 内，透射光在 $10°$ 的锥角内的透射光的峰值是稳定的。

在彩色滤光片的辅助下，硅基光电二极管阵列构成的 CMOS 图像传感器具有了记录三基色的能力。无论哪种彩色滤光片，都具有特定的光谱响应特性，其透过率与光的波长相关，可以用函数 $f(\lambda)$ 表示。考虑到彩色滤光片的作用，根据式(3-1)，某一像素在积分时间 T 内积累的电荷量为

$$Q = \frac{q \cdot \mathrm{FF} \cdot T \cdot A}{hc} \cdot \lambda \eta_0(\lambda) P(\lambda) \int_{\lambda_1}^{\lambda_2} f(\lambda) \mathrm{d}\lambda \tag{3-29}$$

对于硅材料而言,式中的 $\lambda_1 = 400\mathrm{nm}$、$\lambda_2 = 1100\mathrm{nm}$。

3.2 彩色图像的获得

3.2.1 人眼的彩色视觉

人眼的视网膜是视觉信息采样系统,由感光细胞、双极细胞和神经节细胞三级神经元组成。视网膜的感光细胞有视杆细胞与视锥细胞两种。其中,视锥细胞主要在强光下工作,称为明视觉,可辨别颜色。明视觉的实现依靠三种视锥细胞,它们最敏感的波长分别是 420nm、534nm、564nm,因此又分别称为感红、感绿、感蓝视锥细胞。两类感光细胞的光谱响应曲线[①]如图 3-14 所示,人眼的感光细胞对可见光波段具有响应能力,并分布于可见光波段的不同范围。

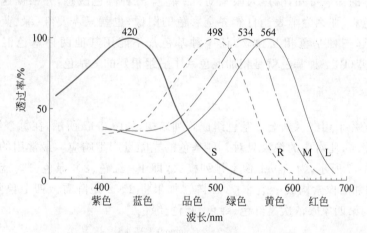

图 3-14　三种视锥细胞的光谱响应曲线

按照色度学的理论,红、绿、蓝三种光线按不同的比例混合,可以获得任何一种颜色的光。因此,杨-亥姆霍兹三色理论(Young-Helmholtz trichromatic theory)认为,由于人眼具有三种不同形态的视锥细胞(颜色感受器),它们分别对红、绿、蓝三种原色最敏感,从而分别可以接收红、绿、蓝三种纯色的光能量。经大脑合成之后,可以得到全彩色的图像,如图 3-15 所示。若三色等量,则产生白色光。将三种视锥细胞对光波长的响应曲线合并,可以得到人眼的视锥细胞光谱响应曲线,如图 3-16 所示。图 3-16 同时标出了视杆细胞的光谱响应曲线。

---

①　光谱响应曲线是指光能量接收器件对不同波长的光能量的相对灵敏度,人眼对光的相对灵敏度称为光谱光视效率或视见函数。假设对单位波长(1nm)内具有 P_λ 瓦的辐射能通量,眼睛能感受到的光通量为 Φ_λ 流明,记作 $K_\lambda = \Phi_\lambda / P_\lambda$。任意波长的 K_λ 值,表示 1W 该波长的光对于人眼的相当的光通量(流明)数,为绝对灵敏度。

设 $K_{555} = 1\mathrm{a.u.}$,即以人眼最敏感 $\lambda = 555\mathrm{nm}$ 的黄绿光为基准。人眼的视见函数定义为 $V_\lambda = K_\lambda / K_{555}$。

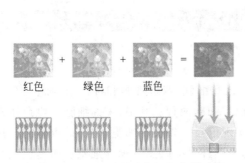

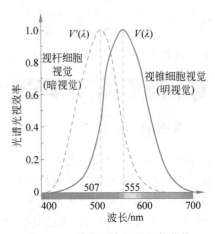

图 3-15　视锥细胞的彩色图像获得过程　　　图 3-16　视觉细胞视见函数曲线

从色度学的知识可知,既然人眼只对红、绿、蓝三种颜色敏感,并根据这三种颜色合成出全光谱色彩,那么为了表达自然界全彩色的图像,也就只需要红、绿、蓝三种基色就可以了。当然,三种基色相互独立,任一种基色都不能用其他两种基色混合得到。红(R)、绿(G)、蓝(B)三种基色就是相加混色系中一组很好的三基色。

3.2.2　滤光片阵列

彩色滤光片采用红、绿、蓝三基色组成阵列结构,如图 3-17 所示,在每个像素上,可以制作一个滤光层,使对应的像素只对一种基色的光能量产生响应。最常用的基色像素排列方式如图 3-17 所示,为 Bayer 像素排列模式,即 1×红色、2×绿色、1×蓝色的排列方式,将 4 个相邻的像素构成一个 2×2 矩阵。如果将 2×2 矩阵看成四个象限,那么色彩顺序从第一到第四象限依次是红色、绿色、蓝色、绿色。

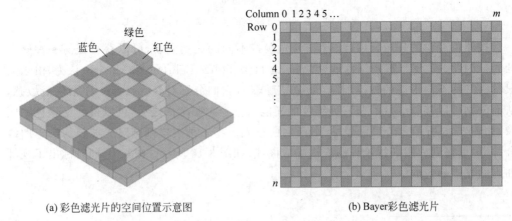

(a) 彩色滤光片的空间位置示意图　　　　　　(b) Bayer彩色滤光片

图 3-17　彩色滤光片阵列

设 CMOS 图像传感器共有效像素 m 列、n 行,通常称为像素规模“$m \times n$”像素,那么,对应的彩色滤光片的单元总数也是 $m \times n$。也就是说,一个像素对应一种颜色,或者一个像素记录一种颜色。

彩色滤光片三基色的光谱响应曲线如图 3-18 所示,在可见光区域(380~780nm),三原色的透过率光谱的峰值是相互分开的。在近红外区域(780nm 以上),滤光片依然有一定的透过率,直到 1100nm 之后完全不透明。三种颜色的滤光片在近红外区域的透过率特性趋于一致。因此,使用这种彩色滤光片的 CMOS 图像传感器可以记录近红外图像。

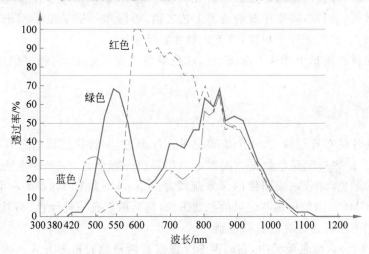

图 3-18　彩色滤光片三基色的光谱响应曲线

彩色滤光片一般采用以下工艺流程制作:

1. 平坦层

像素单元的底层不平坦必然导致彩色滤光层不平整,进而导致入射光折射并且光的位置和密度在 CMOS 图像传感器的表面被改变。因此,在制作彩色滤光层之前需要先做一层平坦层,覆盖在衬底表面。在改善硅片的平整度的同时,平坦层也可以增加色彩的附着力,提高器件的合格率。

先在衬底表面涂布一层平坦胶水,然后烘烤固化。清洗硅片。

2. 绿色滤光层

采用涂布设备,以旋涂的方式将绿色光阻剂涂布于平坦层上;然后利用光刻机通过光掩膜版照射,曝光出需要保留的绿色像素滤光区域;最后在显影机中利用显影液去掉多余的未曝光绿色光阻剂材料,制得绿色的滤光区,获得绿色滤光层(G 层),清洗硅片。

3. 蓝色滤光层

通过旋涂工艺将蓝色光阻剂涂布于已做完 G 层的图像传感器硅片上,采用蓝色滤光层的光掩膜版做光刻工艺,曝光出需要保留的蓝色像素滤光区域;显影掉多余的未曝光蓝色光阻剂,制得蓝色的滤光区,获得蓝色滤光层(B 层),清洗硅片。

4. 红色滤光层

通过旋涂工艺将红色光阻剂涂布于做完 G 层和 B 层的硅片上,采用红色滤光层的光掩膜版完成光刻工艺,曝光出需要保留的红色像素滤光区域;显影掉多余的未曝光红色光阻剂,制得红色的滤光区。

最终完成的 R、G、B 三层的彩色滤光层,清洗硅片。

5.平坦层

在做完绿、蓝、红色三层颜色滤光层后,CMOS 硅片表面会存在一定程度的膜厚不一致,这种膜厚不一致会改变光路导致入射光的反射量增加,从而减少图像传感器光电二极管对光的吸收。因此,需要在做微透镜工艺之前,再涂布一层平坦层(Top Layer 层),用来改善 CMOS 硅片表面平坦度,改善入射光的反射量。

将平坦层材料涂布于硅片表面绿、蓝、红色颜色滤光层之上,再经过烘烤,固化平坦层,清洗硅片。

3.2.3 颜色的计算

彩色滤光片的布置规律是,一个像素记录一种颜色,即若传感器的像素规模是 $m \times n$,则共记录了 $m \times n$ 个颜色数据。而对于一幅彩色图像而言,一个像素的颜色应当是红、绿、蓝三种颜色,即若一幅图像的像素规模是 $m \times n$,则共有 $3 \times m \times n$ 个颜色数据。这就意味着,CMOS 图像传感器记录的原始图像,每个像素有一种颜色,另外两种颜色可以按照一定的方法通过计算的手段得到。

如图 3-19 所示,绿色单元中,它周围 8 个像素有两种色彩排列方式。为了计绿色像素的另外两种颜色(红色与蓝色),根据周围 8 个像素的排列位置,分别选择对应的两个像素的颜色计算。

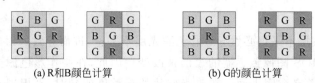

(a) R和B颜色计算　　　　　　　　(b) G的颜色计算

图 3-19　平均法计算

例如,选择上下或者左右两个蓝色像素的颜色值,取平均值即得到蓝色的颜色值,选择上下或者左右两个红色像素的颜色值,取平均值即得到红色的颜色值。

另外红色和蓝色单元,如图 3-19(b)所示,分别取其周围 8 个像素中的 4 个像素的颜色值计算。

例如,对于红色像素,需计算蓝色和绿色的颜色值,分别如下:

选择四个角的蓝色像素的颜色值,取平均值即得到蓝色的颜色值,选择上下、左右四个绿色像素的颜色值,取平均值即得到绿色的颜色值,即

$$\begin{cases} G(R) = \dfrac{G_1 + G_2 + G_3 + G_4}{4} \\[2mm] G(B) = \dfrac{G_1 + G_2 + G_3 + G_4}{4} \end{cases} \tag{3-30}$$

对于蓝色像素,计算红色和绿色的颜色值方法相同,不再赘述。

3.3 传感器的信号读出与特性

3.3.1 信号处理与读出

CMOS 图像传感器采用集成电路工艺制作，可以在芯片上集成很多必要的电路。为了改善器件的性能和功能，如抑制固定模式噪声等，可以将信号处理电路集成于芯片上。

1. 相关双采样电路

如图 3-20(a)所示，相关双采样电路(Correlated Double Sampling, CDS)的基本电路由两组 S/H 电路和一个差分放大电路组成，两路采样保持电路相互独立，复位采样通道包括开关 Φ_R 和电容器 C_R，信号采样通道包括开关 Φ_S 和电容器 C_S。具有相关双采样性能的电路，例如图 3-5(b)、(c)的像素电路，它们的输出端与图 3-20(a)的输入端相连。在复位和采样的两步操作中，先后输出复位电路的噪声 V_{rst} 和读出信号 V_{sig}，并分别保持在电容 C_R 和 C_S 中，然后对保持在两个电容中的 V_{rst} 和 V_{sig} 进行减法运算，得到输出信号 V_{out}。

结合图 3-5(b)、(c)，图 3-20(a)，分析电路的工作时序。如图 3-20(b)所示，电路的工作时序如下：

(1) 在信号读出阶段，在 $t_1 \sim t_7$ 时刻，Φ_{SEL} 一直处于导通(高电平)，选通管一直处于导通状态。

(2) 在 t_2 时刻设置 Φ_{RST} 处于高电平，像素被复位，电路输出复位电平或者 KTC 噪声；紧跟着，Φ_R 在 t_3 时刻变为高电平，噪声被储存在电容器 C_R 中。

(3) t_4 时刻打开传输门 TG，将光电二极管中的电荷转移到 FD 中，随后 Φ_S 置为高电平，信号电荷被采样并保持在 C_S 中。

(4) 最后，Φ_Y 为高电平，将 C_R 和 C_S 上的电压同时引入差分放大器，对信号进行差分运算。

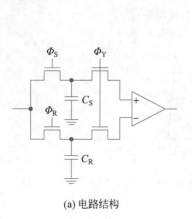

(a) 电路结构

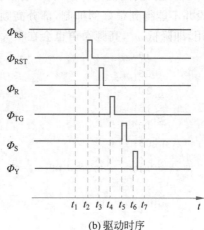

(b) 驱动时序

图 3-20　相关双采样电路分析

CDS 技术在像素单元进行信号积分的过程中在短时间内两次点采样,然后将这两个采样值进行相减,利用电路中噪声电压在时间上的相关性来消除噪声,可以有效降低噪声、提高电路信噪比。

设 MOS 开关管关断电阻为 R_{off},关断后的 KTC 噪声为 V_0,采样电容值为 C。噪声电平和时间的关系为

$$V_n = V_0 e^{\frac{t}{R_{off}C}} \tag{3-31}$$

如果两次采样的时间间隔为 τ,则最终输出残留的噪声为

$$\Delta V_n = \frac{KT}{C}(1 - e^{\frac{\tau}{R_{off}C}}) \tag{3-32}$$

可见,通过增大采样电容值、增大 MOS 开关管关断电阻、缩短采样间隔等手段,均可以进一步降低 KTC 噪声对最终输出电压的影响。

CDS 同样可以抑制 MOS 管的噪声。相关双采样可以用 δ 函数表示为

$$f(t) = \delta\left(t + \frac{1}{2}\tau\right) - \delta\left(t - \frac{1}{2}\tau\right) \tag{3-33}$$

式中：τ 为积分过程中两次采样的时间间隔,对其进行傅里叶变换可得系统传输函数为

$$F(j\omega) = \int_0^\infty \left[\delta\left(t + \frac{1}{2}\tau\right) - \delta\left(t - \frac{1}{2}\tau\right)\right] e^{j\omega t} dt \tag{3-34}$$

进而可得电路的传输函数的幅频特性方程：

$$H(j\omega) = -2j\sin\left(\frac{\omega \Delta \tau}{2}\right) \tag{3-35}$$

若采用一阶低通滤波器对电路的输出信号做滤波处理,则电路最终的幅频特性为

$$| H(j\omega) |^2 = \frac{4\omega_c^2}{\omega_c^2 + \omega^2}\sin^2\left(\frac{\omega \Delta \tau}{2}\right) \tag{3-36}$$

式中：ω_c 是一阶低通滤波器的截止频率。幅频特性如图 3-21 所示,不难看出,低频段噪声得到了很好的抑制,当两次采样的时间间隔 $\Delta \tau$ 很短时,极低频的噪声基本上完全被消除；在高频段并不能得到很好的抑制,部分高频噪声甚至被增强了,但由于一阶低通滤波器的滤波作用,即降低 ω_c,高频噪声也会在很大程度上被抑制了。

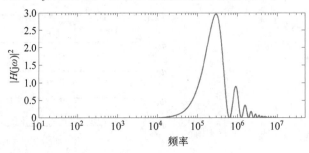

图 3-21　相关双采样电路频谱特性

2. 电子快门曝光

CMOS 图像传感器用电子快门控制曝光,相同结构阵列的不同工作方式和时序,可

以产生不同的电子快门方式。最常见的电子快门曝光方式有两种：滚筒曝光（Rolling Shutter）和全局曝光（Global Shutter）。

滚动快门曝光是 CMOS 图像传感器阵列最基本的曝光方式之一，是一种逐行曝光方式。如图 3-22 所示，传感器从首行（第一行）的开始曝光，设曝光时间为 T_e，从 t_1 时刻开始，对首行的每一个像素同时曝光，然后，依次逐行地对每一列进行曝光操作，直至最后一行曝光结束，所用时间为 $\Delta t(=t_m-t_1)$。逐行扫描的执行时间 Δt 与 T_e 没有特定的关联性，Δt 由传感器内部电路的驱动时序决定，行与行之间的曝光控制时间间隔为 T_{row}，这个时间由芯片内部控制，一般不可变；T_e 由用户根据实际需要决定，由外部电路控制，是可变的参数。每一行像素曝光操作完成后，经过一个相应的时间间隔（$T_e-\Delta t$），完成了全部像素的曝光，系统开始读出像素信号。滚动快门的曝光-读出操作是按行执行的，最小曝光时间为 T_{row}。传感器的曝光时间为

$$T_e=kT_{row} \quad (k=1,2,3,4,5,\cdots) \tag{3-37}$$

即传感器的曝光时间以 T_{row} 的整数倍计算。

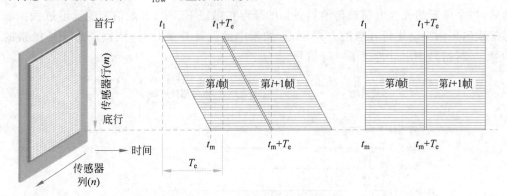

图 3-22　两种曝光方式的图解

滚动曝光方式的时序如图 3-23 所示，每一行的重置控制信号 Reset(0)、Reset(1)、Reset(2)、……、Reset(N−1)，依次间隔相同的 T_{row} 时间，开启重置执行曝光开始操作，直到阵列所有的行都开始曝光。

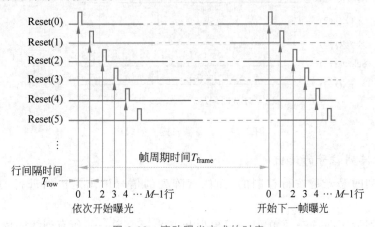

图 3-23　滚动曝光方式的时序

在滚动曝光的每一行都是在不同时间点开始和结束曝光的,如果被摄物体在曝光过程中运动,先曝光的画面部分与后曝光的同一画面部分在不同的相对空间位置上,使成像的物体形状产生失真。在闪光灯辅助补光的情况下,滚动曝光可能会让一帧图像经历闪光的发生、增强、最亮、降低和消失的过程,不同时间曝光的画面被光照射的强度不同,造成画面的闪光失真。

全局快门曝光是 CMOS 图像传感器阵列最常见的曝光方式之一,其曝光过程中,整个阵列的全部像素在 t_1 时刻同时开始曝光,在 t_1+T_e 时刻同时结束曝光,所有像素的曝光时间相同,均为 T_e。曝光完成后把每个像素捕获的光电信号同时存储在各自的暂存区(例如悬浮扩散区 FD)中,然后用类似滚动快门的读出方法滚动选择读出。这里所讨论的全局快门曝光方法,是建立在像素信息存储在悬浮扩散区 FD 中的基础上,保证全阵列像素相同的曝光开始和结束时间。全局曝光方式更适合于记录运动物体的图像。

全局曝光方式的时序如图 3-24 所示,阵列中所有像素的重置同时开启,开始阵列像素的曝光操作;经过曝光时间 T_e 后,全阵列像素的传输门同时第二次开启结束曝光。随后,每个像素的光生电荷被传输到各自的悬浮扩散区 FD 中,开始信号的读出过程。信号的读出采用滚动逐行开启的方式,一行像素中的选择开关打开,依次读出每一像素的信号,一行信号读出后再读下一行信号。

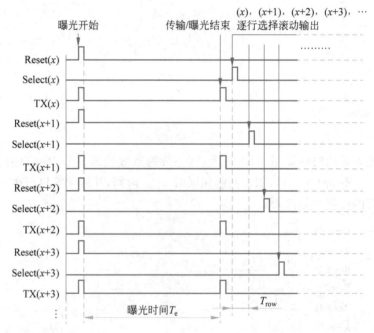

图 3-24　全局曝光方式的时序

3. 图像阵列信号的读出

像素阵列的曝光是按行控制的,而像素阵列的信号读出是按列进行的,如图 3-25所示。

像素阵列最底部,每一列配置一只模拟开关 $S_0, S_1, S_2, \cdots$,所有列线的信号经过各自列的模拟开关连接到一只公共放大器的输入端。若某一行的选择信号有效,选中了这一行像的全部像素,例如第 i 行(row_i)的全部像素,row_i 的全部像素信号都传输到相邻的列线上,所有的列线同时输出的是 row_i 上每个像素的光电信号。

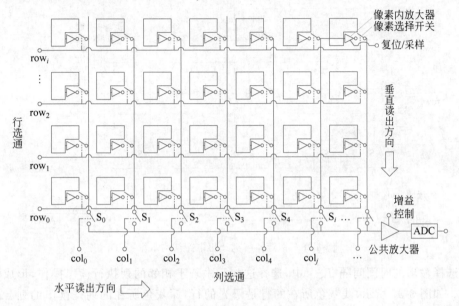

图 3-25　像素阵列的列读出电路结构示意图

　　然后,模拟开关 S_0,S_1,S_2,…,沿水平读出方向依次接通,切换到列线 col_0,col_1,col_2,…的输出端,row_i 中每个像素的信号依次被输入到公共放大器并被后续电路读出。公共放大器通常是一个可变增益的宽带放大器,在一定程度上可以实现增益自动控制(Automatic Gain Control,AGC)。在 CMOS 图像传感器上,模拟放大器后面直接连接模数转换器,向图像信号以数字信号的形式输出。

　　为了加速信号的读取速度,提高图像的帧率,可以采用并行读取方式,如图 3-26 所示,是一种由奇数列和偶数列两路并行输出的方式。模拟开关 S_1,S_3,S_5,…,与像素阵列的奇数列信号相连接,将信号输入到模拟放大器 A_1,再经模数转换器 ADC1 变换成奇数列数据输出 V_1。模拟开关 S_0,S_2,S_4,…,选择阵列的偶数列像素信号输入模拟放大器 A_0,然后经模数转换器 ADC0 变换成偶数列数据输出 V_0。

　　两组并列读出结构是早期 CMOS 图像传感器使用的最简单的读出电路,现在发展了更多组并行读出的电路结构,例如 6 组并列的读出方式。

　　4. 单独像素寻址

　　CMOS 图像传感器像素阵列由行列选通信号控制读出,因此,电路结构上具有直接对阵列中某个像素直接读取信号的能力,这种操作过程称为"单独像素寻址"(IPA)。具有单独像素定址能力的 CMOS 图像传感器可以灵活地读出像素阵列中的图像,例如窗口曝光读出、间隔跳跃曝光读出和选址像素曝光读出等。

　　窗口曝光读出方式是选择阵列中若干相邻的行像素执行曝光操作,完成曝光的行在

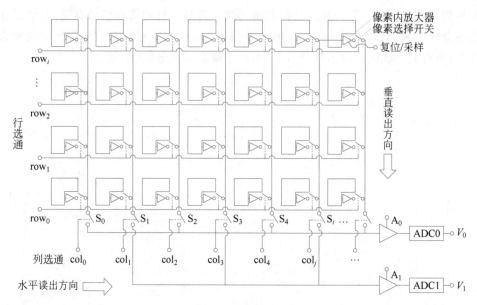

图 3-26　两组并行列读出电路结构示意图

执行选择输出的时间间隔 T_{row} 中，选择这一行中若干相邻的列执行读出操作，形成曝光窗口。如图 3-27 所示，浅灰色所在的行是曝光的行，深灰色所在的列是读出的列。通过选择曝光起始行和结束行的地址，以及选择读出起始列和结束列的地址，可以改变窗口曝光读出的窗口大小和在像素阵列平面上的位置。改变选择曝光读出窗口的大小，可以实现图像的电子变焦（Zoom）操作；改变曝光窗口的位置，可以实现图像的电子平移（Pan）操作。

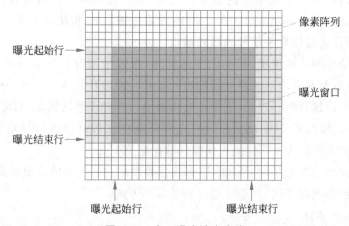

图 3-27　窗口曝光读出方式

间隔曝光读出方式是等间距跳跃选择若干行，对稀疏选择的行像素执行曝光操作，完成这些行像素曝光后，再以等间距跳跃选择若干列，对所选择的列执行读出操作。如图 3-28 所示，白色所在的行是不曝光行，浅灰色所在的行是曝光的行，深灰色所在的列是读出的列。用这种方式曝光-读出的图像信息，相当于降低了画面的空间采样率，输出的信号可以重建一个低分辨率的图像。当然,也可以只对阵列中某一行像素执行曝光,然后只对某一列读出,这样就实现阵列上单个像素的选址曝光读出,即单独像素寻址。

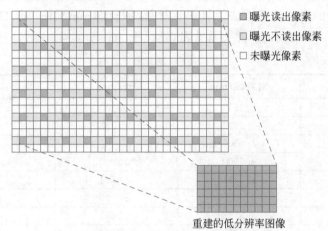

曝光读出像素
曝光不读出像素
未曝光像素

重建的低分辨率图像

图 3-28　间隔跳跃曝光读出方式

虽然这些曝光-读出方式与全帧方式相比都降低了图像的信息量,但因为只获取必要的像素信息舍弃不必要的信息,所以都提高了获取必要信息的速度。这些功能在某些特殊应用场合是非常有用的。譬如在军事和科研领域,经常会要求快速捕捉图像目标特征,然后再进行细节解析的应用,阵列的选择曝光读出方式就显示出优秀的性能。这种直接在像素阵列上快速获取特定信息的方法,相比另一种方法:获取一帧全像素高清晰度图像,然后在复杂的数字信号处理设备和程序中提取特征,前者的获取处理速度是后者无法比拟的。

5. 读出电路

读出电路对于传感器的性能有着重要的影响,因此对于不同的应用场合,读出电路可以选用不同的类型。对读出电路的主要要求包括低功耗、高分辨、线性度好、稳定的零偏、低噪声、高注入效率、小像素尺寸和良好的动态范围。完全满足上述要求的电路是最理想的电路,尽可能地满足上述要求也是 CMOS 图像传感器电路设计的努力方向,为此发展出多种电路结构。APS 读出电路结构满足稳定的零偏和良好的动态范围的要求,不满足线性度好和小像素尺寸的要求;PPS 电路结构满足小像素尺寸的要求,不满足线性度好、稳定的零偏、高注入效率和良好的动态范围的要求。共享缓冲直接注入(SBDI)电路结构结合了上述两种电路的优点,具有低 FPN、高帧率、良好线性度、大动态范围、高信噪比、超高灵敏度和红外探测能力。也有一些特定的读出电路用于超高灵敏的场合,如焦平面成像、X 射线成像、放射传输医学成像、低光照成像等。

3.3.2　特性参数

1. 传感器尺寸

传感器尺寸是指传感器感光面的大小,一般情况下以对角线尺寸作为面阵 CCD 的靶面尺寸。目前,比较常见的 CCD 尺寸,是使用"1/X 英寸"的标注方法。CCD 尺寸标注方式是使用过去的摄像机真空摄像管的对角线长短来衡量的，标准术语是"OPTICAL FORMAT"（OF，光学格式），其单位为英寸。

CCD 的 OF 的粗略计算方法为，OF ＝ 对角线长度（mm）/16。CCD 的靶面尺寸的"英寸"（inch）与 mm 之间的对照关系见表 3-1。

表 3-1 CCD 靶面尺寸对照

尺寸/inch	对角线/mm	长/mm	宽/mm
1/7	2.2857	1.8286	1.3714
1/6	2.6667	2.1333	1.6000
1/5	3.2000	2.5600	1.9200
1/4	4.0000	3.2000	2.4000
1/3.5	4.5714	3.6571	2.7429
1/3.2	5.0000	4.0000	3.0000
1/3	5.3333	4.2667	3.2000
1/2.7	5.9259	4.7407	3.5556
1/2.5	6.4000	5.1200	3.8400
1/2	8.0000	6.4000	4.8000
1/1.8	8.8889	7.1111	5.3333
1/1.6	10.0000	8.0000	6.0000
2/3	10.6667	8.5333	6.4000
3/4	12.0000	9.6000	7.2000
4/5	12.8000	10.2400	7.6800
5/6	13.3333	10.6667	8.0000
1/1	16.0000	12.8000	9.6000
1.2/1	19.2000	15.3600	11.5200
1.5/1	24.0000	19.2000	14.4000
1.8/1	28.8000	23.0400	17.2800
2/1	32.0000	25.6000	19.2000
2.5/1	40.0000	32.0000	24.0000
3/1	48.0000	38.4000	28.8000
3.5/1	56.0000	44.8000	33.6000
4/1	64.0000	51.2000	38.4000
4.5/1	72.0000	57.6000	43.2000
5/1	80.0000	64.0000	48.0000
5.5/1	88.0000	70.4000	52.8000

2. 填充因子

填充因子是指像素的有效感光面积与像素面积之比，它是衡量像素的光照利用效率的参数，填充因子在一定程度上决定了 CMOS 图像传感器的动态响应特性。

如图 3-29 所示，CMOS 图像传感器的像素以阵列形式布置，相邻像素之间的间距为 p，像素面积为 A_p。由于像素阵列的电路布置的原因，照射到像素的光束不能全部到达像素中的光电二极，设像素的有效感光面积为 A_a 感光。图中的白色矩形区域即为像素的感光区域,感光区域周围是不会感光的死区(如图阴影区域)。

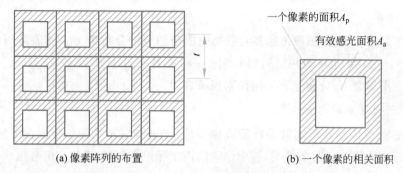

(a) 像素阵列的布置　　　　　　　　　　(b) 一个像素的相关面积

图 3-29　像素填充因子示意图

因此像素的填充为

$$\mathrm{FF} = \frac{A_\mathrm{a}}{A_\mathrm{p}} \tag{3-38}$$

3. 像素总数和有效像素数

像素总数是指所有像素的总和,也称为"像素规模",它是衡量 CMOS 图像传感器的主要技术指标之一。CMOS 图像传感器的总像素中被用来有效光电转换并输出图像信号的像素为有效像素。显而易见,有效像素总数隶属于像素总数集合。有效像素数目直接决定了 CMOS 图像传感器的分辨能力。

对于面阵 CMOS 图像传感器,通常用有效像素的列数×行数来表示像素规模,例如,1280×1024,表示有 1280 列像素、1024 行像素。也可以用像素的总数量表述,例如,1280×1024 规模图像传感器,可以称为 130 万像素。

对于线阵 CMOS 图像传感器,通常用有效像素的总数量表述。

4. 动态范围

动态范围是指图像传感器最大可测光照度与最小可测光照度之间的比值,也可以定义为像素达到饱和容量时的电子数与无光照条件下的像素噪声电子数的比值,用 DR 表示,单位为分贝(dB),它是由 CMOS 图像传感器的信号处理能力和噪声决定的:

$$\mathrm{DR} = 20\log\left(\frac{N_\mathrm{sat}}{N_\mathrm{dark}}\right) \tag{3-39}$$

用图像传感器记录图像,图像的细节、层次、特征与动态范围相关,它决定了图像的最暗的阴影部分到最亮的高光部分的光照度分布范围。

5. 灵敏度

图像传感器对入射光功率的响应能力称为响应度。对于 CMOS 图像传感器来说,通常采用电流灵敏度来反映响应能力,电流灵敏度是单位光功率所产生的信号电流。

灵敏度主要由两方面因素决定:一是被光电二极管收集的光生载流子数量,即光电二极管的量子效率(QE)与填充因子的乘积。其值越高,表明在相同入射光条件下,能够收集到的光生载流子越多。二是转换增益,即每个收集到的光生载流子被转换为多少信号电压。转换增益的大小由转换节点的电容大小决定,转换电容越小,转换增益越大。

6. 分辨率

分辨率是指 CMOS 图像传感器对景物中明暗细节的分辨能力。其通常用调制传递函数(MTF)来表示,也可以用空间频率(lp/mm)来表示。

有些应用场合下,分辨率直接用像素规模表述。

7. 光电响应不均匀性

CMOS 图像传感器是离散采样型成像器件,光电响应不均匀性定义为 CMOS 图像传感器在标准的均匀照明条件下,各个像素的固定噪声电压峰-峰值与信号电压的比值。

8. 光谱响应特性

CMOS 图像传感器的信号电压 V_s 和信号电流 I_s 是入射光波长 λ 的函数。光谱响应特性是指 CMOS 图像传感器的响应能力随波长的变化关系,它决定了 CMOS 图像传感器的光谱范围。

9. 寄生光灵敏度

寄生光灵敏度(PLS)是全局快门 CMOS 图像传感器的特有参数。对于全局曝光 CMOS 图像传感器,阵列中的所有像素同时开始和停止曝光,曝光收集的光生信号电荷储存在如上所述的电荷域或电压域存储节点之中。

对于一定阵列规模的 CMOS 图像传感器(CIS),全部像素的读出需要一定的时间,面阵规模越大,读出的时间也就越长,因此第一个像素的读出和最后一个像素的读出就存在时间差。在这段时间差内,由于存在 MOS 管的漏电以及存储节点受寄生光的干扰(光照产生的光生信号被吸引至存储节点)等情况,会对存储节点的信号造成影响。寄生光灵敏度可以定量描述以上因素给图像传感器性能参数所带来的影响。

10. 帧率

图像传感器在单位时间内所记录的图像的数量,称为"帧率",单位是 Hz 或者 fps。帧率表示 CMOS 图像传感器的像素阵列的全部数据为一"帧",一帧图像被完全读出需要一定的时间、处理图像也需要一定的时间、图像传输也需要一定的时间,因此,每秒能够更新的图像帧数是有限的,帧率表示了传感器的数据输出的综合能力。

帧率一般是针对视频图像而言的,按照人眼生理特性,视频图像的帧率达到 46Hz 才能满足人眼上述频率的要求。

3.4 CMOS 传感器的应用

接触式图像传感器是一种特殊的 CMOS 图像传感器,它将光学器件与图像传感器相结合,形成可直接成像的传感器件。其中的光学器件采用柱状透镜阵列,与图像传感器的像素相对应,从而大大缩小了光电成像系统的尺寸,使得器件在结构上紧凑、轻巧。随着市场的需求和技术的发展,不同的 CIS 集成了不同的组件,如 LED 光源、信号放大器等。

本节结合纸币的图像化自动识别的应用场合,介绍 CMOS 图像传感器的应用问题,读者可以通过 CIS 在纸币的高速识别系统的应用,进一步理解 CMOS 图像传感器的相关知识,启发对这类传感器的应用的思维。

3.4.1 纸币的图像采集

1. 纸币鉴别的基本概念

纸币是当今世界各国普遍使用的货币形式,即使是在电子商务蓬勃发展的今天,现金流通依然是商品交换和金融贸易不可缺少的手段。同时,由于假币的制造技术水平也越来越高,针对性很强的假币严重干扰货币正常流通。纸币清分与鉴别是银行的一项重要业务,即对不同面额和朝向的纸币进行清理分选归类工作,并实现纸币的点钞、计数、识别真假等。用人工来完成这一过程必将出现很多差错,并且效率极其低下,纸币的自动识别也因此应运而生。例如,我国在 2010 年颁布施行 GB 16999—2010《人民币鉴别仪通用技术条件》,2018 年发布施行 JR/T 0514—2017《人民币现金机具鉴别能力技术规范》,将人民币纸币机读识别防伪特征作为强制标准,规定自动识别的特征类型(如纸币尺寸、可见光反射图文、可见光透视图文、红外反射图文、红外透射图文、荧光图文、磁性图文、安全线磁性特征、印刷光变图文、安全线光学特征、光谱吸收特征、透明视窗特征、水印特征、冠字号码、厚度特征等)。为此,新技术也随之应用于纸币识别防伪的需求,如图像特征分析技术、荧光特征识别技术、红外特征识别技术等基于图像识别的技术,形成了多特征自动识别系统。

2. CIS 图像采集

如图 3-30 所示,动态鉴别仪(如点钞机或清分机)中,堆叠的纸币通过进钞系统逐张进入传输通道,通道内分布有多种传感器,其中包括 CIS。纸币在机械转动与控制系统的作用下匀速经过 CIS 图像采集平面,获得纸币的图像。接触式图像传感器仅需要 2cm 细槽即可嵌入鉴别仪传输通道,另外技术门槛、成本、纸币成像质量等优势,使其占据几乎所有动态鉴别仪市场。

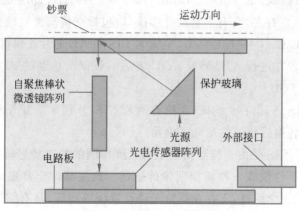

图 3-30　动态鉴别仪示意图

系统的硬件部分包括图像采集部分、图像处理部分、时序控制部分,如图 3-31 所示。图像采集部分完成纸币的图像采集和模/数(A/D)转换。纸币从入钞口进入,并受电动机转动的机械控制通过采集区实现图像的采集,采集到的图像由 A/D 转换成数字信号。图像处理部分接收采集系统采集到的图像,进行一系列的图像处理,实现清分、鉴伪。时序控制部分主要为其他芯片提供同步,控制等信号,并为图像数据提供缓存,确保系统正常工作。

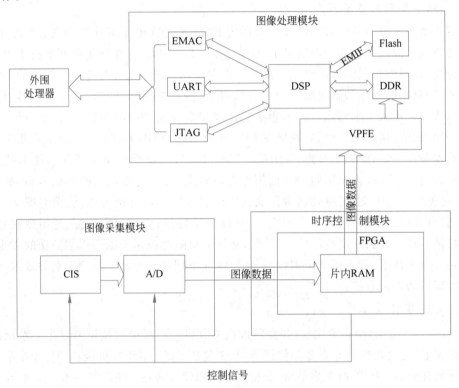

图 3-31　系统功能模块框架图

图像处理部分的核心是 TMS320DM6437,主频 594MHz,1MB 的二级缓存,并配备了 256MB 的 DDR2 内存芯片,有丰富的外部接口,包括支持高速视频输入的 VPFE,10/100Mb/s 以太网 MAC。时序控制部分,负责为 CIS 和 AD 芯片提供可靠的控制信号,以控制其何时采集图像并进行 A/D 转换,A/D 之后的数据信息经过 FPGA 的封装并加上同步信号后传送给 DSP。

采集部分由 CIS、A/D 芯片构成,系统有两片 CIS,分别采集红外和白光情况下共四幅图像,通过 A/D 转换后传给图像处理单元。

如图 3-32 所示,CIS 是由一排与扫描原稿宽度相同的光电传感阵列、LED 光源阵列和柱状透镜阵列等部件组成一种新型图像传感器。这些部件全部集成在一个条状方形盒内,不需要另外的光学附件,不存在调整光路和景深等问题,具有结构简单、体积小、应用方便等优点。

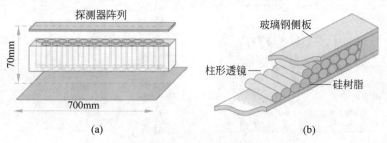

图 3-32　CIS 结构示意图

　　如图 3-33 所示,光源发出的光线透过玻璃达到被扫描的物体(如文件、图像等)上,随着被扫描物体的明暗程度的不同,光线被部分或全部反射到柱状透镜上,光线经透镜聚焦后,照射到感光电路板成像阵列上,成像阵列由若干个光敏元件组成,明暗程度不同的光信号由光敏元件转变成电压幅值大小不同的电信号,然后通过移位寄存器将信号送至运算放大器,信号经放大后传送到连接器,用户通过连接器可得到经光电转换后的图文信号。

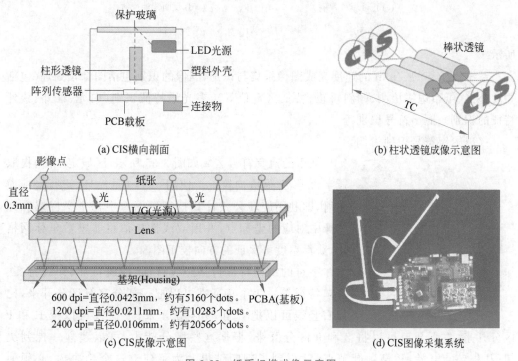

图 3-33　纸币扫描成像示意图

3.4.2　纸币的高速识别

　　在时序的控制下,CIS 图像采集系统分时采集正面白光反射、反面白光反射、白光透射、红外透射、正面紫外反射、反面紫外反射 6 幅图像,采集与光源交替发光由现场可编程门阵列(FPGA)控制采集时序,完成采集过程。最后根据时序将 6 幅图像分开,如图 3-34

(a) 白光透射　　　　　　　　　　　　　　(b) 红外透射

(c) 正面紫外反射　　　　　　　　　　　　(d) 反面紫外反射

图 3-34　扫描获得的纸币图像的局部特征

所示。

　　系统以 1000 张/min 的速度完成图像采集与识别，图像的识别包括图像预处理（包括亮度补偿、纸币边缘检测、倾斜矫正、特征区定位等）、多光谱特征识别（白光、红外、紫外特征的识别）、冠字符号识别等。

　　仅以冠字符号识别为例。

图 3-35　冠字符号

　　纸币的冠字符号区域如图 3-35 所示，区域定位后，提取冠字符号，并做方向校正。使用一个二重循环，进行坐标逆映射，即利用旋转公式计算校正后图像中每个坐标点在原图像中对应的坐标点，并用双线性插值将非整数坐标网格化，获得精度可保证的方向校正图像。

　　字符的结构特征包括竖线特征、横线特征、穿线特征、开口特征等。每个特征都可以把一部分字符区分开来，比如右竖线可以把 C 和 D 区分开来，下横线可以把 E 和 F 区分开来，左下开口可以将 8 和 9 区分开来，根据这些区分能力，可以建立一棵判决树，从根节点开始，逐渐到叶节点，就得到了判断结果。为了建立这个判决树，必须使用稳定的结构特征，同时一个字符可能出现在不同的节点中。本节不对其进行详细讨论。

　　冠字符号识别涉及机器视觉和人工智能算法，已超出本书关注的范畴，不再介绍。积分投影非常适合纸币中与背景差异明显的特征的定位，比如冠字符号定位。

　　采用积分投影算法将图像中的像素点按照特定的方向进行灰度累加，获得水平投影和垂直投影函数,再按照一定的扫描方向,将冠字符号的每一个字符的坐标位置精确地计算出来。

接下来对图像做二值化处理,采用全局阈值法与局部阈值法相结合的方法,并由邻域计算模板实现考察点灰度与邻域点的比较,在图像量化噪声或不均匀光照等情况下,可以将每一个字符准确地勾勒出来。

第

4

章

电荷耦合器件

与普通的 MOS、TTL 等电路一样,电荷耦合器件(CCD)属于一种集成电路,只不过它具有多种独特功能。通过 CCD 可以实现光电转换,信号存储、转移(传输)、输出、处理,以及电子快门等一系列功能。归纳起来,CCD 器件具有以下特点:①体积小,重量轻,功耗低,可靠性高,寿命长。②空间分辨率高。例如线阵器件可达 7000 像素、分辨能力可达 $7\mu m$,面阵器件已有 4096×4096 像素的器件,整机分辨能力已在 1000 电视线以上。③光电灵敏度高,动态范围大。目前好的器件,灵敏度可达 0.01lx,动态范围为 $10^6 : 1$,信噪比为 60~70dB。④可任选模拟、数字等不同输出形式,可与同步信号、I/O 接口及微机兼容,组成高性能系统,可以在不同条件下使用,便于和计算机结合。

CCD 是使用最广泛的固体摄像器件,按照结构可分为线阵和面阵两大类器件,它们的工作原理基本相同,但结构各有特点。在测量领域,线阵 CCD 用得最多,本章将重点介绍这种线阵 CCD 器件的结构、特性及应用。

4.1 CCD 的物理基础

电荷耦合器件是一种基于 MOS 晶体管的器件,由一系列 MOS 晶体管并列而成,对其工作原理的理解可以先从 MOS 结构的晶体管物理特性入手。与普通 MOS 晶体管不同的是,CCD 的 MOS 结构不是工作在半导体表面的反型层状态,而是利用在电极下氧化物——半导体界面形成的深耗尽层工作的。也就是说,CCD 是基于非稳态 MOS 电容器的器件。

图 4-1(a)为 CCD 的结构示意图,它由衬底、氧化层和金属电极构成。由于 P 型硅的电子迁移率高于 N 型硅,所以衬底通常选用 P 型单晶硅。衬底上生长的氧化层(SiO_2)厚度为 1200~1500Å(1Å = 0.1nm),氧化层上按一定次序沉积的若干金属电极作为栅极。栅极间的间隙约为 $2.5\mu m$,电极的中心距离为 15~20μm。每个栅极与其下方的 SiO_2 和半导体衬底间构成了一个金属-氧化物-半导体结构的 MOS 电容器,如图 4-1(b)所示。MOS 电容器的状态随栅极上施加的栅极电压 U_G 的不同而不同,呈现不同的物理性质。

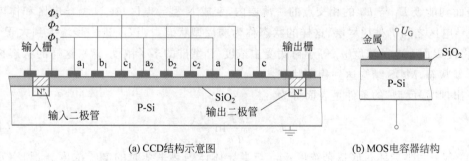

(a) CCD结构示意图   (b) MOS电容器结构

图 4-1   CCD 原理示意图

1. 稳态情况 MOS 结构的物理性质

图 4-2 为单个 MOS 结构在不同偏置下的能带弯曲图[①]。未加栅压 $U_G(U_G = 0)$ 时,

---

① 有关半导体能带的概念参见附录 E。

P 型半导体中空穴（多数载流子）的分布是均匀的，能带基本上不弯曲，如图 4-2（a）所示。当栅极上加上一定电压 U_G 后，在硅与氧化物的界面处形成电荷集聚，电荷的分布随外界电压 U_G 的大小和方向的变化而变化。

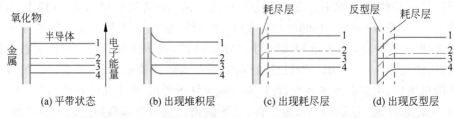

1—导带底能量 E_c；2—禁带中央能级 E_i；3—费米能级 E_f；4—价带顶能级 E_v.

图 4-2　不同偏置下理想 MOS 结构能带图

（1）多数载流子堆积状态。当金属电极上施加负电压（$U_G < 0$）时，电场由半导体指向金属电极，该电场将排斥电子而吸引空穴，半导体表面的表面势 $U_s < 0$，$-qU_s > 0$，半导体表面的电子能量增大，引起表面处能带向上弯曲，因此近表面处的空穴浓度增大，如图 4-2（b）所示。

（2）多数载流子耗尽状态。当金属电极上施加较小的正电压（$U_G > 0$，但较小）时，表面势 $U_s > 0$，$-qU_s < 0$，因此接近半导体表面处的电子能量减小，表面处的能带向下弯曲，近半导体表面下的空穴被排斥，在半导体表面的一定宽度范围内只留下受主离子形成的空间电荷区，称多子耗尽区（简称"耗尽区"）。该区域对电子来说是一个势能很低的区域，故也称"势阱"。此时，能带弯曲部分的厚度就是耗尽层的厚度，即势阱的深度，如图 4-2（c）所示。

（3）载流子反型状态。U_G 继续增大，半导体表面处的能带将进一步向下弯曲，当 U_G 超过某一阈值 U_{th} 时，界面处的中间能级 E_i 将降至费米能级 E_f 之下，界面处的电子浓度超过空穴浓度，形成了与原来 P 型半导体相反的一层 N 区，如图 4-2（d）所示。此时，从表面到能级 E_i 与 E_f 的相交点的一薄层内，变成 N 型导电区，在 N 型导电区和体内的 P 型导电区之间仍是耗尽层，这样的状态称为弱反型状态。当 U_G 进一步增大到大于 U_{th} 时，将使界面下电子浓度 n_s 等于衬底受主浓度（P 型硅的多子浓度 p_0），这样的状态称作强反型状态，MOS 结构达到稳定状态。

出现"强反型"的条件是表面势为

$$U_s = \frac{2kT}{q} \ln \frac{N_A}{n_i} \tag{4-1}$$

式中：N_A 为半导体衬底掺杂浓度；n_i 与半导体体内热平衡时的电子浓度 n_0 和空穴浓度 p_0 有关，并且 $n_i = (n_0 p_0)^{1/2}$。

表面势 U_s 在数值上等于栅压 U_G 与氧化层电压 U_{ox} 之差。

MOS 结构表面出现反型状态时对应的外加栅压称作阈值电压，以 U_{th} 表示，并且

$$U_{th} = U_s + U_{ox} \tag{4-2}$$

或

$$U_{\mathrm{th}}=\frac{2kT}{q}\ln\frac{N_{\mathrm{A}}}{n_{\mathrm{i}}}+\frac{1}{C_{\mathrm{ox}}}\left[4\varepsilon_{\mathrm{s}}\varepsilon_{0}N_{\mathrm{A}}kT\ln\frac{N_{\mathrm{A}}}{n_{\mathrm{i}}}\right]^{\frac{1}{2}} \tag{4-3}$$

式中：ε_{s} 为半导体衬底（硅）的介电常数；ε_{0} 为真空中的介电常数；C_{ox} 为单位栅面积下的 MOS 电容，与氧化层的介电常数 $\varepsilon_{\mathrm{ox}}$ 以及厚度 d 有关，并且 $C_{\mathrm{ox}}=\varepsilon_{\mathrm{ox}}\varepsilon_{0}/d$。

理论上，栅极电压 U_{G} 大于阈值电压 U_{th} 就使 MOS 结构形成强反型状态，不过，在实际的 MOS 结构中还应考虑到"平带电压"的存在。

我们曾认为，当 $U_{\mathrm{G}}=0$ 时，半导体的能带如图 4-2(a) 那样是平的。实际上，当 $U_{\mathrm{G}}=0$ 时，界面处由于存在一定的正电荷，在氧化物中有可移动的电荷，界面处的能带稍向上弯曲，类似于图 4-2(b) 的情景。为了使能带变平，需要附加一定的电压，这个电压称为平带电压，用 U_{FB} 表示。考虑到 U_{FB}，栅极上所加的电压必须是 $U_{\mathrm{G}}>U_{\mathrm{th}}+U_{\mathrm{FB}}$。

值得注意的是，在强反型层状态下，提高栅压只能使反型层中的电子数随栅极的正电荷数的增加而增加，而耗尽层的宽度则保持最大值不变，MOS 电容器的电容将达到最小值并几乎不随栅压的增加而变化，单位半导体表面内空间电荷区的电荷也为定值。

2. 非稳态 MOS 的物理性质

在 MOS 电容器的栅极上施加足够大的栅压的瞬间，电极下的半导体表面的空穴被排斥而形成耗尽区，如果没有外界注入少子（对于 P 型硅就是电子）或不引入其他激发，则反型层中电子来源主要是耗尽区内热激发的电子-空穴对。这种激发总是需要一定时间的，因此，在栅压大于阈值电压的瞬间，尽管半导体表面具备了形成反型层的条件，但电子尚未来得及产生，实际上 MOS 结构中只是空的电子势阱。从表面一直到体内较深处均处在载流子耗尽状态（称深耗尽）。由于此时金属栅极上的正电荷全部由耗尽区中的受主离子来平衡，因此耗尽区特别厚，厚度如图 4-3(a) 所示。

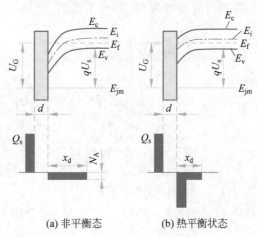

(a) 非平衡态   (b) 热平衡状态

图 4-3　瞬态 MOS 结构能带图

随后，热激发产生的电子在电场的作用下向表面集聚，体内的空穴则流入衬底，随着时间的推移，势阱中的电子不断增多，最后达到热平衡状态（稳态），在表面形成反型层，如图 4-3(b) 所示。

从非平衡态的建立开始到达热平衡状态所需要的时间称为存储时间（也称为弛豫时间），并且有

$$T = \frac{2N_A}{n_i}\tau_i \tag{4-4}$$

式中：τ_i 为耗尽区少子寿命；n_i 为本征载流子浓度；N_A 为受主浓度。

存储时间取决于硅材料及工艺水平，对于良好处理的单晶硅，这种激发过程是很慢的，几秒甚至几十秒。

CCD 就是在 MOS 电容器未达到热平衡之前，也就是热激发的载流子远没有出现之前的瞬间，利用 MOS 电容器的深耗尽区来存储和转移信号的。

非稳态时，表面势 U_s 特别大，电子的静电势能 $-qU_s$ 特别低，从而形成深度为 qU_s 的深电势。当信号电子到达势阱后，将屏蔽一部分电场，每增加 ΔQ_s 电荷，表面电势下降 $\Delta Q_s/C_{ox}$，势阱变浅；随着表面信号电子的不断积累，表面势 U_s 继续下降直至 2 倍费米势时，势阱"充满"，不再能吸纳信号电子（否则将破坏 MOS 的耗尽工作条件）。势阱所能容纳的最大电荷量近似为

$$Q_s = C_{ox}U_G A_d \tag{4-5}$$

Q_s 就是 MOS 电容器势阱的信号电荷存储能力，例如，氧化层厚 $d=0.1\mu m$，栅极面积 $A_d=10\times20\mu m^2$，栅压 $=10V$，掺杂浓度 $N_A=10^{15}/cm^3$ 的 MOS 电容器，其所能容纳的信号电荷 Q_s 为 3.7×10^6 个电子。

图 4-4(a)、(b) 为 U_s 与 U_G-U_{FB} 的关系曲线，图(a)中曲线 1、2、3 的受主掺杂浓度分别为 $10^{14}/cm^3$、$10^{15}/cm^3$、$10^{16}/cm^3$，图(b)的曲线 1、2、3 的氧化层的厚度分别为 $0.1\mu m$、$0.3\mu m$、$0.5\mu m$。

图 4-5 给出了 U_s 与势阱内信号电荷 Q_s 的关系曲线，由图可见，U_s 与 U_G、Q_s 基本上呈线性关系。

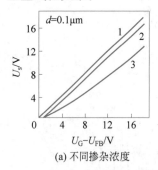
(a) 不同掺杂浓度

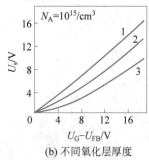
(b) 不同氧化层厚度

图 4-4　表面势与栅极电位之间的关系曲线

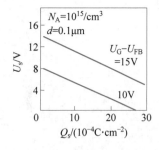

图 4-5　表面势与电荷之间的关系曲线

4.2　CCD 的工作原理

4.2.1　CCD 的电极结构

CCD 的电极就是 MOS 结构的栅极，CCD 的金属栅极是一个一个紧密排列的，若干

电极为一组构成一"位"。每位有多少个电极就对应地有多少个独立的驱动时序,称作"相"。根据相数的不同,可将电极结构分为二相、三相、四相三类。另外,根据电极的制造特点,也可将电极结构分为单层、二层和三层等。

CCD 的电极都在同一个平面上的结构称为单层电极结构,如图 4-6(a)、(b)所示。这种结构具有以下特点:①势阱是对称的。电荷传输方向(向右或向左)是通过改变三相时钟脉冲 ϕ_1、ϕ_2、ϕ_3 的时序来控制的,并且在任意时刻总有一个电极为低电平,以防止信号电荷倒流。②为了更好地传输信号电荷,要求势阱能交叠,使信号电荷非常顺利地从一个势阱流入另一个势阱,这就要求电极之间的间隙足够小。因此,制造工艺复杂,同时也容易产生电极间的短路。

针对单层电极的不足,出现了如图 4-6(c)的三相交叠电极,它在衬底上先形成一层氧化硅,上面沉积一层氧化硅保护膜和一层多晶硅,光刻多晶硅形成第一层电极。用热氧化使这些电极表面形成一层氧化物,然后沉积第二层多晶硅,接着再光刻多晶硅形成第二层电极。重复上面过程形成第三层电极。这种结构的电极间隙只是氧化层厚度,只有几百纳米,单元尺寸小,而且沟道是封闭式的,具有很好的性能,因而被广泛采用。它的主要缺点是高温工序多,需防止层间的短路。

图 4-6(d)是采用离子注入法获取的二相结构,它是在电极下面不对称的位置上注入离子而增加掺杂浓度。在栅极上施加相同大小的电压后,氧化层厚或掺杂浓度高的地方势阱浅,氧化层薄或掺杂浓度低的地方势阱深。这样,在栅电极下面形成不对称的势阱,势阱的不对称可以防止电荷倒流。这种二相电极结构减少了时钟脉冲相数,电路相对简单。

图 4-6(e)是一种城墙状氧化物二相结构,在同一栅极下有两种不同的氧化层厚度。这样,在相同栅极电压作用下,厚氧化层下面形成的势阱较浅,薄氧化层下形成的势阱较深。

图 4-6(f)为四相电极结构,其氧化层的表面厚度是不等的,厚氧化层为奇数电极,薄氧化层为偶数电极。这种不同厚度的电极将对电荷的转移起到不可忽视的作用,因为当

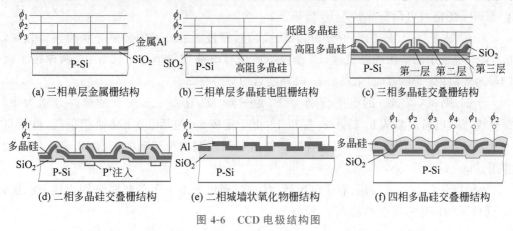

图 4-6　CCD 电极结构图

四相电极上加等量电压时,由于氧化层厚度的不同,各电极下面的势阱是不同的,这就使驱动时序大大简单,从而简化了驱动电路。

4.2.2 CCD 的电荷转移

CCD 的电荷转移是由电极下势阱的规律变化实现的,在各势阱下施加一系列有规律变化的电压(驱动时序),就可以控制电极下电荷包的存储位置和移动方向。下面将分别介绍三相、二相 CCD 的电荷传输过程,四相 CCD 的驱动电路比较复杂,应用也不大普遍,不做介绍。

1. 三相 CCD 的电荷移动

图 4-6(a)～(c)所示的电极形式构成的 CCD 均为三相驱动结构,为说明问题方便起见,将三相 CCD 的结构简化为图 4-7(a)的形式,图中三个 MOS 电容结构为一位,如 a_1、b_1、c_1 为第一位,a_2、b_2、c_2 为第二位,以此类推,共有 n 位;每一位的三个栅极按次序分别连接到 ϕ_1、ϕ_2、ϕ_3 相时钟驱动线上。

图 4-7(b)为 ϕ_1、ϕ_2、ϕ_3 的脉冲波形。先假设信号电荷已存入第一位第一个栅极 a_1 下的势阱中,可依照不同的时间段 t 分析信号电荷的传输过程:

t_1 时刻,ϕ_1、ϕ_2、ϕ_3 的电平分别为高、低、低,栅极 a、b、c 下的势阱分别为深、浅、浅,电荷保持在第一位第一个栅极 a_1 下的势阱中。

t_2 时刻,ϕ_1、ϕ_2、ϕ_3 的电平分别为高、高、低,栅极 a、b、c 下的势阱分别为深、深、浅,a_1 与 b_1 电极下的势阱相互贯通,a_1 栅极下的信号电荷均匀地分布在 a_1-b_1 两栅极下面的贯通势阱内。

t_3 时刻,ϕ_1、ϕ_2、ϕ_3 的电平分别为高→低、高、低,栅极 a、b、c 下的势阱分别为深→浅、深、浅,电荷逐渐从 a_1 转入 b_1 栅极下,由于栅极 c_i(包括 c_1)下势阱仍很浅,电荷只能从 a_1 转入到 b_1 下面势阱中,所有的 c 栅极起到控制电荷流动方向、防止电荷倒流的作用。

t_4 时刻,ϕ_1、ϕ_2、ϕ_3 的电平分别为低、高、低,栅极 a、b、c 下的势阱分别为浅、深、浅,a_1 栅极下的信号电荷全部转入 b_1 栅极下。

t_5 时刻,ϕ_1、ϕ_2、ϕ_3 的电平分别为低、高、高,栅极 a、b、c 下的势阱分别为浅、深、深,b_1 与 c_1 电极下的势阱相互贯通,b_1 栅极下的信号电荷均匀地分布在 b_1-c_1 两栅极下面的贯通势阱内。图 4-7(a)未画出 t_5 时刻之后的势阱分布。

t_6 时刻,ϕ_1、ϕ_2、ϕ_3 的电平分别为低、高→低、高,栅极 a、b、c 下的势阱分别为浅、深→浅、深,电荷逐渐从 b_1 转入 c_1 栅极下,由于栅极 a_i(包括 a_1)下势阱仍很浅,电荷只能从 b_1 转入到 c_1 下面势阱中,所有的 a 栅极起到控制电荷流动方向、防止电荷倒流的作用。

t_7 时刻,ϕ_1、ϕ_2、ϕ_3 的电平分别为低、低、高,栅极 a、b、c 下的势阱分别为浅、浅、深,b_1 栅极下的信号电荷全部转入 c_1 栅极下。

t_8 时刻，ϕ_1、ϕ_2、ϕ_3 的电平分别为高、低、高，栅极 a、b、c 下的势阱分别为深、浅、深，a_i+1 与 c_i 电极下的势阱相互贯通，c_i 栅极下的信号电荷均匀地分布在 c_1-a_2 两栅极下面的贯通势阱内。

t_9 时刻，ϕ_1、ϕ_2、ϕ_3 的电平分别为高、低、高→低，栅极 a、b、c 下的势阱分别为深、浅、深→浅，电荷逐渐从 c_1 转入 a_2 栅极下，由于栅极 b_i（包括 b_1）下势阱仍很浅，电荷只能从 c_1 转入到 a_2 下面势阱中，所有的 b 栅极起到控制电荷流动方向、防止电荷倒流的作用。

t_{10} 时刻，ϕ_1、ϕ_2、ϕ_3 的电平分别为高、低、低，栅极 a、b、c 下的势阱分别为深、浅、浅，c_1 栅极下的信号电荷全部转入 a_2 栅极下。

从 t_1 开始到 t_4，通过驱动脉冲高低电平的有规律变化，使第一位第一个栅极 a_1 下的势阱中的电荷转移到 b_1 栅极下的势阱内；进一步，当 $t=t_7$ 时，b_1 栅极下势阱内的电荷包传输到了 c_1 栅极下的势阱内；当 $t=t_{10}$ 时，第一位第一个栅极 a_1 下的势阱中的电荷完全传输到第二位第一个栅极 a_2 下的势阱中，至此，信号电荷从上一位 ϕ_1 控制栅极下的势阱传输到了下一位 ϕ_1 电极控制栅极的势阱内，使信号电荷传输了一位。这就是说，CCD 器件通过时钟脉冲的驱动而完成信号电荷的传输。

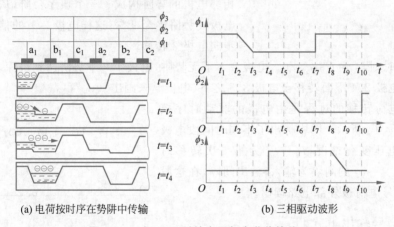

(a) 电荷按时序在势阱中传输　　　　　　(b) 三相驱动波形

图 4-7　三相 CCD 时钟电压与电荷传输关系

2. 二相 CCD 的电荷转移

二相 CCD 的势阱分布如图 4-8 所示，由于电极的氧化层厚度不同，其势阱呈现不对称的特点。其中阴影部分为厚氧化层下面的势阱，作为阻挡势阱，它不能存储电荷。这样，每一电极下的势阱势垒只由厚氧化层下的表面势与薄氧化层下表面势之差决定，因此，在电压作用下有效势阱浅，其所能存储的信号电荷量要比三相 CCD 的少。

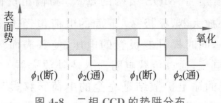

图 4-8　二相 CCD 的势阱分布

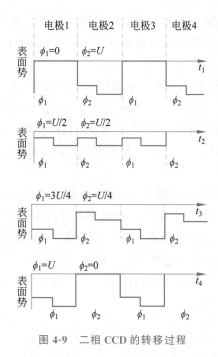

图 4-9　二相 CCD 的转移过程

二相 CCD 的转移过程如图 4-9 所示。图中绘制出了 1、2、3、4 四个电极的势阱变化情况,电极 1、3 对应驱动时钟 ϕ_1,电极 2、4 对应驱动时钟 ϕ_2。设电极的阈值电压 $U_{th}=0$。

在 t_1 时刻,$\phi_1=0$,$\phi_2=U$。电极 1、3 下无势阱,电极 2、4 下有台阶势阱,并处于最深状态,信号电荷处于电极 2、4 下面。

在 t_2 时刻,$\phi_1=U/2$,$\phi_2=U/2$。电极 1、2、3、4 下均有台阶势阱,并且各电极下势阱分布形态相同。由于各电极下的厚氧化层电极的浅势阱的阻隔作用,电荷不会移动。信号电荷仍处于原电极下不动。

在 t_3 时刻,$\phi_1=3U/4$,$\phi_2=U/4$。电极 1、3 下的势阱高于电极 2、4 下的势阱,注意 2 和 3 这两个相邻电极的势阱构成了一个顺序台阶,从电极 2 到电极 3 势阱逐渐变深,这样电极 2 下的信号电荷逐步向电极 3 转移。

在 t_4 时刻,$\phi_1=U$,$\phi_2=0$。电极 2、4 下无势阱,电极 1、3 下势阱达到最深,信号电荷包完全由电极 2、4 下面转移至电极 3、5 之下(电极 5 未画出)。

上述电荷转移的过程是由电极的驱动时序控制的,如图 4-10 所示。图中标出了不同时间段电极 ϕ_1、ϕ_2 的电压变化情况,$t_5\sim t_8$ 为第二次转移时间,$t_4\sim t_5$、$t_6\sim t_7$ 的间隔为输入/输出间隔,在这段时间内,信号电荷被外部电路读出。

4.2.3　信号输出方式

CCD 信号电荷的输出方式主要有电流输出、浮置扩散放大器(FDA)输出和浮置栅极放大器(FGA)输出。

1. 电流输出

常用的电流输出结构如图 4-11(a)所示,它包

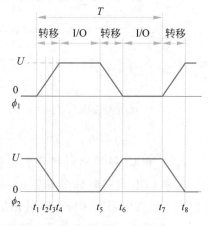

图 4-10　二相 CCD 驱动波形

括输出栅 OG(图中栅压 U_{OG} 下 MOS 结构的栅极)和输出反向二极管(由 P 型衬底和 N^+ 扩散区构成)以及片外放大器,栅极 ϕ_3 下面的电荷包经输出栅 OG 后,将 ϕ_3 的控制脉冲从高电平变为低电平,同时提升二极管的电压,使其表面势升高以收集 OG 栅下的输出信号电荷,形成反向电流,通过负载电阻流入体外放大器。

由于电荷转移到偏置的输出扩散结是完全的电荷转移过程,本质上是无噪声的,影响读出线性的主要是与输出二极管相关的电容大小,输出的信号噪声则取决于体外放大

器的噪声。

2. 电压输出

电压输出有浮置扩散放大器和浮置栅放大器等方式。浮置扩散放大器结构如图 4-11(b)所示。在与 CCD 同一芯片上集成了两个 MOSFET，即复位管 VT_1 和放大管 VT_2。在 ϕ_3 下的势阱未形成之前，加复位脉冲 ϕ_r，使复位管 VT_1 导通，把浮置扩散区上一周期的剩余电荷通过 VT_2 的沟道抽走。当信号电荷到来时，复位管 VT_1 截止，由浮置扩散区收集的信号电荷来控制放大管 VT_2 的栅极电位，栅极电势为

$$\Delta U_{\text{out}} = Q_s / C_{\text{FD}} \tag{4-6}$$

式中：C_{FD} 为浮置扩散节点上的总电容。

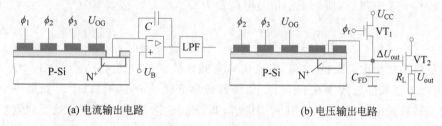

(a) 电流输出电路　　　　　　　　　(b) 电压输出电路

图 4-11　电荷输出电路

在输出端获得放大了的信号电压为

$$\Delta U'_{\text{out}} = \Delta U_{\text{out}} \frac{g_m R_L}{1 + g_m R_L} \tag{4-7}$$

式中：g_m 为 MOS 管 VT_1 栅极与源极之间的跨导。

对 ΔU_{out} 读出之后，再次加复位脉冲 ϕ_r，使复位管 VT_1 导通，通过 VT_2 的沟道抽走浮置扩散区的剩余电荷，直到下一时钟周期的信号电荷到来，如此循环。

这种电压输出结构，由于所有的单元都在同一衬底上，因此抗噪声性能比电流输出方式好。

不过，上述两种输出方式均为破坏性的一次性读出。另外，还有非破坏性读出的输出电路结构，如浮置栅放大器，它具有栅极电容小、输出信号大、灵敏度高(可达 $3.5\mu V/$电子)的特点。其具体结构及工作原理不再赘述。

由于电荷是在氧化层与 P 型半导体的界面处存储和传输的，故这种电荷耦合器件称为表面沟道电荷耦合器件(SCCD)。此外，还有一种体内沟道电荷耦合器件(BCCD)，这种结构的器件在体内进行信号电荷传输，克服了 SCCD 在传输信号电荷过程中，界面表面态对信号的作用而产生的不利影响，提高了 CCD 的转移速度和转移效率。

4.2.4　CCD 的特性参数

CCD 器件的物理性能可以用特性参数描述，它的特性参数可分为内部参数和外部参数两类：内部参数描述与 CCD 储存和转移信号电荷有关的特性(或能力)，是器件理论设计的重要依据；外部参数描述与 CCD 应用有关的性能指标，是应用 CCD 器件时必不可少的。

1. 电荷转移效率和转移损失率

电荷转移效率是表征 CCD 器件性能好坏的一个重要参数。若上一电极中原有的信号电荷量为 Q_0，转移到下一个电极下的信号电荷量为 Q_1，两者的比值称为转移效率，即

$$\eta = \frac{Q_1}{Q_0} \times 100\% \tag{4-8}$$

在电荷转移过程中，没有被转移的电荷量设为 $Q'(Q' = Q_0 - Q_1)$，Q' 与原信号电荷 Q_0 之比称为转移损失率，即

$$\varepsilon = \frac{Q'}{Q_0} \times 100\% = \frac{Q_1 - Q_0}{Q_0} \times 100\% \tag{4-9}$$

若转移 n 个电极后，所剩下的信号电荷量为 Q_n，则总转移效率为

$$Q_n/Q_0 = \eta^n = (1 - \varepsilon)^n \tag{4-10}$$

对于一个二相 CCD，若移动 m 位，则 $n = 2m$。当 $\eta = 99.9\%$，$m = 512$ 时，最后输出的电荷量将为初始电荷量的 36%，可见信号衰减比较严重；当 $\eta = 99.99\%$ 时，$Q_n/Q_0 \approx 0.9$。所以若要保证总效率在 99% 以上，转移效率必须达 99.99% 以上。如果一个 CCD 器件的总转移效率太低，就失去其实用价值，即若 η 一定，则器件的位数就受到限制。

影响转移效率的因素包括自感应电场、热扩散、边缘电场以及电荷与表面态和体内缺陷的相互作用等，其中最主要因素是表面态对信号电荷的俘获。SCCD 的电荷转移率远低于 BCCD 的电荷转移率的原因就在于此。

2. 工作频率

因为 CCD 器件是工作在 MOS 的非平衡状态，所以驱动脉冲频率的选择显得十分重要。频率太低，热激发的少数载流子过多地填入势阱，从而降低了输出信号的信噪比。频率太高，又会降低总转移效率，减小了输出信号幅值，同样降低了信噪比。

为了避免热激发所产生的少数载流子对信号电荷的影响，信号电荷从一个电极转移到另一个电极的转移时间 t_1 必须小于少数载流子的寿命 τ。对于三相 CCD，一个电极的转移时间内需要完成三相驱动脉冲周期 T_L，因此，可以推算出各相的驱动脉冲工作频率下限 f_L：

$$3/f_L = 3T_L = t_1 \leqslant \tau \tag{4-11}$$

所以

$$f_L \geqslant 3/\tau \tag{4-12}$$

另外，如果驱动脉冲的工作频率下限 f_L 取得太高，又会导致部分电荷来不及转移而使转移损失率增大。假定达到要求转移效率 η 所需的转移时间为 t_2，则给予信号电荷从一个电极转移到另一个电极的转移时间 T_h 应大于或等于 t_2。以三相 CCD 为例，根据转移时间 T_h 可以推算出驱动脉冲的工作频率的上限 f_h：

$$T_h/3 = 1/(3f_h) \geqslant t_2 \quad \text{或} \quad f_h \leqslant (3t_2)^{-1} \tag{4-13}$$

CCD 器件的工作频率应选择在下限 f_L 和上限 f_h 之间。

3. 电荷储存容量

CCD 的电荷储存容量表示在电极下的势阱中能容纳的电荷量。由前面的介绍可知，

CCD 是由一系列 MOS 电容构成的,它对电荷的存储能力可以近似地当作电容对电荷的存储来分析,根据式(4-5)可得

$$Q_s = C_{ox} \Delta U_G A_d \tag{4-14}$$

式中:ΔU_G 为时钟脉冲高低电平的变化幅值;C_{ox} 为 SiO_2 层的电容;A_d 为栅电极面积。

若 SiO_2 层的厚度为 d,则每个电极下的势阱中最大电荷储存容量为

$$N_{max} = C_{ox} \Delta U_G A_d / q = \Delta U_G \varepsilon_0 \varepsilon_s A_d / (dq) \tag{4-15}$$

若设电极下氧化层厚度 $d = 150\text{nm}$,而 $\Delta U_G = 10\text{V}$,$\varepsilon_s = 3.9$,$\varepsilon_0 = 8.85 \times 10^{-2}\text{pF/cm}$,$q = 1.6 \times 10^{19}\text{C}$,$A_d = 1\text{cm}^2$,将以上各值代入式(4-15),计算得 $N_{max} = 7 \times 10^6$,这足以容纳 1000lx 的光照射 2ns 所产生的载流子。

对于体内沟道 CCD,在相同电极尺寸和相同的时钟脉冲变化幅值下,当 N 沟道厚度为 $1\mu\text{m}$ 时,其最大电荷储存容量为表面沟道 CCD 的 50%。

4. 灵敏度

灵敏度定义为入射在 CCD 像素上的单位能流密度 σ 所产生的输出电压 U_s 的大小,根据式(4-7)可得

$$S_v = \frac{U_s}{\sigma} = \frac{1}{\sigma} \frac{Q_s}{C_{FD}} \frac{g_m R_L}{1 + g_m R_L} \tag{4-16}$$

5. 分辨率

CCD 是由离散的像素组成的,在一定的测试条件下,它能传感的景物光学信息的最小空间分布,称为分辨率,用 T_x 表示。

设 CCD 像素精密排列,像素中心间距 t,则器件的极限分辨率为 $2t$。

6. 暗电流

随着时间的推移,热激发而产生少数载流子,逐步地使得非稳态的 MOS 电容趋向平衡(稳态)。因此,无论电荷是否注入,都会存在非期望的暗电流。暗电流的主要来源包括耗尽区暗电流(耗尽区电子受热激发而由价带本征跃迁至导带)、扩散暗电流(少数载流子在势阱下方的中性区域和衬底的体内扩散)、界面暗电流。在大多数情况下,以第三种原因产生的暗电流为主。在室温下,暗电流密度近似为 5nA/cm^2;在不同温度下,表面暗电流不仅是 CCD 总暗电流的主要来源,且是 CCD 暗电流非均匀性的主要影响因素。暗电流还与温度有关,温度越高,热激发产生的载流子越多,暗电流就越大。据计算,温度每降低 10℃,暗电流可降低 50%。

CCD 的暗电流是耗尽区暗电流 I_{DEP}、扩散暗电流 I_{DIF}、界面暗电流 I_s 之和:

$$I_d = I_{DEP} + I_{DIF} + I_s = q \frac{n_i}{\tau_i} x_d + \frac{6.6}{N_A} \sqrt{\frac{\mu}{\tau_n}} + 10^{-3} \delta_s N_{ss} \tag{4-17}$$

式中:q 为电子电荷量;n_i 为本征载流子浓度;τ_i 为载流子寿命;x_d 为耗尽区宽度;N_A 为空穴浓度;μ 为电子迁移率;τ_n 为电子寿命;δ_s 为界面态的俘获截面;N_{ss} 为界面态密度。

7. 光谱响应

CCD 的光谱响应是指器件在相同光能量照射下，输出的电压 U_s 与光波长 λ 之间的关系，光谱响应率由器件光敏区材料决定。光谱响应随光波长的变化而变化的关系称为光谱响应函数（或曲线）。

CCD 与 CMOS 图像传感器相比，两者各具特点，见表 4-1，表格中，粗体的栏目为优点。可见，各自具有优点和不足，因此可以用于不同的场合。

表 4-1　CCD 与 CMOS 图像传感器性能比较

性　能	CCD	CMOS
像素信号	电荷包	电压
芯片信号	模拟	数字
读出噪声	低	**更低**（同等帧率）
填充因子	**高**	中～低
光响应	中～高	**更高**
灵敏度	**高**	中～高
动态范围	**高**	
像素均匀性	高	**稍低**
功耗	中～高	**低～中**
快门一致性	快	快
速度	中～高	**更高**
窗口	有限	**多**
抗光晕	高～没有	高
基准和时钟	多、较高压	**单一、低压**
系统复杂度	高	**低**
传感器复杂度	**低**	高

4.3　CCD 器件

CCD 器件分为线阵 CCD 和面阵 CCD，实际的 CCD 器件的光敏区和转移区是分开的，有单沟道 CCD 和双沟道 CCD 等多种不同的结构形式。

4.3.1　典型的 CCD 结构

1. 单沟道线阵 CCD 结构

单沟道线阵结构如图 4-12(a)所示，光敏区通过其一侧的转移栅与 CCD 移位寄存器相连。光敏区是一系列直线排列的由光栅控制的光敏元，光敏元实际上是掺杂多晶硅-二氧化硅的 MOS 电容器，彼此之间被沟阻隔离开来。每个光敏元与 CCD 转移单元一一对应，二者之间由转移栅隔离。通常 CCD 移位寄存器上面覆盖铝层用以遮光。

在图 4-12(b)所示的工作时序脉冲的驱动下，线阵 CCD 按照图 4-12(c)的次序工作。

首先，在积分期间，光栅 ϕ_D 呈高电平，各光敏元（像素）下面形成积分势阱，入射光激发的光生电子-空穴对的空穴注入衬底，电子被势阱收集，形成信号电荷包，光敏像素阵列形成对应于光图像的"电像"。另外,在积分期间,转移栅 ϕ_t 保持低电平以隔断光敏区与 CCD 的联系,见图 4-12(c)。

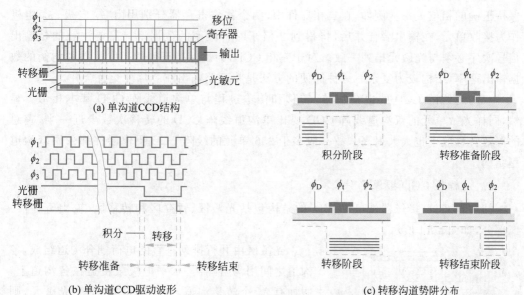

图 4-12　单沟道线阵结构 CCD

积分期结束后,转移栅 ϕ_t 电平升高,同时 ϕ_2 和光栅 ϕ_D 依然保持高电平,即转移准备阶段,此时,各光敏元的电荷包同时"并行"地转移至移位寄存器(CCD)的对应各单元;随后光栅 ϕ_D 电平下降,接着转移栅 ϕ_t 电平下降,进入转移阶段,信号电荷完成了转移。这一时期,为了隔开相邻 CCD 位,ϕ_3、ϕ_1 相为低电平。另外,转移栅 ϕ_t 电平下降后,电荷转移过程全部完成,此后,光栅 ϕ_D 电平再次提升以开始新一轮的对光生电荷的积累。

信号电荷完成向移位寄存器的转移之后,CCD 各单元的电荷包开始在时钟脉冲驱动下沿移位寄存器向输出端串行输出。这种工作模式保证了积分占空比接近 100%。

由于 CCD 存在不完全转移,因而使得最大分辨单元数并不与实际像素数相同。根据各种应用要求,一般以读出移位寄存器的转移损失率 ε 下降到 50% 作为极限。此时,入射空间频率等于奈奎斯特极限的传递函数(MTF)已下降为 63%。为了得到较好的传递性能,每次转移的损失率必须小于 10^{-4}。一个三相 2048 单元的 CCD 移位寄存器,离输出端最远的信号电荷包要转移 6144 次,其转移损失率 ε 达到 50%,显然过大了。因此这种单沟道线阵结构只适用于光敏元较少的摄像器件,如 256 单元 CCD。

2. 双沟道线阵 CCD

双沟道线阵结构具有两列 CCD 移位寄存器,它们平行地配置在光敏区两侧,如图 4-13 所示。光敏区用沟阻分割成两组感光单元,呈叉指状。在光栅和转移栅的配合控制下,这两组光敏元积累的信号电荷包在积分期结束后分别进入左右两侧的移位

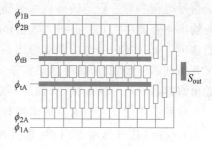

图 4-13　双沟道线阵 CCD 结构

寄存器,奇数元进入一侧,偶数元进入另一侧。

对于二相或四相 CCD,从两列移位寄存器出来的信号脉冲序列在输出端合拢,便能保持正确的相位关系。例如,在二相器件中,两个移位寄存器分别用由 ϕ_1 电极、ϕ_2 电极作为接收单元,在输出端合并后,将得到 2 倍于时钟频率的数据率。需要注意的是输出信号次序必须与光敏元排列一致。对于三相 CCD,为了保持正确的相位关系和均衡的数据输出速率,结构较为复杂。一种简便的方法是将两路输出在芯片外交替合并。

双沟道线阵 CCD 的电荷积分、转移和传输过程与单沟道线阵 CCD 基本相似。显然,同样光敏单元的双沟道线阵 CCD 要比单沟道线阵 CCD 的转移次数少近一半,它总的等效转移效率也大大提高。故一般多于 256 单元的线阵 CCD 摄像器件都采用双沟道型结构。

3. 帧转移 CCD 摄像器件

帧转移 CCD 摄像器件(FTCCD)的结构包括光敏区、暂存区和转移区(输出寄存器)三部分,如图 4-14 所示。

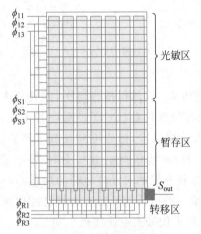

图 4-14 帧转移面阵 CCD 结构

光敏区由并行排列垂直的电荷耦合沟道组成,各沟道之间用沟阻隔离,水平电极条覆盖在各沟道上。假如有 M 个转移沟道,每个沟道有 N 个光敏元,则光敏区共有 $M \times N$ 个感光单元(像素)。暂存区结构与光敏区相同,只不过上面覆盖金属层遮光。输出寄存器要有 M 个转移单元,每个转移单元对应一列垂直的电荷耦合沟道。输出寄存器也用金属层覆盖遮光。帧转移摄像器件宜采用三相转移电极结构形式。

当外部光线投射到光敏区时,在一相(或二相)电极上脉冲电压呈高电平情况下,光生信号电荷就被收集在这些电极下的势阱中,在整个光敏区便形成了与光强分布相对应的电荷图像。经过一场的积分时间后,光敏区和暂存区均处于帧转移脉冲作用下的工作状态。在帧转移脉冲的驱动下,光敏区的信号电荷在垂直消隐期间平移到暂存区,在帧转移脉冲过后,光敏区在驱动脉冲控制下又处于下一场光积分状态,下一场光积分时间与上一场相同。在光敏区处于下一场光积分期间,暂存区将从原来光敏区平移来的上一场信号电荷一行一行地转移到水平输出寄存器,直至暂存区最上面一行中的信号电荷进入输出寄存器中为止。已进入输出寄存器的信号电荷,在水平时钟驱动下快速地一行一行输出。上一场信号电荷全部输出后,下一场的信号又从光敏区平移到暂存区,光敏区又开始新的一场积分,暂存区又将下一场信号一行一行地向水平输出寄存器转移,水平输出寄存器一行一行地输出,如此不断循环。

这种工作模式可与通常的电视显示制式相匹配。

4. 行间转移结构 CCD 摄像器件

图 4-15 是行间转移结构面阵摄像器件的示意图。光敏单元呈二维排列,每列光敏单

元的右边是一个垂直移位寄存器,光敏元与转移单元之间一一对应,二者之间由转移栅控制。底部仍然是一个水平输出寄存器。其单元数等于垂直寄存器个数。

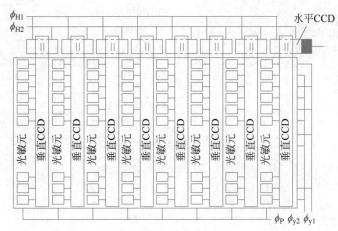

图 4-15 行间转移结构

光敏元在积分期内积累的信号电荷包,在积分期结束时,由转移栅控制水平地转移进入垂直寄存器中,然后每帧信号以类似于上面介绍的帧转移结构的方式被逐行输出。由于行间转移结构多采用二相形式,因此隔行扫描容易实现。

与帧转移结构相比,行间转移结构的分辨率不如帧转移器件,总的响应率基本上是一样,拖影效应没有帧转移结构那么严重,热噪声基本上是差不多的;但对于固定图案噪声,行间转移器件要小些。

4.3.2 典型 CCD 器件及其驱动

上面已经介绍了线阵 CCD 和面阵 CCD 的工作原理,对于不同型号的 CCD 器件而言,其工作机理是相同的。不过,不同型号的 CCD 器件具有完全不同的外形结构和驱动时序,在实际使用时必须加以注意。可以通过向器件供货商或直接向生产厂家索取相关资料,为 CCD 器件的应用提供必要的技术支持。

如前所述,CCD 是依照一定的时序脉冲驱动实现对电荷的读出的,这就需要 CCD 芯片的外围具有对应的驱动电路;线阵 CCD 器件的型号一般与其生产厂家以及像素数的多少有关,CCD 器件有 128~5000 像素,最高的可达 7000 像素。本节以 TCD142D 型 CCD 来具体介绍线阵 CCD 器件及其驱动方法,其他型号的器件大同小异。

TCD142D 是一种具有 2048 像素的二相线阵 CCD 器件,其基本结构如图 4-16 所示。由图可见,在其光敏区由 2110 像素构成线型阵列。图中 D_n 表示"哑元",共 62 个(前 51 个,后 11 个),被铝膜遮蔽用作暗电流检测。中间 2048 个像素用以感光,图中用 S_n 表示,像素之间的中心间距为 $14\mu m$,光敏像素阵列总长为 $28672\mu m$。光敏元的两侧是转移栅电极 Φ_{SH}。转移栅的两侧为 CCD 模拟移位寄存器,其输出部分由信号输出单元和补偿输出单元构成。TCD142D 的引脚及光谱响应如图 4-17 所示。

图中 Φ_{1A}、Φ_{2A}、Φ_{1B}、Φ_{2B} 均为时钟端,Φ_{SH} 为移动栅,Φ_{RS} 为复位栅、OS 为信号输出

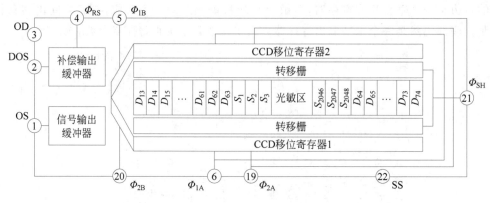

图 4-16　TCD142D 结构示意图

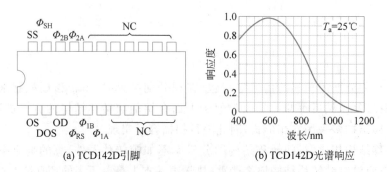

(a) TCD142D引脚　　　　　(b) TCD142D光谱响应

图 4-17　TCD142D 的引脚及光谱响应

端,DOS 为补偿输出端,OD 为电源端,SS 为接地端,NC 为空闲。

　　TCD142D 在图 4-18 所示的驱动脉冲的驱动下工作。当 Φ_{SH} 脉冲高电平到来时,正值 Φ_1 为高电平,移位寄存器中的所有 Φ_1 电极下均形成深势阱,Φ_{SH} 的高电平使 Φ_1 电极下的深阱与像素的 MOS 电容储存势阱沟通,信号电荷包迅速向上下两列模拟移位寄存器的 Φ_1 电极转移。当 Φ_{SH} 由高变低时,Φ_{SH} 低电平形成势垒,使光敏区的 MOS 电容与 Φ_1 电极隔离。而后,Φ_1 与 Φ_2 交替变化,将 Φ_1 电极下的信号电荷包顺序地向左转移,并经输出电路由 OS 电极输出。由于结构上的安排,OS 端输出 12 个虚设单元的脉冲,再输出 51 个暗电流脉冲后才连续输出 2048 个信号脉冲。输出第 2048 个信号脉冲 S_{2048} 后,再输出 11 个暗电流脉冲,接下去可输出多余无信号脉冲。由于该器件是两列并行传输,所以在一个 Φ_{SH} 周期中至少要有 1061 个 Φ_1 脉冲。图 4-18 中的 Φ_{RS} 是复位脉冲,复位一次输出一个光电信号。DOS 端是补偿输出单元的输出端,用于检取驱动脉冲(尤其是复位脉冲)对输出电路的容性干扰信号,若将 OS 和 DOS 分别送到差分放大器的两个输入端,则在输出端将得到被放大的没有驱动脉冲干扰的光电信号。

　　TCD142D 的驱动电路可分为脉冲产生电路和驱动电路两部分。脉冲电路产生 Φ_{SH}、Φ_1、Φ_2、Φ_{RS} 四路脉冲,图 4-19 是一种较为简单的方法。

　　由非门及晶体振荡器构成的晶体振荡电路输出频率为 4MHz 的方波,经 J-K 触发器分频,得到频率为 2MHz 的方波,将 4MHz 与 2MHz 脉冲相与,形成 Φ_{RS} 脉冲。Φ_{RS} 脉

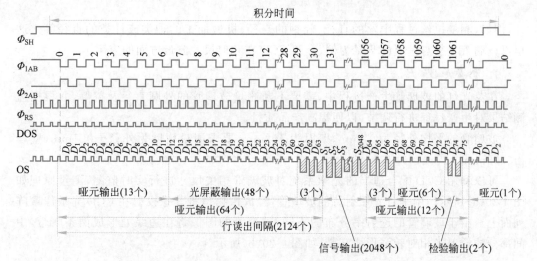

图 4-18 TCD142D 驱动时序

冲占空比为 1：3，频率为 2MHz。将 Φ_{RS} 经 J-K 触发器分频，产生频率为 1MHz 的 Φ_1 脉冲，此脉冲送入分频器，经译码电路产生转移脉冲 Φ_{SH}，且使 Φ_{SH} 周期 $T_{SH} > 1061\mu s$。将 Φ_{SH} 及 Φ_1 相与而产生 Φ_2，$\Phi_2 = \Phi_1$。至此，就产生了四路脉冲。将这四路脉冲经反相器反相，再经阻容加速电路送至 H0026 驱动器，放大至一定的量以后再用以驱动 TCD142D。

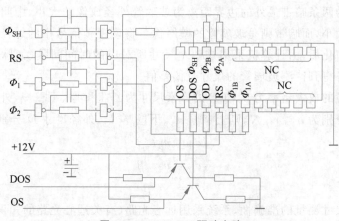

图 4-19 TCD142D 驱动电路

4.4 CCD 在测量中的应用

CCD 是光、机、电和计算机相结合的高新技术，作为一种非常有效的非接触检测方法，CCD 广泛应用于在线检测尺寸、位移、速度、定位和自动调焦等方面。为了便于进一步掌握 CCD 的应用技术，本节将介绍 CCD 在管径测量和位移测量上的应用实例。

4.4.1 尺寸测量

利用 CCD 测量尺寸这一几何量是 CCD 在测量领域中应用最早、最为成熟的实例之一,例如,测量拉丝过程中丝的直径、轧钢的直径、机械加工的轴类或杆类的直径等。这里以玻璃管直径与壁厚的测量为例,介绍 CCD 在几何尺寸测量方面的应用。

1. 测量原理

在荧光灯的玻璃管生产过程中,需要不断测量玻璃管的外圆直径及壁厚,并根据监测结果对生产过程进行调节,以便提高产品质量。

玻璃管的平均外径为 12mm,壁厚为 1.2mm,要求测量精度为外径±0.1mm,壁厚±0.05mm。

可以利用 CCD 配合适当的光学系统对玻璃管相关尺寸进行实时监测,测量原理如图 4-20(a)所示。用平行光照射待测玻璃管,经成像物镜将其像投射在 CCD 光敏像素阵列面上。由于玻璃管的透射率分布的不同,玻璃管的图像将在边缘处形成两条暗带,中间部分的透射光相对较强形成亮带,如图 4-20(b)所示。

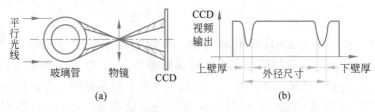

图 4-20　CCD 视频信号

玻璃管像的两条暗带最外的边界距离为玻璃管外径成像的大小,中间亮带反映了玻璃管内径像的大小,而暗带则是玻璃管的壁厚像。将该视频信号中的外径尺寸部分和壁厚部分进行二值化后,由计算机采集这两个尺寸所对应的时间间隔(如脉冲计数值),经一定的运算便可得到待测玻璃管的尺寸及偏差值。

设成像物镜的放大倍率为 β,CCD 的像素尺寸为 t,上壁厚、下壁厚、外径尺寸的脉冲数(像素个数)分别为 n_1、n_2、N,则上壁厚 d_1、下壁厚 d_2、外径尺寸 D 分别为

$$\begin{cases} d_1 = n_1 t/\beta \\ d_2 = n_2 t/\beta \\ D = Nt/\beta \end{cases} \tag{4-18}$$

为了确保尺寸测量的准确性,系统采用远心光路(有关远心光路的知识参见附录 F),一般来说,测量范围和测量精度是选择 CCD 器件的主要依据。根据已知条件假设,选择光学系统的放大率 $\beta = 0.8^{\times①}$,则玻璃管的像大小为 9.6mm。而玻璃管的外径及壁厚测量精度要求反映在像面上分别为±0.08mm 及±0.04mm。根据 CCD 测量灵敏度的需要,0.04mm 要大于 2 个 CCD 光敏像素的空间尺寸。

被检测对象通过光学系统在 CCD 的光敏元上形成光学图像,利用光敏元把光信息转换成与光强成比例的电荷量。在时钟脉冲的驱动下,CCD 器件输出与被测对象相关的视频信号。视频信号为离散的电压脉冲序列,各离散脉冲电压的大小对应该光敏像素所

---

① 光学放大倍率通常用符号 β 表示,"×"是倍率符号,读成"0.8 倍"。

接收光强的强弱,而信号输出的时序则对应 CCD 光敏元位置的顺序。

按照采样定理的要求,如果已知图像的最大空间频率为 k(每毫米的线数),则抽样频率应大于图像最大空间频率 2 倍,即 $2k$。例如,设图像的最大空间频率为每毫米 40 条线,则抽样频率应大于或等于每毫米 80 条线,对应的抽样尺寸为 $1/80\text{mm}=12.5\mu\text{m}$。抽样尺寸是选择 CCD 器件的指标之一,它与 CCD 的分辨率有关。

要确保图像的亮度值处于 CCD 器件转换特性允许的动态范围之内,这样可以保证转换后的图像信息不失真。如果光学图像的亮度随时间而变化,那么按照采样定理,CCD 对光学图像的采样频率应大于或等于 2 倍的图像最高频率。这一问题与确定 CCD 的光积分时间和计算机对信息采集的时间有关,对于涉及 CCD 的外围时序驱动电路有一定的指导意义。当然,CCD 的动态响应不是无限的,它对随时间变化的图像的响应有一个截止频率,若 CCD 动态响应的截止频率为 f,则所测量的图像光强随时间而变化的频率不得大于 $2f$。

2. CCD 驱动电路的设计

测量范围(玻璃管的外径)和测量精度是选择 CCD 器件的主要依据,根据式(4-18)分析,选择 TCD132D 线阵 CCD 可满足上述测量范围和精度的要求。TCD132D 线阵 CCD 是具有内部驱动电路的二相 CCD,其内部具有采样保持电路以及脉冲发生器和驱动器(结构如图 4-21 所示),所需要的外围电路十分简单。

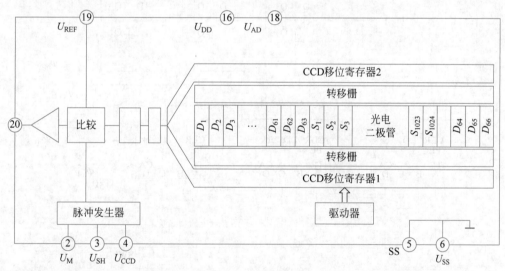

图 4-21　TCD132D 线阵 CCD 结构

TCD132D 只需要三路脉冲,分别为 Φ_{CCD}、Φ_{SH} 和 Φ_{M};另外,需要为采样保持(S/H)电路提供一个参考电位 U_{REF}。图 4-21 中的 SS 及 U_{SS} 接地,U_{DD} 和 U_{AD} 分别接数字电路和模拟电路的 +12V 电源。信号由第 20 引脚(OS 脚)输出。TCD132D 的驱动脉冲波形如图 4-22 所示。TCD132D 是 1024 像素的线阵 CCD,它在输出信号之前及之后,设置了 66 个被遮蔽的哑元,用来检测暗电流。

图 4-23 为 TCD132D 线阵 CCD 的驱动电路图。由图可以看到,驱动电路特别简单,

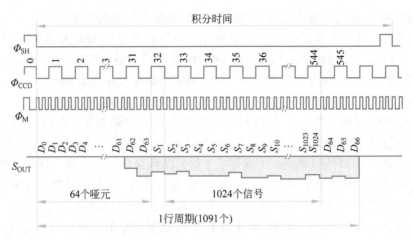

图 4-22   TCD132D 线阵 CCD 驱动时序

它用环形振荡器产生频率可调的脉冲，经 D 触发器分频整形后输出 Φ_M，将 Φ_M 再经二级 D 触发器分频获得 Φ_{CCD} 脉冲，同时用 Φ_{CCD} 经三级可预置十进制计数器，产生 Φ'_{SH} 信号。将 Φ'_{SH} 和 Φ_{CCD} 相与后便得到满足图 4-22 相位关系的 Φ_{SH} 信号。

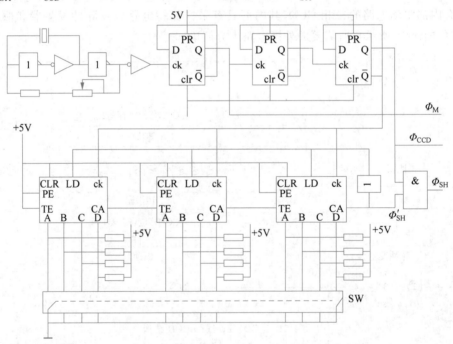

图 4-23   TCD132D 线阵 CCD 的驱动电路

3. 测量信号的处理

玻璃管尺寸测量的视频输出信号如图 4-24 所示。在时钟为 1MHz 工作情况下，视频信号占用的时间是 $1024\mu s$，约为同步周期的 1/3。视频信号暗电平大约为 2.5V，饱和输出信号电平大于 3V。

由 CCD 视频信号中提取直径信息和壁厚信息,必须首先将这些信息二值化,然后对这些信号进行数据采集和处理。因此,二值化电路是视频信号变换中的关键电路。二值化电路的设计要从以下几方面考虑。如图 4-24 所示,视频信息的时间划分成四个区间。T_0 是 64 个哑元的空输出,以 1MHz 时钟驱动的 CCD,T_0 的时间是 $64\mu s$。T_1 是大于 T_0 的任意时刻,T_2 是 CCD 视频信号顺序输出 1024 个单元信号时所占的时间区域,$T_2 =$

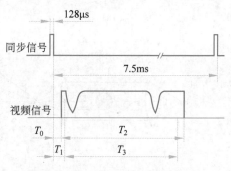

图 4-24 视频信息时间区域划分

$1.024ms$。从图上可见,要在 T_3 的范围内将直径及壁厚信息提取出来,故要求 $T_3 < T_2$,$T_1 > T_0$,取 $T_3 = 2ms$,$T_1 = 50\mu s$。在确定好以上的时间区域后,进行二值化电路的逻辑设计。

4.4.2 位移的测量

对于汽车显示仪表来说,仪表的抗震能力是一个十分重要的性能指标,为了克服动圈式指示仪表抗震性能的不足,出现了如图 4-25 所示的 π 形双金属片,用它作为推动指针偏转的动力元件。

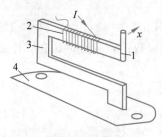

1—顶杆;2—电热丝;
3—双金属片;4—底座
图 4-25 π 形双金属片

当电流 I 通过电热丝 2 加热 π 形双金属片 3 时,双金属片 3 将产生弹性变形带动顶端的顶杆 1 产生近似的直线运动,顶杆的运动量 x 称为电致动程(简称电动程)。电动程 x 与电流 I 之间的变化关系是否满足设计要求是衡量仪表显示精度的重要因素,生产上需要对顶杆电动程进行实时检测。π 形双金属片最大电动程为 3mm、最小微位移约为 $\pm 0.004mm$。测量仪器设计确定:测量范围为 $0 \sim 3.5mm$,灵敏度在 $\pm 0.003mm$ 之间,测量误差确定为 $\pm 0.1mm$,要求非接触在线测量。

1. 测量原理

电动程测量装置的光路如图 4-26(a)所示。光源 1 发出的光线经聚光镜 2(柯拉照明系统)成为平行光照射顶杆 3,顶杆 3 是非透明体(铜质材料),物镜 4 将顶杆所在平面成像于 CCD 光敏面 5 上,顶杆在 CCD 光敏面的像形成了如图 4-26(b)所示的光强分布。光强 I 在顶杆对应的位置有一凹陷,凹陷的中点 M_1 标示着定杆的对称中心线的位置,当顶杆随 π 形双金属片受热变形而移动时,顶杆在 CCD 光敏面上像的光强凹陷也随之移动,至 M_2 点。

设物镜横向放大系数为 β,CCD 光敏面上光强凹陷移动了 L,则顶杆的电动程为

$$x = L/\beta \tag{4-19}$$

又设 CCD 像素之间的中心距为 t,则有

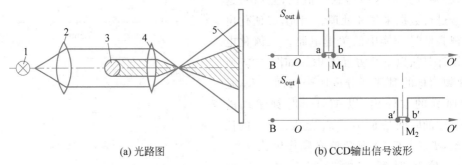

(a) 光路图　　　　　　　　　　(b) CCD输出信号波形

1—光源；2—聚光镜；3—顶杆；4—物镜；5—CCD光敏面

图 4-26　电动程测量装置原理

$$L = Nt \tag{4-20}$$

式中：N 为 M_1 与 M_2 之间的像素数量。

由式(4-19)、式(4-20)可以看出，只要测出 CCD 光敏面上光强凹陷中点移动所对应的 CCD 像素数 N，即可测量出 π 形双金属片的电动程。为此，在扫描到 CCD 有效光敏面之前，设立一个测量参照点 B，顶杆未加电时，测出顶杆像 ab 的前边沿 a 点相对于 B 的距离 L_{Ba} 和像宽 W_{ab}，加电后，顶杆移动，同样测出顶杆像 a′b′ 的前边沿 a′ 点相对于 B 的距离 $L_{Ba'}$ 和像宽 $W_{a'b'}$，则顶杆像的电动程为

$$L = (L_{Ba'} - L_{Ba}) + 0.5 \times (W_{a'b'} - W_{ab}) \tag{4-21}$$

式中：W_{ab} 为双金属片未加电时光强凹陷前后沿宽度内的像素数；$W_{a'b'}$ 为对双金属片加电后某时刻光强凹陷前后沿宽度内的像素数。

若以 CCD 像素数及像素中心距表示，则为

$$L = (N_L - N_{L'})t + 0.5 \times (N_w - N_{w'})t \tag{4-22}$$

式中：N_L 为双金属片未加电时光强凹陷前沿距计数起点 B 的等效像素数；$N_{L'}$ 为对双金属片加电后某时刻光强凹陷前沿距计数起点的等效像素数。

2. 信号采集

仪器采用 TCD132D 线阵 CCD 器件，其驱动时序及意义如前所述，驱动电路也不再赘述。

与前述玻璃管测量不同的是，采用两个计数器分别独立地记录式(4-22)中的 N_L 和 N_w，将 Φ_{SH} 作为标志信号，Φ_{SH} 出现起延时固定的时间后由计算机输出 Φ_{r2} 开启计数器 1 对 Φ_M(1MHz)计数，直至 CCD 输出信号 S'_{out} 的第一个上升沿出现为止(记录 N_L)。计数器 1 的电路结构如图 4-27(a)所示。S'_{out} 是 CCD 输出信号 S_{out} 经整形和反向放大后的电压信号。当 S'_{out} 为高电平时，图 4-27(b)的计数器 2 开始对 Φ_M 计数，直至 S'_{out} 为低电平止(记录 N_w)。计数器 1、2 的计数值经计算机按照式(4-22)计算出电动程，若干时间后，顶杆电动程达最大限度，LED 显示器显示数值变化几乎静止，即为所要测量的电动程。

CCD 部分引脚与 8751 单片微型计算机相连接(电路图略),Φ_{SH} 送单片机的 T_0,Φ_{r2} 由 P3.7 脚产生;此外,还由 P3.6 脚输出一个 Φ_{r1} 脉冲,其作用是在 Φ_{SH} 出现后、Φ_{r2} 输出前清除计数器 1、2 的计数值。

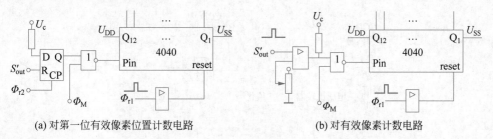

(a) 对第一位有效像素位置计数电路　　　(b) 对有效像素计数电路

图 4-27　计数电路

3. 精度分析

综合式(4-19)~式(4-22),电动程 x:

$$x = [(N_L - N_{L'}) + 0.5 \times (N_w - N_{w'})]t/\beta \tag{4-23}$$

$$\Delta_x = [\Delta(N_L - N_{L'}) + 0.5 \times \Delta(N_w - N_{w'})]t/\beta \tag{4-24}$$

当 $\Delta(N_L - N_{L'}) = 0$,$\Delta(N_w - N_{w'}) = 1$ 时,Δ_x 的值就是测量系统的分辨率。根据测量要求,系统分辨率为 0.003mm。又 TCD132D 线阵 CCD 的像素中心距为 0.014mm,计算可得放大倍率 $\beta = 2.33$,取 $\beta = 3$,则光电传感部分的分辨率为 $2.33\mu m$。此外,顶杆像的最大位移为 12mm(包括顶杆中心线 9mm 及直径 1mm 顶杆的像宽 3mm),小于 CCD 有效像素总宽度 1024×0.014mm = 14.3mm。

影响测量精度的因素:一是 N 的计数精度,主要取决于电信号阈值的选取和光源光强稳定性;二是顶杆相对于物镜的距离,因为物镜的放大系数 β 与顶杆相对于物镜的距离有关。前者可以通过后继微分电路判断光强凹陷的前后边沿的办法加以克服;后者则是影响测量精度的主要因素,因为实际测量时,要十分准确地将顶杆放置在一定的位置几乎是不可能的。为了解决这一问题,可采用远心光路照明,即将图 4-26(a)所示的聚光镜改作远心光路。

4.4.3　CCD 信号的二值化

二值化处理是把图像和背景作为分离的二值图像对待。光学系统把被测对象成像在 CCD 光敏面上,由于被测物与背景的光强变化十分分明,反映在 CCD 视频信号中所对应的图像尺寸边界处会有明显的电平急剧变化。通过二值化处理把 CCD 视频信号中图像尺寸部分与背景部分分离成二值电平。

视频信号的二值化有两种处理方法:一是对 CCD 视频信号进行二值化处理后,再进行数据采集;二是对 CCD 视频信号直接采样后,再由计算机对所得到的数据进行二值化处理。两者的区别是:前者利用硬件实现信号的二值化,速度快,但电路复杂;后者利用计算机进行二值化处理,硬件电路简单,但处理速度慢。

最普遍采用的 CCD 视频信号二值化处理电路是电压比较器,如图 4-28 所示。比较器的同相端接视频信号,比较器的反相端接一个参考电平(或称阈值电平)。显然,视频信号电平高于阈值电平的部分均输出高电平,而低于阈值电平部分均输出低电平,在比较器的输出端就得到只有高低两种电平的二值化信号。

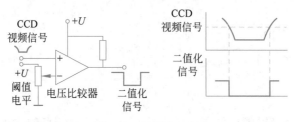

图 4-28　二值化处理

当然,由于 CCD 像素之间有一定的距离,像素也有一定尺寸,故测量精度受到 CCD器件空间分辨能力的限制,测量精度比较低,在两个边缘位置不能准确确定情况下,每边有一个以上的像素距离的分辨误差。为了提高 CCD 的测量精度,要求能找到代表真正边界的特征点,再依照它去形成二值化信号,可以使用更高频率的时钟脉冲通过二值化信号的宽度进行计数,从而将 CCD 测量的精度提高近一个数量级。

二值化处理的重要问题是阈值确定问题。由于图像边界在 CCD 视频信号里存在过渡区,如何确定真实边界,选取阈值将是影响测量精度的重要因素之一。图 4-29 为微分法的电路原理框图,电路的工作波形如图 4-30 所示。

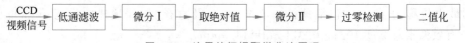

图 4-29　边界特征提取微分法原理

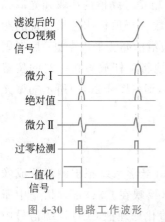

图 4-30　电路工作波形

首先,将 CCD 视频输出的由离散脉冲组成的调制信号经过低通滤波后变成连续信号,该连续视频信号通过微分电路运算后,输出视频信号的变化率特征,信号电压的最大值对应视频信号边界过渡区变化率最大点。微分Ⅰ电路在视频信号的上升沿与下降沿对应位置输出了两个极性相反的信号,经过绝对值电路将微分Ⅰ电路输出的信号转变成同极性的电压(电压的绝对值)。信号的最大值对应边界特征点,信号通过微分Ⅱ电路运算后,获得对应绝对值最大值处的过零信号,过零信号的零值点对应的就是绝对值电压的最大值处。经过过零触发电路后,电路输出两个过零脉冲信号,这两个过零脉冲就是视频信号边界的特征信息。计算这两个脉冲的间隔,可获得图像的二值化宽度。

利用微机内部的定时/计数器或者外置的可编程定时/计数器(如 8253),可以构建CCD 二值化数据采集接口。

如图 4-31 所示的电路是用 51 系列单片机构成的数据采集接口。中断申请信号采用图 4-30 中的过零检测信号,输出信号与二值化信号经逻辑电路形成。

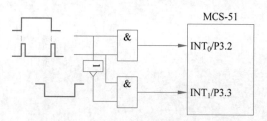

图 4-31　采用计数器/定时器芯片接口

二值化信号的前沿与过零检测电路输出信号相与得到第一个脉冲,作为中断申请信号,第一个脉冲通过 INT_0 向单片机申请中断,单片机的 INT_0 中断响应子程序打开定时器开始计数,定时的最小时间单位为单片机的机器周期。

二值化信号取反电压的后沿与过零检测电路输出信号相与得到第二个脉冲,作为中断申请信号脉冲,第二个脉冲通过 INT_1 向单片机再次申请中断,单片机的 INT_1 中断响应子程序关闭定时器,定时器的时间长度对应的就是二值化信号的宽度。

也可以利用计数器进行数据的采集,方法是将 CCD 的时钟脉冲或其他时钟脉冲从 T_0 或 T_1 引入计算机,计算机将片内定时/计数器设置为定时模式,而且对前、后中断申请的响应分别是开启或关闭计数器。

对于关心图像灰度信息的场合,需要利用低通滤波、采样/保持、A/D 转换电路将 CCD 输出电压幅值转换成数字信号供计算机采集。

第 5 章

半导体光子探测器

光子的概念由爱因斯坦最先提出,光子是传递电磁相互作用的基本粒子、一种规范玻色子。光子仅能传递量子化的能量,是光的最小能量粒子,其能量为 1×10^{-19} J 量级,即若干电子伏(eV)。例如 1550nm 近红外光,单光子能量为 1.28×10^{-19} J(约 0.8eV)。对可见光而言,单个光子携带的能量约为 4×10^{-19} J,这样大小的能量足以激发起眼睛上感光细胞的一个分子从而引起视觉响应。一根蜡烛 1s 可以释放出超过 100 亿个光子,1×10^5 km 外的蜡烛发出的光,单光子探测器都能看到。由于光子携带能量,光束得以将能量从光源传播到其所到达的位置。一束光包含大量的光子集合,例如,1W 的可见光源,每秒发射的光子总量是 10^{18} 量级。

与光强传感器不同,光子探测器感知的不是光束的大容量的能量积分,而是对能量极其微弱的光子进行探测。现代光子探测传感器件可以大致分为两类,即以半导体材料为基础的光子探测器和以超导材料为基础的超导光子探测器。本章介绍的半导体光子探测器包括微通道板、电子倍增 CCD 和雪崩光电二极管(APD),三者在原理、结构、工艺、材料、电路方面都有所不同。不过,其核心思想是相通的,都是采取强电场加速电子运动、高速碰撞激发二次电子、引发连锁倍增响应,在半导体器件内部完成电子放大,实现对光子的探测。

5.1 半导体光子探测基础知识

5.1.1 光子的基本概念

在普朗克的黑体辐射量子理论的基础上,爱因斯坦提出了光的粒子性。他指出,辐射的量在空间的分布是不连续的,而且辐射的动量也是量子化的。由此,他提出了关于光子的两个假说:

(1) 光能或辐射能有一最小单位,即光量子或光子。

光子是一种单模的量子,具有单一波长、方向和偏振。光子是静止质量为零、有一定能量的粒子。把光看作光子流,一个光子的能量 E_p 与一定频率 ν 相对应,即

$$E_p = h\nu = \frac{hc}{\lambda} \tag{5-1}$$

式中:h 为普朗克常数,$h = 6.63 \times 10^{-34}$ J·s,ν 为光的频率(Hz),$\nu = c/\lambda$,其中 c 为光速,$c = 2.9979 \times 10^8$ m/s,λ 为光的波长。

例如,光源的波长 λ 为 500nm 单色光,则光子的能量 $E_p = 3.96 \times 10^{-19}$ J。

光子能量的单位也可用电子伏(eV)表示,$1\text{eV} = 1.602 \times 10^{-19}$ J,即一个电子通过 1V 电场过程中所获得的动能。结合式(5-1)可知,光子的电子伏特为

$$E_{ep} = \frac{hc}{\lambda q} \tag{5-2}$$

式中:q 为电子的电荷量,$q = 1.602 \times 10^{-19}$ C。

(2) 光是由光子组成的光子流。

光(或辐射)是一束以光速传播的光子流,其功率 P 取决于单位时间内发射的光子数

或光子流量 Φ（单位时间内通过某一截面的光子数）。光流强度常用光功率 P 表示，单位为 W。单色光的光功率 P 与光子流量 Φ 的关系为

$$P = \Phi E_p \tag{5-3}$$

所以，只要能测得光子流量 Φ，就能得到光流强度。如果每秒接收到 10^4 个光子，对应的光功率 $P = \Phi E_p = 10^4 \times 3.96 \times 10^{-19} = 3.96 \times 10^{-15}$（W）。

例如，波长为 632.8nm、功率 1mW 的氦氖激光光源，其发射光子的流量计算如下：

$$E_p = \frac{hc}{\lambda} = \frac{6.63 \times 10^{-34} \times 3 \times 10^8}{6.328 \times 10^{-7}} \approx 3.14 \times 10^{-19}\,(\text{J})$$

$$\Phi = \frac{P}{E_p} = \frac{1 \times 10^{-3}}{3.14 \times 10^{-19}} = 3.18 \times 10^{15}\,(\text{个光子/s})$$

按照同样的计算条件，当光源功率下降到 10^{-15} W，光子流量减少到 300 个光子/s。

表 5-1 列出了几种光源的平均光子流量密度，从中可以大致体会出光子能量值的量级及其意义。

表 5-1　常见光源的平均光子流量密度

光　源	平均光子流量密度/$[$个光子$/(\text{s} \cdot \text{m}^2)]$
激光束（1mW、He-Ne）	10^{21}
明亮的阳光	10^{18}
室内的阳光	10^{16}
黄昏的阳光	10^{14}
月光	10^{12}
星光	10^{10}

5.1.2　泊松统计分布

光子发射是服从泊松分布的。弱光源所发射的光子是分立的，所发射的光子之间是彼此孤立的随机事件，它们在时间的分布上服从泊松概率分布。即在时间 t 内有 n 个光子到达的概率为

$$P(n,t) = \frac{(\Phi t)^n \cdot e^{-\Phi t}}{n!} \tag{5-4}$$

式中：Φ 为发射光子的平均流量（个光子/s）；t 为考察的时间间隔。

泊松分布的数学特性可以用三个变量表示，即数学期望 $M(\xi)$、方差 $D(\xi)$、方差的平方根 σ。

1. 数学期望

离散随机变量 ξ 所有可能的值（$x_1, x_2, \cdots, x_n$）与对应的概率（$P_1, P_2, \cdots, P_n$）之积的总和，即

$$M(\xi) = \sum_{n=1}^{\infty} x_n P_n \tag{5-5}$$

式中：x_n 为随机变量 ξ 可能的取值；P_n 为对应的概率。若级数是绝对收敛，则 $M(\xi)$ 即

称为数学期望。

可见,数学期望是根据概率分布得出的估值。虽然经常用平均值代替数学期望,但数学期望与平均值的意义并不完全相同。平均值是对事件经过若干次实验(观察)以后,对数值进行平均计算的结果。当然,两者是密切相关的:平均值当观察的次数较多时,平均值将近似于数学期望;观察次数足够大时,则可使平均值任意地接近于数学期望。

2. 方差

方差或离散度定义为随机变数 ξ 与数学期望 $M(\xi)$ 的差值平方的数学期望,即

$$D(\xi) = M(\xi - M(\xi))^2 \tag{5-6}$$

它是度量各观测值对数学期望 $M(\xi)$ 的离散度指标。

3. 方差的平方根

方差的平方根(取正值)称为标准误差,即

$$\sigma = \sqrt{D(\xi)} \tag{5-7}$$

假设光源发射光子的平均流量为 Φ(光子/秒),那么,在考察时间间隔 t 内有

$$N = \Phi t$$
$$M(\xi) = N$$
$$D(\xi) = \sigma^2 = N$$
$$\sigma = \sqrt{D(\xi)} = \sqrt{N} \tag{5-8}$$

泊松分布是一种常见的离散型概率分布,它描述和分析稀有事件(随机事件)的概率分布。泊松分布所依赖的唯一参数是 λ,参数 λ 是单位考察量(如时间、空间、面积、体积等)内随机事件的平均发生率。如图 5-1 所示,λ 值越小,分布越偏倚,随着 λ 值的增大,分布越对称。当 $\lambda = 20$ 时,泊松分布接近正态分布;当 $\lambda \geqslant 50$ 时,可用正态分布近似处理泊松分布。用泊松分布描述光子发射,光子数 $N(=\Phi t)$ 是泊松分布所依赖的唯一参数。光子数越小,概率分布越偏倚,随着光子数的增大,概率分布趋于对称,直至接近或完全呈现出正态分布。

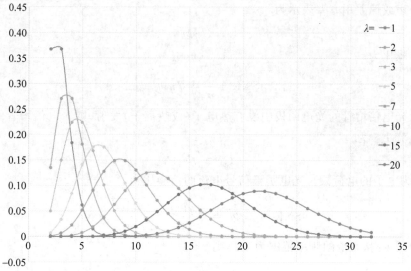

图 5-1 观察到不同光子数的泊松分布

泊松分布几乎都是统计独立性的必然结果，因此，泊松分布可以作为光子计数和光子探测的最重要的概率法则。若已知光子到达的平均流量为 $\Phi(=N/t)$，并且在时间上与上次到达的流量是相互独立的，则在固定的观测周期 t 内到达的光子数为 N 的情况其发生的概率可以用式(5-4)的泊松分布计算。

泊松分布的另一个重要特性与伯努利试验有关。伯努利试验的结果是随机的，只有"发生"或者"未发生"两种结果。如果伯努利试验在统计学上是相互独立的，并且发生的概率为 η，这个序列称为"二项式选择"。泊松过程的二项式选择会产生一个泊松过程，选择过程的输出平均值为 M，且 $M=\eta N$。

光子探测的整个物理过程可以表述为数学上的一连串二项选择过程，如果能够确保整个事件的输入是泊松过程，就能确保整个探测过程的输出也是泊松过程。多数情况下，常见光源的光子激发所产生的光子流，其特性表现为泊松分布；同时，对光子流的一个事件的探测，其探测过程的概率描述也都呈现泊松分布。

5.1.3 暗电流（暗计数）

1. 真空光子探测器件的暗电流

对于光电倍增管（PMT）输出的光电脉冲来说，每个入射光子通过光电倍增管时生成一个输出脉冲的概率原则上等于量子效率 η。η 值与光电倍增管阴极材料、制造工艺及入射光的波长有关，一般在 20% 以内。光电倍增管倍增极的增益分布服从泊松概率分布，其本质上也含有统计性。

考虑到光电倍增管的量子效率 η，在时间 t 内检测 n 个光子的概率为

$$P(n,t)=\frac{(\eta\Phi t)^{n}\,\mathrm{e}^{-\eta\Phi t}}{n!}=\frac{N^{n}\,\mathrm{e}^{-N}}{n!} \tag{5-9}$$

式中，$N=\eta\Phi t$ 是平均光子数（即时间间隔 t 内的到达的光子数量），光子的流量是一个"平均流量"，在相同的时间间隔内不可能精确地发射相同数量的光子，光子流量的起伏是造成检测过程中出现"散粒噪声"的原因，通常称为"信号内部噪声"。这种因信号原因引起的噪声或偏差用方差表示为

$$\sigma=\sqrt{\eta\Phi t} \tag{5-10}$$

故信噪比为

$$\mathrm{SNR}=\frac{N}{\sigma}=\sqrt{\eta\Phi t} \tag{5-11}$$

假设光电倍增管的光电阴极中没有热电子（或热离子）发射，则光电倍增管的光电阴极信号电流 I_{pk} 为

$$I_{\mathrm{pk}}=\eta\Phi q \tag{5-12}$$

式中：q 为电子的电荷数。光电阴极信号电流的信噪比为

$$\mathrm{SNR}=\sqrt{\eta\Phi t}=\sqrt{\frac{\eta\Phi tq}{q}}=\sqrt{\frac{I_{\mathrm{pk}}t}{q}} \tag{5-13}$$

在时间 t 内，系统的频率范围为 Δf，则

$$t = \frac{1}{2\Delta f} \tag{5-14}$$

结合式(5-12)、式(5-13),有

$$\mathrm{SNR} = \sqrt{\frac{I_{\mathrm{pk}}}{2q\Delta f}} = \sqrt{\frac{I_{\mathrm{pk}}^2}{2qI_{\mathrm{pk}}\Delta f}} = \frac{I_{\mathrm{pk}}}{\sqrt{2qI_{\mathrm{pk}}\Delta f}} = \frac{I_{\mathrm{pk}}}{N_{\mathrm{pk}}} \tag{5-15}$$

式中：N_{pk} 为光电阴极光电流的散粒噪声。

不考虑倍增极等引起的增益起伏和噪声,设光电倍增管的平均增益为 M,则有

$$\mathrm{SNR} = \frac{MI_{\mathrm{pk}}}{M\sqrt{2qI_{\mathrm{pk}}\Delta f}} = \frac{I_{\mathrm{a}}}{\sqrt{2qMI_{\mathrm{a}}\Delta f}} = \frac{I_{\mathrm{a}}}{N_{\mathrm{a}}} \tag{5-16}$$

式中：I_{a} 为阳极直流电流；N_{a} 为光电倍增管的散粒噪声；SNR 为忽略光电倍增管的热电子或热离子发射及其他倍增极噪声后的阳极电流信噪比。

由光电阴极的热发射而产生的计数称暗计数,它不仅随阴极面积的减小而减小,而且与阴极材料有关。无光子输入的情况下,温度因素导致光电阴极和倍增极也会发射热电子,这种热载流子发射的速率随光电倍增管温度的下降而减小。

倍增极的二次发射系数和光电阴极的发射都是服从泊松概率分布的。若光电阴极以暗计数率 R_{a} 随机发射电子,那么它将产生阴极电流的噪声,即离散度为

$$D(\xi) = \sigma_2^2 = R_{\mathrm{a}}t \tag{5-17}$$

散粒噪声为

$$\sigma_1^2 = \xi R t \tag{5-18}$$

因此,总的标准偏差或均方根为

$$\sigma = \sqrt{\sigma_1^2 + \sigma_2^2} = \sqrt{\xi R t + R_{\mathrm{a}}t} \tag{5-19}$$

光电阴极电流的信噪比下降为

$$\mathrm{SNR} = \frac{\xi R t}{\sqrt{\xi R t + R_{\mathrm{a}}t}} = \frac{\xi R}{\sqrt{\xi R + R_{\mathrm{a}}}}\sqrt{t} \tag{5-20}$$

从式(5-19)可知,适当地增加测量时间 t,可以提高信噪比。

2. 半导体器件的暗电流

光电探测器的空间电荷区域中的所有自由电荷载流子都被清除后,剩下的电荷要么是光激发信号的一部分,要么是热激发产生的噪声。热激发电荷载流子受电场的作用运动到空间电荷区域,最终产生的是暗电流,MOS 结构中暗电流由热激发电流和扩散电流两部分构成。激发电流在空间电荷区域产生的电荷载流子；扩散电流是由半导体本体热激发而生成的电荷载流子,它们有可能扩散到空间电荷区域边缘位置处,通过电场作用产生暗电流。

如图 5-2 所示,只有热激发产生的电荷载流子所在位置与空间电荷区域之间的距离小于扩散长度 L 时[①],才能形成扩散电流。与光电探测器的偏压 V_{R} 相关的空间电荷区

---

① 扩散长度是指非平衡载流子深入样品的平均距离,由扩散系数及载流子寿命决定。

域（宽度为 W）产生的暗电流密度为

$$j_{gen} = \frac{qn_i}{2\tau} W V_R \qquad (5\text{-}21)$$

式中：τ 为电子-空穴对的产生寿命，在直接带隙半导体中，寿命 τ 的数量级是几十纳秒，在高质量的间接带隙半导体材料中，寿命可能长达几十毫秒。

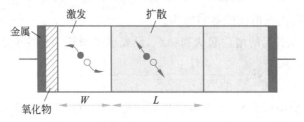

图 5-2　半导体材料中暗电流状态

掺杂浓度为 N 的半导体本体中扩散暗电流密度为

$$j_{diff} = qn_i^2 \frac{D}{NL} \qquad (5\text{-}22)$$

式中：D 为扩散率，它与扩散距离 L 的关系为

$$L = \sqrt{D\tau} \qquad (5\text{-}23)$$

在室温下，硅材料中占主导地位的是热激发电流，随着温度的升高，扩散电流逐渐占主导地位。必须考虑热激发电流时，可以联立式（5-21）、式（5-22），计算出暗电流密度与温度的关系：

$$j_{dark} \propto T^{\frac{3}{2}} e^{-\frac{E_g}{2kT}} w \qquad (5\text{-}24)$$

式中：E_g 为半导体材料的带隙能。在现代半导体技术条件下，室温时的暗电流密度非常小。

3. 雪崩光电二极管的暗计数

作为噪声，暗电流对于光电探测器来说是不利的，应当尽量减小。对于 APD 而言，同样会受到热激发的影响，其半导体材料内部固有的热电子发射等各种热效应自然也会产生自由载流子；只要有热效应的存在，即使在没有光照的情况下，APD 仍然存在微弱的电流输出。

1）暗电流的来源

APD 的暗电流是由本体暗电流和表面漏电流两部分组成的。其中，表面漏电流是由表面缺陷、偏置电压、表面清洁度、表面面积等因素决定的，不受雪崩增益的影响；采用保护环结构，分流表面漏电流，可以有效地减小表面漏电流。本体暗电流来自 PN 结区热激发、隧穿效应及被材料缺陷俘获的载流子，这些载流子在高电场内被加速，通过雪崩效应而产生倍增。

（1）热激发的本体暗电流：热激发使结区的电子从价带跃迁到导带，形成热噪声，它们服从玻耳兹曼分布，可以通过降低温度改善热噪声；随着温度降低呈指数下降，可以将单光子探测器置于低温恒温装置中来减小激发载流子的数量，但使用低温也很难消除热噪声。

APD 两端所加电压达到贯穿电压[①]时,这些初级暗电流主要是耗尽区热激发载流子和隧穿电流引起的。热激发载流子引起的初级暗电流随着温度降低呈指数下降:

$$I_{DM} = A_1 \exp\left(-\frac{B_1}{T}\right) \tag{5-25}$$

式中:A_1、B_1 为常数。

(2) 隧穿效应的本体暗电流:在电场较强的区域,电子在电场作用下由价带隧穿进入导带,从而形成隧穿电流。在一定温度下,当加在 APD 上的电压大于击穿电压时,InGaAs 吸收层中隧道电流强度为

$$I = \sqrt{\frac{2m^*}{E_g}} \frac{q^3 E_I V}{4(\pi \hbar)^2} \exp\left(\frac{-\alpha \sqrt{m^*} E_g^{\frac{3}{2}}}{q \hbar E_I}\right) \tag{5-26}$$

式中:m^* 为隧穿电子的有效质量;E_g 为 InGaAs 层的带隙能;q 为单位电荷;E_I 为异质结内建电场强度;V 为在 InGaAs 中耗尽层两端的电压;$\hbar$ 为约化普朗克常量(又称合理化普朗克常量),是角动量的最小衡量单位,$\hbar = h/2\pi = 1.05457266 \times 10^{-34}$(J·s);$\alpha$ 与隧道阻挡层有关,一般设定为 1。对于给定 APD,当达到击穿电压时,其隧穿电流与 InGaAs 层两端的电压呈正比。因此,APD 中隧穿电流主要由外加电压决定。

外加电压越高,其电流越大。对性能较好的 InGaAs-APD,其暗电流小于 1nA。同时 InP 层和 InGaAs 层中的掺杂浓度也影响隧穿电流的大小,通常掺杂浓度越高,在一定条件下隧穿电流越大。

(3) 后脉冲的本体暗电流:被材料缺陷俘获的载流子的再释放与器件材料的生长质量有关,当雪崩发生时,倍增区材料中的任何缺陷都会成为载流子的俘获中心,当大量的电荷流过 APD 时,一些载流子被这些缺陷捕获。雪崩终止后,这些被俘获的载流子便开始逐渐自行释放,如果受到电场加速,它们会再次产生雪崩,产生与前一次雪崩脉冲相关联的后脉冲现象。这也是导致暗计数的主要因素之一,在没有光子到达时会引起一次暗计数。

俘获载流子的再释放与器件材料生长质量有关。在雪崩过程中被俘获的载流子数量随着穿过 PN 结的载流子数量增加而增加,而穿过 PN 结的载流子数量又与加在 PN 结上的电压和抑制时间有关。因此,偏压越高,抑制时间越短,其后脉冲现象越明显,因而暗计数增加。

后脉冲出现的概率是温度的函数,被缺陷俘获的载流子寿命与温度有关。温度升高,载流子的寿命缩短,后脉冲导致的暗计数下降。载流子寿命与温度之间的关系为

$$\tau_d = A_2 \exp\left(\frac{B_2}{T}\right) \tag{5-27}$$

式中:A_2、B_2 为常数。

2) 暗计数

APD 偏置于击穿电压以上,处于盖革模式下工作时,探测到的光子就产生次雪崩电流,由后续电路对外输出一个计数脉冲。同样,由于热激发、隧穿效应及材料缺陷导致的

---

① 贯穿电压(punch through voltage),数值上小于击穿电压。

暗电流的存在,计数脉冲也会出现误计数。也就是在没有光照的前提下,GM-APD组成的电路中仍有计数脉冲输出。

这种没有光子输入时的计数脉冲是暗载流子引起雪崩产生的计数,称为暗计数。APD器件的暗计数主要考虑本体暗电流的因素,由前述知识可知,暗计数的产生概率与单光子雪崩二极管(SPAD)工作的温度和过压密切相关,其来源主要是基于APD本身,并未涉及驱动电路及背景光因素。在单光子探测器中,产生暗计数的物理机制主要分为三类：一是热噪声引起的随机热噪声电流；二是隧道效应引起的隧穿电流；三是APD材料缺陷中心俘获载流子再释放引起的后脉冲效应。

热激发、隧穿激发以及二者的联合激发共同构成APD的暗计数。在温度相对较高的情况下,暗计数主要由热激发产生,随着温度降低,暗计数减小。当温度持续降低,隧穿激发引起的暗计数比例上升,此时降低温度反而会引起暗计数的增大。此外,电场很强(高过压)的情况下,暗计数主要也是由隧穿效应激发。实际应用中,为了减小暗计数,常采用制冷、抑制电路等手段。图5-3是实验中测量的GM-APD在42s内的暗计数输出,平均每秒暗计数输出为3.8个,或记作3.8cps。

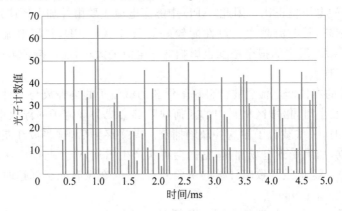

图 5-3　暗计数输出

暗计数率(DCR)是用于衡量单光子探测器系统噪声性能的一个重要参数指标,SPAD的暗计数概率可以用探测器的暗计数率与有效工作时间的比值计算,即归一化的暗计数率。

暗计数率与探测效率比(PDE)是单光子探测器最重要的特征参数,它决定着量子密钥分发(QKD)系统的误码率。一般来说,探测效率和暗计数率都随偏置电压、温度升高而增大。

5.2　光电倍增探测器

5.2.1　光电发射

图像增强器和光电倍增管都是以光电阴极为基础的,其功能是将入射光子转换成电子。当光照射光电阴极材料时,若入射的光子的波长小于截止波长,一部分光子就被吸

收,吸收的比例取决于光电阴极材料的厚度和光学特性。光电阴极材料截止波长 λ_{co} 为

$$\lambda_{co} = \frac{hc}{E_g} = \frac{1.24}{E_g}(\mu m)$$ (5-28)

截止波长又称为长波阈值或红阈波长。

材料中的电子与入射光相互作用,形成光生电子并逸出材料表面,这种现象称光电发射效应,又称外光电效应。1887 年,赫兹发现了外光电效应,关于此效应的两个定律也在随后被相继提出。

1. 爱因斯坦定律

光电子的最大动能 E_m 与入射光的频率 ν 成正比,而与入射光的强度无关,即

$$E_m = h\nu - \varphi = h\nu - h\nu_{co}$$ (5-29)

式中:E_m 为光电子的最大动能;φ 为光电逸出功,是一个与材料有关的常数,数值上与材料的带隙能 E_g 相等;h 为普朗克常数;ν 为入射光的频率;ν_{co} 为材料产生光电发射的极限频率,与截止波长 λ_{co} 相对应。

在 $T=0K$ 时,若光子能量 $h\nu>\varphi$,即 $\nu>\nu_{co}$,则光电子最大动能随光子能量增加而线性增加;若光子能量 $h\nu<\varphi$,即 $\nu<\nu_{co}$ 时,则不论光照度多大、曝光时间多长,都不会有光电子产生。在常温下,光谱响应在截止波长 λ_{co} 附近有拖尾,但基本上认为满足爱因斯坦公式。

2. 斯托列托夫定律

当入射光的频率或频谱成分不变时,饱和光电流(单位时间内发射的光电子数目)与入射光的强度成正比,即

$$I = q\eta \frac{P}{h\nu} = q\eta \frac{P\lambda}{hc}$$ (5-30)

式中:I 为饱和光电流;q 为电子的电荷数;η 为光电激发出电子的量子效率;P 为入射到材料的辐射功率。

5.2.2 半导体的光电发射

按照材料的组成,光电发射材料分为金属和半导体两大类。其中,半导体材料光电发射的量子效率远高于金属,散射小于金属,从而运动的能量损失小、逸出深度大,而且探测响应宽。

半导体光电发射的物理过程归纳为吸收、运动、逸出三步。

1. 吸收光子能量

价带上的电子、杂质能级上的电子、自由电子吸收入射光子的能量而跃迁到高能态(导带)上,分别称为本征吸收、杂质吸收和自由载流子吸收,相应光电子发射体称为本征发射体、杂质发射体、自由载流子发射体。本征发射体的线吸收系数达 $10^5 cm^{-1}$,量子效率达 $10\% \sim 30\%$。后面介绍的锑铯阴极、锑钾钠铯阴极、负电子亲和势(NEA)光电阴极都属于本征发射体。由于杂质浓度一般不超过 1%,因此杂质发射的量子效率较低(约为 1%)。有人认为 Ag-O-Cs 阴极属于这一类。

2. 向表面运动

激发生成的电子在向材料表面运动,这一过程中散射的原因会损失掉一部分能量。对于非简并半导体[①],光电子能量损失的主要原因是晶格散射、光电子与价键中电子的碰撞,这种碰撞电离产生了二次电子-空穴对。

以硅为例,当被激的发光电子与晶格发生散射时,相互交换声子,每散射一次,平均损失能量为 0.06eV,相应平均自由程[②] $l=60$Å。如损失 1eV,则有

散射次数:$N_c=1/0.06=17$(次)

光电子所扩散的距离:$l=17 \times 60=1000$(Å)

逸出深度:$d_{esc}=l\sqrt{N_c/3}=142.3$(Å)

半导体中的光电子能量一般在导带以上几电子伏,散射的能量损耗很小。因此,在以晶格散射为主的半导体中,光电子逸出深度就比较大,在几百埃的数量级。半导体的本征吸收系数 α 很大($3 \times 10^5 \sim 10^6$ cm^{-1}),光电子只能在距表面 $100 \sim 300$Å 的深度内产生,而这个深度在半导体的光电子逸出深度内。在这个距离内,随着 α 的增大,浅层的光电子数增加,发射效率也因此提高。若 $\alpha > 10^6$ cm,所产生的光电子几乎全部都能以足够的能量到达表面。

当光电子与价带上的电子发生碰撞电离时,便产生二次电子-空穴对,它将损耗较多的能量。引起碰撞电离所需的能量一般为带隙 E_g 的 $2 \sim 3$ 倍,因此作为一个良好的光电发射体,应适当选择 E_g,以避免二次电子-空穴对的产生。

3. 逸出材料表面

到达表面的光电子克服表面电子亲和势而逸出,能否逸出取决于它的能量是否大于表面势。对于大多数情况(非简并半导体),能够吸收光能量而跃迁至导带的电子,其能级主要集中在价带顶附近。

半导体受光照后能量转换公式为

$$h\nu = \frac{1}{2}m\nu^2 + E_A + E_g \qquad (5\text{-}31)$$

或

$$\frac{1}{2}m\nu^2 = h\nu - (E_A + E_g) \qquad (5\text{-}32)$$

式中:E_A 为电子亲和势,与真空能级 E_0、导带底能级 E_c 有关,$E_A = E_0 - E_c$。

如图 5-4 所示的能带图,光电子的能量 E 大于真空能级 E_0 的情况下,才能克服表面电子亲和势 E_A,从而逸出材料表面、逸入真空。价带顶部的电

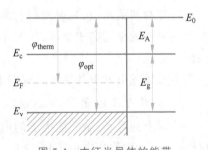

图 5-4 本征半导体的能带

---

① 掺杂浓度小于 10^{18} 的半导体都属非简并半导体,其自由电子很少,光电子受到的电子散射可以忽略不计。简并半导体是杂质半导体的一种,具有较高的掺杂浓度,电特性接近金属。

② 平均自由程是指相邻两次散射间自由运动的平均路程。

子,能够逸出的最小能量需求必须大于光电发射阈值能量 E_{th},$E_{th}=E_A+E_g$。对应的光子最小能量必须大于光电发射阈值能量,这个最小能量对应的波长称为阈值波长,即

$$\lambda_{th}=\frac{1.24}{E_{th}}(\mu m) \tag{5-33}$$

根据光电发射逸出功 φ_{opt} 的定义,在 0 K 时光电子逸出表面所需的最低能量,可得大部分半导体的光电逸出功,即

$$\varphi_{opt}=E_{th}=E_A+E_g \tag{5-34}$$

热电子发射逸出功 φ_{therm} 为真空能级 E_0 与费米能级 E_F 之差。因为本征半导体的费米能级是在禁带中间,因此

$$\varphi_{therm}=E_0-E_F=\frac{1}{2}E_g+E_A \tag{5-35}$$

$$\varphi_{opt}=\varphi_{therm}+\frac{1}{2}E_g \tag{5-36}$$

也就是说,半导体的光电逸出功和热电子发射逸出功是不同的。实际的半导体表面在一定深度内,其能带是弯曲的,这种弯曲影响了体内导带中的电子逸出表面所需的能量,也改变了它的逸出功。因此,计算逸出功需要考虑能带弯曲量。

通过改变表面的状态,可获得有效电子亲和势为负值的光电阴极,即通常所讲的负电子亲和势光电阴极。

5.2.3 光电阴极

从技术出现的时间角度,光电阴极分为实用光电阴极和负电子亲和势光电阴极,即 NEA 光电阴极出现以前的各种光电阴极统称为"实用光电阴极"。

1. 实用光电阴极

金属光电阴极的光谱响应特征具有选择性光电效应,如碱金属的光谱响应曲线在某一固定频率范围内有一最大值,这种现象称为选择性光电效应,如图 5-5 所示。

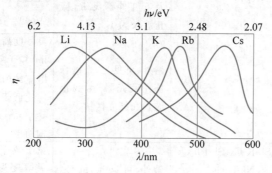

图 5-5　碱金属阴极的光谱响应

大多数金属的光谱响应都在紫外或远紫外范围,光电发射的量子效率不高。随着光电器件的发展,特别是微光夜视器件的发展,出现了各种实用金属阴极及半导体阴极,选择波长已经覆盖了紫外、可见光、近红外、红外的波长范围,并且具有较高的量子效率。

根据国际电子工业协会的规定，按实用光电阴极发现的先后顺序和所配的窗材料的不同，以 S-数字形式编排。多碱光电阴极是以碱金属钠、钾为基础，并且采用锑作为本体，采用铯作为真空表层，在一些条件下也采用铷元素。最常见的本体结构有双碱的"锑化钠或锑化钾"、S-20 的"Na$_2$KSb（典型厚度为 60nm）"、S-25 的"Na$_2$KSb（典型厚度为170nm）"。

光电阴极使用这些材料的原因：这些材料可以沉积成载流子寿命相当长的多晶半导体层；这些材料能够很好地吸收 200～850nm 的光子；作为真空表面所需要的铯的化学性质与本体的钠和钾密切相关；铯与这些本体材料之间容易形成化学键。

结合图 5-6，总结常见的实用光电阴极的特性，列于表 5-2。

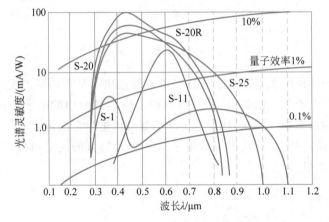

图 5-6　实用光电阴极的光谱响应

表 5-2　常见的光电阴极及其特性

光电阴极名称	分子式及编号	光谱响应	特　　点
银氧铯	Ag-O-Cs(S-1)	两个峰值，400nm、800nm 附近，可见光及近红外都灵敏，截止波长为 1.2μm	制备工艺简单、成本低。常温下热电子发射较大（10^{-14}～10^{-11} A/cm^2，存在疲乏现象[①]）
锑铯	Cs$_3$Sb （S-4、S-5、S-11、S-13）	紫外、可见光，光谱峰值在蓝光附近，截止波长在红光区	灵敏度高于银氧铯（100～150A/lm，量子效率为 10%～20%；暗电流约为 10^{-16} A/cm^2）；疲乏效应比低于银氧铯；热发射低，电导率高；制备工艺比较简单，结构简单
多碱光电阴极	双碱：Sb-K-Cs、Sb-Rb-Cs 三碱：Sb-Na-K-Cs 四碱：Sb- K-Na-Rb-Cs（S-20、S-25 等）	紫外、可见光、红外，光谱峰值 420nm 附近	量子效率为 10%～20%。积分灵敏度为 150～300A/lm，灵敏度重复性好，暗电流为 3×10^{-16} A/cm^2

注：① 随所用时间增长，电子发射能力下降。光强越强，疲乏越厉害；光波越短，疲乏越严重，对红外线几乎观察不到疲乏；阳极电压增高，疲乏增大；温度降低，疲乏增大。常用于主动微光夜视仪。

2. NEA 光电阴极

光电子逸出表面,首先使电子受激到导带上,然后向表面运动而散射掉一部分能量,在到达表面时的电子要克服表面有效电子亲和势才能逸出。若扩展探测器长波方向的光谱响应,必须减小有效电子亲和势 E_A,当 $E_A \leqslant 0$ 时,阈值波长最大。将铯或氧吸附在 Ⅲ-Ⅴ 族化合物(如 GaAs)表面,可以得到负电子亲和势光电发射体,从而获得良好性能的光电阴极。

在 P 型 GaAs 表面沉积单分子层 Cs,然后交替蒸镀 O 和 Cs,形成 Cs_2O 层,形成负电子亲和势(GaAs:Cs-O)。P-GaAs 的逸出功为 4.7eV,禁带宽度为 1.4eV,Cs_2O 是一种 N 型半导体,它的禁带宽度约为 2.1eV,逸出功为 0.6eV,电子亲和势为 0.4eV。

被激发到导带的光电子在向表面运动的过程中,因散射要损失一部分能量,电子停留在导带高能态的时间非常短,在 $10^{-14} \sim 10^{-12}$s 就失去能量而到达导带底。对于 NEA 光电阴极而言,即使被激电子在此短暂地内落到了导带底,只要在它们在没被复合掉之前扩散到表面就可以逸出。由于表面负电子亲和势的存在,在表面区建立的电场对电子有一指向表面的作用力,使电子能量增加,因而落到导带底的电子都可以逸出表面。

另外,被激电子在导带底的平均存在时间(寿命)可长达 10^{-8}s,比从高能态降到导带底时间长很多。只要在寿命时间内扩散到表面的电子,包括导带底的电子,都可以逸出表面,所以 NEA 光电阴极的逸出深度大大增加,约为 $1\mu m$。与一般半导体光电发射体相比,NEA 材料的光电子逸出深度增加了 2~3 个数量级,且量子效率显著提高。

NEA 光电阴极发射的光电能量分布比较集中,角度分布也比较集中,减少了像散,分辨力也有明显的提高,NEA 光电阴极阈值波长也增长了。

5.2.4　光电倍增管

如图 5-7 所示,光电倍增管主要由光电阴极 K、电子光学输入系统(光电阴极 K 至第一倍增极 D_1 的区域)、倍增系统(D_1-D_2-D_3…,或称打拿极系统)、阳极 A(或称收集极)四部分组成,工作时从光电阴极 K 到倍增极 D_1、D_2、D_3、……和阳极 A 的电压逐渐升高。光电阴极接收光照,产生光生电子;电子光学输入系统将光电阴极 K 发射出来的光电子加速,并聚焦到第一倍增级 D_1 上;倍增系统由二次电子发射体制成的倍增极构成,用于放大电子;A 为收集电子的阳极,或称收集极。

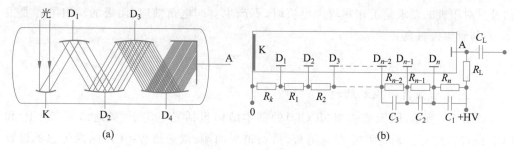

图 5-7　光电倍增管

1．光电阴极

常用的光电阴极有银氧铯、锑铯、多碱光电阴极、负电子亲和势光电阴极等。采用的光电阴极主要根据所探测光的光谱范围来选取。按其结构形式可分为反射型的侧窗式和透射型的端窗式。

2．电子光学输入系统

电子光学输入系统是指光电阴极至第一倍增极区域。其任务是尽可能多地将光电阴极发射的光电子收集并轰击第一倍增极的有效区域，高的收集效率可以大大提高信噪比，一般收集效率为85%～98%；并且不同部位发射的光电子到达第一倍增极所经历的时间最好一致，低的渡越时间才能有快的时间响应，渡越时间一般为1ns。

3．电子倍增系统

电子倍增系统是指由各倍增极构成的综合系统，每个倍增极是由二次电子发射体制成的。当具有足够能量的电子轰击二次电子发射体时，该发射体将有电子发射出来，这种现象称为二次电子发射。

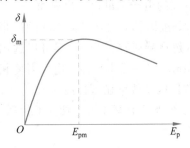

图 5-8　二次电子发射系数曲线

二次电子发射系数 δ（二次电子流与一次电子流的比值）是一次电子能量 E_p 的函数，当一次电子能量为恰当值的情况下，发射系数出现一个极大值，如图 5-8 所示。出现这种峰值曲线的原因：当一次电子能量较小时，能量低激发不出足够多的电子，随 E_p 的增加，激发出的电子增多，但 E_p 增大到一定值之后，一次电子进入电极内部，在内部产生电子将不能逸出。为使 δ 大，尽量选择一次电子能量在 E_{pm}，这样就可决定选取多大的极间电压。

二次发射系数不仅与打拿极的二次发射材料有关，而且与打拿极的极间电压有关。另外，不论是金属还是半导体或绝缘体，二次电子发射系数曲线的形状都是相似的。只是对不同的材料具有不同的峰值能量和发射系数，一般来说，E_{pm} 为 100～1800eV。

4．阳极

阳极用来收集最后一级倍增极发射出来的二次电子，并通过引线输出倍增了的电流信号。对阳极的要求是工作在较大电流时，不产生空间电荷效应，阳极的输出电容要很小，并与管脚接触良好。

5.2.5　图像增强器

1．图像增强器的基本结构

如图 5-9 所示，图像增强器（ICCD）的基本结构包括光电阴极、微通道板（MCP）和CCD 图像传感器。光电阴极-微通道板、微通道板两端、微通道板-CCD 图像传感器设置有驱动电压。从逻辑思路的角度理解，图像增强器的基本工作机制与光电倍增管是相似的，都是首先通过光电阴极将光子能量转换为光生电子，然后用电能加速光电子的运动、提高电子的动能,通过多次的二次发射来放大电子流。

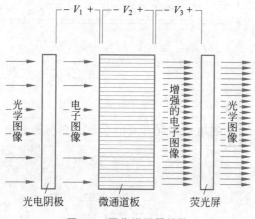

图 5-9　图像增强器结构

光学图像投影在光电阴极上,不同的光强度形成不同数量的发射电子,光电阴极将光学图像转换为电子图像。电子图像经过微通道板放大后,形成增强的电子图像。增强电子图像的电子轰击荧光粉,在荧光屏上产生可见光图像。图像增强器的输入是光学图像、输出也是光学图像,两个光学图像之间利用微通道板作电子放大,将入射光图像形成的光子量级的电子图像放大得到电子流量级的电子图像,从而具有微光成像的性能。

显而易见,图像增强器的关键器件是微通道板,微通道板的作用是对光电阴极激发的光电子进行倍增,同时保留电子的位置信息。微通道板是一个多孔的薄片结构,一个直径为 18mm 的微通道板,其有源表面上拥有 600 万个通道,每个通道的直径为 $6\mu m$、长度与直径之比为 50。这种通道是电子倍增器,具有电子倍增放大的作用,电子倍增的倍率高达 10^6。

经过几个代次的技术迭代发展,基于微通道板的图像增强器技术趋于成熟。通过优化光电阴极材料、改进微通道板的结构,器件的增益和信噪比不断提高,并且可以满足不同光谱响应范围的应用需求。

2. 通道电子倍增器

通道电子倍增器(CEM)是一种连续的电阻管,管子内壁经涂敷或其他处理,内壁表面电阻很大,导电层的电阻数量级为 $10^9\Omega$、二次电子发射系数 $\delta>3$。常用的材料有高铅玻璃和陶瓷半导体。高铅玻璃化学稳定性好,是目前使用最多的一种材料,其空心管内壁通过还原反应生长一层厚 10nm 的单晶 Pb 或 PbO 的 N 型半导体膜,膜的二次电子发射系数 $\delta>3$,电阻为 $10^8\sim10^{10}\Omega$。

如图 5-10 所示,管子两端施加直流电压(如 1000V 左右),在管内建立均匀电场。电子从 CEM 的低电位端进入,在电场的加速下高速运动,与管壁内表面相撞并发射出二次电子,这些电子被管内电场沿轴向加速,获得足够高能量后再次与管壁相撞并产生更多的二次电子。这个过程被多次重复,最后在高电位端形成大量的电子输出。

微通道板输出端的电流 I_{out} 与输入端的电流 I_{in} 之间的比值称作增益,用 G 表示,

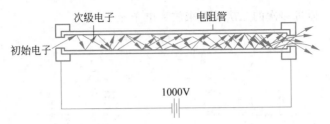

图 5-10　通道电子倍增器工作过程示意图

它是与材料、结构、电压及入射电子状况有关的参数。它与驱动电压、长径比的定量关系分别可以表示如下。

增益与电压的关系：

$$G = \left(\frac{kU^2}{4V_0\alpha^2}\right)^{\frac{4V_0\alpha^2}{U}} \qquad (5\text{-}37)$$

式中：k 为决定二次发射系数的材料常数，一般为 $0.2 \sim 0.25$；U 为微通道两端所加电压；α 为微通道的长径比，即长度 l 与直径 d 的比值；V_0 为二次电子的平均发射电位，为 $1 \sim 2\text{V}$。

增益与长径比的关系：

$$G = F\frac{\delta_1}{2}\left(\frac{U}{c\alpha}\right)^{\frac{\alpha}{4}}\left(1 + \frac{c\alpha}{U}\right)\exp(-0.65h) \qquad (5\text{-}38)$$

式中：F 为开口面积比；δ_1 为首次碰撞的二次电子发射系数；c 为电子清刷系数（电子清刷前后分别为 8.5 和 $9.5 \sim 10$）；h 为输出电极深度（以单丝孔径尺寸的个数计）。

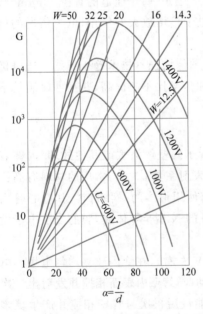

图 5-11　通道增益曲线

由式（5-37）对 G 关于 α 求微分，可计算出 G 存在一个极大值。由式（5-38）也不难发现，在某个长径比时，增益最大。因此，存在一个最佳的长径比，此处的增益达到极大值。图 5-11 是增益与长度 l、直径 d 的比和所加电压 U 的函数关系曲线关系，增益一般达到 10^5 以上。

当输入电流大到一定值时，输出电流趋于饱和，这种现象称为微通道的饱和效应。产生饱和效应有以下三个主要原因。

（1）空间电荷效应：沿着通道输入到输出端，管内的电子云浓度越来越大，这些空间电荷形成等位区，拒斥来自管壁的二次电子，使电子不能获得足够能量，从而抑制了二次电子的进一步发射。

（2）管壁充电：微通道管壁因发射电子而充正电，越靠近输出端，发射电子越多，充电越多，使该区域形成等位区，对电子不再有加速作用。

（3）通道电阻：指内壁电阻，它与通道电压共同决定了通道的传导电流。在连续工作方式中，其连续输出电流饱和值受到传导电流的限制。

3. 微通道板

微通道板简称 MCP，它由大量的微通道电子倍增管构成，如图 5-12 所示。大量极细的微通道电子倍增器成束组合，切片加工后制成平板结构，用于传送和增强图像。由于图像分辨率的要求，通道的直径不宜过大，一般为 $6\sim10\mu m$。通道直径减小，其开口面积也减少，通道的增益也随之减少，目前的微通道板的开口面积一般在 60% 左右。

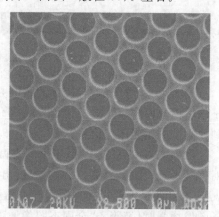

微通道板的制作工艺比较复杂，多根由包覆玻璃的光纤预制棒成束后拉制、束堆；多股束堆合并后再拉制、再束堆，直至纤芯直径达到要求为止。然后，通过熔融的工艺将所有包覆玻璃无缝熔合在一起，形成一根光纤束。沿光纤束径向锯成薄片，研磨薄片至合适的厚度，打磨抛光，再刻蚀纤芯，保留熔合的带孔包覆玻璃，或者说有若干小孔（通道）矩阵的包覆玻璃薄片，包覆玻璃是由发射材料（含铅和碱金属的化合物）构成的。通道的轴向与薄片的端面不垂直，而是有一个偏置角，目的是减少离子和光反馈，偏置角一般为 $5°\sim15°$。高温还原过程使小孔（通道）内壁轻微

图 5-12 微通道板的电子扫描图

导电，使玻璃具有极高的二次发射概率。最终，将镍铬合金蒸镀在微通道板的前端和后端，形成电极。后端电极进入通道几个通道直径的深度，避免在靠近通道输出端的地方产生大量二次电子，提高优良的聚焦性能。前、后端电极直接施加约为 1kV 的电压，形成通道内的电场，获得增益。通道的输入端受到光电子撞击时就会产生几个二次电子，电场会沿着输出方向加速这些电子，提高二次电子的动能，使它们再次与通道壁碰撞，产生更多的二次电子。该过程像雪崩一样不断地重复，直到一团电子离开通道。微通道板的电阻通常为 $100M\Omega$，1kV 的电压通常产生 $10\mu A$ 的电流，这就是所谓的条带电流，沿通道均匀分布。

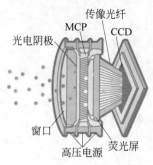

图 5-13 图像倍增器剖面结构

如图 5-13 所示，图像增强器（又称"像增强器"）是一个真空管装置，由窗口玻璃、光电阴极、MCP、荧光屏、传像光纤、CCD 构成，光电阴极内侧、MCP 前后两侧、荧光屏四个平面之间设置纵向电场。入射的光子撞击光电阴极释放出电子，在电场作用下，电子在纵向一路被加速，最终撞击荧光屏涂层。荧光屏发出的可见光图像由传像光纤投影到 CCD 的感光面，经由 CCD 转换为电子图像。为了匹配荧光屏与 CCD 感光面的尺寸，常使用光纤光锥，利用其不同大小的输入输出窗做图像耦合。光纤耦合方式传输的图像无畸变，且具有体积小、重量轻、耦合效率高等优点，但结构固定，不易拆换。

还有一种透镜耦合方式，荧光屏与 CCD 感光面是一对共轭平面，这种耦合方式易于

调焦,适用于正照和背照 CCD,且可拆除更换,但耦合效率低、体积重量大、不利于系统小型化和轻量化。

另外,还有一种近贴式图像增强器结构,不再需要图像耦合光学结构,它的光电阴极、MCP 和荧光屏三者之间互相平行且贴近,加上电压后,在阴极与 MCP、MCP 与荧光屏之间形成纵向均匀电场,电子沿纵向平行运动,称为近贴聚焦。近贴式像增强器结构简单、体积小、重量轻,但分辨率受极间距离限制,极间电压也不能太高,限制了电子增益。

5.3 电子倍增电荷耦合器件

5.3.1 概述

顾名思义,电子倍增 CCD 的核心是 CCD,它是在普通的 CCD 器件的基础上增加电子倍增模块而构成。电子倍增模块即倍增寄存器,用以实现对电荷的倍增放大,从而得到放大了的微光图像信号。

增强 CCD(EMCCD)属于全固态微光器件,通过其自带的倍增寄存器,在转移过程中对信号实现"片上增益",从而克服读出放大器的噪声低限。在不需要任何附加结构的情况下,EMCCD 能够得到与图像增强器相近的图像质量,使得低照度成像技术从"真空电子图像增强时代"跨入"全固态图像增强时代"。

相对于普通 CCD 而言,EMCCD 采用电荷倍增机制从而实现电荷信号的放大,极大地改善了探测器的信噪比;相对于 ICCD 而言,EMCCD 具有功耗更小、相较成本更低、寿命更长、空间分辨率更高、光电转换效率高、高增益条件下不怕强光等优点,并且具有很高的灵敏度和信噪比,降低了噪声对器件工作频率的限制。

典型的帧转移 EMCCD 由积分成像区、电荷存储区、读出寄存器、倍增寄存器、输出放大器组成,如图 5-14 所示,成像区与存储区相互独立。成像区接受光学图像的照射,在一定的时间内积分完成光生电荷的积累,形成与光学图像相对应的电子图像。存储区具有与成像区相同的电荷转移特性,作为电荷转移过程中的缓冲区域。在垂直转移时序的

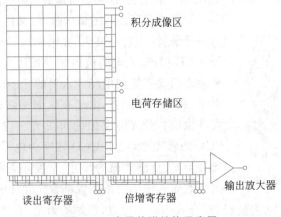

积分成像区

电荷存储区

输出放大器

读出寄存器　　倍增寄存器

图 5-14　电子倍增结构示意图

驱动下,存储区的电荷被逐行转移到读出寄存器(普通 CCD 的水平移位寄存器)中,首先转移的是存储区最下面的一行,存储区的一帧图像依次转移。在读出时序的作用下,读出寄存器将一行信号逐个转移到倍增寄存器中。在高压倍增时序的驱动之下,倍增寄存器对信号电荷实现同等放大,最后由输出放大器将电荷信号转化成电压信号输出。

电子信号在高幅值倍增脉冲作用下,从巨大电势差形成的倍增极电场中获取足够能量成为热电子,当强场中的热电子等于或超过阈值能量时,以一定概率发生碰撞电离,新产生的电子汇入原有信号电荷包,而新产生的空穴被衬底吸收。这一过程在倍增寄存器的每一极中持续进行,直到信号电荷包转移至读出放大电路为止。

5.3.2　电子倍增理论基础

1. 碰撞电离

半导体中的电子和空穴都参与导电,统称为"载流子"。载流子可以受激发而产生,激发机制包括热激发、电磁辐射、带电粒子穿透、碰撞电离等。半导体内的高压电场区的电子(或空穴)在电场作用下不断加速,并相互碰撞,使得这些电子(或空穴)获取新的能量而电离,产生更多的新的电子(或空穴)。这一过程反复进行便形成雪崩。

如图 5-15(a)所示,在较弱的电场强度下,相应能带具有较小的倾斜。假定在位置 X_0 处有一个电子,较弱的电场并不能给载流子增加足够的动能,在相互碰撞之间不足以产生新的电子。电子和空穴在电场中再次被加速之前,它们的动能将简单地转移给晶格,这样不会产生倍增。

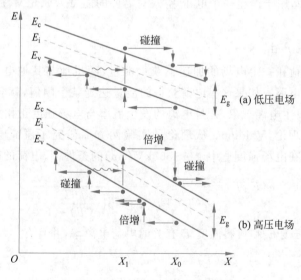

图 5-15　碰撞电离激发载流子

如图 5-15(b)所示,在较强的电场中,相互碰撞之间能量增加得足够高,允许产生新的电子(也同时产生空穴,形成新的电子-空穴对)。假设电子在位置 X_0 处被加速,它向 X_1 处运动的过程中与另一电子发生碰撞。它的一部分动能被转移给晶格,引起晶格振动;另一部分动能激发被碰撞的电子产生新的电子-空穴对。这样一来,在发生碰撞的位置一个自由电子就变为两个自由电子，称为"二次电子"。接下来，同样在电场作用下，这两个自由电子再次被加速，在其后的碰撞中进一步产生新的二次电子。

碰撞产生"二次电子"的概率与电场有关，只要适当地增加电场，即可找到一个条件，使得主要只有一种载流子（如硅中的电子）产生二次电子。这样，由倍增过程产生的电荷将正比于一次产生的电荷，在足够强的电场中相互碰撞之间的两种载流子动能增加得足够高，可以产生足够数量的电子，从而发生雪崩击穿。

在半导体材料中，通常仅有部分能量用于产生电子-空穴对。考虑一维情况，一个电子通过碰撞电离产生一个电子-空穴对，忽略碰撞过程中向晶格转移的能量损失，假定电子和空穴的有效质量相等，均为 m，这三个粒子的能量均为 E'，动量 P 也相等。根据动量守恒和动能守恒定律，碰撞电离所需要的最小能量（也称为电离阈值能量）E_{min} 为

$$E_{min} = 3E' + E_g$$
$$P_{min} = \sqrt{2mE_{min}} = 3\sqrt{2mE'}$$

或

$$E_{min} = \frac{3}{2} E_g \tag{5-39}$$

式中：E_g 为半导体的禁带宽度。

由于实际碰撞过程中会有一部分能量向晶格转移，因此实际的碰撞阈值能量远远大于禁带宽度。此外，掺杂和温度等因素也会影响半导体材料中的碰撞电离。例如，硅材料的带隙为 1.12eV，用于产生一个电子-空穴对需要的能量为 3.6eV，是其带隙宽度 3 倍以上。

2. 二次电子的产生

半导体中的电荷在一定电场的加速下获得能量，随机地与其他电荷发生碰撞后，会把能量传递给这些电荷。如果这些电荷获得的能量达到某个阈值，就会使电荷的能级从禁带跃迁到导带，发生电离现象，并且电离的发生概率与电场强度正相关。

对照玻耳兹曼理论，Valdinoci 从理论和实验两方面研究了碰撞电离效率模型：在 25～400℃ 范围内、在电场强度适中（50～500kV/cm）的条件下，电荷的碰撞电离率为

$$\alpha(E, T) = \frac{E}{a(T) + b(T)\exp\left(\dfrac{d(T)}{c(T) + E}\right)} \tag{5-40}$$

式中：α 是与电场强度 E 和材料温度 T 有关的电荷电离率，并且有

$$\begin{cases} a(T) = a_0 + a_1 T^{a_2} \\ b(T) = b_0 \exp(b_1 T) \\ c(T) = c_0 + c_1 T^{c_2} + c_3 T^2 \\ d(T) = d_0 + d_1 T + d_2 T^2 \end{cases} \tag{5-41}$$

$a(T)$、$b(T)$、$c(T)$、$d(T)$ 是与温度、CCM 材料有关的参数，不同型号的 EMCCD 有相对应的参数。在场强较低时，$a(T)$ 对电离率基本上没影响，可以在公式中忽略，不过

在电场增加的情况下，$a(T)$ 不可忽略。式 (5-41) 中的各常数项参数，其具体取值见表 5-3。

表 5-3 电子、空穴参数

参 数	电 子	空 穴
a_0	4.3383	2.376
a_1	-2.42×10^{-12}	0.01033
a_2	4.1233	1
b_0	0.235	0.17714
b_1	0	-0.002178
c_0	1.6831×10^4	0
c_1	4.3796	0.00947
c_2	1	2.4924
c_3	0.13005	0
d_0	1.233735×10^6	1.4043×10^6
d_1	1.2039×10^3	2.9744×10^3
d_2	0.56703	1.4829

从式 (5-40) 可以看出，电场 E 比较低时，分母中的指数部分的 E 可以忽略，即不需计较电场的作用。当温度不变化时，提高电场强度 E，能增加电离率；如果增加场强，温度的变化对电离率的影响就会降低。温度发生变化时，电离率会受到影响，当温度升高时，晶体里的晶格散射会增强，电荷的加速会受到干扰，即温度升高，会导致电离率降低。而场强对电离率的影响要比温度对电离率的影响程度大，场强比较高时，温度对电离率的影响就会减小。虽然不同的场强和不同的温度情况下电离率会有不同，但是由于用于天文观测的波前传感器中的 EMCCD 需要抑制热噪声的影响，一般会将 EMCCD 置于低温环境下，所以此次分析的是属于低温、场强大小适中环境下的电离率模型。

3. 碰撞电离阈值

从分析碰撞电离过程可知，阈值是决定信号电荷碰撞电离的重要因素之一。

若导带电子的有效质量为 m_n，价带空穴的有效质量为 m_p，可分别将电子和空穴的碰撞电离阈值表示为 $E_g(1+m_n/m_p)$ 和 $E_g(1+m_p/m_n)$。但是实际计算时由于影响能带的因素众多，使得碰撞电离阈值的计算要复杂得多。

实际上，电离阈值是与半导体材料的温度、晶向、实际能带结构、杂质能级等相关的函数，主要取决于能带中的禁带宽度。浅能杂质对阈值的影响最为明显，因为浅能杂质的施主能级靠近导带底，这将使碰撞电离阈值明显低于半导体材料所需的阈值。有研究者提出了阈值能量与温度的关系表达式：

$$\varepsilon_T = C_1 + C_2 T + C_3 T^2 \tag{5-42}$$

式中各常数的取值见表 5-4。

表 5-4　温度系数

系　　数	$T \leqslant 170K$	$T > 170K$
C_1/eV	1.17	1.1785
$C_2/(eV \cdot K^{-1})$	1.059×10^{-5}	-9.025×10^{-5}
$C_3/(eV \cdot K^{-2})$	-6.05×10^{-7}	-3.05×10^{-7}

4. 载流子寿命

载流子寿命决定了传感器的基础响应频率，它包括载流子复合寿命和产生寿命。使用外加电压耗尽半导体中的所有载流子，去除外加电压后将开始产生载流子直至恢复到热平衡状态，所用的时间为"产生寿命"。一旦产生了过剩的少数载流子，经过一定时间必然会恢复到热平衡状态，这个时间称为"复合寿命"。

在直接半导体与间接半导体[①]中复合过程是不相同的：直接半导体中，集中在导带底的电子和集中在价带顶的空穴具有相同的晶体动量，带对带之间可以直接复合。其过程比较简单：导带电子和价带空穴直接发生复合，即导带电子直接跃迁到价带的空状态。虽然电子和空穴的浓度没有变化，但是电子-空穴对的热产生和复合连续发生，保持动态平衡。间接半导体中，带对带之间的直接复合受到抑制，导带电子和价带空穴通过复合中心[②]间接完成。其过程比较复杂：复合中心从导带俘获一个电子，同时从价带俘获一个空穴，以此方式完成电子-空穴对的复合。间接复合分两步完成，它包括电子与空穴进入带隙中的陷阱中心，或者离开带隙陷阱中心的俘获及发射过程。

1）直接半导体

直接半导体中过剩载流子的复合寿命为

$$\tau_r = \frac{1}{\beta(p_0 + n_0 + \Delta n)} \qquad (5\text{-}43)$$

式中：β 为复合因子；n_0、p_0 分别为热平衡状态下电子和空穴浓度；Δn 过剩载流子浓度。

由式(5-43)可知，对于 P 型材料而言：小注入情形下，$p_0 \gg \Delta n$，$p_0 \gg n_0$，复合寿命确为常数，与热平衡时的多子浓度成反比（同时，也取决于复合因子）；大注入情形下，$\Delta n \gg p_0 \gg n_0$，复合寿命与过剩载流子浓度相关。两种情况下的载流子复合寿命为

$$\tau_r = \begin{cases} \dfrac{1}{\beta p_0} （小注入） \\[2mm] \dfrac{1}{\beta \Delta n} （大注入） \end{cases} \qquad (5\text{-}44)$$

过剩载流子浓度 Δn 越大，复合寿命 τ_r 越短，即载流子浓度从 $n_0 + \Delta n$ 减少到热平衡值 n_0 的时间越短。因此，EMCCD 器件在大注入可见光条件下需要关闭倍增通道并以较高主频读取可见光图像。

半导体材料中的载流子产生寿命 τ_g 仅与本征载流子浓度有关：

---

① 导带边和价带边处于 k 空间相同点的半导体通常称为直接带隙半导体；导带边与价带边处于 k 空间不同点的半导体通常称为间接带隙半导体。

② 晶体中的一些杂质或缺陷在禁带中引入的局域化能态。

$$\tau_g = \frac{1}{\beta n_i} \tag{5-45}$$

一般情况下，多子浓度或过剩载流子浓度均大于本征载流子浓度，因此直接半导体中复合寿命远小于产生寿命。也就是说，直接半导体中载流子的复合寿命决定了EMCCD器件的基础响应频率。

2）间接半导体

间接半导体中载流子的复合寿命分别为

$$\tau_{r,n} = \frac{1}{\beta n_0} \approx \frac{1 + \frac{n_i}{n_0}\left[\frac{\nu_{th,p}\sigma_p}{\nu_{th,n}\sigma_n}e^{\frac{E_i - E_t}{kT}} + e^{\frac{E_t - E_i}{kT}}\right]}{\nu_{th,p}\sigma_p N_t} \tag{5-46}$$

$$\tau_{r,p} = \frac{1}{\beta p_0} \approx \frac{1 + \frac{n_i}{p_0}\left[\frac{\nu_{th,n}\sigma_n}{\nu_{th,p}\sigma_p}e^{\frac{E_t - E_i}{kT}} + e^{\frac{E_i - E_t}{kT}}\right]}{\nu_{th,n}\sigma_n N_t} \tag{5-47}$$

式中：ν_{th} 为热速度；σ 为俘获截面；N_t 为缺陷浓度；E_t 为缺陷能级；E_i 为中央能级。达到热平衡时，电子和空穴的俘获率同发射率各自相等。

由式(5-46)、式(5-47)可知，载流子复合寿命与半导体中多数载流子密度及缺陷浓度成反比。为了获得足够长的复合寿命，从而降低器件功耗、提高电荷输运效率、降低工作频率的要求，EMCCD器件中掺杂浓度不宜过高。

产生寿命作为本征电荷密度和全耗尽半导体的起始产生率的比值，可利用初始条件 $n = p = 0$ 求出：

$$\tau_g = \frac{1}{N_t}\left[\frac{1}{\nu_{th,p}\sigma_p}e^{\frac{E_t - E_i}{kT}} + \frac{1}{\nu_{th,n}\sigma_n}e^{\frac{E_i - E_t}{kT}}\right] \tag{5-48}$$

对于电子和空穴有相等俘获截面及热速度的特殊情形（$\nu_{th,n}\sigma_n = \nu_{th,p}\sigma_p = \nu_{th}\sigma$），产生寿命与复合寿命可分别表示为双曲余弦形式的能量关系：

$$\tau_g = \frac{1}{\sigma\nu_{th}N_t}2\mathrm{ch}\left(\frac{E_t - E_i}{kT}\right) = 2\tau_0 \tag{5-49}$$

$$\tau_r = \frac{1}{\sigma\nu_{th}N_t}\left[1 + 2\frac{n_i}{m}\mathrm{ch}\left(\frac{E_t - E_i}{kT}\right)\right] \tag{5-50}$$

式中：τ_0 为耗尽区内的有效寿命；m 为多数载流子浓度。

如图5-16所示，对于同一缺陷能级 E_t，产生寿命明显大于复合寿命，即电荷寄存器中转移频率主要受到复合寿命的限制，并且随着缺陷能级的提高，两种寿命均呈指数增大。

对载流子寿命的分析可知，无论是直接半导体还是间接半导体，载流子的复合寿命均小于产生寿命，即半导体器件中基础响应频率主

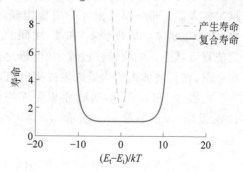

图 5-16 载流子寿命与缺陷能级的关系

要受到复合寿命的限制，并且载流子寿命随着缺陷能级升高而呈指数增加。因此，EMCCD 器件中的寄存器基体不宜重掺杂。

5.3.3 EMCCD 器件

1. 电子倍增寄存器结构

电子倍增寄存器（CCM）可以采用隐埋沟道电荷耦合器件（BCCD）的结构，目的是克服界面态对沟道电荷传输率的影响，通过远离表面①的体内沟道提高电荷转移效率。整体结构设计如图 5-17 所示。

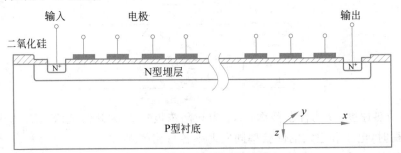

图 5-17　CCM 整体结构设计图

在各个栅极上加载栅极电压，由表面至体内，形成电势分布，并且最大电势处于衬底体内，相对于表面有一个距离。也就是说，在隐埋沟道中形成电荷转移通道。为了有效转移并倍增信号，作为基本单元的 CCM 要同时具备以下性能：

（1）电场强度 $\sqrt{E_x^2+E_z^2}$（E_x 和 E_z 分别代表电场矢量沿电荷转移方向和沟道纵深方向的两个分量）小于引起雪崩击穿的极限值 $E_{\max}$。

（2）信号电荷的存储与转移在埋沟中进行，远离衬底与氧化层的界面陷阱②。

（3）信号通道能够存储的最大信号电荷密度足够大③。

2. 电荷的倍增输运

图 5-18 为 EMCCD 的倍增原理，电荷的转移方向是自左向右的。电子在电极之间转移过程中同时得到放大。每转移一个倍增单元，信号被放大一次，经过若干倍增单元串行转移之后信号得到极大增强而噪声几乎不变，最终，信号以极高的信噪比到达片上读出放大器。每一单元由 4 个电极构成：3 个电极（ϕ_1、ϕ_2、ϕ_3）是由时序驱动的交流电极；1 个电极 ϕ_{dc} 是处于 ϕ_1 和 ϕ_2 之间的直流电极，被加载 5V 的恒定低压，始终保持固定的直流状态。电荷转移过程中，电极之间使用高于常规的电压值，构造适当强度的电场分布，在衬底体内的沟道激发碰撞电离，形成二次电子。

电极 ϕ_1 和 ϕ_3 的驱动脉冲与常规的电极驱动是一样的，典型的电压值为高压 5～15V、低压 0V。如图 5-18 所示，ϕ_1 为 15V，ϕ_3 为 0V，驱动时序与常规读出寄存器的时序

---

① 表面：氧化层与衬底之间的界面，处于衬底材料内。

② 通道电势与界面电势差大于 10 倍的热电势，或 $V_{ci}>10kT/q$。

③ 倍增级很多的情况下，可以采用随级数增加而增大的方式；倍增级不多的情况下，可以采用相同容量。

一样。电荷倍增转移的过程中,首先直流电极 ϕ_{dc} 保持低电平,随后电极 ϕ_2 趋向高电平 (35~50V)。

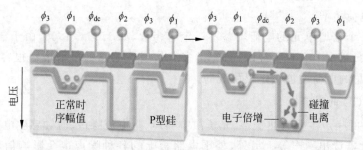

图 5-18　EMCCD 倍增原理

ϕ_2 与 ϕ_{dc} 之间会形成一个可以调节的电势差,电势差形成足够强度的电场强度,支撑碰撞电离过程的发生。电势差的不同使得场强不同,而不同的场强大小影响倍增寄存器中每级的电荷倍增值。不过因为 ϕ_{dc} 的值与过剩电荷是否溢出有关,所以只能改变倍增驱动高压的值来改变倍增的大小。这样一来,在 ϕ_1 和 ϕ_3 正常时序驱动下,电荷由 ϕ_1 向 ϕ_3 转移的过程中,电荷实现了增益放大。这一过程可以分解成四个片段:

片段 1:如图 5-19(a)所示,ϕ_1 高电平、ϕ_{dc} 低电平、ϕ_2 零电平、ϕ_3 零电平,初始电荷处于 ϕ_1 之下。

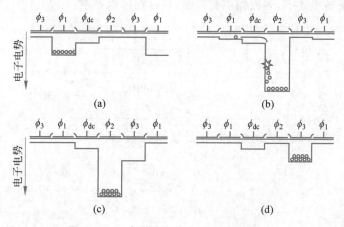

图 5-19　一个增益内的电荷增益转移过程

片段 2:如图 5-19(b)所示,ϕ_1 高电平→低电平、ϕ_{dc} 低电平、ϕ_2 零电平→甚高电平、ϕ_3 零电平,电荷从 ϕ_1 之下经 ϕ_{dc} 转移至 ϕ_2 之下,同时产生二次电子。

片段 3:如图 5-19(c)所示,ϕ_1 零电平、ϕ_{dc} 低电平、ϕ_2 甚高电平、ϕ_3 零电平→高电平,电荷储存在 ϕ_2 之下。

片段 4:如图 5-19(d)所示,ϕ_1 零电平、ϕ_{dc} 低电平、ϕ_2 甚高电平→零电平、ϕ_3 高电平,电荷从 ϕ_2 之下转移至 ϕ_3 之下。

倍增寄存器中信号电荷的倍增是因为在高压电场的作用下,电子层层加速成为"热载流子",然后从直流相转移到倍增高压相的过程中,会有一定的概率和其他电荷直接碰撞，只要有充裕的能量，被碰撞电荷中的电子就能脱离出来，然后继续被加速成热载流子。由于电荷放大的增益与 ϕ_2 的电压呈指数正比关系，因此，可以通过调节 ϕ_2 的驱动电压来改变电荷倍增。

每转移一个倍增单元的电荷增益不一定有多大，如 $1.01 \sim 1.06$，由于倍增寄存器的转移次数很大，基本上有几百级以上，经过多级倍增后的总的电荷增益很容易达到 1000 倍以上，因此总的电荷增加量是很可观的。

3. EMCCD 的噪声

EMCCD 的噪声主要有热噪声、光子散粒噪声、暗电流噪声、时钟感生电荷噪声、倍增噪声以及放大器读出噪声等。另外，外围电路板上的各种噪声也会影响信号的质量，从而影响成像质量。

1）热噪声

热噪声的来源：表面热激发电荷，即表面暗电流 S_S；体内热激发电荷，即体内暗电流 S_B。如图 5-20 所示，两者都与温度密切相关，且有

$$S_S = 122 T^3 e^{-6400/T} \tag{5-51}$$

$$S_B = 3.3 \times 10^6 T^2 e^{-9080/T} \tag{5-52}$$

非反转模式下，表面热噪声占主导地位。例如，在室温条件下，一般要比体内噪声大两个数量级。反转模式下，表面噪声被抑制，只存在体内噪声。

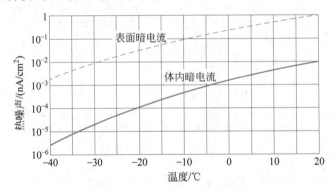

图 5-20　两种热噪声与温度的关系

2）光子散粒噪声

光子散粒噪声又称白噪声，是由光子的粒子性产生的。光子在照射 EMCCD 的光敏区时，单位时间内单位面积接收到的光子数不是固定不变的，会有一个波动，因此产生的光电子也会相应地变化，这种噪声称为光子散粒噪声。在 EMCCD 微光成像时，由于入射光子本身就较少，光子散粒噪声会跟随有效信号在倍增寄存器一起被倍增，此时光子散粒噪声成为主要噪声来源。光子散粒噪声是随机噪声，服从泊松分布，即光子散粒噪声可以表示为

$$\sigma_p = \sqrt{P \eta_e t} \tag{5-53}$$

式中：P 为单位时间入射感光区的光子数；η_e 为 EMCCD 的量子效率；t 为积分时间。

3）暗电流噪声

在没有光输入且驱动信号正常施加的情况下，EMCCD 的电荷输出称为暗电流噪声。暗电流噪声包括表面暗电流噪声和体内暗电流噪声。

表面暗电流产生于半导体-氧化层界面，可以通过沟道模式和工作模式消除。埋沟道 CCD 的信号沟道位于体内，可以抑制表面暗电流。反转模式（IMO）在半导体-氧化层界面吸附空穴，形成导电屏蔽层，抑制电子阶跃，进而抑制表面暗电流噪声。

体内暗电流噪声来源有耗尽暗电流噪声和扩散暗电流噪声。前者来自耗尽层受热激发的电子，后者来自中性衬底产生的少数载流子、并扩散到耗尽区，它们混入光生电子中而形成暗电流。

暗电流噪声的产生也是随机性的，服从泊松分布，可以表示为暗电流值的均方根，即

$$\sigma_d = \sqrt{I_d t} = \sqrt{2.55 \times 10^{15} D_F A_p T^{1.5} t e^{-\frac{E_g}{2kT}}} \tag{5-54}$$

式中：I_d 为暗电流均值；t 为积分时间；D_F 为 300K 时的暗电流系数；A_p 是像素面积；k 为玻耳兹曼常数；T 为工作温度；E_g 为禁带宽度。

4）时钟感生电荷噪声

为了将衬底体内的信号电荷读出（成为电压信号输出），需要在垂直转移时钟以及水平转移时钟的驱动下进行电荷转移。在转移时钟的快速驱动下，有效信号在转移中会产生寄生电荷，即时钟感生电荷（CIC）。显然，时钟感生电荷是一种噪声。

反转模式下，界面空穴的存在可以有效抑制表面暗电流的产生，不过会带来 CIC 的出现。如图 5-21 所示，电荷积累阶段，电极施加负电压，半导体-氧化层界面吸附空穴，同时信号（光生电子）在 PN 结积累。信号读出初期，电极的电压切换为正电压，表面的空穴被驱赶进体内，同时形成碰撞电离，产生伪信号。非反转模式下，这种现象有所改善。

CIC 与驱动时钟的幅值、上升和下降时间与转移时钟的频率等有关，与积分时间、EMCCD 工作温度无关。时钟感生电荷噪声属于散粒噪声，服从泊松分布，其可以表示为

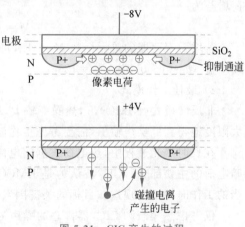

图 5-21 CIC 产生的过程

$$\sigma_c = \sqrt{C} \tag{5-55}$$

式中：C 为感生电荷量。

在电路设计中，应该适当串联电阻，调整波形，使得驱动时钟有合适的上升下降时间；另外，适当提高时钟频率，特别是垂直转移时钟的频率，可以减小感生电荷带来的噪声。

5）倍增噪声

EMCCD 的平均总增益与倍增级的驱动电压幅值有关，该增益并不是固定不变的，而

是在一个值上下波动。通常用噪声因子来评价倍增噪声：

$$F = \frac{1}{G}\sqrt{\frac{\delta_{out}}{\delta_{in}}} \tag{5-56}$$

式中：δ_{in} 为倍增寄存器输入电荷的方差；δ_{out} 为倍增寄存器输出电荷的方差；G 为平均总增益。

由式(5-56)可以看出，在其他噪声不变的情况下，总增益 G 稳定可控是减小倍增噪声的关键。

EMCCD 器件的输出信号噪声包括输出放大器噪声、光激发信号的泊松散粒噪声、暗信号的散粒噪声以及其他寄生信号源，这些噪声都因倍增过程而改变。随着倍增增益的增加，输出放大器的噪声就越来越小，仅留下了信号和暗信号的散粒噪声，而这种噪声随倍增过程而增加。这种增加可以通过过剩噪声系数 F 进行描述。

4．主要性能指标

1）平均增益

在图 5-19 中，ϕ_2 与 ϕ_{dc} 之间电势差形成的电场强度 E 决定了 ϕ_2 电极下碰撞电离的概率，或者说决定了二次电子的浓度，或者说电子的片上放大的增益。当然，增益的大小也受到器件温度的影响。

若倍增单元数为 N，每个单元的因碰撞电离而形成二次电子的概率为 g，则总的电荷增益为

$$M = (1+g)^N \tag{5-57}$$

若增益寄存器的单元个数 $N=512$，每个单元的碰撞电离的概率为 1.4%，则总的电荷增益 $M=(1+0.014)^{512}=1234$。

2）最佳工作模式

非反转模式(NIMO)下，热噪声较大，反转模式下，CIC 明显。选择哪种模式，能够最大限度地得到低噪声输出，需要考虑工作温度和积分时间这两个因素。

在长时曝光过程中，热电荷占据暗电流的主要部分；在短时曝光的过程中，CIC 占据暗电荷的主要部分。CIC 被认为是 EMCCD 中的剩余检测限，并且必须最小化，选择恰当的工作时钟是实现这一目标的关键因素。

仅考虑热噪声和 CIC，器件总的噪声为

$$D(T) = S_D(T)t + mC(T) \tag{5-58}$$

式中：t 为积分时间；m 为水平转移的总次数；T 为工作温度。

非反转模式的总噪声 $D_I(T)$ 与反转模式的总噪声 $D_N(T)$ 作为临界条件，结合式(5-58)可以得出以下结论：

$$t_c = \frac{mC_I(T) - mC_N(T)}{S_N(T) - S_I(T)} \tag{5-59}$$

也就是说，积分时间大于 t_c，最佳工作模式是反转模式；积分时间小于 t_c，最佳工作模式是非反转模式。实际应用中，由于器件通常会被制冷而工作在低温条件下，因此非反转模式成为最佳的工作模式。

3）信噪比

信噪比决定了 EMCCD 的探测能力。由于有效信号会经过倍增结构被放大，假设入射到 EMCCD 光敏面的光子数为 S_p、EMCCD 的量子效率为 Q_E、倍增寄存器的平均总增益为 G、EMCCD 总噪声为 σ，则 EMCCD 产生的信噪比为

$$\mathrm{SNR} = \frac{S}{\sigma} = \frac{S_p Q_E G}{\sqrt{F^2 G^2 (\sigma_p^2 + \sigma_d^2 + \sigma_c^2) + \sigma_r^2}} \tag{5-60}$$

式中：F 为噪声因子；G 为平均总增益；σ_p 为光子散粒噪声；σ_d 为暗电流噪声；σ_c 为时钟感生电荷噪声；σ_r 为放大器读出噪声。

由式（5-60）可知，EMCCD 信噪比主要和入射光子数 S_p 和平均总增益 G 有关。当光照条件差时，读出噪声是主要噪声来源，但将总增益 G 变大，就会减小读出噪声对信噪比的影响。当光照条件较好时，入射光子量 S_p 变大，光子散粒噪声成为主要噪声来源，此时应该减小倍增增益来减小噪声因子 F。

因此，并不是在所有情况下都可以通过提高增益来提高信噪比，应该在合适的光照条件下选择合适的倍增系数，使得 EMCCD 相机达到最大信噪比。

4）CCD 器件的比较

从表 5-5 可以直观地看出三种 CCD 器件的性能，其中 EMCCD 在信噪比方面具有明显的优势，ICCD 在伪噪声方面具有优势但在量子响应效率方面劣势十分明显。

两类 CCD 的光谱响应特性如图 5-22 所示，可以看出基本覆盖近紫外、可见光和近红外波段。峰值响应位于可见光波段。

表 5-5　三种 CCD 成像器件比较

特 性 参 数	理 想 值	CCD	EMCCD	ICCD
全称	—	电荷耦合器件	电子倍增 CCD	增强 CCD
量子效率/%	100	93	93	50
读出噪声	0	10	60	20
增益	1	1	1000	1000
寄生噪声	0	0.05	0.05	0
暗噪声	0	0.001	0.001	0.001
噪声因子	1	1	1.41	1.6

来源：https://www.rfwireless-world.com/Terminology/CCD-vs-EMCCD-vs-ICCD.html。

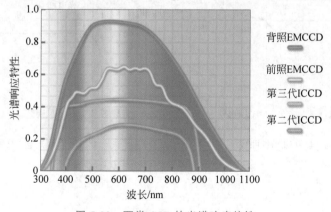

图 5-22　两类 CCD 的光谱响应特性

5.4 雪崩光电二极管

雪崩光电二极管(一般简称为"雪崩二极管"或 APD)是一种固态器件,它是当前主流的实用化单光子探测器。工作在击穿电压以下,即线性模式下的器件称为 APD;工作在盖革模式下,即加在二极管两端的反向偏置电压(简称"偏置电压")大于其击穿电压的器件称为 SPAD。为了便于描述,本节将线性模式 APD 和盖革模式 APD,一般统称为APD 器件,只有某些特定指向的情况下,称作 Gm-APD 或 SPAD。

从组成的材料来看,主要有用于可见光波段探测的硅 APD、用于通信波段探测的镓铟砷/磷化铟(InGaAs/InP)APD、1300nm 波段探测的锗(Ge)APD、红外波段探测的碲镉汞(HgCdTe)APD 以及用于探测紫外光的碳化硅(SiC)和氮化镓(GaN)等材料的 APD。硅 APD 已经非常成熟,在 650nm 波长的探测效率可达 65% 以上,暗计数最低只有每秒几十个,时间分辨率一般小于 400ps。近年来,用于通信波段光探测的镓铟砷 APD 及与其相关的淬灭电子学得到迅速发展,出现性能较好的 APD 和成熟的探测器产品,在通信波段的探测效率可达到 20% 以上。相比于超导单光子探测器,半导体单光子探测器在实用化上有巨大优势,如体积小、成本低、易于系统集成、无须超低温制冷等,更适用于实用化。

5.4.1 雪崩光电二极管的物理机制

图 5-23(a)所示,I-V 特征曲线是描述光电二极管电学与光电特性的直观方法。根据二极管两端施加的偏置电压情况,可以沿着横坐标(电压坐标)将此曲线分为正向区、反向区和击穿区。图 5-23(b)所示,当偏置电压大于击穿电压(V_{bd})时,处于击穿区的二极管存在亚稳态,从亚稳态到击穿损毁的阶段是一个动态的过程。在亚稳态的状态下,只要二极管耗尽区域没有载流子存在,就能够对二极管施加高于击穿电压的过偏置电压。

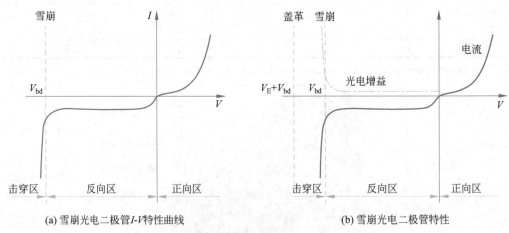

(a) 雪崩光电二极管I-V特性曲线   (b) 雪崩光电二极管特性

图 5-23 雪崩光电二极管的 I-V 特征曲线

在反向偏置的电场强度足够大的情况下,一旦有载流子注入耗尽区域,载流子的漂移运动被电场加速,并在运动中引起碰撞电离,产生新的可自由移动的电子-空穴对。碰撞电离将产生大量的"二次电子",使二极管发生可逆的电击穿。这一过程形象地称为"雪崩"。

若引发雪崩的载流子的注入是通过光激发的方式完成的,二极管即可实现对光子的探测,则称为雪崩光电二极管。探测单光子的雪崩光电二极管本质上是一个工作在亚稳态的 PN 结。在 PN 结两端加上略高于反向击穿的过偏置电压保持电击穿的状态,当光子入射到二极管上时,会触发雪崩,此时的电压称为雪崩电压。雪崩信号发生的概率遵循碰撞电离过程的统计规律,并且取决于电场、材料和环境条件因素。如果电场强度足够高,电子和空穴能够产生显著的电离效应,雪崩过程将会自动维持下去,此时的雪崩光电二极管工作在盖革模式。

为了防止器件因雪崩效应被损坏,APD 必须配备雪崩淬灭和复位机制,淬灭电路适时地中断雪崩过程。以"高压反向偏置"为基本条件,通过"光激发-雪崩-复位",雪崩光电二极管完成了一次对单光子的探测。

(1) **等待状态**:高压反向偏置形成耗尽区,为光激发创造条件。

在高压反向偏置作用下的 PN 结,其耗尽区可以自由移动的载流子被完全驱离,电荷大量扩散消失,在 PN 结的中间位置构筑起很强的内建电场。由于耗尽区没有任何的自由移动的载流子,因此不会发生碰撞,自然也不会有电离现象的出现。PN 结将保持在此状态,直到出现事件,例如入射的光子激发或者热激发——在耗尽区或耗尽区附近,激发形成电子-空穴对。

(2) **光激发**:光子注入,至少形成一个自由移动的载流子。

由于光子的注入,在耗尽区激发生成新的自由移动的载流子(光生电子)。光生电子生成后有可能发生四种情况:①所有载流子都漂移出耗尽区而不会引起电离,甚至可能漂移通过倍增区域的某些部分而不会电离;②初始的载流子或已经电离生成的载流子确实发生了电离,但是所有载流子都迁移出了耗尽区而没有达到足够数量以触发雪崩;③大量的载流子被电离,雪崩过程发生;④可能产生了足够的电离,但是其他过程开始控制着雪崩的动态。电离产生的载流子总会存在一定概率触发不了雪崩,一旦载流子的数量达到一定阈值,①、②这两种临界情况的概率就很小,可以忽略不计。光子触发雪崩的过程,最好是在其他激发方式(如热激发)出现之前完成,这样才能够实现对光子的探测。

(3) **雪崩**:电场驱动光生电子高速运动,碰撞其他载流子,引发连锁的电离。

雪崩过程可以从能带和能量的角度理解,如图 5-24 所示,电子 1 在强电场中被加速,动能不断增加,当它新获得的能量 ΔE_k 大于禁带宽度 E_g 时,如果它在运动路径中与另一个价带上的电子碰撞,其多余的能量被释放、传递,使得这个价带的电子跃迁至导带,从而产生一颗新的自由电子(图中的二次电子 2,同时也产生空穴 2)。主动碰撞的电子和被碰撞生成的电子在电场中都被加速,直到它们从电场中新补充能量足够大时,又会产生新的二次电子(电子 3 和空穴 3、电子 4 和空穴 4)[①]。这个能量转移的过程不断重复

---

① 同样的情况也适用于空穴,空穴本身也能产生额外的电子-空穴对。

并且导致了电荷对的级联产生,有效地将输入电荷对的数目快速倍增,从而产生大量的电荷。整个倍增的过程很大程度上取决于有效的电场值。

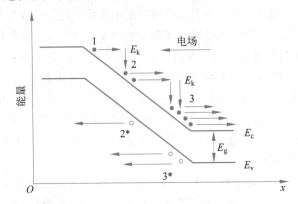

图 5-24　二极管能带与碰撞电离

雪崩光电二极管的倍增或者说雪崩过程是碰撞电离效应引起的,在 PN 结上的初始电离发生在一个很小的区域[①],随后不断扩大电离区域,自由载流子的数量在短时间内急速增加。雪崩效应产生的自由载流子数随时间的变化可以用下列方程表示:

$$\frac{\mathrm{d}c(t)}{\mathrm{d}t} = 2c(t)\left(v_s\bar{\alpha} - \frac{v_s}{z_d}\right) \tag{5-61}$$

式中:$c(t)$ 为自由载流子总数;v_s 为载流子渡越的饱和速度;z_d 为耗尽区宽度。

雪崩效应实际上是一个概率过程,可以用载流子电离概率描述;电子与空穴的电离系数相同时,设半导体中的"平均离化率"为 $\bar{\alpha}$,它是一个与电场相关的变量[②]。在单边 PN 结中,电场强度随着所施加电压的平方根而变化:

$$\bar{\alpha} = z_d A_\alpha^2 e^{-\left(\frac{v_{bd}}{|V|}\right)^{1/2}} \tag{5-62}$$

式中:v_{bd} 为击穿电压;z_d 为耗尽区宽度,随所加偏压大小而变化;V 为 PN 两端施加的电压,可以表示为

$$V = V_b - IR_{sc} = V_b - qAv_s c(t)R_{sc} \tag{5-63}$$

式中:q 为电子电荷数;v_s 为载流子渡越的饱和速度;V_b 为偏置电压;A 为耗尽层截面积;R_{sc} 为空间电荷电阻;$c(t)$ 为自由载流子浓度;m 和 A_α 为常数,取决于材料特性,就硅而言,这两个常数分别为 1 和 $10^7\ \mathrm{cm}^{-1}$。

联立式(5-61)~式(5-63),解微分方程即可得出 APD 的自由载流子总数 $c(t)$。微分方程的边界条件:$t<0$ 时,$c(0)=2\mathrm{cm}^{-3}$;$t=0$ 时,$c(t)=0$。

另外,整个雪崩过程的传播借助于倍增辅助和光子辅助两个机制。

在小尺寸的二极管器件中,倍增辅助机制占主导。倍增辅助传播是载流子在平面扩散而产生的,其传播过程依靠载流子在平面的扩散运动。在一个小尺寸的平面型二极管

---

① 有的情况下,扩散会使载流子运动到较远的距离,但是发生的概率很低,可以忽略不计。

② 平均离化率的一般表达式:$\bar{\alpha} = A_\alpha e^{-\left(\frac{\alpha}{|\xi(V)|}\right)^m}$,式中,$V = V_b - qAv_s c(t)R_{sc}$。

中,雪崩传播的速度可以达到约 $2.5 \times 10^6 \mathrm{cm/s}$。在二极管被淬灭之前,雪崩的过程会跨越整个耗尽区,并且器件的寄生电容越大,越有利于雪崩的传播。

在大尺寸的二极管器件中,光子辅助机制占主导。光子辅助传播是复合过程所产生的光子引起的,其传播过程通过复合产生的光子实现。雪崩的传播与淬灭是不可分离的,两者同时发生,因此,可以被等效成有限数量的小尺寸二极管。最后,当倍增区中的自由载流子小于一定的阈值时,可以认为雪崩过程传播结束。二极管被重新偏置于电击穿状态,等待下一次雪崩到来。

击穿区域可以进一步分为线性模式和盖革模式区域。二极管两端施加的偏置电压低于击穿电压,则器件工作在线性模式,称其为线性雪崩光电二极管(简称 APD);二极管两端施加的偏置电压高于击穿电压,则器件工作在盖革模式,称其盖革模式 APD(即 Gm-APD,简称 SPAD)。

在线性模式下,当电场足够强时,自由移动的电子可以引起显著的电离,而具有相同能量的空穴不能进行电离。与半导体中的空穴相比,电子具有更高的电离系数,因此,电子比空穴向倍增区域漂移要多。

在盖革模式下,由于电场强度很高,电子和空穴都会引起大量的电离,耗尽区中的单个载流子就能产生巨大的雪崩电流。不断流过二极管耗尽区的载流子电荷会降低电场强度(这种现象称为"空间电荷现象"),并限制 PN 结的电流。由于许多二极管的电场都并不是均匀分布,在耗尽区不同位置的载流子的雪崩触发概率不同。能够发生电离的区域称为倍增区,也称为雪崩区,占耗尽区的 95% 以上。

(4) **复位**:中断电离的发生,PN 回归平静。

雪崩过程会产生大量的热量,如果任由雪崩过程不受抑制地继续下去,过高的雪崩电流伴随的自加热现象会导致 APD 的热量上升,必将导致器件过热而损坏。特别是对于 Gm-APD,需要在恰当的时刻终止雪崩继续发生。况且,APD 的自加热会提高击穿电压,击穿电压的提高导致 APD 偏置电压的降低,从而降低光子的探测概率,所以从光子探测效率的角度考虑,也要尽量避免器件的温度上升。

由于 PN 结内的"空间电荷现象"会在一定程度上抑制雪崩过程,过偏压随着寄生电容和熄灭电路两端电压的增加而开始下降,直到降低至击穿电压以下,雪崩熄灭。这一过程需要在外围辅助电路的配合下完成。除了淬灭雪崩的功能外,辅助电路的另一项任务是快速地使 PN 结两端的工作电压恢复到高于击穿电压以上的水平,对 PN 结再充电使其恢复到"等待状态",为再一次接收光激发创造条件,以保证能继续探测到下一个光子。辅助电路的这两个功能分别称为淬灭和恢复(图 5-25),

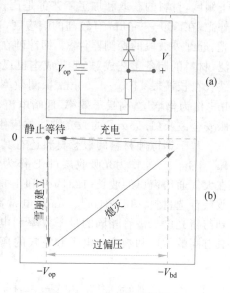

图 5-25 APD 的淬灭和恢复

因为这两个方向相反的功能,辅助电路既可以称作淬灭电路也可以称作复位电路。本书仅以淬灭电路称之,以避免不必要的混乱。

淬灭和恢复都有一定的时间。从淬灭开始直至反向偏压低于击穿电压的时间称为抑制时间,从淬灭结束到恢复成雪崩工作状态下的时间称为恢复时间。这两个时间是衡量 APD 器件本身和 APD 外围控制电路设计优劣的重要因素。淬灭电路通常有主动淬灭模式和被动淬灭模式。在主动模式中,采用有源电路来控制这一过程;在被动模式中,雪崩电流通过采用镇流器电阻器件的被动方式控制这一过程。

雪崩光电二极管的雪崩过程是一个动态过程,图 5-26 给出了雪崩光电二极管的电压下降值与时间之间的关系。在雪崩建立阶段,电压下降相对较少,在雪崩熄灭阶段电压下降非常明显。一旦电压下降到与过偏压相同时,电离过程便结束。在二极管中,这个过程大约 1ns,在充电阶段,电压恢复到 0。

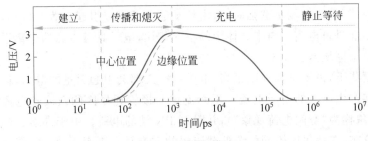

图 5-26   文字描述

5.4.2   雪崩光电二极管器件

1. 光电材料

APD 材料主要有硅(Si)材料和铟镓砷(InGaAs/InP)材料。硅材料广泛应用于微电子领域,材料的获取和加工工艺都是比较成熟的。材料的光谱响应范围为可见光与近红外光,在 850~950nm 有较高的响应度,适合制备响应较小波长的探测器件,特别是可见光、近红外波段的探测器件[1]。铟镓砷在长波长的通信波段(1310nm 和 1550nm)应用广泛,材料的制备工艺成熟、工艺成本也逐渐下降。具有窄带隙结构的铟镓砷材料,其响应波长在长波段 1100~1700nm 探测效率较高。这种异质结以 InGaAs 作为光吸收层,以 InP 作为倍增层,高量子效率、低暗电流,适合于高雪崩增益的 APD 器件,特别适合于人眼安全波长(1.55μm)的激光雷达的应用。

基于铟镓砷材料的敏感材料还有其他几种,比较常用的是 $In_{0.53}Ga_{0.47}As/InP$,选择 $In_{0.53}Ga_{0.47}As$ 作为光吸收层,InP 作为倍增层。$In_{0.53}Ga_{0.47}As$ 材料是直接带隙半导体,在大气通信窗口的波长(1.31μm 和 1.55μm)处均有较高的吸收峰值,是目前光探测器吸收层首选材料。$In_{0.53}Ga_{0.47}As$ 介电常数小,减小 $In_{0.53}Ga_{0.47}As$ 耗尽层的厚度,可以得到与锗光电二极管相同的量子效率和电容,因此可以预期 $In_{0.53}Ga_{0.47}As/InP$ 光二极管具有高的效应和响应。电子和空穴的离化率比率 k 不是 1,即 $In_{0.53}Ga_{0.47}As/InP$ APD

---

[1]   锗(Ge)材料在锗光纤通信中应用广泛,材料的制备工艺较复杂,响应波段为 400~1700nm,电子和空穴的离化率比率 k 接近 1,本身噪声较大,不适用于高性能探测器的应用。

噪声较低。另外，$In_{0.53}Ga_{0.47}As$ 是典型的异质结构材料，与 InP 晶格完全匹配，极易外延生长高带隙窗口层。

2. 器件结构

雪崩光电探测器和单光子雪崩光电二极管都有两种类型结构：

（1）通达型：如图 5-27(a)所示，雪崩光电探测器 APD 采用 P^+-π-P-n 结构。π 层是 P 型轻掺杂区，当光从基底照射，较低的 π 层吸收光子。施加反向偏压时，耗尽区就从阴极延伸到阳极。其耗尽区很长，达到 $20 \sim 100 \mu m$，倍增区位于 P/N^+ 结的深处。由于倍增区较深，它能够吸收近红外波段的光子能量（就硅半导体材料而言）；由于光电子通过漂移到达倍增区，通常可测量的时间不确定性增强。

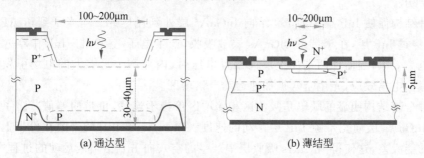

(a) 通达型　　　　　　　　(b) 薄结型

图 5-27　雪崩光电二极管的结构

光敏面通过离子注入获得，面积很大，直径大约为 $200 \mu m$。与先前平面结构的强场区定义类似，先进行离子注入再进行扩散，成一个 PN 结，这种结构的边缘击穿抑制是通过在 PN 结外再进行一次扩散，形成一个轻掺杂区，形成一个保护环，这样就能抑制边缘击穿。厚结型单光子雪崩光电管的特点是探测效率非常高。

（2）薄结型：如图 5-27(b)所示，采用浅表层或中等深度的 P 型层或 N 型层组成高压 PN 结，抑制早期边缘击穿效应；其耗尽区一般比较小，约为 $1 \mu m$，故称为薄结型雪崩管，又称"双外延"结构。这种结构与平面 CMOS 工艺兼容。在 N 型衬底上生长一层 P^+ 型的外延层，再生长一层 P 型层，再离子注入和扩散形成一个高场区的 PN 结（图中的 P^+-N^+ 层，为了便于描述，称其为"高压结"），与"反向结"（图中的 P^+-N 层构成的 PN 结）相对应。反向结将光在衬底产生的光生载流子隔离开来，使其进入不了高压结，极大地提高雪崩光电管的时间分辨率，其时间分辨的半宽度甚至能好于 30ps。

两类结构的 APD 器件性能和工艺见表 5-6。

表 5-6　两类结构的 APD 器件性能和工艺

性能	结厚度	击穿电压/V	感光区域/μm	探测效率/%	暗计数	时间分辨/ps	工艺
通达型	数十微米	$200 \sim 500$	$100 \sim 500$	$50 \sim 70$	数十	<350	较复杂，成本较高，难以阵列化
薄结型	几微米	$10 \sim 50$	$10 \sim 150$	相对低		<100	工艺简单，成本低，易于集成化

3. 敏感单元结构

直观设想的 APD 结构就是简单的 PN 结,但 PN 结并不能达到预想的雪崩目的。于是,通过结两端的重掺杂形成倍增区,实现对光电流的放大,但是其热噪声引发的暗电流足以淹没信号。最终,研究者发展出了吸收区和倍增区分离的结构(吸收区-电荷区-倍增区分离结构,SAGM)。

InGaAs 带隙较宽较窄(0.75eV),对光波响应频谱较宽,是吸收光子能量的理想材料,因此作为吸收区材料。InP 带隙较宽(1.35eV),在较高电场($5×10^5$ V/cm)下不容易被击穿,因此通常作为增益区材料。两种材料各自发挥优势,分别形成分离的吸收区和增益区结构。

这种结构促使 InP 层中的 PN 结向 InGaAs 层外延耗尽区。当光子到达 APD 器件时,光子穿过 InP 层,在窄带系 InGaAs 层被吸收,产生电子-空穴对。InP 中空穴有较高的碰撞电离效率,当器件两端加上反向偏置电压时,内部产生足够大的电场引发 InP 层中发生碰撞电离效应,光生空穴被加速运动至倍增区。

这种分离结构明显的缺陷是吸收区和倍增区价带不连续,价带的差值减缓了空穴从窄带系 InGaAs 层向宽带隙 InP 层移动的速度。InGaAs 和 InP 的带隙在价带上大约有0.4eV 的能级差,这使得 InGaAs 吸收层中产生的空穴向 InP 倍增区运动的过程中,在异质结边缘受到阻碍,运动速度大大减小。为此,在两种材料之间加入一层较薄的过渡层,如图 5-28 所示。过渡层材料 InGaAsP 的带隙介于两者之间,使得两边的价带变得较为连续,空穴在结间的渡越时间缩短,从而有效地缩短了 APD 的响应时间。

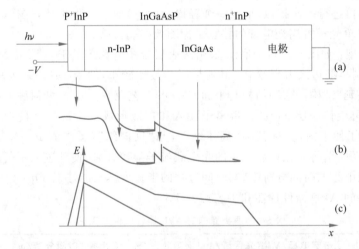

图 5-28　InGaAs/InP 结构简图及电场分布

对于现有的 InGaAs/InP 雪崩光电二极管,光子在窄带隙的 InGaAs 层被吸收,越过异质结的光生空穴到达高电场的倍增区,形成反向光生电流,而不能越过异质结的光生空穴在异质结价带不连续性所形成的异质势垒的阻碍下产生堆积继而再复合。异质结上电场的存在能降低这个势垒的高度,从而提高空穴穿越异质结的概率。因此,需要给异质结雪崩光电二极管加上一定的反偏压,才能在雪崩光电二极管中产生不可忽略的电流。随着反向偏压的增大,光生电子和光生空穴在电场作用下不断向两端移动,在 APD 内部会形成两个高电场区与漂移区,电场分布如图 5-28 所示。

当 APD 两端的反向偏压较低时,APD 工作在线性模式下,载流子在通过耗尽区时被加速,从而产生碰撞电离效应。雪崩模式下的增益一般为 10～200,且与反偏电压具有较好的线性关系,输出电流值大小与入射光子能量成正比,适合于对灵敏度要求较高且需要快速响应时间的应用领域。

当偏置电压超过击穿电压值时,进入盖革工作模式,光生电子的数目快速地成倍增长,只需要几个原始载流子就能产生自持雪崩电流。雪崩电流的幅度仅与器件两端的电压和与器件相连的任意外电阻有关,对入射光子的响应是"事件"响应,无法定量测量光子数量。APD 的三种工作模式如图 5-29 所示。

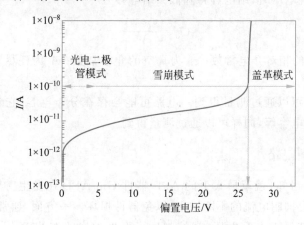

图 5-29　APD 的三种工作模式

表 5-7 给出了光电二极管模式、雪崩模式和盖革模式的性能参数比较。

表 5-7　光电二极管模式、雪崩模式和盖革模式的性能参数比较

性 能 参 数	光电二极管模式	雪 崩 模 式	盖 革 模 式
动态范围	nW～mW	pW～mW	pW
响应时间	μs	ns	$<$100ps
暗计数	N/A	N/A	100cps

4. 等效电路

Gm-APD 等效电路模型如图 5-30 所示,其中,入射辐射生成的光生电流 I_p 由理想的电流源表示,D 表示为理想的二极管,V_d 表示二极管两端电压,I_d 表示流过二极管的电流,I_{sh} 表示流过并联电阻的电流,V_0 和 I_0 分别表示输出电压和输出电流。结电容 C_d、并联电阻 R_{sh} 和串联电阻 R_d 分别用电容和电阻模型化。

光生电流 I_p 与每秒入射的光子数,即光功率 P 成正比,可以表示为

$$I_p = \frac{\eta q}{h\nu}P \tag{5-64}$$

式中:η 为光电探测器的量子效率。

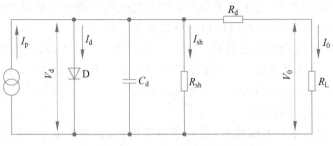

图 5-30　Gm-APD 等效电路模型

因为反向偏置电压提高将增加耗尽层宽度，所以结电容随着偏置电压的变化而变化，当提高反向偏置电压时，结电容将降低。结电容为

$$C_d = \frac{\varepsilon_r \varepsilon_0 A}{W} \tag{5-65}$$

式中：ε_r 为半导体的相对介电常数；ε_0 为真空的介电常数；A 为耗尽区的横截面面积；W 为耗尽层的宽度。

并联电阻 R_{sh} 可以通过测量得到。电路可能会存在分布电容，它包括焊盘电容、封装电容和其他杂散电容等，同样可以通过测量得到。

5.4.3　雪崩抑制电路

由前述的分析可知，盖革模式下的 APD 器件 Gm-APD 在发生雪崩倍增、产生持续电流的情况下，需要抑制电流的不断增大，以免器件损坏。一方面，通常是降低二极管两端的工作电压，使其低于击穿电压，就控制住了发生雪崩的继续发生，这一过程称为淬灭。另一方面，在淬灭发生后，为让器件能够尽快恢复、继续探测下一个光子，必须使其两端的工作电压恢复到高于击穿电压以上的水平，这一过程称作复位。

用图 5-31 的 I-V 曲线可以直观地表现 APD 的淬灭和恢复过程。

（1）Gm-APD 的初始偏置电压加载至大于击穿电压 V_{bd} 的 A 点，此时，APD 处于亚稳态，又称作准备状态。它将保持此状态，直到光子注入激发光生载流子，引发雪崩。

（2）雪崩发生后，类似于处于无穷大的电流放大状态，宏观上输出大电流脉冲（从 A 到 B）。

（3）外围抑制电路检测到大电流输出，开启一支电路，将器件两端的偏置电压降低（从 A 到 C），SPAD 的输出电流也跟随偏置电压的变化而减小（从 B 到 C）。

（4）一定时间后，偏置电压再次恢复（从 C 到 A），SPAD 再次准备探测单个光子。

APD 的淬灭方式有被动淬灭和主动淬灭。

1. 被动淬灭

被动淬灭的电路设计非常简单，如图 5-32（a）所示，在 APD 两端分别串联一个大电阻 R_L 和一个小电阻 R_s，从小电阻 R_s 端输出信号。其等效电路如图 5-32（b）所示，R_d 为 APD 本身的体电阻，C_d 为 APD 自身结电容（两者值的大小取决于 APD 内有源区耗尽层的厚度和面积），C_s 为电路的分布电容（大小取决于电路器件的选取和设计），V_H 为 APD

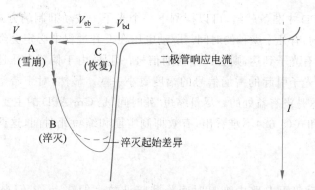

图 5-31　光子探测过程的 I-V 特性曲线

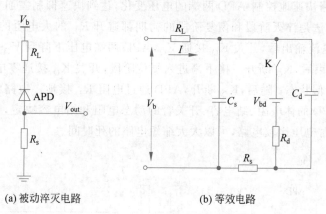

(a) 被动淬灭电路　　　　　(b) 等效电路

图 5-32　被动淬灭电路

两端所加的偏置电压，V_{bd} 为 APD 的击穿电压。

　　开关 K 表示 APD 的工作状态。电路中没有电流流过，相当于开关 K 断开，APD 处于等待状态，电路无输出。当有光子到达时，该光子被处于等待状态的 APD 接收，开关 K 闭合，电容 C_d 和 C_s 通过电阻 R_d 与 R_s 放电，APD 的端电压降为比击穿电压值低一些，R_s 上产生一个计数脉冲信号。当 C_s 上的电压继续下降，降到与 APD 两端的电压一致时，流经 APD 的电流小于 APD 的熄灭阈值，雪崩停止，开关 K 再次断开。雪崩停止后，偏置电压 V_b 开始通过大电阻 R_L 给 APD 和电容 C_s 充电，充电状态结束后，电路又回到初始的等待状态。

　　为了成功抑制雪崩，需要有足够大的负载电阻 R_L，它的作用是降低 APD 两端的偏置电压，使其小于击穿电压：

$$R_L > \frac{V_b - V_{bd}}{I} \tag{5-66}$$

C_d 和 C_s 充电和放电时间分别为抑制时间 T_q 和恢复时间 T_r：

$$T_q = R_d \times (C_d + C_s) \tag{5-67}$$

$$T_r = R_L \times (C_d + C_s) \tag{5-68}$$

抑制时间与恢复时间之和通常称为"死时间"，因为只有 APD 两端的驱动电压重新高于击穿电压，APD才准备就绪，可以探测下一个光子。被动抑制的方式下，APD的响应过程是比较漫长的，有几十微秒的时间。驱动电压在上升过程中必定会经过击穿电压的阶段，这个阶段如果有光子到达，则会产生雪崩信号；但是，由于偏置电压还没达到击穿电压以上的水平，这个光子引起的雪崩信号的幅度要小一些。显然，对于希望以雪崩方式工作的探测系统而言这是没有益处的。尽量缩短"死时间"是Gm-APD的主要任务之一。

由式(5-66)和式(5-68)不难看出，有效抑制雪崩和缩短死时间，这两个目标对R_L的要求是相互矛盾的。

2. 主动淬灭

为了克服被动淬灭电路中恢复时间长和暗计数高的缺点，人们提出了主动淬灭方式，通过外围电路快速地控制APD两端的电压变化，达到快速抑制雪崩和快速恢复等待状态。其基本方法是淬灭阶段和恢复阶段的初期都避开R_L的大电阻的影响，如图5-33所示。APD大电流输出后，开关K_Q接通V_Q，APD两端电压下降到V_H-V_Q完成淬灭控制；淬灭阶段结束后，K_Q断开。接下来进入复位阶段，开关K_Q接通零电位，APD充电，恢复到高电压反偏状态；随后，K_Q断开，APD通过电阻R_L接地。电路的淬灭时间和复位时间，至于APD的体电阻、结电容、开关管的动态电阻和结电容决定，只要选择的器件合适，配合低延时电压比较电路，可以大大缩短电路的死时间。

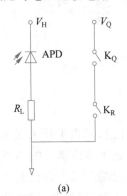
(a)

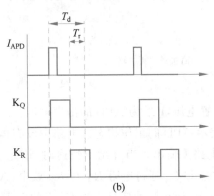
(b)

图 5-33　主动淬灭电路基本思想

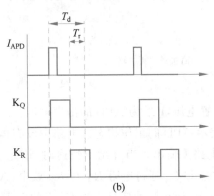

图 5-34　主动淬灭电路

根据这一基本思想可以设计出多种主动淬灭电路，图5-34和图5-35给出了几种具体的电路，它们是主动淬灭方法的具体电路形式。

如图5-34所示的主动淬灭电路，开关K_1、K_2分别是主动淬灭和快速恢复控制。它们分别由触发器M_1、M_2的脉冲控制，触发器输出的高电平接通开关、低电平切断开关。当APD发生雪崩时，R_s两端的电压升高、触发电压比较器CO的输出电压反转，接通开关K_1，使R_L上端电压上升为V_Q，SPAD两端电压下降到V_H-V_Q。选择合适的电压

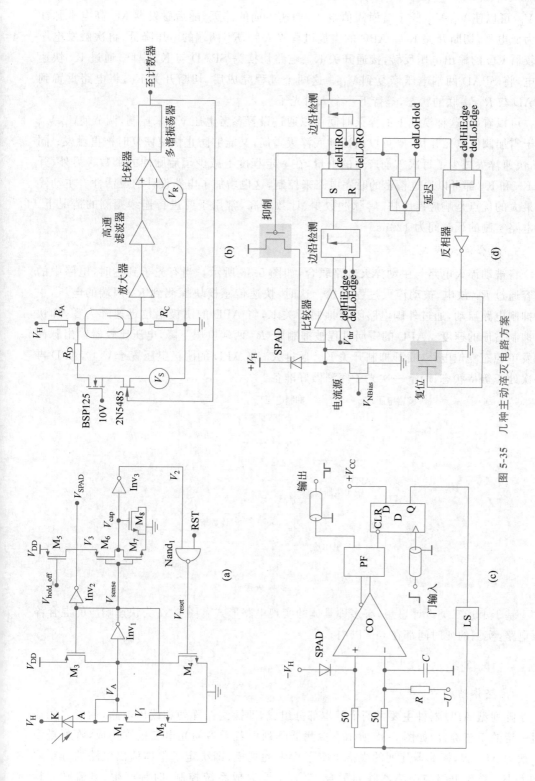

图 5-35 几种主动淬灭电路方案

值 V_Q 可以使 V_H-V_Q 低于雪崩阈值电压,加速雪崩的淬灭,随后触发器 M_1 高电平脉冲降为低电平,切断开关 K_1。APD 的雪崩过程淬灭后,R_s 两端的电压降低、再次触发电压比较器 CO 的输出电压反转,接通开关 K_2、电路切换为 SPAD 与 K_2 串联,通过 K_2 快速充电,将 SPAD 两端电压恢复到 V_H。这两个过程完成后,切断开关 K_2,将电路重置到 SPAD 与 R_L 串联的状态,等待下一个入射光子。

可以看出,这种模式下的淬灭时间可以通过设置参考电压 V_Q 来控制,调节使 V_H-V_Q 低于雪崩阈值电压几伏,既可以保证彻底淬灭雪崩,又能够防止快速恢复时被再触发;同时,快速淬灭减少了每次雪崩产生的电量,在一定程度上减少了后脉冲的个数。另外,开关 K_1 和 K_2 都可以通过精密的时序电路来控制,这也增加了电路设计的灵活性。主动淬灭最大的优点是响应速度快、后脉冲数少、计数率高,常用于要进行连续探测的情况下。该电路实测的死时间为 120ns。

3. 混合淬灭模式

将被动淬灭电路与主动淬灭电路联合,如图 5-36 所示。当有光子到达时,电路中的电容通过 R_L 放电,被动淬灭过程开始。这时,快速传感模块探测到 R_s 两端的电压,主动抑制电路启动,通过外围电路闭合抑制开关 K,将 APD 的阴极电位迅速降为零,加快了抑制雪崩的速度。APD 的雪崩过程被抑制后,R_s 两端电压下降,电压比较器输出脉冲触发单稳态复位电路,断开抑制开关 K。通过 R_L 将 APD 的阴极电压置于 V_{bias},APD 再一次处于等待状态,为下一次光子探测做好准备。

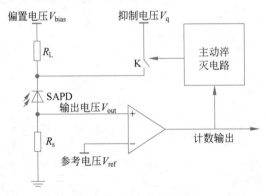

图 5-36　混合淬灭电路

基于上述三类设计思想,有多种具体的实现电路形式。图 5-37 为快速响应的混合淬灭电路,实测的死时间都在 6ns 以内。

5.4.4　阵列型 APD 器件

1. 整体结构

阵列型 APD 器件主要由两个基本部分组成,即探测器阵列和读出电路,两者之间通过一定的工艺键合,如图 5-38 所示。探测器阵列由若干雪崩光电二极管构成,阵列规模一般为 $M \times N$,探测器阵列的规格决定了像素的规模,即决定了整体读出电路的分辨率的大小。读出电路与探测器阵列配合工作,主要完成系统控制、时钟产生、电流脉冲检

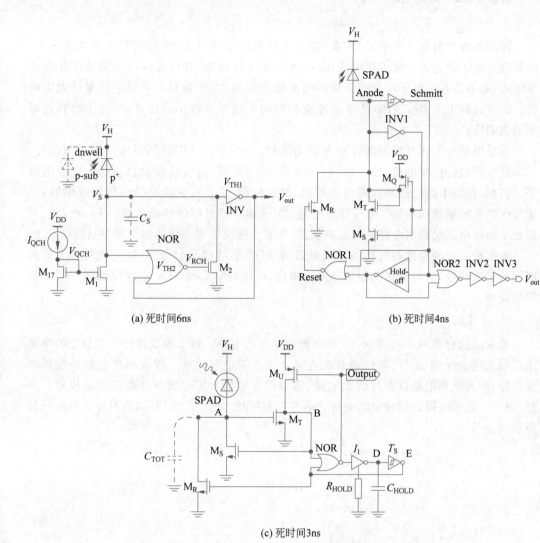

(a) 死时间6ns　　　　　　　(b) 死时间4ns

图 5-37　快速响应的混合淬灭电路

测、信号放大整形、时间数字转换器（TDC）计数与停止、数据存储与传输、信号同步等绝大部分动作。

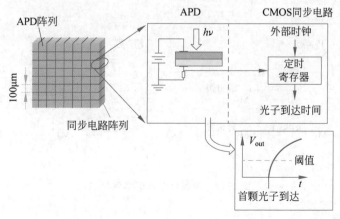

图 5-38　阵列型 APD 器件结构示意图

探测器阵列的每一个单元(像素)的工作状态应是同步的,比如同时处于准备状态,同时感知光子的到达。就工作模式而言,绝大部分阵列型 APD 器件的探测器工作在盖革模式,它不具有对光子计数成正比的电荷输出能力,主要是对光子到达的事件做出响应。它充分利用了 Gm-APD 的反应速度和时间不确定性较小的优点,对光子的到达时刻做出响应。

读出电路一方面对探测器阵列做驱动控制,另一方面处理探测器阵列输出的信号,其功能电路包括控制电路、放大器、信号整形、信号处理、输出转换、数据存储、电源电路等。例如,控制电路对探测器阵列做淬灭、复位控制,它是读出电路单元的前端电路,直接与探测器的输出端相接;信号处理电路对光子响应的时间做精确计数(TDC 电路),时间数字转换电路是读出电路的核心模块之一,它直接决定着系统的时间测量精度。

盖革模式下的探测器阵列与读出电路的 TDC 电路相互配合,可以完成对光子的大时间的精准测量,其最常见的应用是激光雷达,可以同时实现 $M \times N$ 规模的激光回波信号的探测。

2. 像素结构

像素结构有多种方案,图 5-39 是一种最基本的电路。每个像素都有一个独立的单光子雪崩光电二极管,由行、列选通开关连接。该方案中与光电二极管相配合的还包括熄灭电路、脉冲整形电路以及列读取电路(图中没有绘出),不包含脉冲响应控制模块。当然,每一个像素也可以配置独立的脉冲响应控制模块,如图 5-40 所示,为时钟计数电路提供驱动信号。

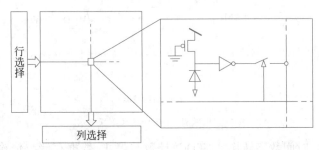

图 5-39　阵列型 APD 器件一种像素结构

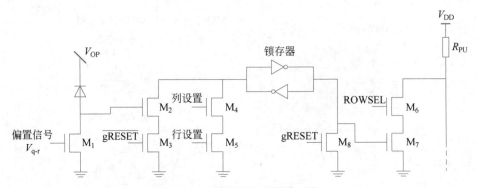

图 5-40　内置计数器的像素结构

图 5-40 中，雪崩光电二极管的淬灭和充电由晶体管 M_1 完成，控制信号 V_{q-r} 驱动晶体管 M_1，以便选择合适的工作状态。若晶体管 M_2 感应到雪崩信号电压，则将锁存器设置为高电平，同时接通列选择开关 M_7。如果行选通"ROWSEL"也将开关 M_6 导通，则该像素通过电阻 R_{PU} 将列线保持在高电平状态。为便于测试，无论雪崩光电二极管的状态如何，在列线（"列设置"）和行线（"行设置"）的分别控制下，晶体管 M_4 和 M_5 都将某特定像素的静态存储器的逻辑电平设为"1"。M_8 的作用是通过"gRESET"信号控制全局或行的复位，而 M_3 的作用是消除在复位期间雪崩光电二极管触发信号时产生的存储器冲突现象。

3. TDC 电路

在脉冲激光雷达的应用中，需要通过对激光脉冲的飞行时间（TOF）进行测定，实现对物点距离的测量。其主要方法是采用 TDC，TDC 实际上是一种计数电路，由开启（start）信号启动计数，由停止（stop）信号结束计数，输出计数值 N。实际上，TDC 是对精密时间单位 Δt_0 的计数，实际效果上是给出了从开启到结束的时间间隔 $N\Delta t_0$，从而完成 TOF 的测量。

根据 TDC 电路在器件中的配置不同，有 TDC 全外置型、TDC 全内置型和 TDC 局部共享型三种系统结构。

图 5-41 所示的全外置型结构中，TDC 电路置于像素阵列外部，作为整个系统的 TOF 技术模块，供全局像素共享。各像素单元放大后的脉冲信号传输到外部 TDC 模块中，由外部的 TDC 实现 TOF 时间计量。这种结构功耗较低，但数据一致性、像素面积、时间分辨率等关键指标较差。并且，这种结构的像素阵列扩展性较弱，不适合大规模像素的 TOF 测量。而探测器阵列器件的像素规模越来越大，全外置型结构无法满足这一发展需求。

图 5-42 的全外置型结构中，为各像素内部集成一个独立的 TDC 计时电路和主动淬灭电路（AQC）接口电路。像素内部主要由 AQC 电路、TDC 计时电路、3 级反相器延迟链、3 位相位数据存储器 DFF、线性反馈移位寄存器（LFSR）等组成。TDC 全内置型系统结构保证了像素计数的独立性，可实现较高的时间分辨率；但通过高时钟频率换取高时间分辨率，较高的时钟频率将会导致系统检测周期内瞬态功耗较高、芯片发热等问题，甚至可能导致像素阵列一致性失效。

图 5-43 的局部共享型结构中，TDC 被设计成高端和低端分开布局的结构。低段 TDC 的压控环振产生高频时钟，高段 TDC 采用 LFSR 伪随机计数器，对低段 TDC 的高频时钟计数。高段 TDC 和低段 TDC 分开布置，分别置于像素外部和内部。置像素外部的是共享 TDC，至于高段或低段哪一个作为共享 TDC，根据具体的应用需求而定。

5.4.5 性能指标

1. 雪崩倍增因子

碰撞电离效应产生新的电子-空穴对的数量是随机的，因此，只能用平均效应即平均增益描述 APD 的倍增性能，也就是倍增后的光电流与首次光电流之比，称为雪崩平均增益。半导体内部粒子碰撞电离与加在其两端的电压有密切关系：

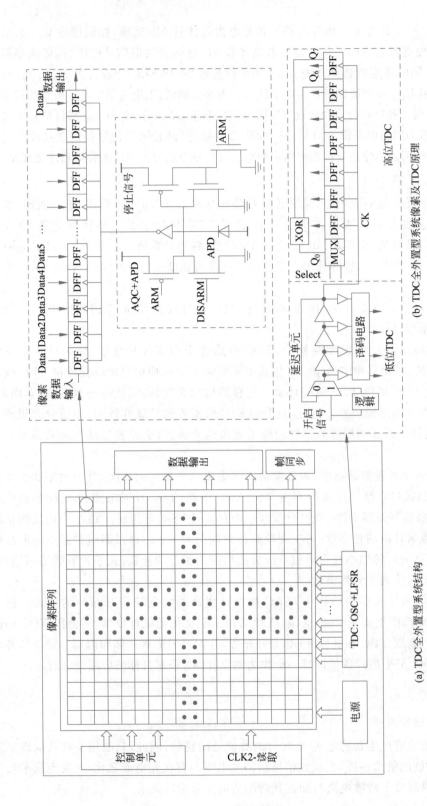

(a) TDC 全外置型系统结构

(b) TDC全外置型系统像素及TDC原理

图 5-41　TDC 全外置型结构

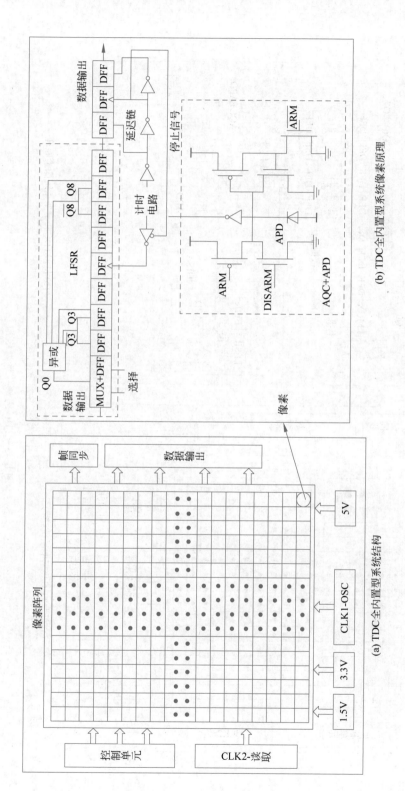

(b) TDC 全内置型系统像素原理

(a) TDC 全内置型系统结构

图 5-42　TDC 全内置型结构

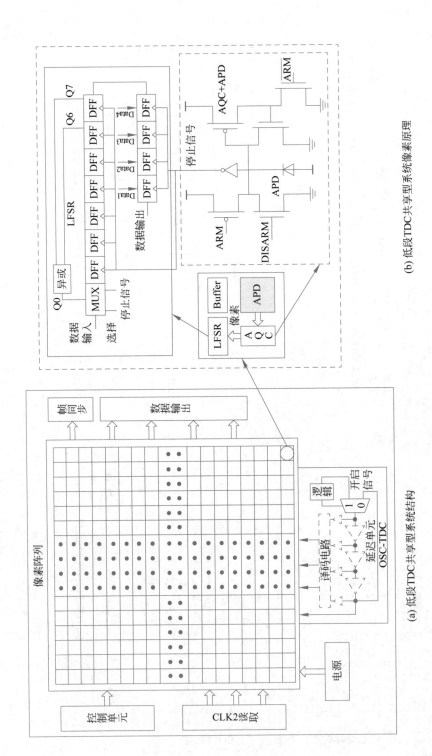

(b) 低段TDC共享型系统像素原理

(a) 低段TDC共享型系统结构

图 5-43　TDC 局部共享型结构

$$M = \frac{1}{1 - (V_b - V_{bd})^n} \tag{5-69}$$

式中：V_{bd} 为击穿电压；V_b 为偏置电压；n 为与温度和 APD 结构和制造工艺有关的特性指数。

2. 量子效率与响应度

量子效率和响应度是描述 APD 光电转换能力的物理量。

注入半导体内的光子吸收并产生一个电子-空穴对的比例，也就是入射光子触发自持雪崩效应的概率，由入射光与 APD 的耦合效率、光子在 APD 内部被吸收并产生的光生载流子的概率、光生载流子触发雪崩效应的概率三方面有关。量子效率定义为

$$\eta = \frac{\text{产生的光生载流子}}{\text{入射的光子}} = \frac{\frac{I_P}{q}}{\frac{P_0}{h\nu}} = \frac{I_P h\nu}{q P_0} \tag{5-70}$$

式中：I_P 为光生电流；P_0 为入射半导体内的光功率；$h\nu$ 为入射光子的能量。

若一个光子照射产生一个电子-空穴对，则量子效率为 1。

考虑到材料的反射、吸收等复杂因素，实际应用中常用响应度来描述入射光功率所产生的光电流概率，即入射光所产生的光电流与入射光的光功率的比值：

$$R_0 = \frac{I_P}{P_0} = \frac{q\eta}{h\nu} = \frac{q\eta\lambda}{hc} = \frac{\eta\lambda}{1.24} \tag{5-71}$$

对于雪崩光电二极管，因为雪崩效应倍增的作用，获得了 M 倍的放大，因此 APD 的响应度为

$$R_{APD} = M R_0 \tag{5-72}$$

3. 暗电流与暗计数

在理想条件下，没有光入射时，APD 不会有光电流输出。实际上，由于热激发、放射物质以及宇宙射线等的激发，APD 在无光照情况下仍然会有电流输出，这种输出电流称为暗电流。对于单光子探测器件，无光照情况下引起的计数称为暗计数。

暗电流和暗计数主要是热噪声所产生的随机热噪声电流、隧道效应产生的隧穿电流、材料缺陷中心俘获载流子之后再释放所产生的后脉冲效应引起。

硅基 APD 的主要探测区域是 PN 结耗尽区域，在未耗尽区域热激发产生的少数载流子可以扩散到耗尽区触发雪崩，而耗尽区域中陷阱辅助热激发、缺陷辅助隧穿以及带间热激发产生的非平衡载流子也会触发雪崩击穿，强电场条件下带间隧穿产生的非平衡载流子也会触发雪崩。同时，由于中性区域载流子复合率高，其对于暗计数的影响可以忽略，因此常见硅基 SPAD 暗计数影响机制如图 5-44 所示，主要由热激发、带间隧穿和缺陷辅助隧穿产生的非平衡载流子决定。减小暗计数的方法主要是提高工艺水平和材料质量，器件结构的优化也是减小暗计数的可行手段之一。

InGaAs/InGaAsP/InP 结构的 APD，其暗电流由表面漏电流 I_s、扩散电流 I_f、复合电流 I_g 和隧道电流 I_t 四部分组成。它们的总和就是器件的暗电流，即

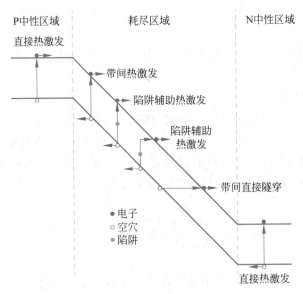

P中性区域　　　　　　　耗尽区域　　　　　　　N中性区域

直接热激发

带间热激发

陷阱辅助热激发

陷阱辅助
热激发

带间直接隧穿

● 电子
○ 空穴
● 陷阱

直接热激发

图 5-44　TDC 局部共享型结构

$$I_f = A_i \left(\frac{D_n n_{p0}}{L_n} + \frac{D_p p_{n0}}{L_p} \right) (e^{\frac{-qV}{kT}} - 1) \approx - A_i \left(\frac{D_n n_{p0}}{L_n} + \frac{D_p p_{n0}}{L_p} \right)$$

$$I_g = q A_j X_m n_i / 2\tau$$

$$I_s = A_j S_0 n_i / 2$$

$$I_d = I_s + I_f + I_g + I_t \tag{5-73}$$

$$I_t = A_f \frac{q^3 E V \sqrt{2m^*}}{h^2 \sqrt{E_g}} \exp\left(- \frac{8\pi E_g^{3/2} \sqrt{2m^*}}{3qhE} \right)$$

式中：A_i 为光敏面积；D_n 和 D_p 为电子和空穴的扩散系数；q 为电子电荷；V 为外加偏压；T 为热力学温度；X_m 为耗尽层宽度；L_n 和 L_p 分别为电子和空穴的扩散长度；n_i 为 InP 材料的本征浓度；τ 为少子寿命；S_0 为表面复合速度；h 为普朗克常量；m^* 为电子有效质量；n_{p0}、p_{n0} 分别为 InP 层中 P$^+$ 区及 N 区的少子浓度；E_g 为 InP 材料的禁带宽度。

I_f 和 I_s 与材料即器件结构参数有关，与外加偏置电压无关；I_g 和 I_t 与外加偏置电压有关，且随偏压呈线性关系。当 APD 两端的偏置电压逐渐增大并接近击穿电压时，隧道效应明显，粒子数呈指数增长，隧道电流比较大，远远超过其他三种暗电流之和。

减少暗计数的最简单方法是冷却探测器，以此减少热激发载流子的产生。通过门控的方式，也能相对地降低暗计数的概率。

4. 后脉冲概率

当 APD 单光子探测器发生雪崩时，有一部分载流子会滞留在倍增层中，这些滞留的载流子随后释放时也会触发雪崩，产生非光子探测脉冲，这样的脉冲称为后脉冲。后脉冲会造成错误计数，是衡量单光子探测器系统噪声性能的因素之一，常用后脉冲概率进行粗略描述：

$$P_{ap} \propto (C_d + C_p) \times \int_0^\delta V_{ex}(t)\mathrm{d}t \times \mathrm{e}^{-\tau_d/\tau} \qquad (5\text{-}74)$$

式中：C_d 为二极管的结电容；C_p 为整个电路的寄生电容，包括器件的引脚电容；δ 为雪崩持续时间；τ_d 为探测器的死时间；τ 为被捕获载流子的寿命；V_{ex} 为偏置电压中超过击穿电压的值。

在碰撞电离发生的结中，高场区内陷阱能级捕获雪崩过程中的载流子，随后释放而触发后脉冲。触发概率主要取决于倍增层晶体材料的质量，如果缺陷和杂质浓度较高，那么后脉冲概率会较大。

对于 InGaAs/InP 材料，其工艺不像硅工艺那样成熟，杂质和缺陷浓度较高，捕获电荷的寿命通常为几微秒，后脉冲效应很显著。降低材料工作温度会延长捕获电荷的寿命。因此，必须谨慎选择冷却温度，以最大程度地降低总暗计数概率（包括后脉冲）。对于 InGaAs/InP 雪崩管，最佳温度通常约为 220K。此外，从式(5-74)不难看出，缩短死时间 τ_d 也是降低后脉冲概率的有效途径，如果偏置电压低于击穿电压的时间间隔大于陷阱寿命，后脉冲的触发就会被大大地抑制。

5. 时间分辨率

入射光子和对应的输出信号之间的时间不确定性，或者说光子到达探测器和产生电脉冲响应的时间间隔不确定，可以用时间分辨率加以表征，也称作时间抖动，它包括单光子雪崩光电二极管本身与雪崩淬灭读出电路的贡献。高偏置电压形成的强电场会大大缩短雪崩建立时间，从而减小时间不确定性，提高时间分辨率。如果探测器时间抖动大，而测量的时间周期比较短，则有可能最终使得在前一个周期探测到的光子最终被计入后一个周期的计数中，这样就会造成计数错误。

6. 死时间与最大计数率

死时间与最大计数率是衡量单光子探测器系统动态范围的性能指标。对于门控系统，死时间为门控间隔时间；而对于主动淬灭的自由运行系统，死时间为淬灭信号上升、下降沿时间与延迟时间之和。在高速正弦门控技术中，提出了逻辑死时间的概念，在甄别并输出雪崩信号后，随后的一段时间里，雪崩信号不会被计数和输出，这段时间定义为逻辑死时间。最大计数率也称为饱和计数率，其反映探测器每秒的探测输出能力。减小死时间可以提升最大计数率，但会带来后脉冲概率的增大。

第 6 章

超导光子探测器

目前常见的超导光子探测器有超导相变边缘探测器(TES)、超导纳米线单光子探测器(SNSPD)和动态电感探测器(MKID)三种。

TES探测效率的理论值接近100%，从而满足线性量子光学计算对效率的极致要求。TES阵列读取的核心器件是超导量子干涉仪(SQUID)[①]，每个TES的读取会增加至少一条的探测线路，增加整体线路的复杂度。目前的研究主要是提高TES的能量分辨率，光子数分辨能力以及灵敏探测应用。不足之处，TES的恢复时间较长，并且TES对温度环境要求极高，需要更贵的低温绝磁设备。

SNSPD的优势是接近于100%的探测效率，皮秒级时间抖动和亚赫兹级暗计数率。锥形阻抗匹配SNSPD(STaND)验证纳米线具有光子数分辨能力，而PN结立体锥形纳米线在常温下实现高频带光探测，这两种纳米线的制备比较复杂。大规模SNSPD阵列是一大趋势，读取阵列电路的方式有行列式读取、频分复用和单量子通量。行列式读取方式可以轻松扩展到千像素甚至更高。

MKID容易扩展到大规模阵列并读取，而所有探测器都可通过同一条馈线和一个低温放大器读取，在频域读取方面具有极大的优势。MKID在毫米波和亚毫米波的天文探测极具潜力，在通信波段的探测效率较低。

6.1 超导光子探测基本理论

6.1.1 物质超导电性

当温度降低到某个特定值时，材料的电阻突然跳跃式下降，这种现象称为"超导现象"。具有超导特性的物态定义为"超导态"，零电阻(无阻态)作为物质进入超导态的一个基本特征。另外，材料进入超导状态时具有完全抗磁性，无论以什么样的次序施加磁场，超导体内部的磁导率B始终为零。完全抗磁性($B=0$)并不能由零电阻($\rho=0$)效应完全推出，二者既相互联系又相互独立，它们是判断物质进入超导态的两个必要条件。

表征物质超导电性基本的参量有临界温度T_c、临界磁场$H_c(T)$和临界电流密度J_c，用以表征超导态与正常态的转变特征。对于温度为$T(T\leqslant T_c)$的超导体，当外加磁场$H\geqslant H_c$或者电流$I\geqslant I_c$时，物质就会失去超导电性。要使物体处于超导态，必须同时满足$T\leqslant T_c,H\leqslant H_c,I\leqslant I_c$。其中，$T_c$、$H_c$是材料的本征参数，只与材料的电子结构有关；$I_c$、$H_c$随环境温度而变化，并且彼此相关。三个临界参数的关系如图6-1所示。图中的三个参数构成的临界面以内为超导态，其余为常态。

温度接近临界温度时，超导体的电导率接近无穷大，可承载很大的电流，只要这个电流不超过临界电流I_c，超导体内部可看成无阻态，电流的流动产生的热损耗可以忽略不计，电流在超导体内流动时，超导体内任意两点间的电势差为零，整个导体是一个等势

---

① 超导量子干涉仪是一种基于磁通量子化和约瑟夫森效应的干涉测量系统，对磁通量的变化极其灵敏，可以测量出微弱磁场信号(10^{-11}Gs，而地球磁场为0.5～0.6Gs)，进一步介绍参见附录G。

体。若用超导体组成一个闭合回路，一旦回路中激发起电流，电流将永远持续下去①。

1. 临界温度

温度降低到某一特定温度以下时，材料的电阻会突然消失，进入超导态，这个特定温度值即为临界温度。

例如，金属汞在液氦温度（4.2K，即 $-269℃$）附近，汞的电阻突然大幅度降低，仅为273K 时的百万分之一，如图 6-2 所示。实际情况中，超导体从常态转变为超导态不是在某个温度点转变的，而是在一段温度内逐渐变化的。这个温度段称为温度转变宽度ΔT_c，这是材料本身的特性，不同的超导材料的 ΔT_c 不同。

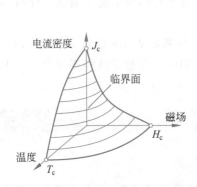

图 6-1　超导电性与临界参数的关系

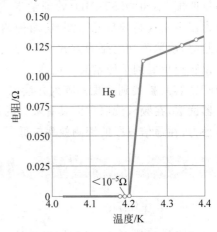

图 6-2　金属汞的电阻随温度的变化

2. 临界磁场

将外部磁场施加于超导体上，磁场增大到一定强度时材料将失去超导状态，这个使电阻恢复正常的磁场为临界磁场。临界磁场强度是温度的函数，一般可以近似地表示为

$$H_c(T) = H_c(0)\left[1 - \left(\frac{T}{T_c}\right)^2\right] \quad (T \leqslant T_c) \tag{6-1}$$

式中：T_c 为没有外加磁场时的临界温度，$H_c(0)$ 为 $T = 0K$ 时的临界磁场。

由式（6-1）可知，若材料的 T 等于临界温度 T_c 时，则材料的临界磁场强度 $H_c = 0$；随着温度的下降，H_c 不断增加。到 $T = 0K$ 时，H_c 达到最大值 $H_c(0)$。

3. 临界电流密度

超导体内的电流增大到特定值时，材料恢复正常态，此电流密度为临界电流密度。

尽管物质处于超导状态下，其电阻为零，但无阻态超导体的电流承载能力也不是无限的。实验表明，当超导体中通过的电流大小到达某一特定数值时，将失去超导特性而转变为常态，超导体产生这一相变的电流称为临界电流，记为 I_c，临界电流具有与式（6-1）相

---

① 例如，使用变化的磁场激发超导体线圈产生感应电流，此电流可以持续存在，几年也不会有明显变化。另外，超导体只有在直流情况下才有零电阻现象，若电流随时间变化，则将会有功率耗散。

同的温度持性。超导体单位截面上承载的临界电流值称为临界电流密度,记为 J_c。

6.1.2 超导体分类

1. 根据磁化特征分类

根据磁化特征的不同,超导体可以分为两类,即第一类超导体和第二类超导体。如图 6-3 所示,超导体在磁场中磁化曲线的差异,主要差别首先表现在临界磁场上,第一类超导体存在一个临界磁场,第二类超导体存在两个临界磁场。

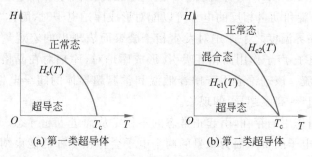

(a) 第一类超导体   (b) 第二类超导体

图 6-3 两类超导体的磁化特性

第一类超导体如图 6-3(a)所示,当外界磁场强度超过临界磁场时,超导体失超,导体由超导态转变为正常态。到目前为止,已发现的超导体材料绝大部分属于第二类超导体。第一类超导体主要包括一些在常温下具有良好导电性的纯金属,如铝、锌、镓、镉、锡、铟等,该类材料熔点较低、质地较软,故而称作"软超导体"。在磁场中物质过渡到超导态时,有潜热(即相变热)发生,属一级相变。外磁场为零,物质在临界温度下转入超导态时,将没有潜热产生,为二级相变。其主要特性是在磁场到达临界磁场之前具有完全的导电性和可逆的迈斯纳效应[①]。

第二类超导体如图 6-3(b)所示,当外界磁场强度超过较小临界磁场时,超导体仍然保持零电阻特性,但导体内部的磁场强度不为零,该状态称为混合态;磁场强度再加大,导体会由混合态转变为正常态即失超状态。到目前为止,已发现的属于第二类超导体的只有三类材料:铌(Nb)、钽(Ta)、钒(V)、锝(Tc),金属化合物及其合金。第二类超导体又可以分为理想第二类超导体与非理想第二类超导体。理想第二类超导体晶体结构较为完整,非理想第二类超导体的结构存在一定缺陷,其临界电流密度相对理想第二类超导体较高,因此,非理想第二类超导体运用更为广泛。

2. 根据温度特征分类

按照临界温度的不同,超导体可以分为高温超导体和低温超导体。一些复杂的氧化物陶瓷具有高的临界转变温度,其临界温度超过了 77K,可在液氮的温度下工作,称为高温超导体。例如,钇系氧化物、铋系氧化物和铊系氧化物超导体都属于高温超导体。

---

① 迈斯纳效应又称为完全抗磁性。若外加磁场强度 $H \leqslant H_c$,超导体内部将保持磁感应强度为零的状态,磁场无法进入处于超导态材料的内部。磁力线无法穿透超导体,磁场发生畸变,会对超导物体产生推动力。如果这个作用力方向与重力相反,则会形成向上的浮力,推动物体处于悬空状态,即所谓"磁悬浮"现象。

低温超导体是相对于氧化物超导体而言的,主要包括元素、合金和化合物超导体,其临界温度较低,一般小于 33K,如 Nb 的临界温度最高为 9.24K。由于其超导机理可用 BCS 理论解释,也称为常规超导体或传统超导体。

6.1.3　超导体的微观机制

BCS 理论解释常规超导体的微观机制,揭示了超导起因问题。1957 年,该理论由 Bardeen、Cooper 和 Schrieffer 共同提出,从微观上较为全面地解释了超导现象。BCS 理论认为:金属中自旋和动量相反的电子可以配对形成库珀电子对,简称"库珀对"(Cooper pairs),超导是在临界温度之下库珀对发生相干凝聚而表现出的宏观量子效应。费米面附近的电子通过电子-声子作用而相互吸引,形成库珀对,库珀对在晶格中可以无损耗地运动,形成超导电流。该理论适用于解释低温和常温超导体的超导电性的微观机理,但无法解释第二类超导(高温超导)的现象。

电子相互吸引作用的存在,引起正常态的不稳定从而进入超导态。电子吸引相互作用后,以含有大量电子的费米面为背景的两个电子会存在一种低能束缚态,形成库珀对。库珀对是成对存在的电子,两个电子之间的吸引力超过电子之间的库仑同性排斥作用力,而表现为净的相互吸引作用力。从能量上看,形成库珀对的电子会导致势能降低。库珀对会随着晶格振动产生的正、负电荷区间依序移动,彼此之间不发生碰撞,在宏观上就是零电阻。

BCS 理论的核心是"库珀对"。电子间的直接相互作用是相互排斥的库仑力,如果仅仅存在库仑力直接作用,电子不能形成配对。不过,金属晶体中的外层价电子处在带正电性的原子组成的晶格环境中,带负电的电子吸引原子向它靠拢,在电子周围形成正电势密集的区域。正电荷区会再吸引其附近的一个电子,并将能量传递给该电子。

若两个电子的动量大小相等、方向相反,且自旋相反,则它们之间的引力会远大于它们之间的库仑斥力。这两个电子以晶格作为媒介实现相互吸引,形成电子对,称为"库珀电子对"或"库珀对"。

电子的运动引起晶格发生畸变,这种畸变以波的形式在材料体内的晶格之间传播,可以看作这个电子发出的一个声子。晶格发生轻微扭曲,它需要再吸引另外一个电子,即另一个电子吸收了这个声子。从整体上看,两个电子之间通过一个声子相互吸引,即电子↔声子↔电子。

这种库珀对具有低于两个单独电子的能量。一个电子的动量不尽相同,但对于一个库珀对而言,其总动量一定为零。它们在晶格中运动没有任何阻力,因而产生超导性。

库珀对的形成过程如下:

(1) 电子间还存在以晶格振动(声子)为媒介的间接相互作用,如图 6-4(a)所示,电子在晶格中移动时会吸引邻近格点上的正电荷,导致格点的局部畸变和晶格振动,形成一个局域的高正电荷区。自由电子通过某个晶格时会引起原子偏离,间接地吸引其他自由电子。

(2) 如图 6-4(b)所示,局域的高正电荷区会吸引自旋相反的电子,和原来的电子以一定的结合能相结合配对,两个自由电子间存在有吸引作用,形成独特的电子对,即"库珀对"。

(3) 如图 6-4(c)所示,在很低的温度下,这个结合能有可能高于晶格原子振动的能量,这样,库珀对将不会和晶格发生能量交换,也就没有电阻。多组库珀对产生后,数量达到一定量时,它们朝同一方向有序运动就形成了超导电流,形成无阻态。

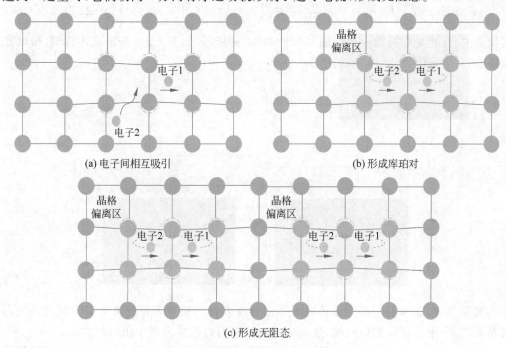

(a) 电子间相互吸引   (b) 形成库珀对

(c) 形成无阻态

图 6-4 库珀对形成过程示意图

超导态时,电子发生凝聚进而形成超导能隙,超导临界温度为

$$T_C = 1.14 \, \hbar \, \omega_D \mathrm{e}^{-\frac{1}{N(0)V}} / k_B \tag{6-2}$$

式中:$N(0)$ 为单个自旋的费米能级处电子的态密度;ω_D 为德拜频率①;V 为电子-声子相互作用的耦合常数;$\hbar$ 为约化普朗克常量(又称合理化普朗克常量),$\hbar = 1.055 \times 10^{-34}$ J·s;k_B 为玻耳兹曼常数。

以 $\Delta(0)$ 表示 $T = 0$ K 时的能隙:

$$\Delta(0) = 2 \, \hbar \, w_D \mathrm{e}^{-\frac{1}{N(0)V}} \tag{6-3}$$

综合式(6-2)和式(6-3),可得能隙与临界温度的关系:

$$2\Delta(0) = 3.53 k_B T_C \tag{6-4}$$

当 $T = 0$ 时,超导体内部能量低于能隙下边缘的各个态会被全部占据,而高于能隙的

---

① 德拜频率:在弹性波近似模型中,晶格振动的最高频率 ω_D。德拜认为,原子的热运动不是独立谐振子的形态,而是晶格的集体振动。他假设晶体是各向同性的连续弹性介质,原子的热运动以弹性波的形式发生,每一个弹性波振动模式等价于一个谐振子,能量是量子化的。弹性波的振动存在一个频率上限,称为德拜频率。

各个态则完全空置。也就是说,在费米能级 E_F 附近的这个半波宽度 Δ 内不存在电子。这就是超导材料的独特的能带特征,如图 6-5 所示,正常态和超导态的差别正是电子对的吸引力造成能谱中出现的能隙。在超导态中,电子对系统的费米面正落在能隙中间。在超导金属中激发一个库珀对的能量为

$$E = E(p_1) + E(p_2) = \sqrt{\left(\frac{p_1^2}{2m} - E_F\right)^2 + \Delta^2} + \sqrt{\left(\frac{p_2^2}{2m} - E_F\right)^2 + \Delta^2} \gg 2\Delta \quad (6-5)$$

这就是说,在超导态拆散一个库珀对至少要 2Δ 的能量,大于 2Δ 才能形成连续谱,所以能隙是 2Δ。半宽度 Δ 为 $10^{-4} \sim 10^{-3}$ eV。

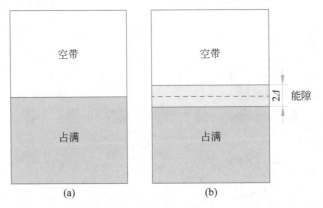

图 6-5 能隙示意图

实验发现,正常态与超导态的电子能谱存在差异。超导态在费米能 E_F(最低激发态与基态之间)附近存在能量间隙,这是电子对的吸引力造成能谱中出现的能隙。

在超导态下,若施加一个外界电场,超导体内的电子对具有相同的动量,它们进行较为有序的运动。当其中一个电子的动量发生改变时,另外一个电子也会改变,由此,晶格散射①并不能减慢或加快电子对的运动,宏观现象为电阻为零。当然,超导态下,并不是全部的电子都形成了库珀对,特别是当 $T \neq 0$ 时,仍然会有一些"正常"电子存在于超导体内,随着超导体所在的环境温度升高,越来越多的库珀对被破坏,超导体内的"正常"电子数量就会越来越多。当温度高于超导转变温度时,所有的库珀对都会被破坏,超导能隙缩小到零,超导态慢慢转变为常态。

超导能隙以及电子对都是电子效应,其性质取决于电子的具体状态。当温度发生变化时,电子状态也会随之改变,超导能隙的大小以及电子对的结合情况都会受到一定程度的影响。如图 6-6 所示,随着温度升高 T 并接近临界温度 T_c,超导能隙 $\Delta(T)$ 也会减小,直至为零。

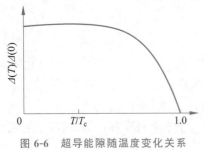

图 6-6 超导能隙随温度变化关系

---

① 导体的电阻是由于晶格散射导致电子动量发生改变所产生的。

6.1.4 常见的超导光子探测器

1971 年,Testardi 等首次在实验上发现超导体对光学波段的辐射敏感。处于超导态的铅膜受到激光辐照,其超导电性被破坏,这种效应不能简单地使用热效应来解释。实验使用的铅膜厚度为 27.5nm,放置在液氦杜瓦中,使用脉冲激光器照射铅膜,测量其电阻值变化。实验发现,当有脉冲辐照到铅膜上时,它的电阻会发生突然的增大。Testardi 将这种现象解释为:超导体吸收的光子能量导致其产生一种非均衡态,产生热激发的准粒子,这种准粒子的温度比库珀对高。

超导体能隙临界状态在 10^{-4} eV 左右,也就是说,极低的能量注入,就可以改变超导的材料的状态,使其在超导态和常态之间发生转变。一个光子的能量为几电子伏,远远大于超导体能隙临界能级。因此,利用超导器件探测对光子进行探测将具有极高的能量分辨率和极高的探测效率。相对于半导体光子探测器主要应用于可见光波段与短红外波段,超导光子探测器具有更宽的探测频段,并延伸至很长的波段(甚至达到毫米波段)。

利用超导材料探测光子,其基本思路都是采用这样的途径:光子激发超导材料,微观上影响材料的库珀对变化,宏观上导致材料的超导电性(电阻或阻抗)发生转变。对于低温超导且受直流电源驱动的器件,其微观的变化引起的宏观变化有多重途径,即图 6-7 中的温度、电流、磁场三项临界参数。

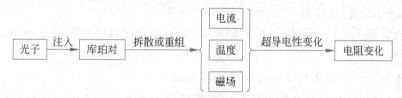

图 6-7 超导光子探测的基本技术途径

低温超导体的光子探测技术,可以根据图 6-7 的技术途径开展研究,探索不同的技术方案。

当前,超导单光子探测技术主要有两种:一种是基于超导临界温度跃迁的单光子探测技术,另一种是利用超导临界电流密度变化特性实现单光子探测。

1. TES——基于温度参量的光子探测器

TES 利用超导材料的临界温度的特性实现单光子探测,器件处于直流驱动状态下工作。

生长在绝缘硅衬底上的超导薄膜,其工作温度控制在略低于材料的临界温度,使材料处于超导态。当入射光子被超导薄膜吸收后,将产生微小热量使得薄膜的温度升高而超过临界温度,超导薄膜将迅速转为正常态,薄膜阻抗发生跃变。监测超导薄膜阻抗的变化,就可实现单光子探测。

在临界温度附近,超导材料由超导态转变为正常态所需的温度范围称为跃迁宽度,超导材料的跃迁宽度一般非常小,只有毫开量级,因此对温度变化极其敏感。基于这一原理的探测器称为超导相变边缘探测器。由于其超高的探测效率和极低的暗计数,使得光纤量子密钥分配的传输距离纪录不断被刷新,良好的光子数分辨能力则使得 TES 广泛应用于各种量子信息研究领域。

TES 的优点如下:

(1) 探测效率极高。目前,采取一定的减反射措施后,例如将 TES 集成到特定的光学微腔中,其探测效率在 95% 以上,而暗计数几乎可以忽略不计(10^{-2} Hz)。理论上,TES 的探测效率可达 100%,这一点对于线性光学量子计算等应用至关重要。

(2) 暗计数极低。如果热噪声严格服从高斯分布,TES 的暗计数率的理论可低达 10^{-3} Hz。由于系统噪声极低,输出信号的幅度严格正比于吸收的光子数,因此 TES 具有极佳的光子数分辨能力。

(3) 光子计数能力。因为 TES 的电阻变化正比于入射光子的数目或能量,所以 TES 具有内禀的光子能量和数目分辨能力,其核心是超导量子干涉仪和电压偏置工作方案。超导量子干涉仪为 TES 复用读出电路提供技术支持,而电压偏置工作方案解决了 TES 稳定工作的问题。

TES 的缺点如下:

(1) 计数率不高。基于钨薄膜的 TES 死时间长达微秒量级,这是由钨材料的热恢复时间常数决定的,因此其最大计数率只有千赫量级。另外,过长的恢复时间也导致非常大的时间抖动,约 100ns。基于 AlMn 合金等材料制作的 TES,死时间减小到 100ns,但是需要 SQUID 做信号检出。

(2) 极低温工作。TES 的工作温度极低,需要复杂而且昂贵的低温冷却系统,并且响应速度慢。

2. SNSPD——基于电流参量的光子探测器

SNSPD 利用超导材料的临界电流密度的特性实现高速的单光子探测,器件处于直流驱动状态下工作。

以略低于临界电流的恒流源驱动超导纳米线,整条纳米线处于超导状态,电阻极低。当入射的光子被纳米线吸收时,吸收区域的局部温度升高,形成“热岛”。“热岛”区域的局部位置从超导态快速转变成正常态,其电阻升高,致使流经其他区域的电流迅速增加并超过临界电流,整个条状超导体将迅速转变为正常态,电阻率迅速变大。整条纳米线的电阻增大,由恒流源驱动的纳米线的输出端电压迅速上升。

对于超导体,即使处于临界温度以下,当流过的电流达到临界电流时,超导体仍会失去超导特性,变成具有电阻的正常导体。在临界电流附近,从超导状态过渡到正常导电状态的电阻率变化极大,而且过程极快。如果能快速探测出超导材料吸收光子后的电阻率突变,就可以实现高速单光子探测。

SNSPD 的优点如下:

(1) 超高的计数率和时间分辨率。由于 NbN 材料的“热岛”的生成和恢复均在 100ps 以内,因此探测器的最大计数率理论上可达 10GHz 以上。不过,盘绕结构的纳米线具有较大的寄生电感,因此限制了其响应速度。实际的计数率可以做到 2GHz 以上。如果减小探测面积并采取其他的盘绕方式,计数率有望接近理论极限。

（2）极小的时间抖动。得益于 NbN 材料的超快光敏响应,探测器的时间抖动也非常小,只有 30ps,甚至更低。

（3）可实现空间光子分辨。通过将多个探测器的输出端并联在一起,可以实现空间光子数分辨。

SNSPD 的缺点如下:

（1）工艺难度大。整个纳米宽度必须非常一致,否则就会失去特有的灵敏度。探测面积越大,纳米线就越长,制作难度也就越大。

（2）寄生电感。由于寄生电感的存在,系统的最大计数率目前仍然达不到理论值,因此在减小探测面积的同时,必须寻找新的盘绕结构以最大限度减小寄生电感。

（3）填充系数不高。由于超导纳米线不能覆盖整个探测面积,因此填充系数也是量子效率的限制因素。

（4）偏置电流影响大。SNSPD 的探测效率和暗计数取决于偏置电流,其越接近临界电流,探测效率和暗计数率越大,但暗计数上升得更快。

3. MKID——基于电感特性的光子探测器

MKID 利用超导材料的动态电感与库珀对密度成正比的特性实现单光子探测,器件处于交流驱动状态下工作。

超导传输线可以视为一个电感型探测器,其电感随着温度和准粒子密度而改变。入射的光子如果具有足够能量($h\nu > 2\Delta$),它将拆散一个或多个库珀对,并生成准粒子。这些"过剩"的准粒子随后将重组为库珀对,响应时间为 $10^{-3} \sim 10^{-6}$ s。在这段时间内,准粒子阻止库珀对占据电子态,库珀对密度下降、准粒子密度增加,导致探测器的动态电感增大。与电感相关的器件表面阻抗产生的变化相当小,它可以通过谐振电路灵敏的测量。此电感与电容联合形成微波谐振电路,谐振频率随着光子的入射而变化。

MKID 的优点如下:

（1）具有很高的灵敏度。MKID 的基本噪声源自准粒子密度波动,它是库珀对-准粒子的拆散或复合的过程中产生的,正比于准粒子密度,具有泊松性质,理论上趋于零。

（2）极易实现大型探测器阵列。共面波导(CPW)谐振器是一个简单的平面结构,采用标准的光刻技术,可以在一层超导薄膜上很容易制作。因为它没有结,双层或其他复杂的结构,即使一个大的探测器阵列的制造也是简易的。

（3）频分复用能力。在 MKID 谐振器的大型阵列中,每一个像素都对应不同的共振频率,共同耦合到一个公共的馈线上。探测器读出这些微波信号,并经过低温高电子迁移率晶体管(HEMT)将信号放大,在常温下进行多路处理。探测器整个阵列只有一个输入/输出传输线(同轴电缆)和一个必要的 HEMT 作为读出,大大简化了读出电路的设计,降低了功耗。

MKID 的缺点如下:

（1）主要应用于微波波段,其谐振频率和控制是一大难点,每个谐振频率难以与实际该谐振器的位置对应起来。

（2）目前探测器的探测效率较低。

6.2 超导相变边缘探测器

6.2.1 工作原理

本质上,TES 属于热探测器的一种。典型的热探测器包括吸收能量的吸收体、测量温度变化的温度计、维持恒定温度的散热器件(称为"热沉")以及吸收体和散热器件之间的弱热连接(起到弱热耦合作用),如图 6-8(a)所示,吸收体的热容为 C_T,弱热耦合的热导为 G,散热器件的温度为 T_b。当能量为 E_p 的光子入射到吸收体并被吸收时,吸收体温度的增量 ΔT 与注入的光子能量成正比,即 $\Delta T = E_p/C_T$。通过测量的变化量 ΔT,温度计间接感知到光子注入的事件信息。另外,热量经过弱热耦合传导至散热器件被耗散掉,吸收体的温度逐渐降低并最终恢复至初始值。

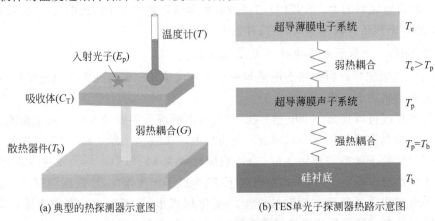

(a) 典型的热探测器示意图   (b) TES单光子探测器热路示意图

图 6-8　TES 的等效热学结构

TES 的等效结构如图 6-8(b)所示。生长在硅衬底上的正方形超导薄膜,其厚度为几十纳米、边长为几十微米。低温下的超导薄膜内部可以视为电子系统与声子系统的组合,电子与声子之间的弱热耦合作用,形成"热电子"效应;由于焦耳热功率的存在,使电子系统的温度 T_e 高于声子系统的温度 T_p。在光子探测机制中,电子系统等同于热探测器的吸收体和温度计的双重功能,声子系统充当热探

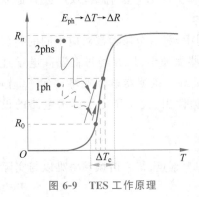

图 6-9　TES 工作原理

测器中的散热器件的角色。声子系统与硅衬底之间是强热耦合,其温度等于硅衬底的温度($T_p = T_b$),这里的硅衬底便是散热器件。

在薄膜的两端施加恒定偏置电压 V_b,使电子系统的温度 T_e 处于超导转变区域内的某一点,如图 6-9所示。此时的超导器件的阻值等于 R_0,该偏置点即为探测器的静态工作点。此偏置状态下,电子系统流向声子系统的热功率等于器件的焦耳热功率:

$$P = \frac{V_b^2}{R_0} = \varepsilon_H \kappa_F (T_e^m - T_p^m) = \varepsilon_H \kappa_F (T_e^m - T_b^m) \tag{6-6}$$

式中：ε_H 为薄膜材料的电声热耦合系数(约为 10^9 W·m^{-3}·K^{-5})；κ_F 为薄膜的体积。由于 TES 的超导转变宽度 ΔT_c 通常在 1.0mK 量级，可认为电子系统温度 T_e 等于 TES 的 T_c，即探测器的工作温度。

指数 $m = \beta + 1$，β 为热传导指数，与弱热连接的热传导机制有关。以电子为主导传热的金属，其热传导指数 $\beta = 1$，绝缘体的热传导指数 $\beta = 3$，金属中以电-声耦合为主导的热传导指数 $\beta = 4$。TES 的结构属于电子与声子之间的弱热耦合，因此，指数 m 的典型值为 5。

由式(6-6)可推导出弱热连接的微分热导：

$$G_H = \frac{dP}{dT} = m \varepsilon_H \kappa_F T_e^{m-1} \tag{6-7}$$

当 n 个能量为 E_ν 的光子被吸收时，注入光子的总能量($E_p = n E_\nu$)会引起 TES 的电子系统的温度 T_e 出现微小的变化量 $\Delta T (= E_p / C_e$，C_e 为电子系统的热容)，进而引起 TES 的电阻产生 ΔR 的变化量。

TES 的光子探测的路径为 $E_\nu \rightarrow E_p \rightarrow \Delta T \rightarrow \Delta R$，即光子能量($E_\nu$)的注入引起电阻的变化($\Delta R$)。不同数量($n$)的光子被吸收时，引起的不同数值的温度($\Delta T$)变化，最终引起不同大小的电阻变化量($\Delta R$)。在一定的能量范围内，$\Delta R$ 的幅度值与被吸收的光子数量(n)成正比，可见，TES 不仅可以测量光子到达的事件，还具有光子数分辨能力。

为了有效地实现单光子能量的分辨能力，可以尽可能减小 TES 超导薄膜的热容 C_e。在图 6-9 的 R-T 曲线中，薄膜超导转变区域内的曲线越陡峭，探测器对光子探测的灵敏度越高；而较小的热容，会使得这个转变区域内的曲线变陡，同时超导转变宽度 ΔT_c 变小。

TES 与散热器件之间的热噪声和热波动是决定能量分辨率 ΔE_p 的主要限制因素，主要取决于 TES 的热容 C_e，即

$$\Delta E_p = \sqrt{\frac{k_B T_e^2 C_e}{\alpha_I}} \tag{6-8}$$

式中：T_e 为 TES 的环境温度。温度敏感度 α_I 与环境温度 T_e 及准粒子状态下的稳态阻抗 R_o 有关：

$$\alpha_I = \frac{T_e}{R_o} \frac{\partial R}{\partial T} \Big|_{I = I_o}$$

较小的热容带来较窄的转变区域，当吸收相同能量时，较小热容会产生更大的温度变化进而具有较大电流变化，同时小热容也使得 TES 向衬底传热时间更短。

6.2.2　信号的读出

TES 的微弱电流需要高灵敏、低噪声的电路读出，要求读出电子学系统噪声水平尽可能低。

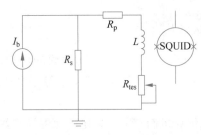

图 6-10　TES 等效工作电路

图 6-10 为 TES 直流电压偏置下的等效电路，TES 接入 SQUID 的输入端，TES 电路的寄生电感与 SQUID 的输入电感共同构成电感 L，这个电感 L 是 SQUID 读出光子注入的关键器件。图中，R_s 为偏置电阻，R_p 是寄生电阻，R_{tes} 为 TES 器件的电阻。为了叙述方便，将包含电阻 R_s 的支路称为"R_s 支路"，包含 R_p、L、R_{tes} 支路称为"R_{tes} 支路"。

SQUID 是利用约瑟夫森效应测量磁场的器件，具有极高的磁场测量灵敏度，目前 SQUID 的技术能测到 5×10^{-18} T。为了更流畅地理解 TES 的相关知识，先简单地将 SQUID 理解为一种磁通-电压转换元件，它能将微小变化的磁场转换为后续电路可测量的电压。

当 $R_s \ll R_0$ 时，TES 器件工作在直流电压偏置模式，其中 R_0 为 TES 静态工作点电阻值。忽略噪声的影响，等效电路电学方程为

$$L \frac{\mathrm{d}I}{\mathrm{d}t} = I_b R_s - IR_L - IR_{tes} \tag{6-9}$$

式中：$R_L = R_s + R_p$；I 为流经 R_{tes} 支路的电流，也就是 TES 的工作电流。

利用 SQUID 读出光子注入的逻辑过程如下：

(1) 光子的注入使 TES 的电阻发生变化，导致 R_{tes} 支路中发生微小电流波动；

(2) R_{tes} 支路中电感 L 两端的电流波动，引起电感 L 产生变化的磁场；

(3) 尽管电感 L 的磁通量变化是极其微弱的，依然会被敏感的 SQUID 探测到；

(4) SQUID 以电压的形式输出信号。

在如图 6-11 所示的电路中，使用 SQUID 串的二级放大方法，能够增加输出电路动态范围。若 $R_s \gg R_{tes}$，可将 TES 偏置视为电压偏置。加入反馈线圈（图中的 Feedback Coil）使其输出更为线性。此时，如果光子能量被 TES 吸收，则其电阻发生改变，对应的 TES 环路电流也发生了变化。初级 SQUID 的输入电感（Input Coil）由于电流的变化产生了磁通的变化，造成了 SQUID 环内磁通的变化，引起了输出电流信号的改变。初级 SQUID 输出的电流比较小，它引起串联电感 L_1，L_2，$\cdots$，L_k 的磁通发生变化，它们是二级 SQUID 的输入电感。有 k 只超导环串联组成的二级 SQUID 将初级 SQUID 变化的电流转换成电压信号，并有放大电路输出。初级 SQUID 输出的电流伴有较大的噪声，通过二级 SQUID 的均化作用，噪声被抑制。

利用 SQUID 能够实现 TES 的复用读出，复用读出的电路方案有多种形式。

1. 频分复用

T. de Haan 等使用反应偏置和 sub-Kelvin SQUID 放大器降低寄生电感的，这样提高了检波器的线性度、稳定性和串扰性，并使增加多路复用系数成为可能。如图 6-12 所示，TES 的电压偏置是由一个无耗散的感应分压器提供的，而低功耗、低输入电感的 SQUID 放大器安装在与 TES 检测器相同的温度台上。通过在亚开级上安装 SQUID 和偏置电路，大大降低了 TES 的串联阻抗，并消除了对低电感电缆的需求。

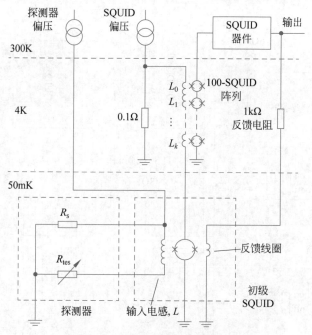

图 6-11 二级放大 SQUID 读出电路

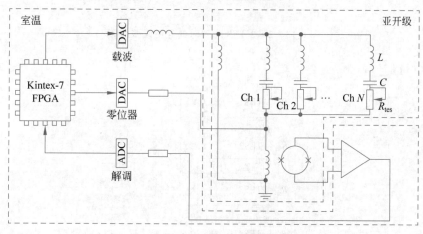

图 6-12 频分复用读取线路方案

2. 时分复用

在时分复用中,TES 依靠 DC 偏置,每个 TES 与它自己的第一阶段 SQUID(SQ1)耦合,每行 SQ1 转换后,准备读取每列上的 SQUID。图 6-13 显示 2×2(TES 阵列)时分复用,每个直流偏置 TES 与第一阶段 SQUID 放大器耦合。每列每次一个 TES 的信号被传递到该列的 SQUID 序列阵列放大器,其电压被一个高带宽的室温放大器放大。

3. 码分复用

在码分复用中,通过在正极和负极之间调制输出信号的多路复用。按照 Walsh 矩阵设置 N 个正交行。图 6-14 设置了 4×1 阵列。每个 TES 和所有第一阶段 SQUID 耦合,

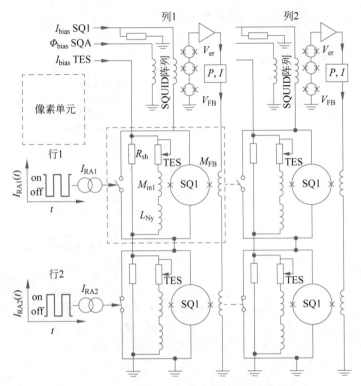

图 6-13　2×2 TES 阵列时分复用读取线路

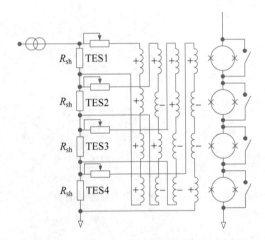

图 6-14　4×1 TES 阵列码分复用读取线路

Walsh 矩阵编码在输入联轴器的极性中。

6.2.3　SQUID 工作原理

使用超导量子干涉仪读出 TES 电流信号，为理解其工作原理，从以下几方面简单介绍，从而感知 TES 器件的微小电阻变化。

1. 约瑟夫森效应与约瑟夫森结

超导体 A 与超导体 B 由一个很薄的绝缘体分隔开,此时依然会有非常微弱的电流越过绝缘体由金属导体 A 流至金属导体 B。这种按导体、绝缘体、导体的顺序层叠起来的结构就称为隧道结,越过绝缘体的电流称作隧道电流。若金属导体 A 和 B 中任何一个为超导体,那么该隧道结产生的效应称作超导隧道效应,流过隧道的电流称作超导隧道电流。

一个薄的非超导体把两个超导体金属隔开就可以形成约瑟夫森结(Josephson Joint)。在合适的偏置电流驱动下,库珀电子对从一个超导隧道转移到另一个间隔的超导体时不存在晶格散射,这种现象称作约瑟夫森效应。由于低温物理以及超导技术的快速发展,约瑟夫森隧道结发挥的作用也越来越大。图 6-15 是约瑟夫森结的电路符号。约瑟夫森结的结构有两层超导体层中间夹一层一定厚度的绝缘体层(SIS,隧道结)或者两层超导体层中间夹一层一定厚度的非超导金属层(SNS,势阱结)。

库珀电子对作为超导电荷的载体,能够轻易穿过弱连接约瑟夫森结,在两个超导电极间运动,且相位还是相关的。假设流过约瑟夫森结的电流为零,即使库珀电子可以穿过这个弱连接约瑟夫森结,超导电极之间的超导波函数相位还是不会改变的。如果有电流流过约瑟夫森结,即使电流很微弱,此时库珀电子对也能够运送电子从一个超导电极到另外一个超导电极,两个电极之间不会有电位差。图 6-16 是加上偏置电流的约瑟夫森结等效电路。

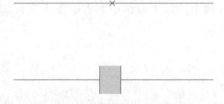

图 6-15　约瑟夫森结的电路符号

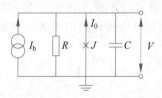

图 6-16　加上偏置电流的约瑟夫森结等效电路

图 6-17 为约瑟夫森结的电流与电压的关系曲线,其中,I_c 表示约瑟夫森结的临界电流[①],沟道电压为($2\Delta/q$)。在直流约瑟夫森结中,若施加于约瑟夫森结的电压小于沟道电压,只要超导电流小于临界电流,则约瑟夫森结的两端没有电压;当 $I_c = 0$ 时,约瑟夫森结的 I-V 特性曲线变化趋势与图 6-17 中曲线段 A 一致。如果约瑟夫森结中的电压等于沟道电压,那么约瑟夫森结处于临界状态,即曲线段 B。如果约瑟夫森结中的电压大于沟道电压,那么约瑟夫森结的 I-V 特性曲线呈现曲线段 C 的变化趋势。

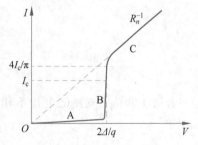

图 6-17　单个约瑟夫森结的 I-V 特性曲线

---

①　约瑟夫森结的临界电流比热力学临界电流 I_0 小一些。

2. 超导环

若将两个约瑟夫森结并联,采用超导线连接即可构成 SQUID,如图 6-18(a)所示。若两个约瑟夫森结是对称的,则直流偏置电流 I_b 分流至两个结,电流大小完全一致,如图 6-18(b)所示。通常设定偏置电流与 SQUID 的临界电流 I_c 相等。以临界电流为基准,当 $I_b > I_c$ 时,SQUID 的两端的电压 V 将等于 $2\Delta/q$,这个电压实际上是比较有限的;当电压高于沟道电压时,SQUID 的电压与电流之间呈线性关系,呈现出与图 6-17 所示的单个约瑟夫森结相同的 $I\text{-}V$ 特性。

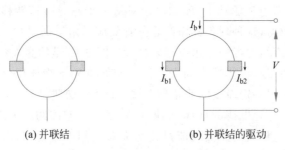

(a) 并联结   (b) 并联结的驱动

图 6-18   SQUID 器件及驱动电路

以约瑟夫森结的等效模型为基础,将 DC-SQUID 等效为图 6-19 所示的电路模型。采用直流电流作为偏置电流,对超导环进行偏置。为叙述方便,将等效电路中的两个约瑟夫森结分别称作结 1 和结 2,结 1 包含电容 C_1、电阻 R_1、支路自感 L_1,结 2 包含电容 C_2、电阻 R_2、支路自感 L_2。加入偏置电流后,两个约瑟夫森结中都有电流 I_{b1}、I_{b2} 流过。结 1 和结 2 允许流过的最大电流用 I_{c1}、I_{c2} 表示。

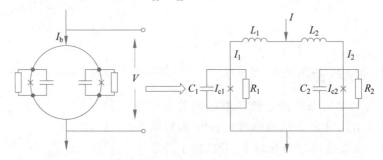

图 6-19   DC-SQUID 等效电路

若结 1 和结 2 支路的电流不相等,则可视为在 DC-SQUID 中存在环流的电流密度 J,且有

$$J = \frac{I_{b1} - I_{b2}}{2} = I_c \sin\varphi \tag{6-10}$$

式中: I_c 为约瑟夫森结的临界电流; φ 为两个相邻超导体波函数的相位差[1]。

DC-SQUID 等效电路的输出电压与穿过超导环的磁通量、环流 J 之间的关系为

---

[1]   超导体波函数:不同类型的结,波函数有所不同。

$$V = \frac{1}{2}\left(\frac{\Phi_0}{2\pi}\frac{d\varphi_1}{dt} + \frac{\Phi_0}{2\pi}\frac{d\varphi_2}{dt} - \alpha_L L \frac{dJ}{dt}\right) \tag{6-11}$$

式中：Φ_0 为磁通量，$\Phi_0 = h/2q = 2.07 \times 10^{-15}$ Wb；L 为整个 SQUID 的电感，由 L_1 和 L_2 组成；φ_1、φ_2 为结 1、结 2 的相位；α_L 为两个支路间电感的互异程度，$\alpha_L = (L_1 - L_2)/L$。

SQUID 的电流-电压曲线取决于穿过超导回路中的磁通，图 6-20 给出在磁通为 $\Phi = n\Phi_0$ 和 $\Phi = (n+1/2)\Phi_0$ 的情况下，SQUID 的 $I\text{-}V$ 特征曲线，磁通在 $n\Phi_0$ 和 $(n+1/2)\Phi_0$ 之间变化时，电压值从最小值变化到最大值。当通过超导环的磁通持续增加或者减小、变化幅度远大于 Φ_0 时，SQUID 两端电压随外部磁通呈现周期性变化，如图 6-21 所示。当通过 SQUID 超导环中的磁通为一个恒定值时，加在其两端的电压也为一个定值。但一个微小的磁通变化 $\Delta\Phi = \Phi_0$，也将在 SQUID 两端产生电压变化 ΔV，这个比例可以用转变系数表示：

$$V_\Phi = \frac{\Delta V}{\Delta \Phi} = \left(\frac{\partial V}{\partial \Phi}\right)_{I=I_b} \tag{6-12}$$

图 6-21 所示，当磁通 Φ/Φ_0 变化时，SQUID 两端的电压呈周期变化的规律。如果磁通的变化是关于时间的正弦函数信号、峰-峰值（波峰到波谷的间距）为 Φ_{PP}、处于 $n\Phi_0$ 和 $(n+1/2)\Phi_0$ 的线性区域，那么，SQUID 两端的电压也会呈正弦函数的周期变化，且峰-峰值为 $V_{PP} = V_\Phi \Phi_{PP}$。电压的波动幅度 V_{PP} 称为调制深度，从图 6-20 可知，偏置电流 I_b 的大小会影响到调制深度，只要将偏置电流设为一个合适的值，SQUID 便能发挥应有的作用。①

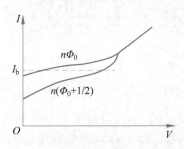

图 6-20　不同磁通下的 $I\text{-}V$ 特性

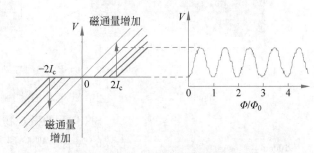

图 6-21　$\Phi\text{-}V$ 的变化关系曲线

6.3 超导纳米线探测器

超导纳米线光子探测器有两种：一种是 PN 结立体锥形纳米线探测器，可在常温下实现高效率、宽频带（约 500nm）和高速的光探测，制备立体锥形纳米线对刻蚀和光刻技术的要求极高，纳米线的均匀性很难保证；另一种是二维锥形纳米探测器（STaND），可在低温下实现光子数分辨的能力，利用锥形阻抗匹配设计新型纳米线探测器。《科学》报道的最小光谱仪是利用锥形纳米线的思路设计的不同间隙的纳米线实现。实现锥形纳

---

① 进一步知识介绍，参见附录 G。

米线探测器关键在锥形纳米线的制备，主要的方案为自顶向下干蚀法、气-液-固法和平面锥形法。

本节主要介绍超导纳米线的唯象机制、制备工艺，以及三种读取电路和最新的研究。

6.3.1 工作原理

1. 超导纳米线结构

超导纳米线单光子探测器（SNSPD）是 21 世纪初提出的超导光子探测器，具有极高的探测效率、极低的暗计数、较快的响应速度以及极低的时间抖动。

2001 年，俄罗斯莫斯科师范大学 Gol'tsman 小组制成厚度 5nm 的氮化铌（NbN）薄膜的单根直纳米线条，并首次成功实现了从可见光到近红外光子的探测，由此开启了 SNSPD 研究的先河。为了提升器件的光耦合效率，进而实现高效的单光子探测，SNSPD 光敏面由单根直纳米线演变成了蜿蜒曲折的纳米线结构，图 6-22 是其中的一种实例。敏感区接收光子照射的纳米线，其宽度一般小于 100nm，整体的分布形状和尺寸可以根据实际需要选择，图 6-22(a) 的敏感面为圆形。图 6-23 的敏感面为方形。

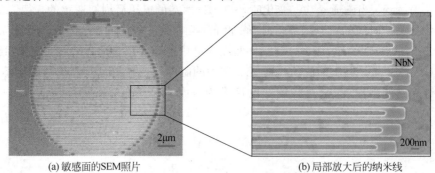

(a) 敏感面的SEM照片　　　　　　　　　　(b) 局部放大后的纳米线

图 6-22　SNSPD 的超导纳米线

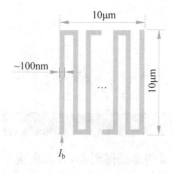

图 6-23　纳米线尺寸

2. 微观物理机制

SNSPD 的微观物理机制方面，目前学术界尚未达成一致的观点。现阶段主要存在四种物理机制模型，分别是经典热点（Hotspot）模型、热点扩散（Diffusion-hotspot）模型、磁通成核（Vortex-nucleation）模型和磁通穿越（Vortex crossing）模型，如图 6-24 所示。热点模型是由 Gol'tsman 小组提出的解释 SNSPD 机理的模型，虽然该理论并不完美，但是能够形象直观地介绍 SNSPD 的基本工作原理，是大多数研究者采用的解释超导纳米线探测光子的工作原理的模型。可使用 $I = I_0 + \gamma E^\alpha$ 描述这四个模型，不同模型的变量 α 取值不同。

1）热点模型

热点模型是一种唯象模型，从电子-声子等准粒子体系的相互作用的角度对 SNSPD

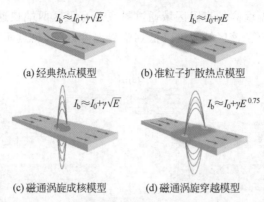

$I_b \approx I_0 + \gamma\sqrt{E}$

(a) 经典热点模型

$I_b \approx I_0 + \gamma E$

(b) 准粒子扩散热点模型

$I_b \approx I_0 + \gamma\sqrt{E}$

(c) 磁通涡旋成核模型

$I_b \approx I_0 + \gamma E^{0.75}$

(d) 磁通涡旋穿越模型

图 6-24 四种物理机制模型解释 SNSPD 的响应机制

光子探测的机理做出解释。热点模型的动态过程可以分解为六个阶段:

(1) 超导状态,静若止水。如图 6-25(a) 所示,实际应用的 SNSPD 器件需要至少两个基本通过条件,即工作温度和偏置电流。工作温度 T_e 小于 1/2 超导临界温度 $(T_c/2)$,偏置电流 I_b 略小于该器件超导临界电流 I_c。此状态下,没有光子入射,纳米线工作在超导状态。

(2) 光子注入,局部温升。如图 6-25(b) 所示,光子入射,并被纳米线吸收,将会拆散大量库珀对[①]。单个红外光子的能量可以拆散超导纳米线中数百个库珀对,在光子入射的一定区域内产生大量准粒子,致使该区域的局部温度升高,形成一块温度高于其他区域的非超导热点区域。该局部区域的温度升高导致该区域的电阻升高,远高于热点附近。该区域大小由入射光子能量与器件材料共同决定,典型大小在 10nm 量级。

(3) 热核失超,外挤电流。如图 6-25(c) 所示,非超导态的热点形成,但热点尺寸无法横跨约 100nm 的纳米线宽度,从而挤压电流向热点两边流动。导致原本流经该区域的电流只能从热点附近传输(如从热点的两侧流过),使周围电流密度提升。热点两侧的电流密度的提升很容易超过材料本身临界电流密度,因为器件的偏置电流 I_b 仅仅是略低于临界电流 I_c。一旦偏置电流 I_b 大于临界电流 I_c,热点两侧的材料便快速地由超导态转变为有阻态。

(4) 电流超限,失超扩大。如图 6-25(d) 所示,热点继续扩大,使得热点两端的电流密度超过材料的临界电流密度,热点附近的超导状态被破坏,在纳米线上形成一整段电阻区域阻止电流传输,该位置产生横跨整个纳米线的有阻区。

(5) 焦耳热效,阻断扩大。如图 6-25(e) 所示,在电流焦耳热效应的协助下热点持续增长,有阻区不断扩大。此状态下,整根纳米线的电流下降,器件偏置电流 I_b 开始部分转移至负载阻抗 Z_0 上,如图 6-25(a) 所示。

(6) 热量消散,复归平静。如图 6-25(f) 所示,纳米线上电流的降低减弱了电阻区域

[①] NbN 材料的能量间隙为 5.12meV,单光子的能量远高于材料的能量间隙,具有很强的能力拆散库珀对。拆散一个库珀对产生两个单电子需要的能量至少为 2 倍能量间隙,即 10.24meV,而光子能量(以波长 1550nm 的单光子为例)具有约 0.8eV 的能量。

的焦耳热效应,同时,温度高的有阻区域通过衬底及有阻区两端快速扩散热量,总的效果使得电阻区域缩小。直至该区域温度降低到临界温度以下,热点所在的电阻区域再次恢复为超导态。

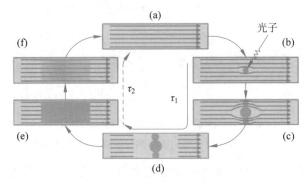

图 6-25　基于热点模型的 SNSPD 工作原理示意图

当失超区域消失、温度恢复到环境温度后,纳米线上的电流再次恢复到初始状态,等待下一次光子的到达。

SNSPD 的热点模型分析,将光子探测过程分解成了 6 个阶段,涉及超导材料的两个关键特性、一个关键结构,也是纳米线实现光子探测的关键。如图 6-26 所示,第一个特性是光子热效应,光子拆散库珀对、产生准粒子,局部温度上升,电阻增大。第二个特性是电流超临界电流,即电流密度大于临界电流密度,热点周围超导区域失超。第二个关键点在于纳米线的尺寸,由于光子热效应产生的热量和电流挤压的作用空间都是有限的,为了让电流挤压作用能够导致热点周围电流密度大于临界值,纳米线横截面积不能太大,这就是纳米线选择合适厚度和宽度的原因。

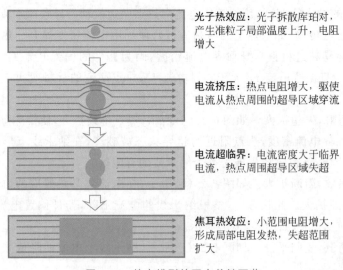

图 6-26　热点模型的四个关键环节

"两个关键特性、一个关键结构",使得光子注入所在的纳米线失超、电阻增大,致使整根纳米线不再是一根连续的超导线,而是被有一定截面厚度的电阻截断。随后,焦耳热效应开始发挥作用,电阻发热,局部温度超过临界温度,失超范围在短时间内快速扩大。此时,相当于纳米线上接了一段有一定长度的电阻线。

2) 等效电路

图 6-27 中,虚线框内是 SNSPD 的简单等效电路,超导纳米线可以等效为一个开关 K 与热阻 $R_n(t)$ 并联,再与动态电感 L_k 串联。光子注入后,电阻 $R_n(t)$ 的阻值随时间变化。

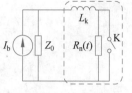

图 6-27　外围电路

纳米线处于超导状态下,开关 K 导通,整根纳米线为无阻态;纳米线吸收光子,器件从超导态变为有阻态时,K 断开;纳米线再恢复为超导态时,开关 K 再次导通。开关 K 的"导通-断开-导通"的过程就是纳米线的两个状态的动态变化过程。开关 K"导通-断开",使纳米线上的一小段区域"由超导态转变为电阻态",时间为 τ_1;开关 K"断开-导通",使纳米线上的一小段区域"由电阻态重新恢复超导态",时间为 τ_2。在 $\tau_1 \rightarrow \tau_2$ 时间内,纳米线上的传导电流经历了一次明显的变化,并在外电路上表现为负载阻抗 Z_0 两端电压(纳米线两端电压)会出现一个可供探测的电压脉冲,如图 6-28 所示。通过对该电压脉冲进行检测,就可以实现单光子探测。

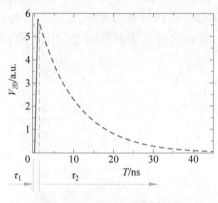

图 6-28　SNSPD 信号输出

开关 K"导通-断开",纳米线的电阻升高,其时间常数 τ_1 为

$$\tau_1 = \frac{L_k}{Z_0 + R_n(t)} \tag{6-13}$$

τ_1 决定了电压脉冲的上升时间。

开关 K"断开-导通",纳米线电流逐渐恢复,电阻产生的焦耳热通过衬底耗散,热阻区逐渐变小,纳米线开始恢复到超导态。纳米线电流恢复时间比较长,时间常数 τ_2 为

$$\tau_2 = \frac{L_k}{Z_0} \tag{6-14}$$

研究者又提出了扩散热点模型,抛弃了"正常有阻态核心"的假设,认为有阻区的形成是准粒子扩散的动态过程,扩散热点模型与热点模型的本质区别在于,有阻区(热点)的形成是一个动态过程,不能简单地以光子能量直接换算成热点大小。热点模型在光谱响应截止波长上存在严重局限性。热点模型阐述了 SNSPD 探测效率和光子能量一对一的关系,即当波长大于截止波长时,探测效率将会截止,然而实际研究表明探测概率并不会随着光子能量的降低而突变到零,而是会逐渐下降。因此,在热点及准粒子扩散的基础上,磁通涡旋被引入到 SNSPD 探测机理的模型中,演化成扩散涡旋模型及正常态涡旋模型,常用于解释 SNSPD 的暗计数和光响应。虽然涡旋机制对截止波长、低能量光子响应、磁场相关性等方面做出了一定程度的理论解释和实验验证,但在对待涡旋的理论处理方式,尤其是光谱响应中光子能量-偏置电流的线性或非线性关系上依然存在很大争议和问题。

3．宏观机制与定量描述

宏观上，可以用电热模型定量地描述纳米线吸收光子得到脉冲电压输出的过程。

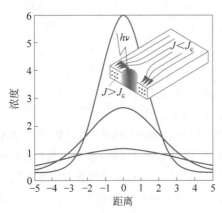

图 6-29　吸收光子后不同时刻下非平衡态准粒子的浓度

1）稳态过程

（1）光子能量需求。

经典的热点模型认为，热点在纳米线中可视为一个圆柱体，如图 6-29 所示。热点模型认为，SNSPD 的探测效率和光子能量是一对一的关系，当波长大于截止波长后，探测效率将会截止。为了截断纳米线的横截面，热点截断纳米线的横截面所需的能量为 E。打破纳米线超导态所需要的光子能量 E 与偏置电流之间的关系为

$$E = \frac{w^2}{C^2}\left(1 - \frac{I_b}{I_c}\right)^2 \tag{6-15}$$

式中：w 为纳米线宽度；C 为比例常数。

扩散模型考虑了扩散的准粒子和准粒子导致的临界电流降低的影响，在原始的阻核热点模型的基础上加以改进。纳米线吸收光子后，材料内部产生的准粒子开始扩散，导致临界电流的降低，式（6-15）修改为

$$E = E_0\left(1 - \frac{I_b}{I_c}\right) \tag{6-16}$$

式中：E_0 为能量参考值。

也就是说，在热点扩散模型中偏置电流 I_b 与光子能量 E 呈线性关系。

（2）热点大小。

描述热点的热流方程为

$$cd\frac{\partial T}{\partial t} = \kappa d\nabla^2 T + \alpha(T_{sub} - T) \tag{6-17}$$

式中：d 为纳米线的厚度；κ 为热导率；c 为薄膜材料每单位体积的比热容；α 为薄膜和衬底边界热导率；T_{sub} 为衬底温度（当薄膜足够薄时，纳米线的温度近似可以用一个统一的温度 T 来表示）。

通过求解热流方程可以推断出光子产生的热点大小为几纳米到几十纳米。根据这个结论，可以确定超导薄膜厚度和纳米线的宽度。一般情况下，薄膜制作成与热点大小相近的厚度，可以形成一个红外敏感的超导探测器。

2）电热机制

电热机制能够让我们更好地理解超导纳米线的工作过程，在一定程度上，当改变超导材料或者纳米线结构后，通过电热模型能够仿真新型材料或者新型结构所带来的变化。热电机制包括热模型和电模型两方面。

热模型是用于研究超导纳米线中的热扩散，如图 6-30（a）所示，局域纳米线条可以近似为一维的模型。温度变化决定因素：首先是偏置电流对它的加热作用；其次是材底的

散热和沿着纳米线的散热。在长度为 Δx 的纳米线内,热阻产生的焦耳热在提高局域温度的同时会沿纳米线方向和衬底方向耗散,纳米线上每个单元的温度可以由一维时间相关热方程来表达:

$$J^2\rho + \kappa\frac{\partial^2 T}{\partial x^2} - \frac{\alpha}{d}(T - T_{\text{sub}}) = \frac{\partial cT}{\partial t} \tag{6-18}$$

式中:J 为纳米线电流密度;ρ 为电阻率;c 为材料每单位体积的比热容。等号左边三项分别代表了焦耳热对纳米线的温度变化、沿纳米线热扩散导致的温度变化和沿衬底热扩散导致的温度变化,等号右边代表了局域能量的变化。

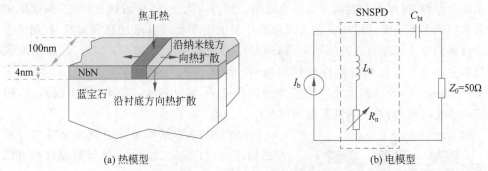

(a) 热模型   (b) 电模型

图 6-30　SNSPD 的热模型和电模型

电模型如图 6-30(b)所示,SNSPD 等效为纳米线的动态电感 L_k 和时变的电阻 R_n 串联,超导态时,电阻 R_n 为零,在电阻态时可以看作所有微元电阻之总和。偏置电源等效为一个稳恒电流源,输出端等效为接入的射频放大器的传输线的耦合电容 C_{bt} 和等效负载阻抗 Z_0(阻抗为 50Ω)。根据电路分析,可得等效电路的电流方程:

$$C_{bt}\left(\frac{\mathrm{d}^2 L_k I}{\mathrm{d}t^2} + \frac{\mathrm{d}(IR_n)}{\mathrm{d}t} + Z_0\frac{\mathrm{d}I}{\mathrm{d}t}\right) = I_b - I \tag{6-19}$$

SNSPD 的电热模型不是相互独立的,电模型的 R_n 大小由热模型失超区域大小决定。结合热传导方程和电学方程,通过仿真就可以理解 SNSPD 的光子响应过程,如图 6-31 所示。响应光子后产生热点,热阻 $R_n(t)$ 产生的焦耳热扩散形成热阻区,热阻产生的焦耳热通过衬底耗散。纳米线上的电流 $I(t)$ 泄放到并联的读出端等效负载上,电流逐渐恢复至偏置电流,SNSPD 恢复到超导态,这个变化过程以皮秒计。

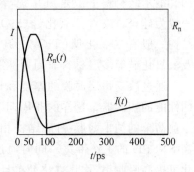

图 6-31　纳米线的电流、电阻随时间的动态变化仿真情况

实际纳米线的响应存在这样的现象:其电流 $I(t)$ 的恢复时间要快于纳米线的热电阻 $R_n(t)$ 的恢复时间,使得纳米线维持一个热阻的阻值。当热阻产生的焦耳热与散热达到平衡时,纳米线就稳定在自热状态,不能响应光子,即进入闩锁状态。纳米线电恢复时间由纳米线动态电感和读出端等效阻抗决定,纳米线动态电感过小或等效阻抗过大都容易使探测器进入闩锁状态。

6.3.2 设计与制备

1. 基本结构

2001 年，Goltsman 等首次实验验证的超导单光子探测器，其 NbN 纳米线宽为 200nm、厚度为 5nm、长度为 $1\mu m$，在电流偏置作用下，处于 4.2K 的环境温度中，可以检测单光子。他们制作的超导纳米线探测器对于波长为 $0.81\mu m$ 的入射光的量子探测效率约为 20%。热点在产生之后大约 30ps 会消失，局部恢复成超导态，重新可以探测另外的光子。

为了提高光子与纳米线之间的耦合效率，超导薄膜被制备成图 6-22(a) 所示的蜿蜒纳米线的结构，可以大大提高光学耦合效率。到目前为止，超导蜿蜒线是 SNSPD 纳米线的最常用的基本成型的结构。制备时在基片上生长厚 4~10nm 的超导薄膜，利用电子束曝光仪将超导薄膜制备成蜿蜒纳米线，纳米线的宽度通常为 50~100nm，超导纳米线的厚度和宽度会直接影响着器件的探测效率。纳米线的尺寸通常为 $10\mu m \times 10\mu m$ 或者 $20\mu m \times 20\mu m$ 等，尺寸的大小决定了光的耦合效率，尺寸越大，光耦合效率就越高，但是动态电感也将越大，器件的恢复时间越长。

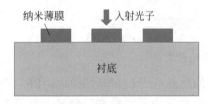

图 6-32　SNSPD 基本结构

SNSPD 的基本结构单元由纳米薄膜和衬底两层结构组成，如图 6-32 所示。纳米薄膜材料可以是铌(Nb)、铌氮化钛(NbTiN)，也有可能是一些人们没有尝试过的超导材料，薄膜厚度一般为 4~6nm。衬底材料可以是氧化镁(MgO)、二氧化硅(SiO_2)、硅(Si)、砷化镓(GaAs)，也可能是其他衬底。不同材料的薄膜和衬底组合会产生不同的探测器性能。

在 SNSPD 的宽带吸收结构设计研究中，SNSPD 被设计成如图 6-33 所示的多层介质结构。纳米线材料一般是氮化铌(NbN)，衬底材料一般为硅(Si)或者二氧化硅(SiO_2)，中间的多层结构一般有二氧化钛(TiO_2)、氮化硅(Si_3N_4)以及二氧化硅等多层材料非周期性沉积而成。

通过改变每层薄膜的厚度和材料可以得到不同性能的探测器。这样的非周期多层介质结构与之前简单的纳米薄膜-衬底结构相比，可以大大提高 SNSPD 的工作带宽。同时通过各层介质的优化可提高吸收率，优化方法简单且可操作性强。

2. 背面入射式结构

纳米线结构的改进较大地提高了器件的耦合效率，为了进一步提高系统的探测效率，可以将器件制备成背面入射的形式，在器件的上方通过金属反射镜构成谐振腔，提高纳米线的吸收效率，并

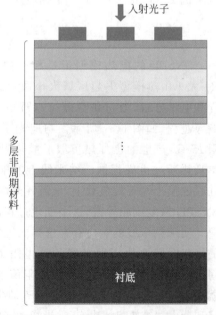

图 6-33　多层非周期 SNSPD 结构

在器件的背面制备一层减反层降低基底对入射光的反射率,如图 6-34 所示。该结构以蓝宝石(Al_2O_3)作为衬底,衬底背面的减反膜(ARC)用来减小入射光子的透射和反射损失。NbN 纳米线制作在衬底的正面,然后是谐振腔和反光镜。考虑到光的干涉问题,谐振腔厚度需要做恰当选择,谐振腔通常能提高某一个波长的吸收。入射的光子到达纳米线这一层,会被 NbN 纳米线吸收、反射和透射。透射的那部分光子进入光学谐振腔,由反光镜反射回到纳米线层的 NbN 表面,被纳米线再一次吸收一部分。这样的往复吸收,增加了光子被吸收的概率,从而在一定程度上提高光子探测效率。

利用光学结构提高的探测效率称作系统探测效率(SDE),它包含光学耦合带来的探测效率的增加。背面入射式结构利用谐振腔增大纳米线吸收效率,使器件的系统探测效率得到了提高,可以达到 60%左右。

背面入射式结构的减反层和谐振腔存在波长匹配问题,不利于对宽带 SNSPD 的进一步研究。另外,由于减反层以及背面入射所需要的聚光透镜都存在一定的光能损耗,这两部分的损耗对系统探测效率是有影响的。例如,聚光透镜存在反射、散射等效应,损耗入射光的能量,测量结果表明聚光透镜有 5%~7.5%的损耗。因此,背面入射的方式很难让器件的探测效率进一步提高,不可能实现大于 90%的系统探测效率。

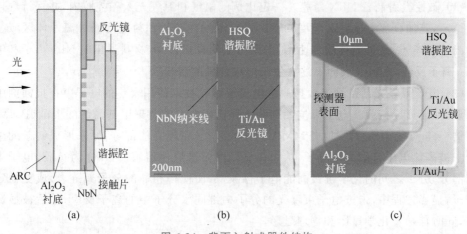

图 6-34　背面入射式器件结构

随着相关应用领域的发展,人们对探测效率的要求越来越高。正面入射的方式再次进入研究人员的视线,以希望进一步提高探测器的系统探测效率。研究人员利用正面入射式器件将系统探测效率提高到了 90%以上。如图 6-35(a)所示,硅衬底上的布拉格反射膜(DBR),其反射率实测值达到 99.99%。NbN 纳米结构的 SNSPD,在 2.1K 工作温度下,系统探测效率达到 90.2%;在 1.8K 工作温度下,系统探测效率达到最大值(92.1%)。如图 6-35(b)所示,WSi 纳米结构的 SNSPD,硅衬底上的镀金反射膜使系统探测效率的最大值达到 93.2(1±0.4%),最小值为 80.5(1±0.4%)。

3. 纳米线制作工艺

超导纳米线探测器的核心是纳米线。而制备涉及超导超薄薄膜的制备、电子束曝光、反应离子刻蚀、光刻等基本的微加工工艺。其中高质量的薄膜和均匀的纳米线条对

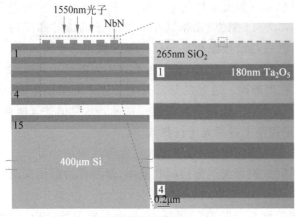
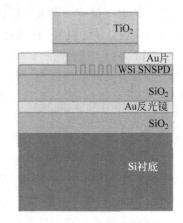

(a) 布拉格反射膜结构　　　　　　　　　(b) 镀金反射膜结构

图 6-35　高效率正面入射式器件结构

器件的性能起到关键的作用。衬底的材料可以选择硅、氧化镁（MgO）、蓝宝石和热氧化硅。衬底的差异性会导致转变温度的不同。其制备流程如下：

（1）磁控溅射制备 NbN 薄膜。一定比例的氩气和氮气充入磁控腔内，并保持气体流量的稳定，施加直流电压到高纯度的 Nb，以致激发在靶材和衬底之间等离子体区域。被电离出的氩离子，经过电场的加速，轰击靶材上的材料。Nb 材料逸出的 Nb^+ 离子和电离的 N^- 离子反应，在衬底表面上逐层生长形成外延的薄膜。

（2）电子束曝光制备纳米线掩膜。电子束曝光技术使用聚焦的电子束在抗蚀剂中产生图形，从而形成掩膜。电子束抗蚀剂的选择比较典型的有聚甲基丙烯酸甲酯（PMMA）和氢倍半硅氧烷（HSQ）两种。PMMA 为正胶，电子束曝光的部分，原来形成链条的聚合大分子被高能电子打破为小分子，从而在显影液中被快速溶解。HSQ 为负胶，电子束曝光的部分，分子之间的化学键被高能电子打破，从而使得相邻的分子聚链，形成更稳定的大分子，显影过程中，未被电子束曝光的分子中键同水分子中的离子反应，随后被显影液溶解，同时伴随着化学显影和物理显影。

（3）离子刻蚀反应转移线条图案。制备好掩膜，需要离子刻蚀反应形成 NbN 线条。离子刻蚀反应是一种使用离子轰击辅助的化学干法刻蚀。对于刻蚀 NbN 材料，通常选择 SF_6 和 CHF_3 的混合气体或者仅使用 CF_4 气体。刻蚀条件对形成最终的纳米线结构非常重要。

（4）光刻方式制备测试电极。为了方便测试，制备好的纳米线需要进行覆盖金属电极，通常使用光刻工艺。

6.3.3　读出电路

单个像素 SNSPD 读取电路是依靠电压源 U_s 与定值电阻给器件提供直流偏置，如图 6-36 所示。器件响应的输出脉冲是交流信号，通过 Bias-T 进行信号隔离，输出脉冲通过常温放大器进行放大，然后接入计数器或者示波器。这种常规的读出电路属于常温读出电路,操作简单,易于搭建,满足常规的性能指标测量,但这种电路受器件的动态电感影响较大。

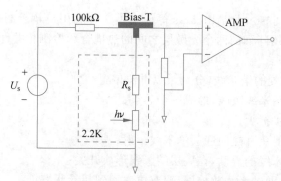

图 6-36 常规单像素 SNSPD 的读出电路示意图

SNSPD 阵列具有更广泛的应用前景,然而其读出电路是一大难点。目前有三种读取方式。

1. 行列复用读取

2019 年,美国喷气推进实验室(JPL)的 Emma E. Wollman 提出了一种使用 32×32 行列复用结构读取 1024 像素超导纳米线单光子探测器成像阵列。如图 6-37(a)所示,每个像素由一个 SNSPD 和一个串联电阻 R_p 组成。像素尺寸 $50\mu m$,如图 6-37(b)所示。每个像素的一端与同行的其他像素平行连接,另一端与同列的其他像素平行连接。电流被分配到每一行,由串联电阻平均分配到每一行的像素,并通过每列电感沉入地。每列和每行上的放大器用于读出光子探测事件。

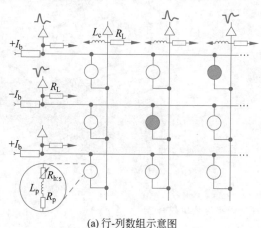

(a) 行-列数组示意图   (b) 像素阵列光学显微图

图 6-37 行列读取

当纳米线检测到一个光子时,它产生 $1k\Omega$ 的电阻。电流迅速从像素转移,导致在其行和列读出放大器上产生极性相反的电压脉冲。在 N^2 的像素中通过行和列事件之间的事件用于确定触发像素的位置。行列偏置方案能够读取 $N \times N$ 阵列,需要 $2N$ 读取线路。这种方案需要电流重新分配在每条偏置线上的像素之间,限制了计数率的提高和时间抖动的降低。

2. 行列耦合复用

2020年，JPL的Jason P. Allmaras等提出了一种利用热耦合行列式读取的SNSPD复用系统，该系统使用阵列的两个光敏层之间的热耦合和检测相关性，如图6-38所示。

热耦合过程如下：

① 顶层-底层布置的纳米线，分别予以电流偏置；

② 光子被顶层纳米线吸收，形成一个热点；

③ 热点区域逐步扩大；

④ 顶层纳米线的焦耳热向底层纳米线辐射；

⑤ 增加底层纳米线的温度，在底层纳米线形成开关；

⑥ 电流转移后，两纳米线放松回，双双再次回到超导状态。

图6-38是热耦合行列式读取的4×4阵列结构，顶层通道为列，底层通道为行，两层通道相互正交，列与给定行重叠的区域形成一个像素。通过现有的读出系统，热耦合行-列方案可以轻松地实现千像素的规模。通过测量行列中的激发时间，此种行列读出的方式能够在这些像素中推测出吸收位置。热耦合行列复用方式限制在低频率，没有电流重新分配和电信号在热耦合行列式时候的损失，不要求偏置或者在活跃区域有延迟线，这增加了最大的填充率。

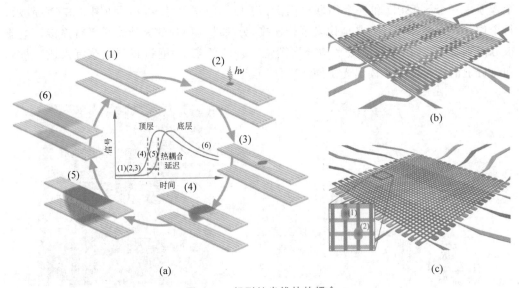

图 6-38 行列纳米线的热耦合

3. 频分复用

纳米线存在动态电感，可以把每根纳米线作为谐振 LC 电路的一部分，从而利用谐振频率的特点构成微波多路复用的读出方式。如图6-39所示，该电路包含两个电容，其中一个电容 C 与纳米线的动态电感并联，另一个电容 C_c 耦合到微波传输线。通过电容 C_c 耦合的信号，在一定程度上滤除了低频噪声，再通过传输线将信号传输到低温低噪声放大器 LNA。所有的纳米线通过电阻 R 连接到直流源 I_{bias} 上，使纳米线的偏置电流接近其临界电流。

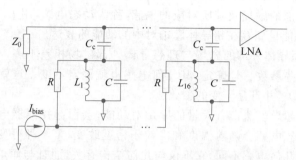

图 6-39　微波多路 SNSPD 阵列的等效电路

不同的像素单元设计出不同的电感 L_i，每一个单元相当于一个 LC 谐振电路，谐振频率由电感 L_i 决定。通过各像素电感 L_i 大小的设计，可以使得所有的像素都具有不同的谐振频率：

$$f_i = \frac{1}{2\pi\sqrt{L_iC}} \tag{6-20}$$

当光子撞击纳米线时，会产生一个热点，在像素单元的 LC 电路中产生一个电压脉冲。这个脉冲引发 LC 回路中电容的电势能与电感的电磁能之间的往复交替转换，回路的电流方向和大小出现往复变化，产生一段减幅振荡信号，振荡信号的谐振频率由电路的品质因数确定。每个像素单元的振荡信号都经过电容 C_c 耦合到微波传输线，由于每个像素的谐振频率不同，因此所有的像素可以使用同一馈线输出信号。

6.4　超导微波动态电感探测器

直流电流驱动下，超导体的电阻为零；交流电流驱动下，超导体将存在非零的阻抗。表面阻抗由表面电阻和电感构成，即 $Z_s = R_s + j\omega L_s$，当工作温度低于临界温度时，$R_s \ll \omega L_s$。微波动态电感探测器（MKID）利用超导材料的动态电感对辐射能量的灵敏响应实现光子探测，其具有内禀光子数分辨能力（PNR）。MKID 的优势主要是相对容易制备，不需要精确控温，以及容易扩展到大规模阵列并读取，而所有探测器都可通过同一条馈线和一个低温放大器来读取。这些优点使得 MKID 成为研究热点，也快速地在天文等诸多领域得到应用。理论上，MKID 能够在整个紫外线/光学/红外（UVOIR）波长范围内实现能量分辨率的单光子计数，该探测器是目前市面上最强大的 UVOIR 探测器。

本章主要介绍微波动态电感单光子探测器的探测原理、制备工艺、读取电路和最新的应用研究。

6.4.1　探测原理

1. 穿透层与超导体电感

磁场可以穿透到超导体内部，在超导体表面一定深度（50nm 左右）的穿透层延伸。在这种情况下，穿透层的超导电流带有大量的库珀对动能，也会引起探测器电感的变化。因此，当一个超导体作为交流电路中的一个组成部分时，超导体的电感可以看成由两部分构成：一部分是超导体外部的磁场及其所对应的电感，称为几何电感，用 L_m 表示；另一部分是超导体内部的磁场及其所对应的电感，称为动态电感，用 L_k 表示，从能源的角度来看，电感 L_k 是能量储存在超导体库珀对中的动能的表达。

一般情况下，超导体外部的磁场与理想导体外部磁场相差不多，与传输线的几何结构、电参数有关，这些参数一旦确定，其几何电感也就固定不变。这就是说，几何电感的大小与几何结构有关，并且是不变的参数。

由于穿透层的超导电流带有大量的库珀对动能，会引起探测器电感的变化，因此与穿透深度有关的动态电感会随着温度和准粒子密度改变，是一种可变电感。也就是说，动态电感的性质与几何电感不同，它不仅与几何结构有关，而且与库珀对的密度有关，也就与温度有关，这是动态电感探测器的基础。

根据 London 理论[①]，可以推导出超导体内部距表面 x 处的磁感应强度为

$$B(x) = B_0 \exp\left(-\frac{x}{\lambda_L}\right) \tag{6-21}$$

式中：B_0 为磁场在超导体外的磁感应强度；λ_L 为伦敦穿透深度，且有

$$\lambda_L = \sqrt{\frac{m}{\mu_0 n_s q^2}} \tag{6-22}$$

其中：μ_0 为材料的磁导率；n_s 为超流密度；q 为电子电荷数；m 为电子的质量。

式(6-21)表明，超导体内部并不是完全没有磁场存在，也不是等强度的磁场分布，由外到内，磁感应强度呈指数衰减；在 $x=\lambda_L$ 处，磁感应强度衰减到表面强度的 $1/q$，如图 6-40 所示，x 轴负方向为超导体外部、正方向为超导体内部，λ_L 处的磁感应强度为 0.3679B。对于研究微波信号在超导体内传输规律而言，伦敦穿透深度有重要意义。

实验表明，伦敦穿透深度对温度有着依赖关系，随着温度的降低而减小，如图 6-41 所示。

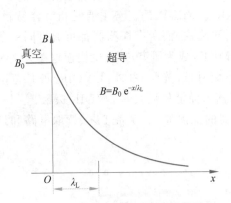

图 6-40　超导体内部磁感应强度的分布

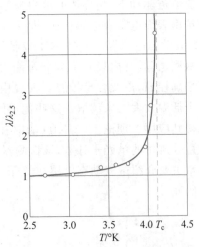

图 6-41　伦敦穿透深度与温度的关系

---

① 1935 年，由 F. London 和 H. London 提出的理论，以 London 方程为代表。

假设 $T=0K$ 时材料的伦敦穿透深度为 $\lambda_{\mathrm{L}}(0)$，则伦敦穿透深度随温度的变化规律为

$$\lambda_{\mathrm{L}}(T) = \frac{\lambda_{\mathrm{L}}(0)}{\sqrt{1-\left(\dfrac{T}{T_{\mathrm{c}}}\right)^4}} \tag{6-23}$$

不同超导材料的伦敦穿透深度如表 6-1 所示，除了 $\mathrm{YBa_2Cu_3O}_x$ 之外，绝大多数材料都不大于 50nm。

表 6-1　常见超导材料及其主要参数

超导材料	T_{c}/K	$\lambda_{\mathrm{L}}(0)/nm$	κ	ξ_0/nm	$2\Delta(0)/kT_{\mathrm{c}}$
Al	16	1.18	0.011	1500	3.40
In	25	3.3	0.062	400	3.50
Sn	28	3.7	0.093	300	3.55
Pb	28	7.2	0.255	110	4.10
Nb	32	8.95~9.2	0.82	39	3.5~3.85
Ta	35	4.46	0.38	93	3.55
$\mathrm{Nb_3Sn}$	50	18	8.3	6	4.4
NbN	50	≤17	8.3	6	4.3
$\mathrm{YBa_2Cu_3O}_x$	140	90	93	1.5	4.5

2. 穿透层的微观状态

当光子能量大于能带间隙（$h\nu > 2\Delta$）时，光子能量被超导体吸收，导致超导体内部的库珀对被破坏，形成瞬间的准粒子和声子数量的激增，彼此相互作用，并迅速恢复正常。这导致材料内部产生一定数量的过剩准粒子，这些准粒子的能量略高于超导材料的能隙和亚隙声子。产生的过剩准粒子数量为

$$N_{\mathrm{qp}} = \frac{\eta h\nu}{\Delta} \tag{6-24}$$

式中：η 为光子能量转换为准粒子的效率，$\eta \approx 0.57$。

准粒子被激发出来后，两两相遇会重新结合成为一个库珀对，同时发出一个声子。"库珀对→准粒子→库珀对"，该过程所用的平均时间即为准粒子的寿命，用 τ_{qp} 表示（$\tau_{\mathrm{qp}} = 10^{-6} \sim 10^{-3}\mathrm{s}$）。在其寿命周期内，准粒子可以运动一定的距离：

$$l \approx \sqrt{D\tau_{\mathrm{qp}}} \tag{6-25}$$

式中：D 为材料的扩散常数，铝的扩散常数约为 $60\mathrm{cm^2/s}$，钽的扩散常数大于 $8\mathrm{cm^2/s}$。

在超导体吸收到光子流的能量后，其内部稳态准粒子密度会明显上升。若超导体吸收的辐射能为 P，则准粒子密度上升幅度为

$$\delta n_{\mathrm{qp}} = \frac{\eta P\tau_{\mathrm{qp}}}{\Delta} \tag{6-26}$$

超导薄膜表面的过剩准粒子的变化将改变其超导器件的表面阻抗，其作用机制与提高超导体温度而改变超导器件表面阻抗的过程相似。超导体表面阻抗 Z_{s} 可随温度改变，同样地，当准粒子密度发生变化时，Z_{s} 也会随之发生改变，可以表示为

$$\delta Z_{s} = \delta n_{qp} \frac{\partial Z_{s}}{\partial n_{qp}} \tag{6-27}$$

式中：导数值与激励频率 ω、温度 T、材料参数有关。根据 Mattis-Bardeen 理论,式(6-27)可近似表示为

$$\frac{\delta Z_{s}}{Z_{s}} \approx \frac{\delta n_{qp}}{2\Delta N_{0}} \tag{6-28}$$

式(6-28)定量地将表面阻抗的变化与库珀对的破坏联系起来。

3. 探测器的电感

当薄膜厚度小于穿透深度 λ_{L} 时,由于扩散表面散射限制了电子的平均自由程,电流密度在整个薄膜尺度上基本可以认为是均匀分布,由此可以推导出动态电感为

$$L_{k} = \frac{\mu_{0}\lambda_{L}^{2}(T)}{Wh} \tag{6-29}$$

式中：W、h 分别为导体的宽度和厚度；μ_{0} 为真空的磁导率,$\mu_{0} = 4\pi \times 10^{-7} \, \text{H/m}$。

根据超导体存储能量的机理可知,电感是储存能量的元件,从能量分布角度看,总电感可以分为动态电感和几何电感,探测器的总电感为

$$L = L_{m} + L_{k} \tag{6-30}$$

随着穿透层准粒子密度的变化,动态电感所占探测器总电感的百分比也会发生变化,即

$$\alpha = \frac{L_{k}}{L} \tag{6-31}$$

显然,如果 α 数值越大,意味着探测器动态电感随准粒子密度变化幅度较大,即探测器对入射信号响应越敏感。

表面电感与动态电感的关系为

$$L_{k} = gL_{s} \tag{6-32}$$

式中：比例系数 g 由探测器的几何结构决定。

6.4.2 微波谐振器

1. 传输线的基本概念

当交变信号的频率比较低时,传输信号导线的长度远小于信号波长,导线内部各处的电压与电流的差别微小。当交变信号的频率比较高时,导线长度与信号波长在同一数量级,导线内部各处的电压与电流不再相同。高频电路的理论认为,导线中出现了不可忽略的分布电阻、电容和电感。一条均匀长线可由单位长度的四个分布元件 R、L、C、G 等效,彼此串并连接而组成一个电路(图6-42)。以此为前提,分析导线内部的电磁特性。

凡是能够导引电磁波沿一定方向传播的导体、介质或由它们共同组成的导波系统,都称为传输线。传输线可以把电磁波能量从一处传输到另一处,并可用来构成各种用途的微波元器件。大多数传输线损耗都比较小,在使用时一般视为无耗传输线。MKID 光子探测电路中常用 $\lambda/2$ 或 $\lambda/4$ 传输线。当 $d = \lambda/2$ 时,便构成了 $\lambda/2$ 传输线；当 $d = \lambda/4$

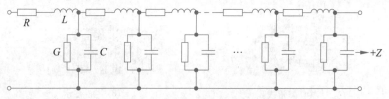

图 6-42 高频信号线等效电路

时,便构成了 $\lambda/4$ 传输线。

$\lambda/2$ 传输线,其输入阻抗 Z_{in} 等于负载阻抗 Z_L,且与传输线的特性阻抗 Z_0 无关。$\lambda/4$ 传输线,其特征阻抗等于负载阻抗与输入阻抗的几何平均值,即

$$Z_0 = \sqrt{Z_L Z_{in}} \tag{6-33}$$

常见的传输线有平行双导线、同轴线、微带线、带状线、槽线、共面波导、矩形波导、圆波导、脊波导、鳍线、矩形介质波导、圆形介质波导、镜像线等,各有不同的特性及应用场合。平行双导线一般用于米波及以下频段,成本低;微带线、带状线、槽线、共面波导等属于平面传输线,适合在印制电路板(PCB)或半导体基片上与有源器件结合使用,制作方便,也是 MKID 使用的传输线。

2. MKID 常用的传输线

MKID 器件通常做成集总型谐振器结构,一个传输线谐振器会耦合于一根传输微波信号的馈线,如图 6-43 所示。在极低温下,利用超导材料的动态电感对光灵敏的特点,MKID 器件可实现光子探测。

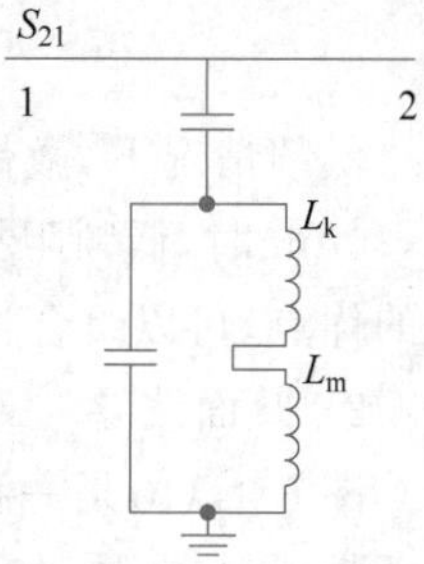

从整体的电路角度来看,MKID 通过改变超导体表面阻抗,最终影响通过外围谐振电路的微波信号的变化,从而实现光子的探测。因此,从结构上讲,MKID 超导元件作为传输线中的组成部分,其主要核心是谐振器和馈线。采用集总型谐振器结构,能够在

图 6-43 MKID 等效 LC 电路图

有限的尺寸中放置更多的谐振器。主要有微带线、共面波导、带状线、槽线四种类型的薄膜传输线谐振器,它们属于平面传输线。图 6-44 为四种薄膜传输线谐振器的三维结构,以聚合物苯并环丁烯(BCB)为衬底。

1) 微带线

如图 6-44(a)所示,微带线是最常用的超高频波导,绝缘层的一面是一根导电带,另一面是金属接地层。由于在介质分界面上不可能实现 TEM 波的相应匹配[①],因此微带线不能支持 TEM 波,其严格场解是由 TM-TE 波组成。但是,在绝大多数实际应用中介质基片非常薄($d \ll \lambda$),其场是准 TEM 波。

微带线工作频率受多种因素的限制而不能太高,在准 TEM 波与最低阶的表面波寄生模之间出现明显耦合的频率为

---

① 空气区域中 TEM 场相速等于光速($v_p = c$),电介质中的 $v_p = c/\sqrt{\varepsilon_r}$。

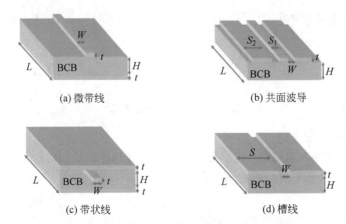

(a) 微带线   (b) 共面波导

(c) 带状线   (d) 槽线

图 6-44　四种常见的平面传输线谐振器的三维结构

$$f_{\mathrm{T}} = \frac{150}{\pi H} \sqrt{\frac{2}{\varepsilon_{\mathrm{re}} - 1}} \arctan \varepsilon_{\mathrm{r}} \tag{6-34}$$

式中：等效介电常数 $\varepsilon_{\mathrm{re}}$ 与介质的相对介电常数 ε_{r} 有关，即

$$\varepsilon_{\mathrm{re}} = \frac{\varepsilon_{\mathrm{r}} + 1}{2} + \frac{\varepsilon_{\mathrm{r}} - 1}{2} \frac{1}{\sqrt{1 + 12H/W}} - \frac{\varepsilon_{\mathrm{r}} - 1}{4.6H} \frac{t}{\sqrt{HW}} \tag{6-35}$$

低频情况下，微带线等效介电常数 $\varepsilon_{\mathrm{eff}}$ 与物理尺寸相关，并低于绝缘衬底。当 W 为 $5 \sim 30 \mu\mathrm{m}$ 时，低频阻抗范围为 $93 \sim 210\Omega$。微带线具有结构性能稳定、成本低廉、结构轻巧的优点，可以组合构成不同的电子元件，如耦合器、天线、滤波器等。

2）共面波导

图 6-44(b) 是一种单片集成电路传输线（MIC）。在衬底的同一表面上，中央布置有一条带线导体，同一平面的两侧各分布一条等距的接地线。导电层都集中在介质基片同一平面上，便于无源器件和有源器件的连接，并联安置器件方便，不需要在介质基片上打孔或开槽。CPW 具有椭圆极化磁场，具有低扩散的特点，支持准 TEM 波模式。高频条件下，场分布变成 TEM+TE 模式。

共面波导（CPW）谐振器结构简单，单层结构，无需薄膜导电层。在频率谐振点，$\lambda/2$ CPW 谐振器有一个信号通带峰值，$\lambda/4$ CPW 谐振器有一个信号阻带峰值。

3）带状线

如图 6-44(c) 所示，带状线导体宽度 W，处于具有相同介电常数的介质平板之间，介质的上、下表面被金属化并作为地导体。一般情况下，带状导体是使用光刻腐蚀方法制作在一块介质板上。因为带状线有两个导体和一个均匀介质，支持纯 TEM 波模式。带状线的辐射损耗比较小，且结构对称，适合制作各种高 Q 值、高性能的微波元件，如滤波器、定向耦合器和谐振器。当带状线中引入不均匀性时会激起高次模，故不太适合制作有源部件。

带状线的最高工作频率（GHz）为

$$f_{\mathrm{c}} = \frac{1}{W/H + \pi/4} \tag{6-36}$$

式中：W 为带状线宽度（cm）；H 为接地板间距（cm）。为了减小带状线在横截面方向的能量泄漏，上、下接地板的宽度 D 和接地板间距 H 必须满足

$$D > (3 \sim 6)W \quad \text{或} \quad H \ll \lambda/2$$

带状线的波导波长为

$$\lambda_g = \frac{\lambda_0}{\sqrt{\varepsilon_r}} \tag{6-37}$$

式中：ε_r 为带状线中填充介质的相对介电常数；λ_0 为自由空间中 TEM 波波长。

4）槽线

如图 6-44(d) 所示，槽线是一个双微带线，两导体之间有一个窄的槽，其中一个导体是接地的。槽线具有高的特性阻抗，改变槽的宽度 W 很容易改变槽线的特性阻抗。槽线不支持 TEM 模，传输的是准 TE 模，没有截止频率，但是有色散性质，因此其相速和特性阻抗均随频率而变。

带状线的波导波长为

$$\lambda_g = \frac{\lambda_0}{\sqrt{\varepsilon_{re}}} \tag{6-38}$$

式中：等效介电常数 ε_{re} 与介质的相对介电常数 ε_r 有关，即

$$\varepsilon_{re} = \frac{\varepsilon_r + 1}{2}$$

薄膜传输线类型如图 6-45 所示。

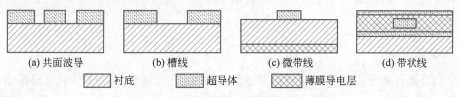

(a) 共面波导　　　　(b) 槽线　　　　(c) 微带线　　　　(d) 带状线

▨ 衬底　　▧ 超导体　　▩ 薄膜导电层

图 6-45　薄膜传输线类型

6.4.3　设计与制备

根据假设和基本要求，按步骤设计集总型超导谐振器。首先设计蜿蜒电感，然后设计交趾电容器（IDC）。一旦这两个结构被参数化，就可以正确计算出探测器所需的几何尺寸。

假设 IDC 有很多的指状线条，交趾对电容数量 N_{cap} 和电容宽度 S_{cap} 近似代替整体的 IDC 总电容 C：

$$C = \varepsilon_0(1 + \varepsilon_r)\frac{K(k)}{K(k')} \times N_{cap}S_{cap} \tag{6-39}$$

式中：ε_0 为真空介电常数；ε_r 为衬底相对介电常数；$k = \cos(\pi\chi_{gap}/2)$，$\chi_{gap} = g_{cap}/(g_{cap} + w_{cap})$ 是实际间隙；$k' = \sqrt{1 - k^2}$；$K(k)$ 是椭圆积分。

为了更好地叙述，设

$$K_{cap} = K(k) \tag{6-40}$$

$$K'_{cap}=K(k') \tag{6-41}$$

因为 IDC 和电感是互补结构，电感与电感数量 N_{ind} 和电感长度 S_{ind} 有关，即

$$L=\frac{\mu_0}{2}\frac{K'_{ind}}{K_{ind}}\times N_{ind}S_{ind} \tag{6-42}$$

当 $w_{cap}=g_{cap}$，$w_{ind}=g_{ind}$，$K(k')=K(k)$ 时，可将式(6-39)和式(6-42)简化为

$$C=\varepsilon_0(1+\varepsilon_r)N_{cap}S_{cap} \tag{6-43}$$

$$L=\frac{\mu_0}{2}N_{ind}S_{ind} \tag{6-44}$$

谐振频率为

$$f_r=\frac{1}{2\pi\sqrt{LC}}=\frac{v_{ph}}{\sqrt{S_{ind}S_{cap}N_{cap}N_{ind}}}\sqrt{\frac{K_{ind}K'_{cap}}{K_{cap}K'_{ind}}} \tag{6-45}$$

式中：v_{ph} 为相速度，$v_{ph}=c/\sqrt{\varepsilon_{eff}}$，其中 ε_{eff} 为相对介电常数，$\varepsilon_{eff}=(1+\varepsilon_r)/2$。

实际设计一个集总型谐振器时，根据所需频率分别对其电容、电感部分进行 Sonnet 模拟计算，对于不同的材料，相同形状对应的电感和电容也有所差别。

集总型超导谐振器的制作工艺：首先利用磁控溅射技术将厚度约为 160nm 的超导薄膜沉积在高阻硅（$>10k\Omega\cdot cm$）衬底上，之后利用光刻技术将设计好的掩膜版图形显影在超导金属膜表面的光刻胶上，最后使用氯气进行离子刻蚀，制备出所需的谐振线路。样品盒以及 PCB 板的设计必须保证传输线输入输出端口的特性阻抗为 50Ω，从而匹配谐振器本身的特性阻抗减少不必要的能量传输损耗。

6.4.4 测试电路

1. 测量电路

MKID 器件通常做成集总型谐振器结构，一个传输线谐振器会耦合于一根传输微波信号的馈线，如图 6-46 所示。在极低温下，利用超导材料的动态电感对光灵敏的特点，MKID 器件可实现光子探测。

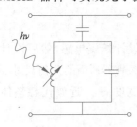

图 6-46　探测电路

式(6-27)中的 δZ_s 变化较小时，可以利用谐振电路实现比较精密的测量，如图 6-47 所示。R_s 和 L_s 的变化会引起谐振电路中微波信号的幅度和相位的变化，如图 6-47(a)所示，也会引起谐振频率和带宽的变化，如图 6-47(b)所示。

因此，当输入谐振频率附近的微波激励信号后，通过探测其幅值和相位的变化，对应传输曲线上引起的不同强度的光响应脉冲，从而实现光子数目和光子能量的可分辨，因此 MKID 具备固有的光子能量和光子数目分辨能力。

MKID 是一种断对探测器，在这种探测器中，吸收的辐射能将库珀对在一层薄的超导薄膜中发生断裂，从而导致动力学电感的变化。当温度降到 T 远低于转变温度 T_c 时，光子拥有足够的能量，打破一个或多个库珀对，产生准粒子。准粒子重组成库珀对存在一个时间常数 $\tau_{qp}=10^{-6}\sim10^{-3}$，这取决于材料。准粒子浓度增加谐振器的总电感 $L=$

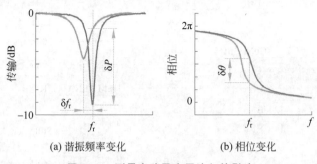

(a) 谐振频率变化　　　　(b) 相位变化

图 6-47　测量电路及光子注入的影响

$L_{\mathrm{m}}+L_{\mathrm{k}}$,一旦谐振器的总电感发生变化了,谐振器的透射曲线就会发生变化。这期间,在热平衡值作用下,准粒子密度会增加少量 Δn_{qp},导致表面阻抗 Z_{s} 发生变化:

$$Z_{\mathrm{s}}=R_{\mathrm{s}}+\mathrm{j}\omega L_{\mathrm{s}} \tag{6-46}$$

尽管 ΔZ_{s} 非常小,当做成谐振器结构时,依然能够被灵敏探测到。谐振器和传输线耦合,后面搭建电路进行读取。当改变表面电感 L_{s} 和表面阻抗 R_{s},最终谐振器两个重要的参数指标谐振频率 f_{r} 和品质因数 Q_{r} 发生相应变化,微波信号在谐振点的幅值和相位也会发生变化。所有信号通过频率方向和耗散方向可以读取出。通过在馈线传输微波探针信号,可以进行谐振频率的调谐。每个光子撞击光敏区同时被吸收后,信号 S_{21} 复合幅度值会发生单位变化。从图 6-44 可知,当一个单位光子被探测器吸收,超导谐振器的谐振点就会发生单位偏移。在谐振频率会变小一个单位 Δf_{r},谐振点的幅度会变小一个单位 $\Delta\theta$。那么当两个单位光子被探测器吸收,超导谐振器的谐振点就会发生单位偏移。在谐振频率会变小两个单位 Δf_{r},谐振点的幅度会变小两个单位 $\Delta\theta$。依次类推,多个光子被吸收,谐振点的偏移就是线性偏移。这样就实现了 MKID 内禀的单光子数分辨能力。在 MKID 阵列中,所有的谐振器都会耦合在同一根馈线上,每个谐振器的谐振频率不同,因此采用数字设备可以同时读取产生的信号。集总型超导谐振器是分布式超导谐振器,光子会直接被电感部分吸收。

2. 外围辅助机构

限制 MKID 的灵敏性基本因素之一是在库珀对拆散和重组过程中随机产生的准粒子。准粒子会产生额外的噪声,但是根据玻耳兹曼常数,这个噪声在更低的温度下被指数型抑制。实际上 MKID 依然会被其他不可控的因素产生噪声,如放大器的噪声和由二级系统产生的电容噪声。使用更低噪声的放大器十分有利于 MKID。二级系统噪声可以采取一定的方法降低,但这个噪声是不可避免的。

MKID 的低温环境通常在 100mK 以下,一般将 MKID 样品放入稀释制冷机,如图 6-48 所示,其中两路微波线路中的微波电缆材质分为多种。在整个制冷机内部使用闭路循环 $^{3}\mathrm{He}/^{4}\mathrm{He}$ 的方法,使制冷机可以高效平稳地维持在基础温度一周左右的时间。稀释制冷机主要是利用 $^{4}\mathrm{He}$ 稀释 $^{3}\mathrm{He}$ 来降低内部的环境,达到需要的低温环境。

将放有样品的样品盒固定在制冷机的低温盘,也就是 MC 盘。对于微波信号而言,其基本测量仅需要一条输入线路和一条输出线路。利用矢量网络分析仪(VNA)进行测

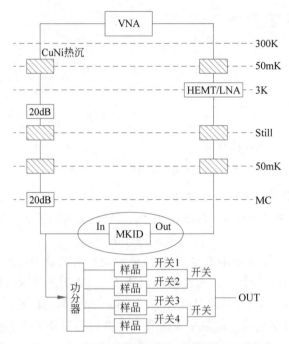

图 6-48　稀释制冷机内部微波测量线路示意图

试,可以得到谐振器的传输特性曲线及相关参数,包含谐振频率、传输系数、微波功率等。进一步通过数据处理还可以拟合得到谐振器的 Q 值。

VNA 可以提供的信息仍然很有限,如噪声分析、光子响应测量等,不能很好地满足光子计数要求。因此,可以独立搭建一套 IQ Mixer 测量线路,配合数据采集卡完成时域信号的采集。

如图 6-49(a)所示,假如输入 Mixer 的 LO 端的信号为 $A_{LO}\cos(\omega_{LO}t)$,经过功率分配以及 90°相位延迟后,两路信号变成

$$A_{LO,0} = A_{LO}\cos(\omega_{LO}t)/\sqrt{2} \tag{6-47}$$

$$A_{LO,90} = A_{LO}\sin(\omega_{LO}t)/\sqrt{2} \tag{6-48}$$

Mixer 的 RF 端通常会经过待测样品,因此信号变成 $A_{RF}\cos(\omega_{RF}t+\varphi)$,该信号经功分器变为两路后,分别与 LO 端输入的两路信号进行乘法运算。以 I 路为例,即

$$S_I = \frac{1}{\sqrt{2}}A_{RF}\cos(\omega_{RF}t+\varphi) \times \frac{1}{\sqrt{2}}A_{LO}\cos(\omega_{LO}t)$$

$$= \frac{1}{4}A_{RF}A_{LO}[\cos((\omega_{RF}+\omega_{LO})t+\varphi) + \cos((\omega_{RF}-\omega_{LO})t+\varphi)] \tag{6-49}$$

同样地,可以得到 Q 路的输出信号

$$S_Q = \frac{1}{4}A_{RF}A_{LO}[\sin((\omega_{RF}+\omega_{LO})t+\varphi) + \sin((\omega_{RF}-\omega_{LO})t+\varphi)] \tag{6-50}$$

由式(6-49)和式(6-50)可以看到都存在高频振荡项,为了消除这一项,在线路中 I 和 Q 的输出端各加了一个低通滤波器,滤掉高频信号,只通低频信号。

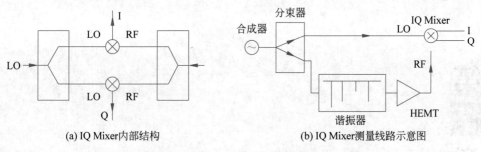

(a) IQ Mixer内部结构   (b) IQ Mixer测量线路示意图

图 6-49   结合 IQ Mixer 的测量线路

第7章

热红外传感器

红外波段[①]波长为 $0.78\sim1000\,\mu\mathrm{m}$，热红外波段波长为 $3\sim20\,\mu\mathrm{m}$。对热红外波段的探测，存在多种敏感材料和由此形成的各种类型的热红外传感器。常用的热红外传感器有热释电传感器、氧化钒的红外传感器，以及基于碲镉汞或氧化钒构成的焦平面成像器件。

目前，热红外传感器主要有两大类，分别探测中波段热红外（MWIR）和长波段热红外（LWIR）。中波段热红外传感器敏感材料包括碲镉汞、锑化铟、铂化硅、PVDF 等，其中碲镉汞较为常用，构成的器件属于制冷型传感器件，探测波段为 $3\sim5\,\mu\mathrm{m}$。长波段热红外传感器敏感材料包括氧化钒、硅掺杂（或多晶硅）等，其中氧化钒较为常用，构成的器件属于非制冷型传感器件，探测波段为 $8\sim14\,\mu\mathrm{m}$。本章重点介绍热红外探测器的基本原理、两种波段的热红外传感器、热红外焦平面成像器件。

7.1　热辐射基础知识

7.1.1　黑体辐射

物体是由原子组成的，不断振动的原子都会产生电磁波。实际上，所有带电粒子的振动都会产生电磁波，较高能量的粒子（包括原子、带电粒子）振动频率更高；物体的温度越高，振动越快，光谱辐射能量越高。因此，所有物体都以某种速率和一定的波长分布形式不断发射辐射，波长分布形式取决于物体温度及其光谱发射率 $\varepsilon(\lambda)$。

黑体是吸收所有入射辐射的物体，也是一个辐射体。根据普朗克定律，理想黑体的光谱辐射率是发射辐射波长和温度的函数，即

$$L(\lambda,T)=\frac{2hc^{2}}{\lambda^{5}}\left[\exp\left(\frac{hc}{\lambda kT}\right)-1\right]^{-1} \tag{7-1}$$

$$M(\lambda,T)=\frac{2\pi hc^{2}}{\lambda^{5}}\left[\exp\left(\frac{hc}{\lambda kT}\right)-1\right]^{-1} \tag{7-2}$$

式中：λ 为光谱辐射的波长；T 为温度；h 为普朗克常数；c 为光速；k 为玻耳兹曼常数。

光谱辐射出射度 $M(\lambda,T)$ 的单位为 $\mathrm{W/(m^{2}\cdot sr\cdot\mu m)}$，光谱辐射率 $L(\lambda,T)$ 的单位为 $\mathrm{W/(m^{2}\cdot\mu m)}$，两者之间的关系为 $M=\pi L$。这两个参量也可以用光子数表示：

$$L_{\mathrm{p}}(\lambda,T)=\frac{L(\lambda,T)}{E_{\mathrm{p}}}=\frac{2c}{\lambda^{4}}\left[\exp\left(\frac{hc}{\lambda kT}\right)-1\right]^{-1} \tag{7-3}$$

$$M_{\mathrm{p}}(\lambda,T)=\frac{M(\lambda,T)}{E_{\mathrm{p}}}=\frac{2c}{\lambda^{4}}\left[\exp\left(\frac{hc}{\lambda kT}\right)-1\right]^{-1} \tag{7-4}$$

式中：E_{p} 为光子的能量，$E_{\mathrm{p}}=hc/\lambda=h/\nu$。

1. 斯特藩-玻耳兹曼定律

温度为 T 时，黑体的总辐射出射度是光谱出射度在整个波长范围内的积分：

---

① 　John Frederick William Herschel(1738—1822)，英国天文学家。1800 年，他在研究太阳光谱的热效应时，用水银温度计探测太阳光的热分布，发现太阳的热量主要分布在可见光谱之外（最显著的部分在红色光的外面），这就是"红外辐射"首次被发现。

$$M(T) = \int_0^\infty M(\lambda, T) \mathrm{d}\lambda = \int_0^\infty \frac{2\pi hc^2}{\lambda^5} \left[\exp\left(\frac{hc}{\lambda kT}\right) - 1 \right]^{-1} \mathrm{d}\lambda \tag{7-5}$$

设

$$B = 2\pi hc^2 \tag{7-6}$$

$$x = \frac{hc}{kT\lambda} \quad 或 \quad \lambda = \frac{hc}{kTx} \tag{7-7}$$

则有

$$\mathrm{d}x = \frac{hc}{kT\lambda^2}\mathrm{d}\lambda = \frac{hc}{kT}\frac{k^2 T^2 x^2}{h^2 c^2}\mathrm{d}\lambda = -\frac{k}{hc}Tx^2\mathrm{d}\lambda \tag{7-8}$$

$$\mathrm{d}\lambda = -\frac{hc}{kTx^2}\mathrm{d}x \tag{7-9}$$

将式(7-6)、式(7-7)代入式(7-2)可得

$$M(\lambda, T) = \frac{B\lambda^{-5}}{\mathrm{e}^x - 1} = \frac{Bx^5}{x^5\lambda^5}\frac{1}{\mathrm{e}^x - 1} \tag{7-10}$$

再利用式(7-7)消除式(7-10)中的 λ，可得

$$M(x, T) = \frac{Bx^5}{\left(\frac{hc}{kT}\right)^5}\frac{1}{\mathrm{e}^x - 1} = \frac{Bk^5 T^5}{h^5 c^5}\frac{x^5}{\mathrm{e}^x - 1} \tag{7-11}$$

因此，式(7-5)又可以表示为

$$M(x, T) = \int_0^\infty M(\lambda, T)\mathrm{d}\lambda = \frac{Bk^4 T^4}{h^4 c^4}\int_0^\infty \frac{x^3}{\mathrm{e}^x - 1}\mathrm{d}x \tag{7-12}$$

于是，可得斯特藩-玻耳兹曼定律：

$$M(x, T) = \frac{Bk^4 T^4}{h^4 c^4}\int_0^\infty \frac{x^3}{\mathrm{e}^x - 1}\mathrm{d}x = 6.494\frac{Bk^4}{h^4 c^4}T^4 = \sigma T^4 \tag{7-13}$$

式中：σ 为斯特藩-玻耳兹曼常数，$\sigma = 5.71 \times 10^{-8} \mathrm{W}/(\mathrm{m}^2 \cdot \mathrm{K}^4)$。

根据斯特藩-玻耳兹曼定律，可以确定黑体总辐射出射度及与温度之间的关系。总出射度可以解释为某给定温度下光谱出射度曲线下的面积，如图 7-1 所示。在 $[\lambda_a, \lambda_b]$ 区域内对式(7-2)积分，可以得到黑体在 $[\lambda_a, \lambda_b]$ 之间的辐射出射度：

$$M_{\Delta\lambda}(T) = \int_{\lambda_a}^{\lambda_b} M(\lambda, T)\mathrm{d}\lambda = \int_{\lambda_a}^{\lambda_b} \frac{2\pi hc^2}{\lambda^5} \left[\exp\left(\frac{hc}{\lambda kT}\right) - 1 \right]^{-1} \mathrm{d}\lambda \tag{7-14}$$

2. 维恩位移定律

观察式(7-11)可知，$M(x, T)$ 随 x 的变化可能存在极值，不妨关于 x 求极值：

$$\frac{\mathrm{d}}{\mathrm{d}x}M(x, T) = \frac{c_1 k^5 T^5}{h^5 c^5}\frac{5(\mathrm{e}^x - 1)x^4 - x^5 \mathrm{e}^x}{(\mathrm{e}^x - 1)^2} = 0 \tag{7-15}$$

或者

$$5\mathrm{e}^x - x\mathrm{e}^x - 5 = 0 \tag{7-16}$$

式(7-16)是 x 的超越方程，可用作图法求解。

将式(7-16)改为

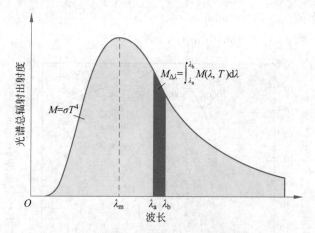

图 7-1 光谱总辐射出射度曲线

$$5 - x = 5e^{-x}$$

作直线：$y = 5 - x$

作负指数曲线：$y = 5e^{-x}$

它们的交点就是方程(7-16)的解，可得

$$x_{\mathrm{m}} = \frac{hc}{k\lambda_{\mathrm{m}}T} = 4.956$$

或

$$\lambda_{\mathrm{m}} = \frac{hc}{kTx_{\mathrm{m}}} = \frac{hc}{4.956k}\frac{1}{T}$$

则

$$\lambda_{\mathrm{m}}T = b \tag{7-17}$$

式中

$$b = \frac{hc}{4.956k} = 2.897 \times 10^{-3}\,\mathrm{m \cdot K}$$

根据维恩位移定律可知，随着温度的升高，黑体辐射的峰值波长 λ_{m} 会向短波长方向移动。

在热成像中，一般物体的温度都是在 $\lambda_{\mathrm{m}} = 10\mu\mathrm{m}$ 时接近 300K，而在 $\lambda_{\mathrm{m}} = 4\mu\mathrm{m}$ 时接近 700K。在这两种情况下，$\lambda \ll hc/kT$，因此

$$\frac{\partial M(\lambda, T)}{\partial T} = \frac{hc}{\lambda kT^2}M(\lambda, T) \tag{7-18}$$

对工作在有限带通 $\Delta\lambda$ 范围的热红外传感系统，为了提高红外系统的灵敏度，需要了解光源(目标)在何种波长下出射度随温度的变化最大。例如，若光源温度为 300K，则最大对比度出现在波长约 $8\mu\mathrm{m}$ 处，并非最大出射度的波长位置。

图 7-2 给出了某一黑体在不同温度下的光谱出射度曲线，包括最大值的轨迹线(图中的"峰值轨迹")，随着温度升高，任一波长发射的能量也随之增大，而峰值发射的波长在减小。这是符合维恩位移定律的。

对于最大功率值：$\lambda_{mw} T = 2898 \mu m \cdot K$

对于最大光子数：$\lambda_{mp} T = 3670 \mu m \cdot K$

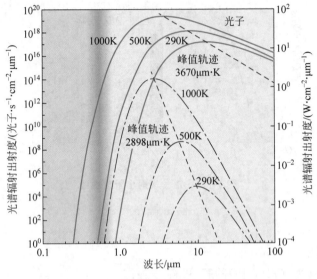

图 7-2 光谱辐射出射度

注意到，若物体处于 290K 环境温度中（室温约 18℃），则 λ_{mw} 和 λ_{mp} 分别出现在 10.0μm 和 12.7μm 处。如果希望在不借助反射光条件下能够"看到"室温环境下的物体，如人、树和车辆，就需要使用工作波长约 10μm 的探测器。对于较热的物体，如发动机，最高的发射率出现在较短波长处，因此，若以热成像应用为目的，电磁波谱红外或热源谱区 2～15μm 波段会包含最高辐射发射。非常有意义的是，太阳光的 λ_{mw} 在 0.5μm 附近，非常接近人眼的极值灵敏度 0.55μm。

7.1.2 大气的红外环境

1. 大气的红外光谱特性

热红外探测的绝大部分应用都需要通过空气进行传播，但空气对热红外的散射和吸收过程会使辐射衰减。散射使辐射光束改变方向，而空气中的悬浮颗粒造成吸收，并使能量再次辐射。与辐射源的波长相比，粒子的尺寸大于波长，散射与波长无关；如果粒子尺寸小于波长，并有 λ^{-4} 的依赖关系，则称作瑞利散射。

空气中的气体分子尺度远小于 2μm，因此对于波长大于 2μm 的光谱区，气体分子造成的散射可以忽略不计。与红外波长相比，烟尘和薄雾颗粒一般较小，所以红外辐射要比可见光辐射更容易透射。然而，如果雨、大雾颗粒和悬浮微粒比较大，那么散射红外光和可见光的透射率基本相同。

图 7-3 为海拔高度 6000ft（1ft＝0.3048m）高空的透射率随波长的变化曲线，图中给出了水（H_2O）、二氧化碳（CO_2）和氧（O_2）分子的吸收带，在它们的共同作用下，大气传输被限制在 3～5μm 和 8～14μm 两个窗口。空气的臭氧（O_3）、一氧化二氮（N_2O）、一氧化碳（CO）和甲烷（CH_4）不是造成大气吸收的重要成分。

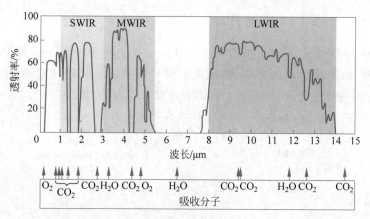

图 7-3 大气的光谱透射率

一般情况下，高性能成像系统更适合使用 $8\sim14\mu m$ 波段，原因是对常温物体有较高的灵敏度，并且有较好的穿透薄雾和烟尘能力。但是，对于较热的物体，或者在要求对比度比灵敏度更重要的情况下，则 $3\sim5\mu m$ 波段更合适。还有另外的区别，例如，中波红外波段的优点是为了获得一定的分辨率，需要小孔径的光学系统。一些探测器可能要在高温（热电制冷）下工作，而对需要低温制冷（约为 77K）的长波红外波段是很正常的。

概括起来，中波红外和长波红外在相对于背景光通量、景物性质、温度对比和各种气象条件下的大气透射都不相同。有利于 MWIR 应用的因素是较高对比度、良好气候条件（如在亚洲和非洲的大部分国家）下的性能、高湿度下的高透射传输、高分辨率。有利于 LWIR 应用的因素是雾和灰尘条件下的高性能、冬季雾霾、对大气扰动的高抗扰性、降低对太阳耀斑和火焰闪烁的灵敏度。由于同等程度下长波红外区的背景光通量会更高，并有可能受读出技术的限制，所以长波红外光谱区有较高辐射率就有可能实现高信噪比（SIN）的说法并不能使人信服。理论上，凝视阵列可以在全帧时间段聚集电荷，但由于读出单元电荷存储容量的限制，聚集电荷的时间远不能与全帧时间相比，对于背景光通量高于有效信号几个数量级的长波红外探测器，更是如此。

2. 景物辐射和对比度

接收到由物体发出的总辐射量是发射、反射和透射辐射之和，非黑体物体只能发射部分黑体辐射 $\varepsilon(\lambda)$，其他部分辐射 $1-\varepsilon(\lambda)$ 或者透射或者被不透明物体反射。如果景物是由物体和同样温度的背景组成，则反射辐射易使对比度降低。然而，热物体或冷物体的反射对热景物的显现有很大影响。

在中波红外波段（$3\sim5\mu m$），290K 黑体发射、地表太阳辐射的功率分别为 $4.1W/m^2$ 和 $24W/m^2$；在长波红外波段（$8\sim13\mu m$），290K 黑体发射、地表太阳辐射的功率分别为 $127W/m^2$ 和 $1.5W/m^2$。可见，在 $8\sim13\mu m$ 波段，反射阳光的热背景对于成像的影响可以忽略不计，而在 $3\sim5\mu m$ 波段，背景对成像的影响就很严重了。

热成像源于物体自身的温度变化或者物体对热红外具有不同的反射率，若目标与其背景的温度几乎一样，探测就非常困难。从这个角度讲，热对比度是红外成像器件的重要参数之一，它是光谱辐射出射度的导数与光谱辐射出射度之比（对比度）：

$$C = \frac{\partial M(\lambda, T)/\partial T}{M(\lambda, T)} \tag{7-19}$$

图 7-4 为三种中波红外部分波段和 $8 \sim 12\mu m$ 长波红外波段的 C 曲线，与可见光图像对比度相比，由于反射率的差别，热成像的对比度较小。我们注意到，中波红外波段 300K 温度时的热对比度为 $3.5\% \sim 4\%$，而长波红外波段热对比度为 1.6%。

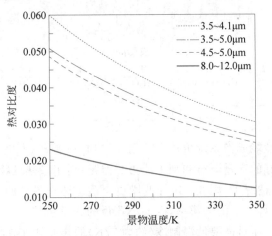

图 7-4   不同波段的热对比度

7.1.3   红外探测器件的一般知识

1. 热红外探测技术的发展历程

热红外探测器件的发展经历了漫长的历程，从图 7-5 可以看出，第二次世界大战期间开始研发现代红外探测器技术，几十年的时间内成功地研发出高性能红外探测器，从而使当今能够成功地将红外技术应用到遥感领域。光子红外技术、半导体材料科学、光刻技术三者相结合，红外技术在 20 世纪的短暂时间内取得突飞猛进的发展。达到实用化程度的分别有三代产品，第一代为扫描系统，第二代为凝视系统-电子扫描，第三代为多色功能和单片机功能。

（1）铅盐（PbS、PbSe）材料：20 世纪 50 年代，利用单元制冷铅盐材料制造红外探测器，主要用于防空导弹导引头。50 年代初晶体管发明之后，报道了第一台非本征光导探测器，大大促进了材料生长和纯化技术的发展。锗材料中掺入不同杂质铜、锌和金所产生的非本征光导响应可以制成适于 $8 \sim 14\mu m$ 长波红外光谱窗口及远至 $14 \sim 30\mu m$ 超长波红外（VLWIR）光谱区探测器。非本征光导体广泛应用于 $10\mu m$ 之外的波长，为了具有良好性能，类似其他本征探测器必须在较低温度下工作。

（2）窄带隙半导体材料：窄带隙半导体有利于扩展波长范围和提高灵敏度，如锑化铟（InSb）是 Ⅲ-Ⅴ 化合物半导体族中的一种，它不仅具有小的能隙，而且利用普通技术就可以得到其单晶形式。20 世纪 60 年代初，已经将窄带隙半导体合金掺入 Ⅲ-Ⅴ（$\text{InAs}_{1-x}\text{Sb}_x$）、Ⅳ-Ⅵ（$\text{Pb}_{1-x}\text{Sn}_x\text{Te}$）和 Ⅱ-Ⅵ（$\text{Hg}_{1-x}\text{Cd}_x\text{Te}$）材料系中，这些合金能够提供半导体带隙，可以根据具体应用对探测器的光谱响应进行专门设计。

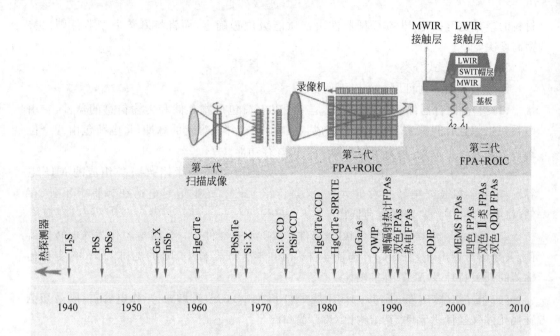

图 7-5 红外探测器发展时间

（3）变带隙半导体材料：碲镉汞（HgCdTe）合金是一种变带隙材料，为红外探测器设计提供一个空前未有的自由度，首篇论文就公布了波长 $12\mu m$ 处的光导和光伏两种响应，不久出现了一种在温度 77K 下工作的 $8\sim12\mu m$ 背景限半导体红外探测器。碲镉汞材料的出现促进了"三代"红外探测技术的发展，具体表现为

① 线性阵列光导探测器：实现批量生产，并得到广泛应用；

② 二维阵列光伏探测器：阵列规模大于 100 个像素，与读出线路（ROIC）相集成，构成传感单元与 ROIC 相连接的二维阵列，即传感器芯片组件（SCA）；

③ 多波段传感器件：发展形成双波段探测器件和多光谱传感阵列。

20 世纪 70 年代末至 80 年代，碲镉汞技术的研发几乎全部集中在光伏器件上，这是因为与读出输入线路相连接的大型阵列中需要小功率损耗和高阻抗，形成了两种形式的大型二维阵列：一种是为扫描成像研制的具有时间延迟积分（TDI）的线性格式；另一种是应用于凝视阵列的方形和矩形格式，例如混成焦平面阵列（FPA），像素规模 1024×1024 以上。

2. 红外焦平面阵列器件分类

红外焦平面阵列器件很多，性能和用途也不尽相同，而且其分类方法也是多种多样的。但是，一般情况下可以按照以下几方面对红外焦平面阵列器件进行分类。

1）按工作原理分类

红外焦平面阵列可分为本征型、掺杂型和肖特基势垒型三大类。其中，本征型又分为光导型（如 HgCdTe）、光伏型（如 HgCdTe、InSb）和 MIS 型（如 HgCdTe、InSb）；掺杂型又分为光导型（如 Ge：Hg、Ge：Au）和 MOS 型（如 Si：In）。本征型器件的敏感度由材料的禁带宽度决定,非本征型器件由杂质能级位置确定,而肖特基势垒型器件则由势垒高度决定。

2) 按读出方式分类

红外焦平面阵列可以分为以下四种:

(1) 电荷耦合器件(CCD):CCD 是一种以电荷包形式存储和传输信息的器件,它由一系列相邻且有间隙的 MOS 电容组成,利用加在相邻电容上的脉冲,将电荷包由一个位置转换到另一个位置,具有模拟延迟和移位寄存功能。

(2) 电荷注入器件(CID):CID 的基本单元是由金属-绝缘体-半导体组成的 MIS 电容器,电容器既是光电转换存储元件,又是读出元件。光生信号电荷在势阱中积分、存储,将电荷注入衬底,实现电荷读出。

(3) 金属-氧化物-半导体(MOS)器件:在单片式器件中,MOS 电容作为光电转换器件,又是信号读出开关及 X、Y 选址器件;而在混合式器件中,则主要利用 MOS 多种传输器的开关特性及 X、Y 寻址功能。

(4) 电荷成像矩阵(CIM):CIM 是 CID 和 MOS 的改进形式,只作电容器,既是光电转换元件又是读出元件,其结构比 CCD 简单。

3) 按结构分类

红外焦平面阵列可分为以下两种:

(1) 混合式结构:在混成技术中,光子探测和多路传输分别利用单独的基片实现。由于探测器和信号处理器分别制备,故两者的性能可满足最佳化。

(2) 单片式结构:单片式红外焦平面阵列是在同一种材料上制备光敏元件和信号处理器,同时具有探测和读出功能。

4) 按工作方式分类

红外焦平面阵列可分为扫描型和凝视型两种工作类型。

5) 按探测器的类型分类

红外焦平面阵列探测器可分为热(释)电探测器、光子探测器、超晶格量子阱探测器及超导探测器。

图 7-6 给出了一些商用红外探测器的光谱探测灵敏度曲线。虽然近几年空间应用使人们对更长波长的兴趣越来越高,但该曲线的重点是 $3\sim5\mu m$ [中波红外(MWIR)] 和 $8\sim14\mu m$ 两个大气窗口位置的波长(长波红外区,在该波段大气透射率最高,并且 $T=300K$ 时物体的最高发射率在波长 $\lambda=10\mu m$ 处)。背景的光谱特性会受到大气透射率的影响,控制着大气环境下探测器应用的红外光谱范围。

3. 红外光学材料

只有很少的材料适合作 $2.5\mu m$ 以上波段的红外光学元件,这些材料可以分为反射光学材料和折射光学材料。

1) 红外反射材料

反射镜是最常用的反射光学元件,它由基板和反射膜两部分组成。

适合作红外反射元件基板的材料有光学冕玻璃、低膨胀系数硼硅酸盐玻璃

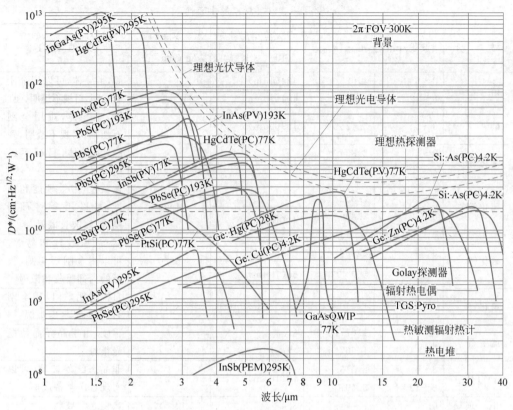

PC—光电导探测器；PV—光伏探测器；PEM—光电磁探测器

图 7-6　各类红外探测器的探测率

(LEBG)、人造熔凝石英和微晶玻璃。光学冕玻璃有较高的热膨胀系数，一般应用于非成像系统，并且只能用在热稳定性并非关键因素的应用中。硼硅酸盐玻璃和人造熔凝石英的热膨胀系数低，在热冲击下仅形成小的光学变形。一般很少采用金属（铍、铜）和碳化硅作基板材料。

　　适合作红外反射膜的材料有裸铝膜、保护铝膜、银膜和金膜，它们是最常用的金属膜材，在 $3\sim15\mu m$ 光谱范围内有很高的反射率，高于 95%。

　　裸铝膜：有非常高的反射率，但随着时间推移，会慢慢氧化。

　　保护铝膜：在铝膜上加镀一层介质保护膜，以延缓氧化过程。

　　银膜：在近红外光谱区，比铝膜有更高的反射率，并且在宽光谱范围内有高反射率。

　　金膜：是一种广泛使用的材料，在 $0.8\sim50\mu m$ 光谱范围内可以有非常高的反射率（约为 99%）。不过，金膜较软（甚至不能擦拭），在实验室中应用得较多。

　　2) 红外光学材料

　　光学系统中的透镜、棱镜、分光镜、分划板、窗口玻璃等光学元件都是需要合适的光学材料制造的，经常用于制造红外系统折射光学元件的材料有锗（Ge）、硅（Si）、熔凝石英（SiO_2）、BK-7 玻璃、硒化锌（ZnSe）和硫化锌（ZnS）。一些适用于光窗和透镜的透红外材料如表 7-1 所示，各种材料的红外波段的透射率如图 7-7 所示。

表 7-1　一些红外材料的主要性质

材　　料	波段/μm	$n_{4\mu m}, n_{10\mu m}$	dn/dT/ ($10^{-6}\cdot K^{-1}$)	密度/ ($g\cdot cm^{-3}$)	其 他 特 性
锗	3～5 8～12	4.025 4.004	424(4μm) 404(10μm)	5.33	脆,半导体,可以用金刚石切割,目视不透明,硬
硅	3～5	3.425	159(5μm)	2.33	脆,半导体,难用金刚石切割,目视不透明,硬
砷化镓	3～5 8～12	3.304 3.274	150	5.32	脆,半导体,目视不透明,硬
硫化锌	3～5 8～12	2.252 2.200	43(4μm) 41(10μm)	4.09	微黄色,中等硬度和强度,可以用金刚石切割,使短波长散射
硒化锌	3～5 8～12	2.433 2.406	63(4μm) 60(10μm)	5.26	橘黄色,较软和易碎,可以用金刚石切割,很低的内部吸收和散射
氟化钙	3～5	1.410	−8.1(3.39μm)	3.18	目视透明,可以用金刚石切割,易轻度吸湿
蓝宝石	3～5	1.677(n_o) 1.667(n_e)	6(o) 12(e)	3.99	很硬,由于晶界而使抛光很难
AMTIR-1	3～5 8～12	2.513 2.497	72(10μm)	4.41	非晶态红外玻璃,可以实现近净制备成形
BK-7 玻璃	0.35～2.3		3.4	2.51	典型光学玻璃

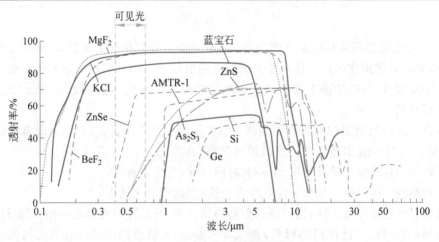

图 7-7　红外材料的透射范围

　　锗是一种看起来像金属一样的银色固体物质,有很高的折射率($n\approx4$),有效透射波长范围是 2～15μm。锗材料具有很低的色散,除了要求非常高分辨率的系统外,不必进行色差校正。由于锗具有非常高的折射率,所以对于任何消透射光学系统都必须镀增透膜。尽管锗材料价格和镀增透膜成本都高,但在 8～12μm 光谱范围内,锗透镜特别有用。锗材料的主要缺点是折射率对温度有很强的依赖性,因此,需要对锗望远镜和透镜消热差。另外,锗是一种相当脆的材料,难以切割,但有非常好的抛光质量。

硅的理化性能非常类似于锗,有很高的折射率(约为 3.45),脆,不易切割,有良好的抛光质量,具有大的 $\mathrm{d}n/\mathrm{d}T$。与锗类似,必须对硅光学零件镀膜。硅材料有 $1\sim7\mu\mathrm{m}$ 和 $25\sim300\mu\mathrm{m}$ 两种透射范围。只有第一种波长范围应用于典型的红外系统中。这种材料比锗便宜,常应用于 $3\sim5\mu\mathrm{m}$ 光谱范围的红外系统中。单晶材料一般比多晶材料有更高的透射率。应用于最高光学透射系统的光学等级的锗是 N 类掺杂材料,有 $5\sim14\Omega\cdot\mathrm{cm}$ 的电导率。利用硅材料的本征态,在温度升高时,半导体材料就变成不透明,因此,当温度高于 $100^{\circ}\mathrm{C}$ 时,很少使用锗材料。在 $8\sim12\mu\mathrm{m}$ 光谱范围,若温度低于 $200^{\circ}\mathrm{C}$,则可以使用半绝缘材料砷化镓(GaAs)。

熔凝石英具有非常低的热膨胀系数,在使用温度变化的环境条件下,用该材料设计的光学系统特别有用,光谱透射范围为 $0.3\sim3\mu\mathrm{m}$。低折射率(约为 1.45),因此反射损失也低,不需要镀增透膜。不过,为了避免产生鬼像建议镀增透膜。熔凝石英比 BK-7 玻璃贵,但仍比锗、硫化锌和硒化锌便宜得多,是波长小于 $3\mu\mathrm{m}$ 光谱范围的红外光学系统常用的透镜材料。普通玻璃(如 BK-7 玻璃)的性质类似熔凝石英,区别在于透射光谱范围小一点,最大波长达 $2.5\mu\mathrm{m}$。

硒化锌是较贵的材料,光谱透射范围为 $2\sim20\mu\mathrm{m}$,有良好的折射率(约为 2.4),可见光波段时呈半透明状,略带红色。由于折射率较高,必须镀增透膜。材料的耐化学腐蚀性比较好。

硫化锌是一种多晶材料,呈淡黄色,其折射率比较高(2.25),必须镀增透膜使光通量反射降到最低。这种材料的硬度和抗断强度非常好,硫化锌较脆,可以在高温下工作,并能够用于校正高性能储光学元件的色差。

卤化碱具有非常好的红外透射率,但这类材料较软或者较脆,许多品种易受到湿气浸蚀,一般不太适合工业应用。

7.2 热释电传感器

根据工作方式,可以将热探测器分为热堆、测辐射热和热释电传感器。其中,热释电传感器是最有希望达到室温背景极限的室温热敏探测器,热释电传感器的机理是基于敏感材料的热释电效应,即敏感元材料可以探测到温度的变化,并将之转化成电荷,最终体现为敏感材料表面的电荷累积。氧化钒作为一种被普遍看好的传感器材料,具有成本较低、工作时无须斩波、使用寿命长、可以做成便携式产品、操作与维护简单方便、极低串音等特点。用其做成阵列器件具有无图像拖影或模糊现象、响应速度快、帧速快、响应动态范围宽、线性度好、高灵敏度特性等优点。本节将重点介绍热释电传感器和氧化钒红外传感器。

7.2.1 工作原理

热探测器通常吸收入射的红外辐射能量而引起器件温度升高,通过温度改变材料的电特性,借助各种物理效应把温升转变成电量。其工作过程可以分成三个环节,即接收环节(将红外光辐射收集投射到材料表面,形成一个热点,"辐射-热")、变温环节(热引起材料的温度变化,"热-温度")、转换环节(温度的变化形成材料的电信号输出,"温度-电")。

1. 原理结构

图 7-8 为最简单的热探测器原理结构,探测器本身是一种热能吸收器,假设具有热容 C_{th}。它吸收红外光信号辐射的热能,从而使其自身的温度升高。探测器与支撑基板(热沉)相连接,绝热体(连接体)的热导率为 G_{th},它表示探测器与周围环境的热能耦合度,其倒数称作热阻抗($R_{th}=1/G_{th}$)。热沉是一种带有散热器的结构,并保持固定温度 T。

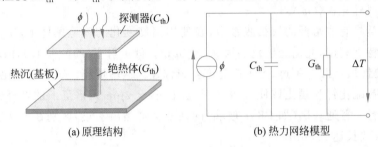

(a) 原理结构　　　　　(b) 热力网络模型

图 7-8　红外探测器原理结构

没有热辐射输入时,探测器的平均温度为 T,即使在支撑体附近存在温度扰动,探测器的温度 T 基本不变。当探测器接收到信号辐射输入时,通过求解热平衡公式可以确定探测器的温度升高情况:

$$C_{th}\frac{\mathrm{d}\Delta T}{\mathrm{d}t} + G_{th}\Delta T = \alpha\phi \tag{7-20}$$

式中:ΔT 为红外光信号 ϕ 引起的传感器与周围环境间的温度差;α 为探测器的发射率,即吸收的红外热能量与入射的红外热能量之间的比值。

假设辐射功率是周期函数:

$$\phi = \phi_0 \mathrm{e}^{\mathrm{i}\omega t} \tag{7-21}$$

式中:ϕ_0 为正弦辐射的振幅,不同热辐射的解为

$$\Delta T = \Delta T_0 \mathrm{e}^{-\left(\frac{G_{th}}{C_{th}}\right)t} + \frac{\alpha\phi_0 \mathrm{e}^{\mathrm{i}\omega t}}{G_{th} + \mathrm{i}\omega C_{th}} \tag{7-22}$$

当时间 t 趋于 ∞ 时,式(7-22)的第一项将减小为零。不失一般性,可以不考虑该项的影响,入射辐射光通量 ϕ 引起热探测器的温度变化可以简化为

$$\Delta T = \frac{\alpha\phi_0}{\sqrt{G_{th}^2 + \omega^2 C_{th}^2}} = \frac{\alpha\phi_0 R_{th}}{\sqrt{1+(\omega\tau_{th})^2}} \tag{7-23}$$

式中:τ_{th} 为探测器的热响应时间常数,且有

$$\tau_{th} = \frac{C_{th}}{G_{th}} = C_{th}R_{th} \tag{7-24}$$

传感器的温差 ΔT 通过电路转换为电路的输出电压变化值 ΔV,设两者之间的关系为 $\Delta V = \beta\Delta T$。输出电压 ΔV 与红外光信号振幅 ϕ_0 之间的比值,定义为传感器的电压响

应度 R_v,则有

$$R_v = \frac{\beta \alpha R_{th}}{\sqrt{1+(\omega\tau_{th})^2}} \qquad (7\text{-}25)$$

分析式(7-23)～式(7-25)可知:

(1) 随着红外光信号的频率 ω 的增大,$\omega^2 C_{th}^2$ 项最终会大于 C_{th}^2 项,而 ΔT 随 ω 的增大反而减小。

(2) 热响应时间常数的典型值是毫秒量级,比光子探测器的典型时间长得多(微秒量级)。在探测灵敏度、温差和频率响应之间需要折中,如果要求高探测灵敏度,就使探测器具有较低的频率响应特性。

(3) 为了提高红外光信号测量的灵敏度,对于红外光信号 ϕ,其所引起的传感器的温度差 ΔT 越大越好。根据式(7-23)可知,热容 C_{th} 以及热耦合度 G_{th} 要尽可能小。为此,需要优化热探测器与入射热辐射的相互作用,尽量减少探测器与周围环境的热接触;同时,减小探测器的质量,改善与散射器连接的导线的热性能。

(4) 低频情况下($\omega \ll 1/\tau_{th}$),传感器的响应度正比于热阻抗,与热容无关;对高频情况($\omega \gg 1/\tau_{th}$),传感器的响应度与热阻抗无关,与热容呈反比。

探测器对外界环境的热导率(热阻)应当很小(高),当探测器完全与外界环境相隔绝而处于真空状态时,仅仅在探测器和散热片闭环之间完成辐射热交换,就可能出现最小热导率。这种理想模式可以使热探测器达到最终性能极限,根据斯特藩-玻耳兹曼辐射定律可以确定该极限值。

若热探测器的接受面积为 A,发射率为 α,当与周围环境处于热平衡状态时,其辐射的总光通为 $A\alpha\sigma T^4$,其中 σ 是斯特藩-玻耳兹曼常数。若探测器温度升高小量 $\mathrm{d}T$,则辐射光通量就增大 $A\alpha\sigma T^3 \mathrm{d}T$,热导率的辐射分量为

$$G_R = \frac{1}{(R_{th})_R} = \frac{\mathrm{d}(A\alpha\sigma T^4)}{\mathrm{d}T} = 4A\alpha\sigma T^3 \qquad (7\text{-}26)$$

定义最小可探测信号功率[或者噪声等效功率(NEP)]为入射在探测器上并等于方均根热噪声功率的方均根信号功率。若与 G_R 有关的温度扰动是唯一的噪声源,则

$$\text{NEP} = \frac{\Delta P_{th}}{\alpha} = \sqrt{\frac{16A\sigma kT^5}{\alpha}} \qquad (7\text{-}27)$$

若所有的入射辐射都被探测器吸收,则 $\alpha=1$。假设 $A=1\mathrm{cm}^2$,$T=290\mathrm{K}$,$\Delta f=1\mathrm{Hz}$,则可以得到 $\text{NEP}=5.0\times10^{-11}\mathrm{W}$。

2. 热释电效应

热释电材料是一种与温度有关的自发电极化(或电偏振)材料,热电探测器就是测量内部的电偏振变化,这与热敏电阻测辐射热计测量电阻变化不一样。

当材料受热时,在晶体两端将会产生数量相等而符号相反的电荷,这种由于热变化产生的电极化现象称为热释电效应。热释电效应的现象早在公元前 315 年前就有记录,直到 1960 年,这一现象才受到科学家的重视。研究表明,任何具有极化点对称的材料,如单晶、陶瓷、聚合物等都具有热释电效应,已知有 32 种材料,21 种属于非中心对称结

构，10 种呈现与温度有关的自发极化。

从微观的角度看，在材料的晶体结构内电荷受到非对称环境的作用，就会出现热释电现象。晶体结构中的阳离子和阴离子分布如图 7-9 所示，阳离子相对于晶格的重心发生偏移时，将沿着 $x_1 - x_2$ 方向产生电偶极子运动（或自发极化，P_s）。任意阳离子沿着这个方向的势能都是非对称分布的，如图 7-10 所示，晶格温度升高产生的诱导就会引起能级的变化（从 E_1 到 E_n），从而导致晶格的平均平衡点位置沿着 A-B 方向发生变化。热释电材料晶体内正、负电荷中心不重合，晶体原子具有一定电矩，也就是说，晶体本身具有自发极化特性。从晶体的宏观角度看，微观的变化将引起电偶极子运动的改变。介质中的电偶极子排列杂乱，宏观就不显极性；否则，就会引起宏观的极性变化，从而产生热释电效应。

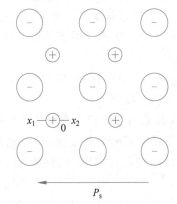

图 7-9　二维电极化晶格示意图

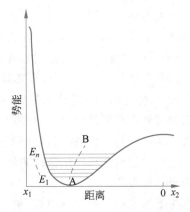

图 7-10　阳离子势能分布

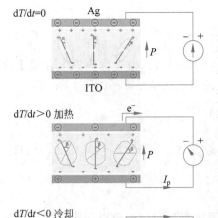

图 7-11　阳离子势能分布

介质材料中存在不同的电偶极矩，分子间正、负电荷中心不重合而产生的偶极矩称固有电偶极矩。热释电效应只能发生在不具有中心对称的晶体材料中。热释电材料与普通的热电材料不同，它们有自极化效应，即使在没有外电场的情况下，也存在电偶极矩。当热释电材料温度不变时，晶体表面的电荷被来自外部的自由电荷中和。晶体温度变化越大，极化强度变化就越大，表示大量的电荷聚集在电极。

如图 7-11 所示，温度变化对材料的热释电效应的影响表现为以下三种情况：

（1）当材料的温度没有变化，即 $dT/dt = 0$ 时，热诱导的电偶极子在平衡轴附近随机摆动，材料两极的感生电荷量不变化。

（2）当材料的温度升高，即 $dT/dt > 0$ 时，热释电材料的温度升高，导致电偶极子在各自的对称轴附近更加剧烈地摆动。由于摆角的增加,总的平均自发极化降低,感生电荷的量也减少。

（3）当材料的温度下降,即 $dT/dt < 0$ 时,热释电材料被冷却,由于较低的热激活能,电偶极子在更小的角度范围内摆动,自发极化将增强,感生电荷的量也增加。

在平衡条件下,由于自由电荷存在,使电非对称性得到补偿。然而,当材料的温度变化快于补偿电荷本身的再分布时,就可以观察到电信号。这就意味着,与其他探测温度绝对量而非温度变化的热探测器不同,热释电传感器是一个交流（AC）器件。

在外加电场的情况下,热释电传感器的电介质材料内部的带电粒子受到电场力的作用,正、负离子分别向负、正电极方向运动,形成如图 7-12 所示的电介质的带电粒子分布,电介质产生极化现象,从电场的加入到电极化状态的建立这段时间内,沿外电场的电力线方向产生"位移电流",该电流在电极化完成即告停止。

电场撤除后,一般电介质的极化状态随即消失,带电粒子又恢复原来状态,如图 7-13(a)所示。而铁电体电介质在外加电场撤除后仍保持着极化状态,这种现象就是自发极化,如图 7-13(b)所示的铁电体电介质的极化关系曲线。铁电体的自发极化强度 P_s（单位面积上的电荷量）与温度的关系如图 7-14 所示,随着温度的升高,极化强度降低,当温度升高到一定值,自发极化突然消失,这个温度便是居里温度或称居里点。在居里点以下,极化强度是温度的函数,热释电探测器正是利用这一关系构成对热红外的测量。

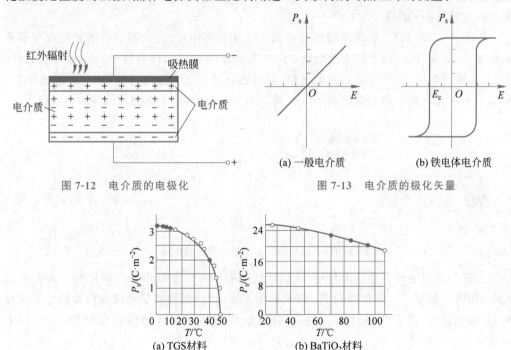

图 7-12 电介质的电极化

图 7-13 电介质的极化矢量

(a) 一般电介质   (b) 铁电体电介质

(a) TGS材料   (b) BaTiO₂材料

图 7-14 自发极化强度随温度变化的关系

7.2.2 传感器的结构

热释电探测器是把敏感材料切成薄片,再研磨成 $5 \sim 50\mu m$ 的薄片,并在其两个表面制作电极,形成类似于电容器的构造。为了保证晶体对红外光的吸收,可以在透明电极表面涂上黑膜。当红外光照射到已经极化的铁电薄片上时,引起薄片温度升高,使其极化强度(单位面积上的电荷)降低,表面的电荷减少,这相当于释放一部分电荷,所以称为热释电传感器。释放的电荷可经放大器转变成输出电压。如果红外光继续照射,使铁电薄片的温度升高到新的平衡值,表面电荷也就达到新的平衡浓度,不再释放电荷,也就不再有输出信号。这有别于其他光电类或热敏类探测器,这类探测器在受辐射后都将处于稳定状态,输出信号下降到零,只有在薄片温度的升降过程中才有信号输出。因此,在设计和应用热释电探测器时,都要设法使铁电薄片具有有利的温度变化。热释电传感器输出信号的强弱取决于薄片温度的变化,从而反映入射的红外辐射强弱,所以热释电传感器的电压响应率正比于入射光辐射率变化的速率,而不取决于晶体与辐射是否达到热平衡。

热释电探测器敏感元件的尺寸应尽量小,可以缩小灵敏面(提高电压响应率)或减小厚度(提高电流响应率),从而减小热容,提高探测率(也称作探测比,用符号 D^* 表示)。但元件的灵敏面存在下限,当减小到元件阻抗大于放大器输入阻抗时,响应率和探测率都得不到改善。另外,理论上元件越薄越好,但过薄将使入射红外光的吸收不完全,对某些陶瓷材料还会出现针孔,因此,在不同情况下存在一个最佳厚度。总体而言,元件尺寸要与放大器性能相匹配。

如图 7-15(a)所示,热释电传感器由基板和探测器组成,探测器通过接触层 1 与基板相连接,上层为吸收层,下层为接触层 2。由图 7-15(b)可见,探测器是一个薄片状元件,上、下层带有电极,中间层是热释电材料,材料的自发极化方向与薄片的上、下底面垂直,相当于一个具有两个导电电极的小电容器。图 7-15(c)给出了探测器的等效电路。

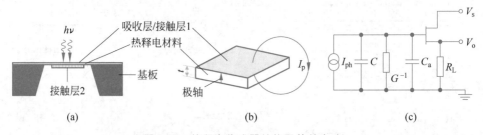

图 7-15　热释电传感器结构及等效电路

大部分热释电材料是铁电材料,施加合适的电场可以使其极化方向逆转。在某些温度下,如居里温度 T_c,极化降为零;高于居里温度,这些材料就会形成对称非极性立方结构,是顺电材料,没有热电性质。一旦制冷,这些材料就会有结构相位转换,形成铁电相变。

铁电材料的电位移 D 是自发极化(零场)P_s 和场致极化($\varepsilon_0\varepsilon_r E$)贡献量之和,因此,需要进行积分:

$$D = P_s(T) + \varepsilon_0 \int_0^\varepsilon (E',T)\mathrm{d}E' \tag{7-28}$$

式中：ε_0 为自由空间的介电常数；ε_r 为热电材料的相对介电常数。

热电系数是位移随温度的变化：

$$p = \frac{\mathrm{d}D}{\mathrm{d}T_\varepsilon} = \frac{\mathrm{d}P_\mathrm{s}}{\mathrm{d}T} + \varepsilon_0 \int_0^\varepsilon \frac{\mathrm{d}\varepsilon_\mathrm{r}}{\mathrm{d}T} \mathrm{d}E' \tag{7-29}$$

为了使材料具有高热电系数，希望介电常数随温度有一个大的变化，也需要施加高偏置电场。通常，偏置电场减小介电常数变化，甚至会引入正斜率，因此简单地施加高电场获得的效益是有限的。

当探测器工作时，偏振发生变化，电容上出现电荷，并形成电流，其量值取决于材料温度的升高以及热电系数 p。

由于温度变化 ΔT 引起的偏振变化可以用下式表示：

$$P = p\Delta T \tag{7-30}$$

产生的热释电电荷为

$$Q = pA\Delta T \tag{7-31}$$

所以热释电材料温度变化的影响就是产生电流：

$$I_\mathrm{ph} = \frac{\mathrm{d}Q}{\mathrm{d}T} = Ap\frac{\mathrm{d}T}{\mathrm{d}t} \tag{7-32}$$

式中：A 为探测器面积；p 为热释电系数垂直于电极方向的分量；$\mathrm{d}T/\mathrm{d}t$ 为温度随时间的变化速率。若探测器的红外吸收率为 η，则探测器的光电流为

$$I_\mathrm{ph} = \frac{\eta p A \omega \Phi_0}{G_\mathrm{th}\sqrt{(1+\omega^2\tau_\mathrm{th}^2)}} \tag{7-33}$$

为使热释电器件工作，必须对红外信号源进行调制，通过机械斩波或探测器相对于辐射源移动就能够达此目的。

电极面积为 A、厚度为 t 的元件，其热电容为

$$C_\mathrm{th} = c_\mathrm{th}At \tag{7-34}$$

式中：c_th 为体比热容。

探测器通过热导率为 G_th 的结构与散热片连接，其热时间常数 $\tau_\mathrm{th} = C_\mathrm{th}/G_\mathrm{th}$。

假设，探测器有电容 C，并且对于像 MOSFET 这样的低噪声高输入阻抗缓冲放大器有电导 $G(G^{-1}=R$，是并联电阻），并有输入电容 C_a。实际上，放大器的电阻远比分流电阻器 G^{-1} 大很多，并且可以忽略不计；但与探测器电容 C 相比，C_a 并非总是较小的，从而产生一个电时间常数 $\tau_\mathrm{e} = (C_\mathrm{a}+C)/G$。$\tau_\mathrm{th}$ 和 τ_e 是确定频率响应的基本参数。

电流响应度为

$$R_i = \frac{I_\mathrm{ph}}{\Phi_0} = \frac{\eta p A \omega}{G_\mathrm{th}\sqrt{1+\omega^2\tau_\mathrm{th}^2}} \tag{7-35}$$

对于低频（$\omega \ll \tau_\mathrm{th}$），电流响应度正比于 ω，若频率大于该值，响应度是一个常数，即

$$R_i = \frac{\eta p}{G_\mathrm{th}\tau_\mathrm{th}} \tag{7-36}$$

如果探测器与高阻抗放大器相连，则观察到的信号等于电荷 Q 产生的电压，可以用电容器 C、电流源 I_ph 和并联电导 G 表示探测器，形成的电压为

$$V = \frac{I_{ph}}{\sqrt{G^2 + \omega^2 C^2}} \tag{7-37}$$

电压响应度为

$$R_v = \frac{V}{\Phi_0} = \frac{R\eta pA\omega}{G_{th}\sqrt{(1+\omega^2\tau_{th}^2)(1+\omega^2\tau_e^2)}} \tag{7-38}$$

式中：τ_e 为电时间常数，$\tau_e = C/G$。

若频率高于 τ_{th}^{-1} 和 τ_e^{-1}，则式(7-38)可进一步简化为

$$R_v = \frac{\eta p}{\varepsilon_0 \varepsilon_r C_{th} A\omega} \tag{7-39}$$

传感器的频率响应特性如图 7-16 所示，最大值位于频率 $\omega = (\tau_{th} + \tau_e)^{-1/2}$ 处，其数值为

$$R_{vmax} = \frac{R\eta pA}{G_{th}(\tau_{th} + \tau_e)} \tag{7-40}$$

一般地，由整块材料制成的器件，$\tau_{th} > \tau_e$；由薄膜材料制成的器件，$\tau_{th} < \tau_e$。热释电材料变薄会引起电容增大和热容减小。

热释电探测器中还有一些不希望存在的信号源，大部分与环境有关。低频时的环境温度扰动会产生虚假信号，或者当外部温度变化速率非常高时，会使探测器的放大器饱和。

对热释电探测器可利用性的主要限制是颤噪效应，即机械振动或噪声造成的电输出。如果探测器位于高机械振动环境中，这种颤噪信号就会超过其他噪声源。产生颤噪声的基本原因是热释电材料的压电性，这意味着，机械应变、温度变化都会造成偏振变化。通常，热释电探测器的托架灵活一些，会得到较低的颤噪声。利用补偿探测器，或者选择具有低压电性的材料与主要的应力成分相耦合，可以进一步降低颤噪声。

将补偿元件与敏感元件反向串联或者并联，如图 7-16 所示，但要镀一层反射电极，也可以同时采用机械屏蔽，可以使其不受输入辐射通量的影响。应将补偿元件放置在机械和热环境都与探测器元件类似的位置，以消除温度变化和机械应力产生的信号。

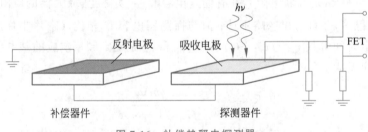

图 7-16　补偿热释电探测器

7.2.3　敏感材料

热释电材料是热释电探测器的基础，其性能对热释电红外探测器的性能起决定性作

用,按照其内部结构热释电材料可以分为三类:

(1) 有机聚合物及其复合材料:分子晶体或者结晶聚合物的计划共价键的排列,例如,聚乙烯氟化物(PVDF)材料及其共聚物聚偏氟乙烯-三氟乙烯[P(VDF-TrFE)],这类热释电材料延展性较好且制备工艺非常简单,易于实现大面积制备;但热释电性能较弱,很难满足热释电探测器,尤其是高性能多元热释电探测器对性能的要求,因此这类材料的探测器大多处于研究阶段,较少投入使用。

(2) 金属氧化物陶瓷:主要包括 PZT、BST 等,这类材料虽然制备成本较低、工艺简单,但是介电常数较高,优值因子较低,而且制备时需要较高温度,与现有的半导体工艺不兼容,因此器件的集成化发展受到了限制。

(3) 单晶材料:主要包括钽酸锂($LiTaO_3$)、铌酸锂($LiNbO_3$)和硫酸三甘肽(TGS)等。这类材料的热释电性能普遍较好,如 $LiTaO_3$ 具有热释电系数大、居里温度高、探测优值较高和介电常数较小的特点,是制备热释电传感器的理想材料,因而在热释电探测器中得到了广泛应用。

表 7-2 列出了热释电材料的性能参数,选择材料时,需要综合考虑其各方面的综合性能。表中所列的材料,$LiTaO_3$ 的综合性能较好;$LiNbO_3$ 虽然居里温度较大,但热释电系数太小(只有 0.4);BST 虽然热释电系数较大,但介电损耗较大且优值因子较小。

表 7-2 热释电材料的性能参数

热释电材料		居里温度/℃	热释电系数/$(10^{-8} \cdot cm^{-2} \cdot K^{-1})$	介电常数	介电损耗	优值因子/$10^{-5} Pa^{-1/2}$
陶瓷	PZT	340	3.3	714	0.018	1.2
	BST	—	35	5000	0.01	6.52
聚合物	P(VDF-TrFE)	125	0.17	11	0.02	0.53
单晶	TGS	49	2.8	38	0.01	6.6
	$LiTaO_3$	620	2.3	47	0.0005	15.7
	$LiNbO_3$	1200	0.4	30	—	—

钛酸铅(PT)陶瓷和铅钛酸铅(PZT)压电陶瓷在低于其居里温度的室温下无须施加电场就可以很好地工作。由于探测器性能在相当大的温度范围只有很小的变化,所以对探测器的温度稳定性要求非常低,或者不予考虑。但是,在介质测辐射热计工作模式下,有可能使铁电器件在温度高于 T_c 并存在施加偏压电场情况下工作,与介电常数随转变区域的温度变化有关。介电常数对温度有密切的依赖关系,但对施加电场关系不紧密(图 7-17 中的虚线)。由于入射辐射会造成介电常数增大,进而引起信号电压变高,所以施加偏压场会给元件充电和加热。

对敏感材料的选择,还受其他多种因素的影响,如探测器尺寸、工作温度及工作频率等。可以定义一些评价函数(Figures-of-Merit,FoM,或称评价因数),用以表述材料的物理性质对器件性能的贡献大小。

热释电传感器在热探测器的诸多类型中越来越受到重视,这是由于热释电传感器具有很多独特的优势:

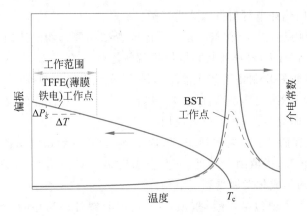

图 7-17　铁电材料的热特性

（1）响应波长范围广。热释电传感器的探测波长覆盖了紫外至太赫兹波段，具备较高的灵活性。

（2）可在室温下工作，与光子型探测器相比，节省了配套制冷系统所需成本。

（3）作为一个纯电容输出阻抗，器件的噪声带宽和功耗得到了有效控制。

（4）体积小，重量轻，结构紧凑。

热释电传感器正是因为具备了如上所述的优点，在近几十年吸引了大量研究人员的关注和研究，其研究成果在红外探测、图像处理、安全保障、医疗健康、军事等诸多领域得到广泛应用。

7.3　氧化钒热红外传感器

7.3.1　氧化钒材料

1. 敏感材料

钒元素是一种过渡金属元素，其电子层结构为 $1s^2 2s^2 2p^6 3s^2 3p63d^3 4s^2$，钒元素的化学活性较高，是一种能够形成大量氧化物的变价金属，能够与氧元素结合形成多种价态的钒氧化物。其中钒元素的化合分布于 +2 价和 +5 价之间，可以是整数，也可以是非整数。

+4 价的钒氧化物在一定的温度区间内，随着温度升高存在由金属相到半导体相的突变，即钒氧化物具有金属半导体相变（SMT）性质，且这种转变过程是可逆的，相转变速度通常在皮秒内，相转变的同时伴有电学、光学等性质的变化。目前已经发现十多种钒氧化物，存在 $V_n O_{2n-1}(3 \leqslant n \leqslant 9)$ 和 $V_n O_{2n+1}(3 \leqslant n \leqslant 6)$ 的中间相。不同的钒氧化物有不同的晶体结构，因此性能也有一定的差异。这些钒氧化物中至少有 8 种具有从低温金属相到高温半导体相的转变特性，相变温度从 -147℃ 到 68℃。这些钒氧化物在相变的过程中，晶体结构、电阻率、红外透过率、反射率都会发生显著变化。

温度引起的相变过程中，钒氧化物晶体结构的变化会引起原子位移的变化，而且钒氧化物的体积膨胀系数较大，因此相变会导致材料体积发生较大的变化，这种较大的体积变化会导致氧化钒块体材料发生不可恢复的破坏。因此，在测辐射热计的应用中避免使用块体状态的氧化钒，多采用薄膜状态的钒氧化物材料，在相变过程中结构变化引起的体积变化较小，不会引起薄膜材料的破坏。

常用的钒氧化物热敏电阻材料有 VO_2、V_2O_3、V_2O_5，它们呈现出温度诱变晶体相变现象，即由可逆半导体(低温相)到金属(高温相)的相跃迁，并且电和光的性质都有很大变化。

图 7-18 是二氧化钒的两种晶体结构，即四方金红石结构和单斜金红石结构。当温度高于 68℃时，二氧化钒具有四方金红石结构即 R 相，处于金属态，钒原子中的 d 轨道电子(简称 d 电子)被所有原子所共用。在二氧化钒高温四方金红石金属相晶体结构中，V^{4+} 位于 bcc 体心的位置，沿着 c 轴方向 V-V 键的距离相等，V^{4+} 被较大的 O^{2-} 环绕而形成一个八面体单元。当温度低于 68℃时，二氧化钒具有单斜结构即 M 相，钒原子的 d 电子被所有原子所共用，并处于 V-V 键上，使得单斜晶格的尺寸增大 1 倍，导致了材料的各向异性。在这种结构中，V^{4+} 从四方金红石结构所在的体角位置沿 c 轴发生位移，形成间隔距离更近的 V^{4+} 离子对，大值和小值在 V-V 键距离之间进行交替，四方金红石结构中与 c 轴平行 V-V 键偏斜于 a 轴，形成折线形。

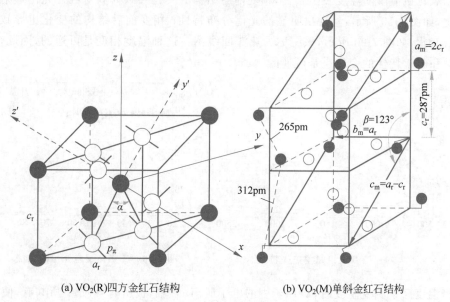

(a) VO₂(R)四方金红石结构　　　(b) VO₂(M)单斜金红石结构

图 7-18　二氧化钒晶体结构

五氧化二钒为层状结构，在层状结构中钒原子与氧原子呈一种畸变的四方棱锥形结构，氧原子与钒原子以三种不同的键方式相结合，即"一氧一钒""一氧二钒""一氧三钒"。层与层之间通过氧原子相连，最终构成 V_2O_5 晶体。在约 530K 时，V_2O_5 晶体发生半导体-金属的相变，伴随着相变薄膜的光学特性发生改变，其电阻率也发生几个数量级的变化。当 V_2O_5 晶体处于低于 530K 的半导体相时，具有负的电阻温度系数。V_2O_5 晶体的电阻率因制备方法的不同而区别很大，室温附近的电阻率通常大于 $100\Omega \cdot cm$。

三氧化钒在约 160K 和 350～540K 的范围内发生相变：在约 160K 时，V_2O_3 发生一级相变,晶体结构由低温反铁磁绝缘相(AFI)转变到高温顺磁金属相(PM),此时呈负的电阻-温度特性,电阻值变化约为 7 个数量级;在 350~540K 的范围,V_2O_3 发生二级相变,晶体结构从低温顺磁金属相转变到高温顺磁金属相,此时呈正的电阻-温度特性,电阻值变化约为 2 个数量级,晶体对称不变。在室温时,V_2O_3 是刚玉结构(R3C),可以用类六边形空间群描述。

2. 氧化钒的温度相变

1958 年,科学家发现钒的氧化物具有半导体-金属相变特性,促使氧化钒薄膜发生相变的条件是温度,实验得到的 VO_2 薄膜的相变温度点为 68℃。常温 VO_2 薄膜呈现半导体状态,具有四方晶格结构,对光波有较高的透射能力;当 VO_2 薄膜温度升高到一定温度 T 时,薄膜原始状态迅速发生变化,薄膜呈现金属性质,具有单斜晶结构,对光波有较高的反射能力。

氧化钒具有温度相变特性,在温度的作用下,其晶体结构发生可逆的变化,随之而来的是电特性(电导率)、光吸收、磁化率及比热容等物理性能均有较大变化。这种温度相变特性,可以作为测量温度的传感器,也可以作为热红外探测的敏感器件。

二氧化钒薄膜随温度发生相变,相变前后结构的变化导致薄膜对红外光由透射向反射变化,如图 7-19 所示,呈现出明显的光谱分布特性;相变前后结构的变化也导致薄膜的电阻变化,如图 7-20 所示,该图称为热滞回线图。这种温度相变是可逆的,因此,薄膜的光学和电学特性的变化也是可逆的。

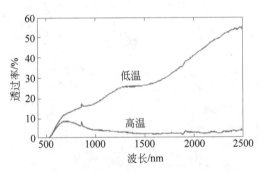

图 7-19 二氧化钒薄膜热光特性

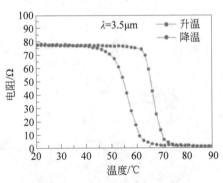

图 7-20 二氧化钒电阻温度曲线

当温度高于相变温度时,V 原子中的电子脱离 c_R 轴,被所有 V 原子所共有,使 VO_2 沿 c_R 轴方向上的电导提高,具有金属的导电性;当温度低于相变温度时,多个氧八面体连接形成 V-V 键,V 原子中的电子局限在 c_R 轴的 V-V 键上,使 VO_2 沿 c_R 轴方向上不再具有金属导电性。

当给 VO_2 晶体加热时,随着温度的升高,晶体电阻会逐渐减小,但减小的速度很慢。在相变温度范围,电阻随温度的升高迅速减小,随后,电阻随温度的升高而下降的速度又开始减慢。此时如果降温,电阻又逐渐增大,在相变温度范围,电阻随温度下降而上升的速度加快,随后,电阻的增加速度又开始变慢。温度进一步降低,电阻恢复到原来低温状态时的值。在相变温度区间,升温和降温所引起的材料电阻变化曲线是不重合的,称为热滞回现象。

对氧化钒（VO_x）材料相变特征产生影响的因素有很多，包括微观结构、掺杂离子浓度、退火温度、内应力、V 离子价态及晶体缺陷等。通过掺杂、结构等的调整，构成符合氧化钒薄膜，改善薄膜的温度传感特性；并且，氧化钒薄膜由半导体到金属态之间可形成高速的双向可逆转换，具有高的空间分辨能力。

图 7-21 给出了复合氧化钒薄膜的热电特性，从红外成像的应用出发，氧化钒最重要的性质是在环境温度下具有高值负电阻温度系数，每摄氏度超过 3%。

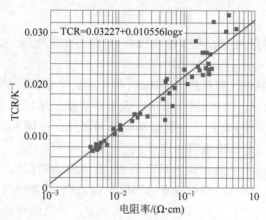

图 7-21　复合氧化钒薄膜的热电特性

目前，基于硅工艺制作测辐射热计，可以充分利用集成电路的成熟技术制造一致性极佳的热红外探测器件，也便于以此为基础制造焦平面成像器件。二氧化钒是微硅测辐射热计制造工艺中常用的热敏电阻材料，具有较高 x 值和很高电阻温度系数的氧化钒材料使用得不多，主要有两个原因：一是在较高 x 值范围，由于实验数据比较分散，存在氧化物性质的可重复性问题；二是对于高电阻率薄膜，焦耳热也是一个问题，加剧了脉冲器件温度与时间的非线性关系。

7.3.2　氧化钒热红外传感器件

1. 传感器结构

常见的传感器结构有微桥结构、热绝缘薄膜结构和基于硅体加工技术的悬空结构。这些结构都具有良好的绝热性能，绝热结构的设计是非常关键的。绝热结构使温敏材料保持在一个相对稳定的温度环境下，确保材料的温度探测性能稳定。

微桥结构是常见的一种结构，如图 7-22 所示，主要有桥面（敏感元）、桥架、衬底构成。桥面通过两只桥架与衬底相连接，由于桥面与衬底之间只有两个点接触，悬空的桥面与低热导率的空气接触，因此桥面的绝热性能较好，自身的温度稳定性比较好，不会出现温度的急剧起伏。

微桥结构使用锁膜和图形转印工艺制作，将牺牲层图形转印到含有电子线路的硅衬底上（基板），制备牺牲层的材料通常为金属铝。再在牺牲层上沉积一层热导率低的薄膜如氮化硅，在其上制作电极和热释电敏感元材料后，最后将牺牲层材料腐蚀掉形成微桥

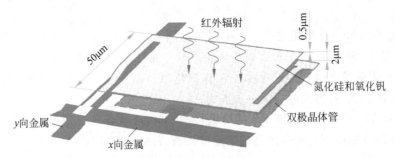

图 7-22　微桥绝热结构

结构。但是，与此同时探测器的力学性能较差，且制备工艺复杂、成本较高，因此不适用于低成本的器件。

这种工艺也适合制作大规模的传感阵列（焦平面成像器件），最终的微型像素结构包含有一个厚 $0.5\mu m$ 的 Si_3N_4 微型桥，悬吊在底层硅基板上方 $2\mu m$ 处，由两根窄 Si_3N_4 桥架支撑，使微测辐射热计与散热读出电路基板之间隔热。桥架上含有一层薄金属层，将桥面的敏感元与基板上的读取电路相连接。

桥面正下方的基板上一般会镀一层反射层（典型的是铝层）。反射层将没有被氧化钒薄膜完全吸收而透过的红外辐射再反射回氧化钒薄膜，从而增大了吸收量。当吸收层与反射层间隔为入射光的 $\lambda/4$ 时，增强效果最为明显。光腔的峰值吸收波长计算公式为

$$\lambda_p = \frac{4}{2k+1}nt \tag{7-41}$$

式中：n 为腔中（真空）传输介质的折射率；t 为腔的厚度；k 为谐振级。

若 $n=1$，$t=2.5\mu m$，$k=0$ 时，则 $\lambda_p=10\mu m$，适合有效应用于长波红外区的标准微测辐射热计阵列。若 $k=1$，则形成下一谐振级，在 $3\sim5\mu m$ 光谱范围内（$\lambda_p=3.3\mu m$）具有最大的吸收能力。

Si_3N_4 具有良好的加工性能，这种材料使测辐射热计的隔热性能接近于极限值，对于 $50\mu m^2$ 的探测器，约为 $1\times10^8 K/W$。若微测辐射热计的热隔离为 $1\times10^7 K/W$，则 $10nW$ 的入射红外信号足以使其温度变化 $0.1K$。热容量的测量值约为 $10^{-9}J/K$，对应着 $10ms$ 的热时间常数。微桥结构是能够经受几千克力冲击的坚固结构。密封在 Si_3N_4 桥中心的部分的多晶氧化钒薄膜层，具有高电阻温度系数（TCR）、高电阻率和良好加工性能的材料，制造出的像素在 300K 黑体辐射条件下的响应度是 250000V/W。

为了使测辐射热计与环境间通过气体传递的热散达到最低值，普通测辐射热计一般在真空封装环境中工作，工作的真空气压是 0.01mbar（$1bar=10^5Pa$）数量级。

如图 7-23 所示结构与微桥结构不同，这种结构直接在基底表面涂覆敏感材料薄膜。在敏感元和衬底之间增加一层低热导率的薄膜层

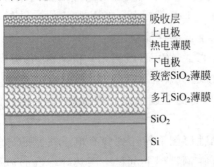

吸收层
上电极
热电薄膜
下电极
致密 SiO_2 薄膜
多孔 SiO_2 薄膜
SiO_2
Si

图 7-23　热绝缘薄膜结构

（如多孔二氧化硅）作为绝热层,阻止热量从敏感元与衬底的传导。与微桥结构相比,这种绝热结构省去了对牺牲层进行腐蚀形成空气隙的步骤,工艺简单,并且探测器的力学性能较好。

随着硅微加工技术的发展,基于硅体加工技术的空气隙结构逐渐得到了大量的使用,是一种敏感元悬空结构。近年来,随着微机电系统(MEMS)技术的发展,基于MEMS硅体加工技术制备的悬空绝热结构展现出了优于其他类型绝热结构的绝热性能,因而得到了广泛应用。

2. 电热效应

1) 电阻温度系数

微测热辐射计是一种热传感器,使用温度电阻 $R(T)$ 的材料测量吸收红外辐射。用以量化温度 T 与 R 关系的参数是电阻温度系数(TCR),用 α 表示,并且定义

$$\alpha = \frac{1}{R}\frac{\Delta R}{\Delta T} \tag{7-42}$$

金属的自由载流子密度几乎不随温度而变化,但自由载流子的迁移率随温度降低而减小,通常约为 $0.002/℃$。半导体材料的可迁移载流子密度随温度升高而增大,载流子迁移率也随温度而变化,产生较高的负 α 值。

传感器的相对电阻温度系数定义为

$$\alpha = -\frac{\Delta E}{kT^2} \tag{7-43}$$

式中:ΔE 为材料的导带激活能,$\Delta E = 1/2E_g$。例如,材料的 $E_g = 0.6\text{eV}$,$T = 300\text{K}$,则 $\alpha = 0.04/℃$。

由于可动载流子数随 ΔE 增加而减少,宏观角度看,材料的电阻增大,其 α 值就越大。当然,电阻的增大会带来过剩噪声,因此,并非其 α 值越大越好。

恒定偏流传感器的电压变化为 $\Delta V = I\Delta R = IR\alpha\Delta T$,在这种情况下,式(7-25)中的系数 $\beta = IR\alpha$,电压响应度为

$$R_v = \frac{IR\alpha\eta R_{th}}{\sqrt{1+(\omega\tau_{th})^2}} \tag{7-44}$$

半导体薄片的电阻可以表示为

$$R = R_0 T^{-3/2}\exp\left(\frac{b}{T}\right) \tag{7-45}$$

式中:R_0 和 b 为常数。

对室温下的半导体,有

$$\alpha = -\frac{b}{T^2} \tag{7-46}$$

2) 电热效应

设传感器 R_B 串联一负载电阻 R_L,以图 7-24 的形式输出电压。电路闭合就造成电流流动,传感器 R_B 产生焦耳热,令其温度升高到 T_1。若热辐射引起传感器产生温度改

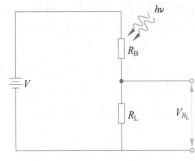

图 7-24 传感器的信号转换电路

变 ΔT 到新的温度 T，从而使传感器的电阻 R_B 变化，造成 R_L 间的分压变化。

当传感器在恒定电偏置和焦耳热情况下工作，热平衡方程式的解具有下面的形式：

$$\Delta T = \Delta T_0 e^{-\left(\frac{G_e}{G_{th}}\right)t} + \frac{\eta \Phi_0 e^{i\omega t}}{G_e + i\omega C_{th}} \quad (7\text{-}47)$$

式中：等号右边第一项为热传输，第二项为周期函数；G_e 为有效热导率，定义为

$$G_e = G - G_0(T_1 - T_0)\alpha\left(\frac{R_L - R_B}{R_L + R_B}\right) \quad (7\text{-}48)$$

其中：G_0 为传感器介质在 $T_1 \sim T_0$ 温度范围内的平均热导率；G 为传感器在温度 T 时的热导率。

G_e 是一项比较重要的考察参数，若 G_e 为正值，随着时间推移，式(7-47)中的热传输项将趋于零，只留有周期函数；若 G_e 为负值，随着时间推移，式(7-47)中的热传输项将趋于无穷大。G_e 为负值，意味着器件的温度随时间呈指数形式增大，直至烧毁。半导体可能发生这种情况，而金属是不可能的。

3）响应度

假设以恒压源方式供电，电路要求 $R_L \gg R_B$，则响应度为

$$R_v = \frac{\alpha I_b R_b \eta}{G_e \sqrt{1 + \omega \tau_e}} \quad (7\text{-}49)$$

式中：τ_e 为有效热响应时间，且有

$$\tau_e = \frac{C_{th}}{G_e} \quad (7\text{-}50)$$

由于偏置电流的加热作用而使热容量和 τ 对温度有一定的依赖性，此现象被定义为电热效应。

一般地，对于大焦平面阵列，电偏置是脉冲而非连续形式的，并且产生的热是偏置电压(焦耳效应)和吸收入射的辐射通量所致，因此，热转移方程呈非线性，并一定会得到数值解。

7.4 碲镉汞热红外传感器

7.4.1 碲镉汞材料

碲镉汞($Hg_{1-x}Cd_xTe$ 或 MCT)是一种对红外辐射敏感的材料，材料的吸收系数大。它是闪锌矿结构的直接带隙三元化合物半导体材料，由具有负禁带宽度的 HgTe 和宽禁带宽度的 CdTe 混合而成。因为 HgTe 和 CdTe 具有形同的晶体结构(闪锌矿结构)且晶格常数非常接近，所以这两种材料之间能够形成任意配比的固溶体$(HgTe)_{1-x}$ 和

$(CdTe)_x$，形成赝二元体系$(Hg_{1-x}Cd_xTe)$。根据组分中镉-汞含量的不同,这种化合物单晶的禁带宽度连续可调,从而具有不同的截止波长;通过改变 Cd 组分 x,可实现 $1\sim 3\mu m$、$3\sim 5\mu m$ 和 $8\sim 14\mu m$ 三个大气窗口的红外探测。

碲镉汞三元合金是近乎理想的红外探测材料体系,材料的闪锌矿半导体能带结构造就了它的很多优点,奠定了碲镉汞材料在红外传感领域的应用基础,并一直占据着主导地位。其优点主要包括:

(1) 通过调节材料组分可以连续改变能带的范围,获得连续的响应波长;根据不同的镉组分 x,碲镉汞材料的禁带宽度可以在 $-0.3\sim 1.6eV$ 之间连续变化,因而可以覆盖整个红外波段($1\sim 30\mu m$)。

(2) 碲镉汞材料是直接带隙半导体,因而具有较高的光吸收系数,在厚 $10\sim 15\mu m$ 的碲镉汞探测器芯片中,内量子效率可以接近 100%。

(3) 容易获得高低不同范围的载流子浓度,具有较高的电子、空穴迁移率,且介电常数适中,PN 结电容较小;高电子迁移率、低介电常数和小结电容,有利于制备响应速度较高的器件。

(4) 本征复合机制使得碲镉汞材料具有较高的少子寿命和较低的产热率,能够提高器件的工作温度。

(5) 不同碲组分的碲镉汞材料具有相近的晶格常数,有利于制备异质结和与碲化镉形成质量良好的钝化界面;材料的晶格常数不随组分变化的特点,使得生长高质量的块体材料和多层机构成为可能。

以上多种特殊性质决定了碲镉汞材料可用于多种模式的探测器,如光电导器件、光电二极管和金属绝缘体半导体等结构探测器。

不过,碲镉汞材料也存在着很多缺点,使得制备碲镉汞红外探测器芯片的工艺有着自身的独特性与难度,制约着碲镉汞红外探测器的进一步发展。例如:

(1) 材料中汞原子与碲原子之间的键能较弱,汞原子在晶体内部容易迁移产生汞空位,导致层错、位错和碲沉积物的形成,降低材料的物理特性,且易活动的汞原子使得器件组分、掺杂和表面特性很不稳定。

(2) 碲镉汞材料生长过程容易受影响而产生缺陷,材料的机械强度低,容易碎裂,这点在制备大面阵焦平面器件中尤为突出,在设计时需要控制芯片内部的应力分布。

(3) 碲镉汞材料的生长也面临着重复性、均匀性差和产量低的严重问题。

碲镉汞是一种直接带隙的半导体材料,其能带结构与Ⅲ-Ⅴ族半导体材料类似,在最小禁带附近,能带结构由导带、价带(轻、重空穴带)和自旋轨道分裂带组成。材料的光电转化过程直接通过电子在导带与价带之间的跃迁来完成,由此研制出的红外光电探测器与其他类型的器件(如杂质或子能级间跃迁)相比,具有量子效率高的特点。

碲镉汞材料的禁带宽度有两大特点:一是禁带宽度小,这也是碲镉汞材料的光电跃迁性能可用于红外光电探测的基础;二是碲镉汞材料的禁带宽度随组分变化跨越正禁带和负禁带,且在零禁带附近,材料还有一些特殊的性能,如材料的电子迁移率出现极大值。

碘镉汞材料的禁带宽度是决定红外探测器截止波长的重要参数,随着组分的变化,主要是汞和镉的比例的不同,材料的禁带宽度可以从 HgTe 的负禁带连续变化到 CdTe 的 1.5eV(77K)。如图 7-25 所示,从 Γ_6(导带)反转到 Γ_7(自旋轨道劈裂带)直至 Γ_8(空穴带)之上,对应的吸收波长可覆盖整个红外波段。禁带宽度 E_g 与组分及温度的关系见图 7-26,其定量表达可以由经验公式给出。

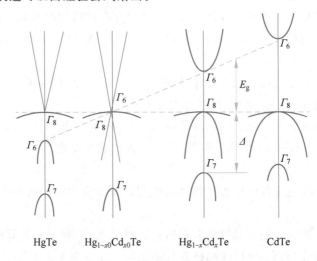

图 7-25　碘镉汞材料的能带和禁带宽度随组分的变化

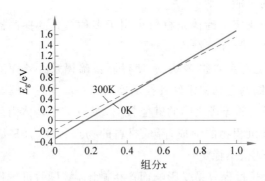

图 7-26　碘镉汞材料的禁带宽度与组分及温度的关系

从表 7-3 可知,随着组分的不同,碘镉汞材料的禁带宽度、载流子浓度、响应波长等具有明显的变化。

表 7-3　不同组分碘镉汞材料性质

性　　质	HgTe	Hg$_{1-x}$Cd$_x$Te						CdTe
x	0	0.194	0.205	0.225	0.31	0.44	0.62	1.0
a/nm	0.6461 (77K)	0.6464 (77K)	0.6464 (77K)	0.6464 (77K)	0.6465 (140K)	0.6468 (200K)	0.6472 (250K)	0.6481 (300K)
E_g/eV	−0.261	0.073	0.091	0.123	0.272	0.474	0.749	1.490

续表

性　质	HgTe	Hg$_{1-x}$Cd$_x$Te						CdTe
$\lambda_c/\mu m$	—	16.9	13.6	10.1	4.6	2.6	1.7	0.8
n_i/cm^{-3}	—	1.9×10^{14}	5.8×10^{13}	6.3×10^{12}	3.7×10^{12}	7.1×10^{11}	3.1×10^{10}	4.1×10^5
m_c/m_0	—	0.006	0.007	0.010	0.021	0.035	0.053	0.102
g_c	—	-150	118	-84	-33	-15	-7	-1.2
$\varepsilon_s/\varepsilon_0$	20.0	18.2	18.1	17.9	17.1	15.9	14.2	10.6
$\varepsilon_\infty/\varepsilon_0$	14.4	12.8	12.7	12.5	11.9	10.8	9.3	6.2
n_r	3.79	3.58	3.57	3.54	3.44	3.29	3.06	2.50
$\mu_e/(cm^2/(V\cdot s))$		4.5×10^5	3.0×10^5	1.0×10^5	—	—	—	—
$\mu_{hh}/(cm^2/(V\cdot s))$		450	450	450	—	—	—	—
$b=\mu_e\mu_\eta$		1000	667	222	—	—	—	—
$\tau_R/\mu s$		16.5	13.9	10.4	11.3	11.2	10.6	2
$\tau_{A1}/\mu s$		0.45	0.85	1.8	39.6	453	4.75×10^3	—
$\tau_{typical}/\mu s$	—	0.4	0.8	1	7	—	—	—
E_p/eV	19							
Δ/eV	0.093							
m_{hh}/m_0	0.40~0.53							
$\Delta E_v/eV$	0.35~0.55							

　　碲镉汞红外探测器可分为光导型和光伏型两类,光伏型探测器是少子器件,光导型探测器是多子器件。用于制备光导型红外探测器的主要材料有锑化铟、硫化铅、硒化铅、锗和碲镉汞等,光伏型探测器的主要材料有碲镉汞、砷化铟和锑化铟等。

　　光导型探测器容易获得低的噪声和低的阻抗,但不容易与读出电路直接耦合。光导型探测器的优点是结构简单、价格低及稳定性好等,主要缺点是探测率低、不易制作大规模焦平面探测器。光伏型探测器响应速度相对于光电导探测器更快,有利于高速检测,且理论上的最大探测率要比光导型探测器高 40% 左右。另外,光伏型探测器具有较高的输出阻抗,且功耗较小,能够与 CMOS 的读出电路有较好的阻抗匹配,所以光伏型探测器广泛应用于焦平面探测器。

7.4.2　光电效应

1. 光电导效应

　　光电导材料接收入射光照射,会产生光生载流子,材料的电导率随之增加,这种现象称为光电导效应,如图 7-27 所示。

1) 光电导效应的微观分析

　　对于本征半导体材料,电导率与材料的载流子浓度(用电子迁移率 μ_n 和空穴迁移率 μ_p 表示)有

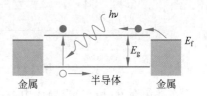

图 7-27　光电导效应

关，光照引起载流子数量增加，从而导致光电导的增加。

设光照射在半导体材料中产生的非平衡的电子和空穴浓度分别为 Δn 和 Δp，则电导率为

$$\sigma = \sigma_0 + \Delta\sigma = qn_n\mu_n + qn_p\mu_p$$
$$= q(n_0\mu_n + p_0\mu_p) + q(\Delta n\mu_n + \Delta p\mu_p) \tag{7-51}$$

光生载流子的浓度与光生载流子的电子和空穴的寿命有关，即

$$\Delta n = \eta J_A \frac{\tau_n}{d_x}, \quad \Delta p = \eta J_A \frac{\tau_p}{d_x} \tag{7-52}$$

式中：η 为量子效率；J_A 为单位时间内在单位面积上入射光子的数量；d_x 为光子传入材料的厚度。

因此，在光信号的作用下，材料电导率的变化为

$$\Delta\sigma = \frac{q\eta J_A}{d_x}(\mu_n\tau_n + \mu_p\tau_p) \tag{7-53}$$

若材料的带隙为 E_g，则入射光本征吸收的截止波长为

$$\lambda = \frac{hc}{E_g} = \frac{1.24}{E_g} \tag{7-54}$$

波长大于截止波长的辐射光将不能被半导体材料所吸收。

2）光电导效应的宏观分析

一般情况下，光电导是多数载流子现象，即在辐照时多数载流子增多而构成光电流。光激发的少数载流子也会起作用，但因为少数载流子通常比多数载流子寿命短，发挥的作用小，对输出信号的贡献主要来自多数载流子。因此，可以仅考虑多数载流子的贡献，对式(7-51)、式(7-52)进行简化。另外，将单位时间内在单位面积上入射光子的数量 J_A 用光功率 P 替代，从而建立光电导与光照度之间的关系。

如图 7-28 所示的碲镉汞薄膜结构，其长、宽、厚分别为 l、w、d，两端引线接入电源 V 和负载电阻 R_L。光照的变化会产生直流短路光生电流 i_g，从而使负载两端的压降 ΔV 发生变化。

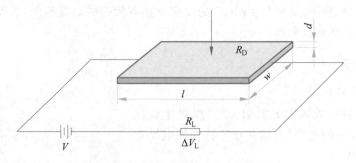

图 7-28　光导型光电探测器工作原理图

在平衡激发(稳态)半导体中，本征或非本征光电流的基本表达式为

$$i_g = \eta q g \frac{P}{h\nu} \tag{7-55}$$

式中：i_g 为短路光电流，它是器件受辐照时超过暗电流的电流增量；η 为量子效率，即每吸收一个光子产生的过剩载流子数；P 为入射光的光功率；$P/h\nu$ 为单位时间内所吸收的光子数；g 为增益系数，即每个过剩载流子造成外偏压电路中所流过的电子数。

光电导的增益 g 由多数载流子寿命 τ 和它们在电极两端之间的渡越时间 t_r 有关，即

$$g = \frac{\tau}{t_r} = \frac{\tau v_e}{l} = \frac{\tau \mu V_A}{l^2} \tag{7-56}$$

式中：v_e 为多数载流子的运动速度；μ 为多数载流子的迁移率；V_A 为器件两端的外加偏压，即 $V_A = VR_D/(R_L + R_D)$。

综合以上各式，可得直流短路光电流 i_g 及负载两端的电压 ΔV_L 分别为

$$\begin{cases} i_g = \dfrac{\eta q \mu \tau V_A}{h \nu l^2} P = M_I P \\[3mm] \Delta V_L = \dfrac{R_D R_L}{R_D + R_L} i_g = M_V P \\[3mm] R_D = \dfrac{l}{\sigma w d} = \dfrac{l}{q n_n \mu_n w d} \end{cases} \tag{7-57}$$

式中：σ 为电导率；w、d 分别为探测器的宽度和厚度。

若探测器由 N 型半导体组成，除了空穴浓度低于电子外，空穴的迁移率也大大低于电子，所以空穴对电导率的贡献往往可以忽略。因此，电导率 σ 可近似地由多数载流子（电子）决定，即 $\sigma = q n_n \mu_n$，探测器的内阻 R_D 也仅由多数载流子决定。

对于杂质半导体来说，除上述本征吸收光子外，半导体中的杂质也可能吸收光子能量，把电子从禁带中的施主束缚态激发到导带或空穴从受主束缚态激发到价带，形成自由载流子，引起光电导的变化，这就是非本征吸收的杂质光电导。

在同一种材料中，由于杂质光吸收的激活能小于本征光吸收的激活能，因而杂质光电导的响应波长一般比本征光电导对应的波长要长。在限制结构半导体材料中，如二维超晶格量子阱材料。利用杂质带进行红外探测器研制，例如阻挡杂质带探测器。根据材料的本征吸收和自由载流子吸收光子波长的不同将器件做成红外紫外双色探测。

除了载流子浓度增加可引起光电导变化外，载流子迁移率受到光能量的激发也会发生改变，从而引起光电导的变化。吸收光子能量引起载流子迁移率变化从而引起光电导变化的现象称为第二类光电导。相对应地，载流子浓度变化引起的光电导变化的现象称为第一类光电导。

2. 光伏效应

光伏型碲镉汞探测器开路电压由光生电动势 V_p、温差电动势 ΔV 和德姆伯电动势 V_D 三部分组成。在 N 型层作为受光面的光伏器件中，温差电动势、德姆伯电动势两者的方向与光生电动势的方向相反，器件的开路电压为

$$V_0 = V_p - \Delta V - V_D \tag{7-58}$$

在弱辐照情况下，光生电动势远大于德姆伯电动势和温差电动势，器件的开路电压用光生电动势表示；在强光辐照下，光生电动势相对要小很多，器件的开路电压主要由温

差电动势和德姆伯电动势决定。

1）光生电动势

图 7-29 是构成 PN 结的材料体内能级分布图，其中 P 型层很薄，为受光区，N 型层很厚，为衬底。横坐标表示 PN 结的体内方向，纵坐标表示材料内部的能带分布。沿着 x 轴的正向，布置了 PN 结。横坐标 0 表示受光面的前表面，x 表示后表面位置；PN 结的深度为 d（一般在微米量级），由于 PN 结处的扩散势垒的作用，其附近能带弯曲。

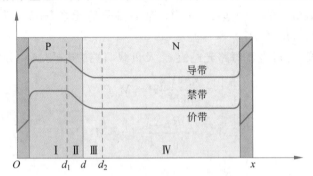

图 7-29　光伏型光电探测器的能带结构

制作光伏器件的过程中，前后表面都会生成一层氧化物（1～2nm），又称界面层，如图 7-29 所示的两端的阴影部分。两端的金属引线与半导体接触时，所形成的肖特基势垒会导致界面层内能带倾斜；进而，由于密集的局域表面态处于禁带中，它们俘获过剩载流子，使两端界面层内侧形成了表面势垒（P 区表面带正电，N 区表面带负电），构成了界面层附近的能带弯曲。

光（热）由左侧入射，即图 7-29 中的 P 区为受光面，材料表面吸收光能并产生大量的电子-空穴对，然后向两侧扩散。由于界面存在很高的表面势垒，它起到阻挡的作用，因此大部分光生载流子向内部扩散，直至到达 PN 结附近。在 PN 处，空穴被 PN 结势垒阻挡，使其驻留在 P 区；电子受到 PN 结的加速，在隧道效应作用下加速通过 PN 结以及 N 区背面界面绝缘层势垒，构成回路光电流。

阻留在 P 区的光生空穴和流动中的光生电子之间构成一个电势差，称为光生电动势，它与 PN 结势垒 V_{pn} 电动势的方向相反。当入射光强不大，不引起器件前后表面的温度差的情况下，由动力学方程和边界条件可以得出小信号光生电动势的稳态解析表达式：

$$V_p = \frac{KT}{|q|}\ln\left(1+\frac{J_L}{J_S}\right)$$

$$J_L = \frac{\eta(1-R)}{h\nu}\frac{P}{A_S} \quad (7\text{-}59)$$

$$J_S = q\left(p_n\sqrt{\frac{D_p}{\tau_p}}+n_p\sqrt{\frac{D_n}{\tau_n}}\right)$$

式中：J_L 为激光辐照引起的电流密度，它随着辐照功率 P 而变化；η 为量子效率；R 为反射系数；$h\nu$ 为光子能量；A_S 为辐照面积；p_n 为 N 区的空穴浓度；n_p 为 P 区的电子浓度；D_p、D_n 分别为空穴、电子的扩散系数；τ_p、τ_n 分别为空穴、电子的寿命。

2）温差电动势

当光电探测器受到强辐照时，器件两端会产生温度梯度，从而产生温差电动势。低温端附近的载流子浓度比高温端附近低，使得载流子从高温端向低温端扩散，并在半导体的两侧积累形成电场。

在晶格散射占优势的情况下，其温差电动势可表示如下：

对于非简并的 N 型半导体，有

$$\Delta V = -\frac{k_B}{|q|}\left(\ln\frac{N_c}{n} + 2\right)\Delta T \tag{7-60}$$

式中：n 为电子载流子浓度；N_c 为导带的等效态密度，且有

$$N_c = 2\sqrt{\left(\frac{2\pi m_n k_B}{h^2}T\right)^3}$$

式中：m_n 为电子有效质量。

对于非简并的 P 型半导体，有

$$\Delta V = -\frac{k_B}{|q|}\left(\ln\frac{N_v}{p} + 2\right)\Delta T \tag{7-61}$$

式中：p 为空穴载流子浓度；N_v 为价带的等效态密度，且有

$$N_v = 2\sqrt{\left(\frac{2\pi m_p k_B}{h^2}T\right)^3}$$

式中：m_p 为空穴有效质量。

可见，温差电动势主要由衬底的特性和状态势垒决定，N 型层作为受光面的光电探测器，其 N 型层厚度很薄，P 型层厚度很厚，温差电动势主要由 P 型半导体决定。P 型层作为受光面的光电探测器亦然。

3）德姆伯电动势

德姆伯电动势是半导体材料吸收光子后产生的电子、空穴在扩散和漂移过程中的速度不相等而造成的。如果不考虑 PN 结的作用，光电子的扩散速度高于空穴的扩散速度，由此构成了德姆伯电动势，其方向与光生电动势同反。

在光传播方向，若材料的长度远大于扩散长度且光照面和背面的扩散长度相等，则德姆伯电动势可表示为

$$V_D = I_L \cdot \frac{k_B}{|q|}\frac{\mu_n - \mu_p}{n\mu_n + p\mu_p}\frac{1}{\sqrt{s + D/\tau}} \tag{7-62}$$

式中：I_L 为光电流密度；n 为电子密度；p 为空穴密度；τ 为载流子寿命；μ_n、μ_p 分别为电子和空穴的迁移率；D 为扩散系数；s 为复合速度。

7.4.3 碲镉汞探测器

1. 碲镉汞阵列红外光导探测器

碲镉汞光导探测器的光敏面通常是正方形或长方形的碲镉汞单晶薄膜，敏感区大小

为 $25\mu m\sim4mm$、厚度为 $3\sim20\mu m$，两端沉积出两个电极，并分别接入引线，如图 7-30（a）所示。为了探测和感应光电导的变化，须在探测器两端施加外部偏流或电压。敏感面的尺寸为几微米，其最佳厚度取决于工作波长和温度，非制冷型长波器件的薄膜要求更薄一些。

如图 7-30（b）所示，敏感面的前表面通常覆盖一层钝化层和增透膜，后表面也需要钝化。钝化必须将半导体密封，使其化学性能稳定，而且常常起到镀增透膜的作用。前、后表面要足够平整，以便更好地形成有效的光学干涉。为了在光学谐振腔中形成驻波，使前表面形成波峰、后表面形成波节，需要选择半导体和两种介质层的厚度。为了提高对辐射的吸收，常常在探测器上安装背面反射镜（如镀金表面），与含有 ZnS 层的光电导体或基板隔离。

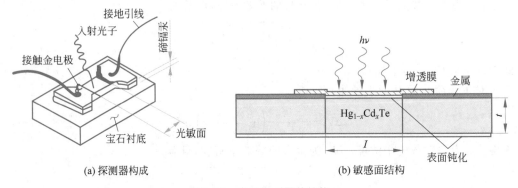

(a) 探测器构成　　　　　　　　　(b) 敏感面结构

图 7-30　光导探测器的结构

高性能长波碲镉汞光导探测器必须在低温下工作，因此需要将探测器芯片封装于杜瓦瓶中，用液氮或制冷器制冷，使敏感器件处于低温状态下。

2．几种光导型探测器

1）俘获模式光电导体

俘获模式碲镉汞探测器结构和带隙分布如图 7-31 所示。采用液相外延（LPE）技术在 CdTe 基板上生长碲镉汞薄膜，再低温退火形成 n 类轻掺杂表面作为敏感层。在敏感层下方，即外延层与基板之间的界面处，保持具有 p 类俘获区的 p 类带隙层。该结的作用是隔开少数载流子（空穴）与多数载流子（电子），减小耗尽层的宽度，形成大的光电导增益（1000～2000）。

俘获模式光电导体具有较低的 $1/f$ 噪声，在高频部分，80K 的温度下的 $1/f$ 噪声拐点仅为几百赫。另外，其偏压较低，这将大大降低大型多元阵列的偏压热负载。

2）排斥光电导体

排斥接触层光电导体（EPD）的工作原理如图 7-32 所示。其光敏区是准本征 n 类（ν）材料，在其正偏压端有一层高掺杂 n^+ 或者宽带隙材料的接触层。接触层不能注入少数载流子，而是让多数载流子（电子）输出。在接触层一侧 ν 区域的一定深度内，空穴浓度和电子浓度均下降至非本征值 N_d-N_a 以下的水平，以保持该区域的电中性。为了避免在负偏压接触层出现载流子累积效应，该器件一定要比排斥区的长度更长。排斥区的长度

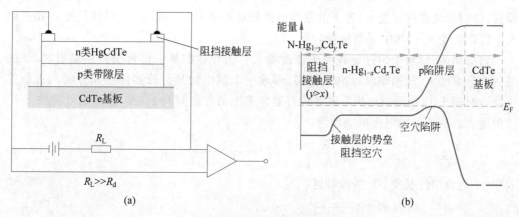

图 7-31　俘获模式碲镉汞探测器

取决于偏压电流密度、带隙、温度和其他因素，一般大于 $100\mu m$。需要一个阈值电流以抵消未排斥区与排斥区之间的反向扩散电流。此后，随着排斥区长度增大，电阻迅速增大，当电流大于阈值时，电流-电压特性呈现饱和状态。

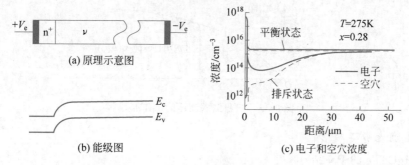

图 7-32　排斥光电导体原理示意图

排斥区的长度为

$$L = \frac{\mu_h J}{\mu_e q G} - \sqrt{\frac{D_e \mu_h N_d}{r \mu_e G}} \tag{7-63}$$

式中：μ_h、μ_e 分别为空穴和电子的迁移率；J 为电流密度；G 为常数，对应于排斥区固定的残余 SR 过程[①]；D_e 为少数载流子（电子）扩散系数；N_d 为施主浓度；r 为特定条件下的数值，为 0.012 ± 0.002。

3）扫积型探测器

扫积型（SPRITE）探测器的工作原理如图 7-33 所示，n 类光电导体两端接触层分别引出两个偏压电极，读出区引出一个读出电位探针。导体约 1mm、宽约 $63\mu m$、厚约 $10\mu m$，通过扫描读出的方式，可以探测受光区的位置，从而实现扫描成像。

双极漂移速度 v_a 近似于少数空穴漂移速度 v_d，在外加偏压电场 E 为器件提供恒流

---

① SR（Shockley-Read，肖克莱-里德）是窄带隙半导体中的三种热生成-复合过程之一，n 类和 p 类两种材料的 SR 中心位置，处于价带附近到导带附近的任意位置。SR 过程相关知识见附录 H。

偏置,使得双极漂移速度 v_a 等于沿器件的像扫描速度 v_s。一般而言,器件长度 L 接近或大于漂移长度 $v_d\tau$,其中 τ 是复合时间。

扫描期间,材料中的过量载流子浓度增大。当导体的某一位置受到热辐射时,该区域的电导率增大,从而调制输出接触层,形成一个输出信号。长器件的积分时间近似等于复合时间 τ,远比快速扫描串联系统普通像素上的停留时间 τ_p 长,输出信号将按 τ/τ_p 比例增大。探测器的电压响应度为

$$R_v = \frac{\lambda}{hc}\frac{\eta\tau El}{nw^2 t}\left[1 - \exp\left(-\frac{L}{\mu_a E\tau}\right)\right] \qquad (7\text{-}64)$$

式中：l 为读出区长度；L 为漂移区长度。

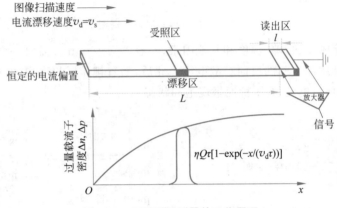

图 7-33　扫积型探测器的工作原理

3. 雪崩光敏二极管

1) HgCdTe 的 PN 结

在实际的碲镉汞 PN 中,俄歇复合和 SRH 产生-复合是限制探测器性能的主要因素,因此 HgCdTe 光敏二极管的性能主要由俄歇[①]机理起作用。假设饱和暗电流仅是基质层中热生成所致,并且其厚度小于扩散长度,则

$$J_S = Gtq \qquad (7\text{-}65)$$

式中：G 为基质层中生成率。

在俄歇效应中,器件的扩散电流与"优值因子"($R_0 A$,即零偏压电阻和面积乘积)相关：

$$R_0 A = \frac{kT}{q^2 Gt} = \frac{kT}{qJ_0} \qquad (7\text{-}66)$$

对于 n^+-on-p 光敏二极管,有

$$R_0 A = \frac{2kT\gamma_7}{q^2 N_a t} \qquad (7\text{-}67)$$

对 p-on-n 光敏二极管,有

---

① 俄歇过程相关知识见附录 H。

$$R_0 A = \frac{2kT\gamma_1}{q^2 N_d t} \tag{7-68}$$

式中：N_a 和 N_d 分别为基质层中受主和施主浓度；$\gamma_7 = \tau_{A7}^i$；$\gamma_1 = \tau_{A1}^i$。

可见，减少基质层厚度可以减小优值因子 $R_0 A$；一般，$\gamma_7 > \gamma_1$，因此，同类掺杂水平的 p 类基质层器件的优值因子 $R_0 A$ 值要比 n 类大。

2）雪崩光敏二极管

HgCdTe 雪崩光敏二极管的结构可以采用垂直光敏结构或板式光敏结构，两者各具特点。

图 7-34 是一种以高密度垂直集成光敏二极管（HDVIP）为基础的雪崩光敏二极管，p 类材料环绕 n 类材料构成圆柱形。该器件是一种前侧照明光敏二极管，从可见光到红外截止波长光谱范围都具有高量子效率响应，如图 7-35 所示。如果反向偏压从典型值提高到几伏，则 n 类集中区全部消耗掉，并形成具有倍增效应的高电场区。在周围 p 类吸收层以光学方式产生空穴-电子对，扩散到倍增区形成结形。由于结的形状是圆柱形的，所以将雪崩光敏二极管并行连接成小电容的阵列结构布局，得到高带宽的大型像素阵列。

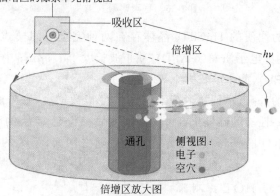

图 7-34　垂直结构

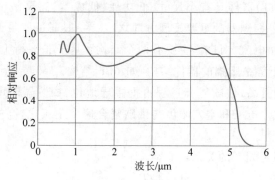

图 7-35　光谱响应

利用分子束外延（MBE）将 HgCdTe 层生长在 CdZnTe 基板上，可以制备板式结构的器件。这种板式结构光敏二极管类似短波 e-APD 特性，其最高增益一般会随截止波长和反向偏压呈指数形式增大。图 7-36 是两种板式 APD 的结构，具有高填充因数、高量子效率、高带宽等优点。LETI 结构如图 7-36(a)所示，将 p 类 HgCdTe 衬底靠近表面的狭窄区域内掺杂形成 n+ 区，同时抑制 Hg 空位的残余掺杂浓度水平，生成 n-区域。BAE 结构如图 7-36(b)所示，将单层 p 类 HgCdTe 层生长在透红外光谱的 CdZnTe 基板上，n-HgCdTe 一侧的掺杂浓度远高于 p-HgCdTe 一侧，耗尽层的整个宽度 $w(V)$ 都位于 n 区内。

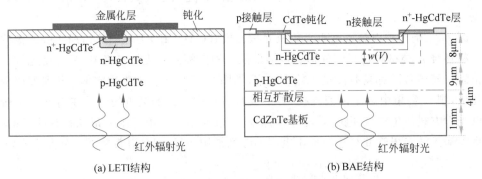

(a) LETI结构　　　　　　　　　　　　(b) BAE结构

图 7-36　背照明板式结构

具有晶格独特的性质的 HgCdTe 晶体存在两种完全不同模式的非噪声线性雪崩：小于 0.65eV 带隙的纯电子激发(e-APD)，截止波长大于 $1.9\mu m$；中心位于带隙 0.938eV 的纯空穴激发(h-APD)，截止波长为 $1.32\mu m$。

随着工作温度的升高，本征热激发载流子浓度指数增大，窄带隙的碲镉汞材料的暗电流呈指数上升。高性能的碲镉汞红外探测器需要工作在 77K 的液氮温区以抑制器件的暗电流，探测器组件的外形尺寸、质量和功耗随之增大，系统的适应性降低，可靠性下降。

4. 势垒型结构的 HOT 探测器

1) 实现 HOT 的途径

高工作温度(HOT)器件具有小尺寸、低功耗、低成本、高灵敏度和高响应速度等优点，是目前新一代红外探测器的重要发展方向之一。一般通过能带调控技术设计器件结构，从而抑制器件的暗电流。目前，主要有两个结构：基于非平衡工作模式器件结构，如 $P^+/\pi/N^+$ 结构；基于势垒阻挡的器件结构，如 nBn 结构。

随着工作温度的升高，俄歇复合过程占据主导地位，探测器暗电流随本征载流子浓度的增大而快速增大。电子和空穴浓度与俄歇复合速率呈正比，高的俄歇复合速率导致高的暗电流和噪声。

器件的探测率满足如下的关系：

$$D^* = \frac{\eta\lambda q}{hc}\left(\frac{4kT}{R_0 A} + 2q^2\eta\Phi_B\right)^{-1/2} \tag{7-69}$$

碲镉汞探测器工作温度升高，暗电流增大导致器件的优值因子 $R_0 A$ 快速减小。因

此,探测率可化简为

$$D^* = \frac{\eta \lambda q}{hc} \left(\frac{4kT}{R_0 A} \right)^{-1/2} \tag{7-70}$$

可见,工作温度升高导致探测率快速下降,抑制器件的暗电流是实现探测器高性能的基础。

碲镉汞器件的噪声水平决定了探测器组件的探测灵敏度,即器件的噪声等效温差(NETD)。碲镉汞光伏器件噪声主要有热噪声(Johnson 噪声或 Nyquist 噪声)、散粒噪声(Shot 噪声)、$1/f$ 噪声及随机电报噪声(RTS)等。热噪声随工作温度的升高而快速增大;高工作温度下暗电流快速增大使得暗电流相关噪声和 $1/f$ 噪声快速增大;同时,高浓度的本征热激发载流子使得位错缺陷等对载流子的俘获和发射概率增大,随机电报噪声也随之增大。因此,高工作温度下,高浓度本征热载流子的有效抑制(俄歇抑制)是暗电流抑制的关键,从而可以提升探测器工作温度。

将自由载流子浓度降低到其平衡值以下就可以达到拟制俄歇过程的目的,应用半导体的非平衡消耗能够降低多数和少数载流子浓度。在某些以轻掺杂窄带隙半导体为基础的器件中,如施以偏压的低-高(L-H)掺杂或者异质结接触结构、金属-绝缘体-半导体(MIS)结构,或者使用磁浓度效应都可以实现这一目标。强消耗下,多数和少数载流子两者的浓度可以降低到本征浓度之下,多数载流子浓度在本征级达到饱和,而少数载流子浓度降到本征级以下。也就是说,在低于本征浓度以下,半导体要有很高的掺杂,这是深消耗的必要条件。

对于 v 类材料,俄歇生成率和探测率分别为

$$G_A = \frac{N_d}{2\tau_{A1i}} \tag{7-71}$$

$$D^* = \eta \frac{\lambda}{hc} \sqrt{\frac{\tau_{A1i}}{N_d t}} \tag{7-72}$$

对于 π 类材料,俄歇生成率和探测率分别为

$$G_A = \frac{N_2}{2\gamma\tau_{A1i}} \tag{7-73}$$

$$D^* = \eta \frac{\lambda}{hc} \sqrt{\frac{\gamma\tau_{A1i}}{N_a t}} \tag{7-74}$$

相对于同样掺杂的 v 类材料($\gamma > 1$),使用准本征 p 类(π)材料的优势是比探测率提高了 $\sqrt{\gamma}$ 倍。而且,非平衡工作模式可以将轻掺杂材料中的俄歇生成率降低 n_i/N_d,对应的比探测率相应提高 $\sqrt{n_i/N_d}$。如果忽略半导体消耗结构中的复合率,上述的比探测率可增加为 $\sqrt{2n_i/N_d}$,p 类材料消除了俄歇 1 和俄歇 7 复合效应,比探测率更大,为 $\sqrt{2(\gamma+1)}$。

由此产生的性能提高相当大,对于工作在近室温很低掺杂($10^{12}\,\mathrm{cm}^{-3}$)的长波红外器件更是如此。有可能完全无须制冷就可实现背景限制光电检测器(BLIP)的性能。采用下面措施能够达到 BLIP 极限:

（1）采用在很低能级可以受控掺杂的材料（约 $10^{12}\,cm^{-3}$）。

（2）采用具有很低浓度 SR 中心的超高质量材料。

（3）正确设计器件，避免在表面、界面和接触面有热生成。

（4）采用散热器件，使其达到一种高消耗状态。

采用非本征掺杂技术能够有效降低 Hg 空位缺陷所带来的深能级缺陷密度，从而使得 SRH（Shockley-Read-Hall，肖克莱-里德-霍尔）电流和陷阱辅助隧穿电流密度降低。器件暗电流密度的降低使得器件可以工作在更高的温度。目前，基于非本征掺杂的碲镉汞器件主要包括基于液相外延技术的 Au 掺杂 n-on-p 结构器件和 In 掺杂 p-on-n 结构器件。随工作温度的升高，器件性能由 SRH 产生-复合电流限制转到扩散电流限制，少子寿命由俄歇复合寿命主导。

2）HOT 器件

通过能带调控设计新结构来抑制暗电流可有效提升探测器的工作温度，图 7-37 为两种 HOT 的结构原理，主要包含以下两条技术路线。

（1）非平衡模式碲镉汞器件。

这类器件采用 $P^+/\pi/N^+$ 结构或者 $P^+/\nu/N^+$ 结构。在 $P^+/\pi/N^+$ 结构中，P^+-π 形成排斥结，π-N^+ 作为抽取结；在 $P^+/\nu/N^+$ 结构中，ν-N^+ 形成排斥结，P^+-ν 作为抽取结。图 7-37 分别为 $P^+/\nu/N^+$ 和 $P^+/\pi/N^+$ 器件结构、能带及载流子分布示意图。

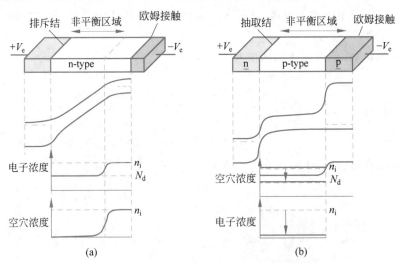

图 7-37　非平衡模式器件结构及能带

非平衡模式碲镉汞器件利用少数载流子的排斥与抽取现象使得吸收层电子和空穴浓度耗尽，在高工作温度下低于本征载流子浓度。随器件反向偏压的增大，吸收层多数载流子浓度最终达到非本征掺杂水平，从而使得俄歇复合过程得到有效抑制，降低器件的暗电流。理论上 $3\sim5\,\mu m$ 波段探测器能够提升到近室温，而 $8\sim12\,\mu m$ 波段探测器能够采用热电致冷。

对于 $P^+/\nu/N^+$ 结构器件，P^+ 层的宽带隙可以有效降低隧穿电流，重掺杂可以使得耗尽区宽度扩展到整个吸收层,宽带隙重掺杂的 N^+ 层使得吸收层中空穴少子得不到补充而耗尽。$P^+/\pi/N^+$ 结构器件的分析与此类似。

优化材料制备工艺获得接近背景的低浓度掺杂,非平衡模式碲镉汞器件在较小的偏压下就能实现吸收层的全耗尽。降低碲镉汞材料位错密度,优化器件制备工艺降低器件成型过程中应力缺陷的引入,使得与深能级相关的 SRH 产生-复合电流足够低的情况下,非平衡模式碲镉汞器件性能可以达到背景辐射限。同样,对于 $P^+/\pi/N^+$ 结构碲镉汞器件,如果 π 吸收层的掺杂浓度能够在 $1 \times 10^{14}\,\mathrm{cm}^{-3}$ 以内,那么器件性能可以达到背景辐射限性能。

(2) nBn 结构碲镉汞器件。

图 7-38 为 nBn 的一种结构显示及能带。n 型碲镉汞窄带隙接触层起到收集光生载流子的作用,其厚度小于少子(空穴)扩散长度;势垒层足够厚,是耗尽区的一部分,增加耗尽区的带隙宽度有利于减少 SRH 产生-复合过程、带-带直接隧穿(BTB)和陷阱辅助隧穿(TAT)过程发生的概率,降低器件的漏电流,提高器件的工作温度。nBn 结构碲镉汞器件的最大难点在于不同

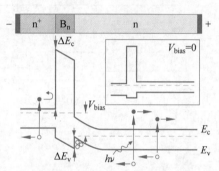

图 7-38　nBn 器件结构及能带

组分碲镉汞 Type-Ⅰ型能带使得价带不连续,存在着价带偏移(VFO)V_e,阻挡对少子(空穴)的收集,因此器件的工作需要外加足够的偏压("Turn on"特征)来实现少子的收集。

窄带隙的半导体光电二极管的暗电流主要来自四方面:①耗尽区 SRH 产生-复合过程相关的产生-复合电流 I_{SRH};②吸收层与俄歇或辐射复合过程相关的扩散电流 I_{diff};③与表面态相关的表面漏电流 I_{surf};④带-带直接隧穿电流和陷阱辅助隧穿电流 I_{tun}。对于 nBn 势垒阻挡结构器件,在外加偏压时分压主要集中在势垒层;同时势垒层对吸收层的多数载流子(电子)起到阻挡作用,但是允许少数载流子(空穴)的移动,从而实现光生电子和空穴的空间分离。在 nBn 结构中,宽带隙势垒层使得 I_{SRH} 得到有效抑制;势垒层足够厚度可以忽略隧穿电流 I_{tun},势垒的高度足以忽略热电子的激发;势垒的高阻可以抑制漏电流 I_{surf}。因而,nBn 器件可从本质上消除 SRH 电流、表面漏电流及隧穿电流对器件性能的影响。

由此可见,nBn 器件的主要热噪声机制是扩散电流,吸收层热激发产生的空穴扩散到上接触层(Cap 层)形成扩散电流。热激发扩散电流在 nBn 器件中扩散电流是主要的热噪声机制,吸收层热激发产生的空穴扩散到上接触层(Cap 层)形成扩散电流。热激发扩散电流 I_{diff} 依赖于俄歇和辐射复合过程:

$$I_{diff} \approx q\,\frac{n_i^2}{N_d}\frac{L}{\tau_{diff}} \tag{7-75}$$

式中:q 为电荷;n_i 为本征载流子浓度;τ_{diff} 为吸收层少子寿命;N_d 为吸收层掺杂浓度;L 为吸收层厚度。

如图 7-39 所示,势垒层对吸收层多数载流子(电子)起到阻挡作用,同时也对 Cap 层

电子向吸收层的输运(热激发)起到阻挡作用,势垒层生长足够的厚度可以忽略器件的隧穿电流。

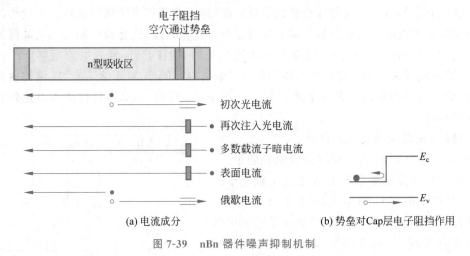

(a) 电流成分　　　　　　　　　(b) 势垒对Cap层电子阻挡作用

图 7-39　nBn 器件噪声抑制机制

第 8 章 机器视觉传感器

人类从外界获取的信息有 85% 以上来自视觉,因此,视觉是人类与外界交换信息的主要途径。同样地,视觉也是机器获取外部信息的主要途径,因此视觉的信息量大、单位时间内的信息密度大。视觉传感器利用光学元件和成像装置获取外部环境的图像信息,并对所获取的信息加以处理、分析甚至识别。

机器人就是由计算机控制的能模拟人的感觉、动作和具有自动行走能力而又足以完成有效工作的装置。机器人经历了三代发展,其中最重要的标志就是机器人传感器的发展。机器视觉中,机器人视觉传感器是特别具有代表性的应用场景,通过视觉传感,机器人就可以具备类似于人类的知觉功能。本章将重点介绍机器视觉中的图像处理、三维视觉信息获取技术等相关知识,其中,激光成像雷达[图 8-1(a)]是主动式的成像方式,它与毫米波雷达[图 8-1(b)]作比较各具优、缺点,在近距离、高分辨率、良好气象的应用环境下,特别是强调探测分辨率的情况下,激光雷达是比较良好的选择。

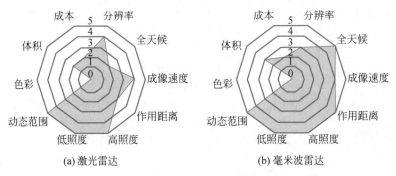

图 8-1　激光雷达和毫米波雷达

8.1　机器人传感器的功能与分类

从机器人发展历程中不难看出,传感器是机器人中不可缺少的部分,在机器人的发展过程中起着举足轻重的作用。第一代机器人是一种进行程式化操作的机器,主要是通过诸如机械手之类的机械装置完成预先设置的一系列动作,虽然配有电子存储装置,能记忆重复工作,然而,因未采用传感器,所以它没有适应外界环境变化的能力。第二代机器人由于采用了传感器,所以初步具有感觉和反馈控制的能力,能进行识别、选取和判断,这一代机器人具有了初步的智能。是否采用传感器是区别第二代机器人与第一代机器人的重要特征。第三代机器人是更高一级的智能机器人,"电脑化"是这一代机器人的重要标志。

机器人的发展方兴未艾,运用范围日益扩大,要求机器人从事越来越复杂的工作,对变化的环境具有更强的适应能力,要求能够进行更精确的定位和控制。这些当然离不开计算机。但由于计算机处理的信息必须要通过各种传感器来获取,因而新一代机器人对传感器有着更高的要求,它要求传感器具有更好的性能,更强的功能,更高的集成度,同时对传感器的种类也有更多的要求。

按照机器人传感器所感的物理量的位置,可以将机器人传感器分为内部检测传感器和外部检测传感器两大类。

内部检测传感器是以机器人本身的坐标轴来确定位置,是安装在机器人内部的,用来感知运动学即动力学参数。通过内部检测传感器,机器人可以了解自己的工作状态,调整和控制自己按照一定的位置、速度、加速度、压力和轨迹等进行工作。外部检测传感器用于获取机器人周围环境或者目标物状态特征的信息,是机器人与周围进行交互工作的信息通道。外部检测传感器的功能是让机器人能认识工作环境,很好地执行检查产品质量、取物、控制操作、应对环境和修改程序等工作,使机器人对环境有自校正和自适应能力。外部检测传感器通常包括触觉、接近觉、视觉、听觉、嗅觉、味觉等传感器。

机器人传感器的特点:①传感器包括获取信息和处理信息两部分,这两部分有机地结合在一起;②传感器检测的信息直接用于控制,以决定机器人的行动;③与工业控制或一般检测用传感器不同的是,机器人传感器既能检测信息,又有紧随环境状态进行大幅度变化的功能,因此信息收集能力强;④传感器对敏感材料的柔性和功能有特定要求。由此可见,机器人传感器不仅包括传感器本身,而且包含传感器信息处理部分。

传感器的信号要经过信号获取、信号处理、信号提取和数据解释等几个层次的处理。当然,并非所有传感器的信号处理都要经过这四个全过程,如视觉和高密度压觉传感器一般只需经过信号提取和数据解释的过程,而位置、接近觉和压觉等传感器仅经过信号处理过程,接触觉传感器多半是经过信号获取过程。视觉传感器是具有代表性的传感技术,本书重点介绍机器人视觉传感器,通过对视觉信号处理基础、机器三维视觉技术的介绍,初步了解机器人传感器的一个侧面。

表 8-1 列出了机器人传感器的分类及应用,可以看出,机器人传感器是人类感觉的几个重要分类,因此,认为机器人传感器是对人类知觉的模仿实不为过。

表 8-1　机器人传感器的分类及应用

传　感　器	检　测　对　象	传感器装置	应　　用
视觉	空间形状	面阵 CCD、SSPD、TV 摄像机	物体识别、判断
	距离	激光、超声测距	移动控制
	物体位置	PSD、线阵 CCD	位置决定、控制
	表面形态	面阵 CCD	检查,异常检测
	光亮度	光电管、光敏电阻	判断对象有无
	物体的颜色	色敏传感器、彩色 TV 摄像机	物料识别、颜色选择
触觉	接触	微型开关、光电传感器	控制速度、位置,姿态确定
	握力	应变片、半导体压力元件	控制握力、识别握持物体
	负荷	应变片、负载单元	张力控制、指压控制
	压力大小	导电橡胶、感压高分子元件	姿态、形状判别
	压力分布	应变片、半导体感压元件	装配力控制
	力矩	压阻元件、转矩传感器	控制手腕,伺服控制双向力
	滑动	光电编码器、光纤	修正握力,测量重量或表面特征
接近觉	接近程度	光敏元件、激光	作业程序控制
	接近距离	光敏元件	路径搜索、控制,避障
	倾斜度	超声换能器、电感式传感器	平衡,位置控制

续表

传　感　器	检测对象	传感器装置	应　　用
听觉	声音 超声	麦克风 超声波换能器	语音识别、人机对话 移动控制
嗅觉	气体成分 气体浓度	气体传感器、射线传感器	化学成分分析
味觉	味道	离子敏传感器、pH 计	化学成分分析

8.2　视觉信号处理基础

带有视觉系统的机器人可以完成许多工作，如识别机械零件、装配作业、安装修理作业、精细加工等。而对特殊的机器人来说，视觉系统是机器人在危险环境中自主规划，完成复杂的作业所必不可少的。机器人视觉技术虽然只有 20 年发展时间，但无论在软件还是硬件方面都获得了很大的成就，其发展都十分迅速。例如，图像处理技术方面已经由原来的一维信息处理发展到二维、三维复杂图像的处理，硬件方面则由原来的简单的线性光电传感器发展到面阵 CCD 摄像机。

本节将从人眼视觉开始，逐步介绍机器人视觉传感器的基本原理。

8.2.1　人眼与视觉

人眼实际上就是一个光学系统，人的视觉是以光作为基本媒质的，外界物体借助于光，通过人眼的水晶体（相当于光学成像系统的物镜）在视网膜上成像，经处理后传到大脑。视网膜的构造极为复杂，共有 10 层，第 9 层是感光层，由杆状细胞和锥状细胞组成，前者主要是感受白天的景象，后者主要感受夜间景色。

人的视觉细胞大约有一亿七百万个，占人的所有感官细胞的绝大多数。在人的各种获取外界信息的感官渠道中，视觉所获取的信息量约占人所获取的信息量的 80%。对于机器人来说，视觉传感器也是最重要的传感器。

众所周知，人具有立体视觉能力，这是由于人的两只眼睛从不同的方位获取同一景物的信息，各自得到关于景物的二维图像，这左、右两幅图像有着微小的区别（这种区别称为视差），人的大脑通过对左、右两幅图像以及两幅图像的视差进行分析和处理后，可以得到关于景物的光亮度、形状、色彩、空间分布等信息。其中亮度、形状、色彩等不难理解，如何从左、右眼的两幅图像获得景物的空间分布信息，即立体信息，则涉及人眼的立体视觉的问题。再者，立体视觉是机器人识别空间形状、位置、距离、物体表面形态等功能的重要手段。为了读者更好地理解随后节次的内容，有必要对人眼立体视觉的基本知识作简单介绍。

眼睛所谓的立体感，就是它们能将视场（眼睛所观看到的景物区域）中的物体区别出远近。视场中远近不同的物点之所以在左、右眼中形成微小的差别，是因为各物点相对于双眼的视差角不同。

图 8-2 为人眼成像模型，为了叙述方便，以左、右眼 L_1、L_r 的瞳孔 O_1、O_r 为原点，分

别建立坐标系(X_1,Y_1,Z_1)和(X_r,Y_r,Z_r)。并且 Z 轴指向与左、右眼瞳孔之间连线相垂直的方向,也就是双眼注视无穷远处时的方向。

双眼注视无穷远处时,无穷远处的任意一点(用 U 表示,图 8-2 中未标注)与 O_1、O_r 之间视线 O_1UO_r 的夹角 θ 等于零,无穷远处的任意一点经眼睛水晶体成的像都落在左、右眼的黄斑处;而当双眼注视着有限距离点 B 点时,B 在视网膜上的像也落在左、右眼的黄斑位置 B_1 和 B_r,但是 B 点相对于左、右眼的两视线的夹角 O_1BO_c 不为零。夹角用 θ_b 表示,称作视差角。为了观看物点 B,眼睛将偏转一定量的会聚角 φ,显然,$\theta_b=2$。B 相对于人眼的距离为

$$Z_b = b/\tan\varphi \tag{8-1}$$

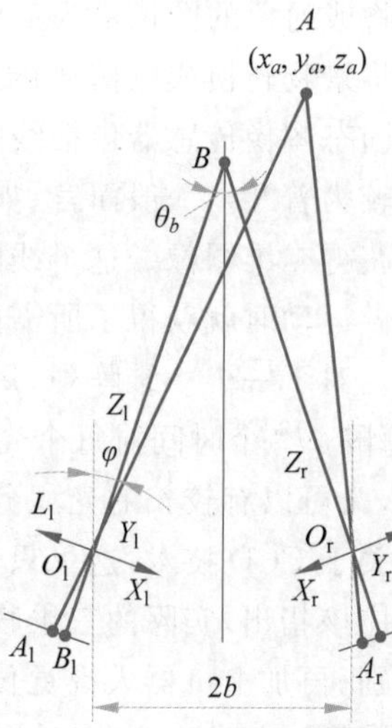

景物空间中任意一点 $A(x_a、y_a、z_a)$ 在左、右视网膜上所成的像点分别为 A_1 和 A_r,在视网膜上 A_1 相对于 B_1 的偏移量 Δ_1 以及 A_r 相对于 B 的偏移量 Δ_r,分别称作 A 点在左眼和右眼上的线视差。推导可得 A 点在景物空间中的位置与它在左、右眼上的线视差的关系为

$$\begin{cases} z_a = 2b\dfrac{\cos\varphi + \Delta_r/f\sin\varphi}{(\Delta_1/f - \Delta_r/f)\cos2\varphi + (1+\Delta_r\Delta_1/f)\sin2\varphi} \\ x_a = z_a\Delta_1/f \\ y_a = z_a\Delta_1'/f \end{cases} \tag{8-2}$$

式中:$2b$ 为两眼瞳孔中心距离,成人的平均距离为 65mm;f 为人眼水晶体的焦距,成人平均焦距为 18.930~22.785mm(分别为紧张时和放松时的值);Δ_1'为 Y 轴方向上 A 点在视网膜上的像点相对于人眼黄斑点的偏差。

可见,根据景物空间各物点相对于黄斑点的线视差就可以决定物点在空间中的位置,可见,视差是立体视觉中十分重要的参数,而在机器人立体视觉中,如何从二维图像中获得景物空间的三维信息,视差仍然是一个十分重要的判定景物空间分布的重要因素。

图 8-2　人眼成像模型

8.2.2　机器人视觉方法

机器人视觉的作用过程与人眼十分相似,只不过它用以接收景物信息的不是眼睛和视网膜,而是光学系统和传感器,光学系统相当于人眼的水晶体,传感器相当于人眼的视网膜。三维客观世界中三维景物经由传感器成像后成为平面的二维图像,再经处理部件对两幅二维图像加以运算处理,给出景物的特征和空间描述。

机器人视觉系统借助于光线将景物或对象的形状、空间分布等信息记录下来,然后加以分析整理,因此,对光的依赖性很大,往往需要好的照明条件,才不至于产生不必要的阴影、低反差、镜面反射等问题。这样,在良好的照明条件下,图像传感器所获得的关

于景物或对象的图像最为清晰,复杂程度最低,使得检测所需要信息量得到必要的增强。

将景物转换成电信号的设备是光电检测器,最常用的光电检测器是固态图像传感器。固态图像传感器包括线阵CCD传感器和面阵CCD传感器两类,固态图像传感器的应用较为普及。一般而言,如果景象在连续均匀地运动(如在传送带上),那么可以用线阵列获得二维图像。这个线阵列的分布方向与传送带的运动方向垂直,当物体垂直于扫描线做运动时就获得了所需的二维图像。当然,传送带的运动必须如最小分辨单元那样精确。对于一个一维阵列,每隔N个时间单位对每个光敏单元读取一次,而一个二维阵列,每隔N^2个时间对每个光敏单元读取一次。因此,二维阵列既可以保持较高的数据传送率,又可以有较长的光积分时间,降低了噪声。

关于CCD技术,这里只讨论机器人视觉传感技术的原理和其他相关技术。

应该指出,实际的三维物体形态和特征是相当复杂的,特别是由于要识别的景物千差万别,再加上机器人视觉传感器的视角又时刻在变化,它所探测到的视场不断在变动,引起图像时刻发生变化,这种变化需要高速度的图像处理与之相适应;另外,对景物中物体细节的了解又需要高分辨率的视觉传感器,这样,每一帧图像的信息量大大增加,需要处理的数据也就大为增加。遗憾的是,高精度、高速度和低误识率在图像处理技术中是很难同时兼顾的,所以机器人视觉在技术上的难度是比较大的。

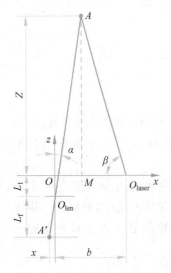

图8-3 激光扫描法原理图

在空间中判别物体的位置和形状一般需要距离信息、明暗信息和色彩信息,前面两方面是主要需要解决的问题,只有当景物是彩色的或者必须对彩色信号进行处理时才考虑彩色信息,否则,只记录景物的明暗信息而忽略色彩信息,其目的是减少图像的信息量,加快图像的处理速度。

距离信息可以通过激光扫描、立体图像摄影等办法获得,下面分别简单介绍这两种获得距离信息的方法。

(1) 激光扫描法。图8-3为激光扫描成像系统光路,O_{laser}为光源(激光器)位置,激光器向景物空间发射一束平行光束,设景物空间有任意一个物点A,A点反射激光束,进入成像透镜O_{len},在CCD摄像机像面上成像A',并且令像点A'的坐标为(x,y,z),AA'实际上是A点成像光路的主光线,像点A'相对于CCD成像面的中心点的偏移量x与A点相对于O点的距离Z有关,根据发射光线的空间角度β和反射光线空间角度α,以及发射源与电视摄像机之间的相对位置b的几何关系,就可以确定反射点的空间坐标Z:

$$\tan\alpha = x/L_f$$
$$OM = (L+L_1) \times \tan\alpha = x \times (L+L_1)/L_f$$
$$MO_{laser} = L \times \cos\beta$$
$$OM + MO_{laser} = b \tag{8-3}$$

综合上式计算可得

$$Z = (bL_f - xL_1)/(x + L_f \tan\beta) \tag{8-4}$$

此外,还可以计算出 A 点的另外两个坐标值:

$$\begin{cases} X = x(b\tan\beta + L_1)/(x\tan\beta + L_f) \\ Y = y(b\tan\beta + L_1)/(x\tan\beta + L_f) \end{cases} \tag{8-5}$$

通过机械扫描装置,把激光光束投向景物空间,按照一定的顺序对景物空间进行二维扫描,即可得到景物空间各点的距离信息。

激光扫描法除了用激光束照明然后测量反射光点位置外,还有另外一种方法,即将激光转换成扇形,这种光束透射到物体上是一条线形的光的线条,用直线狭缝光束代替点光束,这个线条与物体表面相交时,将会照射出与物体表面形状一致的曲线,通过对曲线的测量和分析,就可以得到物体表面的形态分布数据。这种方法已经很好地应用到焊接机器人视觉系统中。

(2) 立体摄影法。在机器人视觉传感中,景物的立体信息也可以模仿人的双眼,用两个摄像机从不同的方位记录景物的图像。与人眼立体视觉不同的是,机器人立体视觉用的两个 CCD 摄像机不能根据景物空间任意物点进行会聚观测(相当于人眼对远、近景物的注视),两个 CCD 摄像机的安置方法是摄像机镜头的光轴相互平行,相当于人眼注视无穷远。当然,根据特定的情况也可以注视有限远的某一特定点。

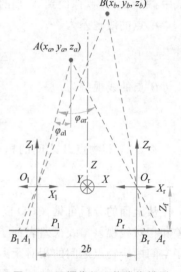

图 8-4 双摄像机立体成像模型

图 8-4 为机器人立体视觉光学系统光路图。设景物空间有物点 A 和 B,A 在 CCD 成像面上的像落在 A_1 和 A_r 点,两视线的夹角 O_1AO_2 称作视差角,可表示为

$$\theta_a \approx 2b/Z_a \tag{8-6}$$

式中:$2b$ 为两个 CCD 摄像机光轴之间的距离。

显然,对于物点 B,其视差角为

$$\theta_b \approx 2b/Z_b \tag{8-7}$$

设物点 A 和物点 B 两者的视差角的差值为 $\Delta\theta_{ab}$,$\Delta\theta_{ab}$ 称为立体视差,其可表示为

$$\Delta\theta_{ab} = \theta_a - \theta_b \tag{8-8}$$

视差角的大小表征了物点的远或近,若近物点 A 和远物点 B 相对于 CCD 摄像机的视差角分别为 θ_a、θ_b,由图 8-4 可见,必然 $\theta_a > \theta_b$;若 $\theta_a < \theta_b$,则可判断,物点 A 相对于物点 B 较远。同样,立体视差的正、负也能表征物点的远近。

物体在 CCD 成像面上的图像是二维的,角视差在二维图像并不能得到反映,在 CCD 成像面上,物体的角视差实际上是以线视差来表现的。设 CCD 摄像机的焦距为 f,左、右 CCD 成像面分别为 P_1、P_r 处。为讨论问题方便起见,设坐标系 X-Y-Z、X_1-Y_1-Z_1 和 X_r-Y_r-Z_r 如图 8-4 所示,设物点 $A(X_a$、Y_a、$Z_a)$、$B(X_b$、Y_b、$Z_b)$ 经由左、右 CCD 成像面分别成像于 $A_1(X_{a1}$、Y_{a1}、$Z_{a1})$、$A_r(X_{ar}$、Y_{ar}、$Z_{ar})$ 和 $B_1(X_{b1}$、Y_{b1}、$Z_{b1})$、$B_r(X_{br}$、Y_{br}、$Z_{br})$。

则 A 点的线视差 ΔX_a 可如下计算：

$$\begin{cases} \tan\varphi_{ar} = \dfrac{b - X_a}{Z_a} \\ \tan\varphi_{al} = \dfrac{b + X_a}{Z_a} \end{cases} \tag{8-9}$$

$$\begin{cases} X_{ar} = Z_f \tan\varphi_{ar} \\ X_{al} = Z_f \tan\varphi_{al} \end{cases} \tag{8-10}$$

或

$$\begin{cases} X_{ar} = \dfrac{Z_f b - X_a}{Z_a} \\ X_{al} = \dfrac{Z_f b + X_a}{Z_a} \end{cases} \tag{8-11}$$

式中： Z_f 为 CCD 像面到 X 轴的距离。

A 点的线视差为

$$\Delta X_a = X_{ar} - X_{al} = 2b \frac{Z_f}{Z_a} \tag{8-12}$$

B 点的线视差为

$$\Delta X_b = X_{br} - X_{bl} = 2b \frac{Z_f}{Z_b} \tag{8-13}$$

物点 A 和物点 B 之间的相对线视差为

$$\Delta X_{ab} = \Delta X_a - \Delta X_b = 2b \frac{Z_f(Z_a - Z_b)}{Z_a \times Z_b} \tag{8-14}$$

从上面的分析可见，CCD 成像面中的二维图像包含了景物的三维信息，那就是线视差和相对线视差。线视差表征了空间物点相对于 CCD 摄像机的距离，相对线视差表征了空间两个物点之间的相对距离。

在图像的立体信息处理过程中还有一个伪立体图像的问题，伪立体图像就是图像处理过程中出现的图像计算出来的景物的空间位置发生倒置，远物点被看作近物点，近物点被当作远物点的现象。有兴趣的读者可以参阅有关文献，这里不再赘述。

8.2.3 机器人图像处理技术

机器人图像的初级处理是对视觉数据进行一系列加工中的第一步，它为获得高质量图像创造了条件。初级处理的主要内容：①从图像灰度的变化规律中寻找图像边缘和分割图像；②求取图像重心位置；③提取图像的两个垂直的主惯性轴。通过这些处理可以识别物体的形状特征，区分出物体在背景中所处的位置。具有图像初级处理能力的机器人往往能满足在工业应用中的要求。

机器人视觉过程的第二阶段，即中期视觉，这一过程是由多个相对独立的视觉模块相互协同而完成的。这些模块包括立体视觉、运动视觉等，这里仅介绍立体视觉。

1. 图像的分割算法

机器人往往只关心某种特定的物体,也就是说,只关心整个画面中的一部分图像,为此必须要把所要关心的图像与其他部分区分开来,这个区分与提取的过程就是图像的分割。图像分割的方法很多,这里以阈值处理和边缘检测两种方法为例对图像分割技术加以介绍。

1)阈值处理法

为了从图像中取出所需要的部分,可以根据适当的灰度阈值将图像的灰度等级减少,使其成为二值化图像,这样图像的各个部分就被分离开来。设图像在二维图像坐标(x,y)中的函数为 $f(x,y)$,二值化图像函数为 $f_t(x,y)$,则有

$$f_t(x,y)=\begin{cases}1, & f(x,y)\geqslant t_h \\ 0, & f(x,y)<t_h\end{cases} \tag{8-15}$$

式中:t_h 为阈值,阈值将图像的灰度值二值化为 0 和 1,成为二值图像。

图像的二值化处理中的阈值选取并不是一个简单的问题,如果图像的灰度分布不具有十分明显的分界,那么,首先要推算出图像的灰度分布概率参数,然后才能准确求出阈值,而这些概率参数又必须进行参数估计,即使是正态分布,用最小二乘法估计它的参数也是很麻烦的,因此,实际应用中可以采用实验法来确定阈值。

对于灰度分布比较简单的图像,阈值选取可能又要简单一些,例如灰度分布有明显的双峰值特性的图像,如图 8-5 所示。假定其灰度分布服从正态分布,其概率密度函数分别为 $p_1(t)$、$p_2(t)$,这里的自变量 t 代表灰度,x、y 代表二维图像的坐标值。那么整个图像的灰度分布可以用一个联合概率密度函数描述为

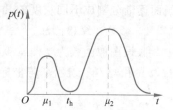

图 8-5 双峰值特性的灰度分布

$$p(t)=P_1p_1(t)+P_2p_2(t) \tag{8-16}$$

将 $p_1(t)$、$p_2(t)$ 用正态分布的公式代入式(8-16),可得

$$p(t)=\frac{P_1}{\sqrt{2\pi}\sigma_1}\exp\left[\frac{-(t-\mu_1)^2}{2\sigma_1^2}\right]+\frac{P_2}{\sqrt{2\pi}\sigma_2}\exp\left[\frac{-(t-\mu_2)^2}{2\sigma_2^2}\right] \tag{8-17}$$

式中:μ_1、μ_2 为两部分灰度的数学期望值;σ_1^2、σ_2^2 为方差;P_1、P_2 为两个峰下面的面积,且 $P_1+P_2=1$。

最佳阈值可以根据式(8-17)计算得到。假设亮的部分是背景,暗的部分是物体,且 $\mu_1<\mu_2$。在进行图像分割时,把背景当作物体和把物体当作背景的错误概率分别为

$$E_1(t_h)=\int_{-\infty}^{t_h}p_2(t)\mathrm{d}t \tag{8-18}$$

$$E_2(t_h)=\int_{t_h}^{+\infty}p_1(t)\mathrm{d}t \tag{8-19}$$

总错误概率为

$$E(t_h)=P_2E_1(t_h)+P_1E_2(t_h) \tag{8-20}$$

对式(8-20)中的 $E(t)$ 关于 t 微分,并取 $\mathrm{d}E(t)/\mathrm{d}t=0$,可得

$$P_2 p_2(t_h) = P_1 p_1(t_h) \qquad (8\text{-}21)$$

将概率密度函数 $p_2(t)$ 和 $p_1(t)$ 代入式(8-21)，整理后可得

$$A t_h^2 + B t_h + C = 0 \qquad (8\text{-}22)$$

式中

$$A = \sigma_1^2 + \sigma_2^2$$

$$B = 2(\mu_1 \sigma_2^2 - \mu_2 \sigma_1^2)$$

$$C = \mu_2^2 \sigma_1^2 - \mu_1^2 \sigma_2^2 + 2\sigma_1^2 \sigma_2^2 \ln(\sigma_2 P_1 / \sigma_1 P_2)$$

若 $\sigma_1^2 = \sigma_2^2 = \sigma^2$，则有

$$t_h = \frac{\mu_1 + \mu_2}{2} + \frac{2\sigma^2}{\mu_1 + \mu_2} \ln(P_2 / P_1) \qquad (8\text{-}23)$$

若 $P_1 = P_2$，则图像二值化的最佳阈值 t 可以计算得

$$t_h = (\mu_1 + \mu_2)/2 \qquad (8\text{-}24)$$

有了阈值之后，就很容易分离图像。分离图像的方法有两种：一种方法是将图像分成很多基本区域，然后从某一个区域开始判别邻域的像素灰度如何，如果基本区域的灰度与本区域灰度不同，这个区域就是一个独立的区域。如果一个画面有几块物体图像，则要找出多个起点，重复上面的过程，将各个区域分别找出。另一种方法是将一个大的画面逐渐分割成不同灰度的几个区域，基本方法与前述方法相同，只是方向不同。

2）微分边缘检测法

假设图像函数为 $f(x,y)$，则图像沿 x 和 y 方向的灰度变化率分别可以用偏微分 $\partial f/\partial x$ 和 $\partial f/\partial y$ 表示。若坐标 (x,y) 绕原点旋转一个角度 θ，设得到的新坐标系为 (x', y')，如图 8-6 所示，则 (x,y) 和 (x',y') 之间存在如下关系：

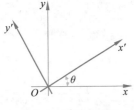

图 8-6 坐标变换图

$$\begin{cases} x = x'\cos\theta - y'\sin\theta \\ y = x'\sin\theta - y'\cos\theta \end{cases} \qquad (8\text{-}25)$$

一阶偏微分之间存在下面关系：

$$\begin{cases} \dfrac{\partial f}{\partial x'} = \dfrac{\partial f}{\partial x}\cos\theta + \dfrac{\partial f}{\partial y}\sin\theta \\ \dfrac{\partial f}{\partial y'} = \dfrac{\partial f}{\partial x}\cos\theta + \dfrac{\partial f}{\partial y}\sin\theta \end{cases} \qquad (8\text{-}26)$$

将 $\partial f/\partial x'$ 对 θ 微分，并令其为 0，就可以求得 f 偏微分的最大方向，也就是图像上的灰度变化最激烈的方向 θ：

$$\begin{cases} -\dfrac{\partial f}{\partial x}\sin\theta + \dfrac{\partial f}{\partial y}\cos\theta = 0 \\ \theta = \arctan\left(\dfrac{\partial f}{\partial x}\right) \end{cases} \qquad (8\text{-}27)$$

实际上，θ 也是函数 f 的梯度方向，而梯度的大小为

$$\sqrt{\left(\frac{\partial f}{\partial x}\right)^2 + \left(\frac{\partial f}{\partial y}\right)^2} \qquad (8\text{-}28)$$

在数字图像中,往往用差分代替微分,这样计算得到的数字梯度矢量的大小和方向分别为

$$\sqrt{\nabla_x f(i,k)^2 + \nabla_y f(y,k)^2} \tag{8-29a}$$

$$\arctan\left[\nabla_y f(i,j)/\nabla_x f(i,j)\right] \tag{8-29b}$$

根据数字梯度矢量大小是否超过阈值,可以判别该点是否为图像边界。

2. 重心点及惯性矩计算

在平面物体的特征识别过程中,常用一个存储于存储器里的具有标准布置形态的物体图像与所拍摄的物体图像相比较,一般来说,物体不可能完全一致地摆放,因此,CCD摄像机所获得的物体图像姿态往往也是任意的,如图 8-7 所示。为了使物体图像能与标准图像进行比较、识别,可将图 8-7(a)基准坐标系调整到与摄取图像 8-7(b)的姿势一致。为此,首先要计算出图 8-7(b)的物体的重心点 C 的坐标以及图像两个垂直的主惯性轴的方向。

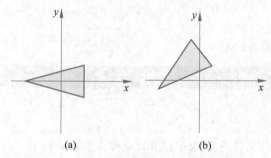

图 8-7 CCD 摄像机获得的物体图像姿态

假设,图像灰度数字化函数为 $f(i,j)$,图像重心坐标 x_c、y_c 可按下式计算:

$$\begin{cases} x_c = \dfrac{1}{M} \sum_{i=1}^{m} \sum_{j=1}^{n} i f(i,j) \\[2mm] y_c = \dfrac{1}{M} \sum_{i=1}^{m} \sum_{j=1}^{n} j f(i,j) \\[2mm] M = \sum_{i=1}^{m} \sum_{j=1}^{n} f(i,j) \end{cases} \tag{8-30}$$

式中:M 为图像各点灰度值总和;m 为像素最大列数;n 为像素最大行数。

图像处惯性轴 x'、y' 必定通过重心点 C,为了计算 x' 轴与水平轴 x 之间的偏角 φ,首先要计算出惯性矩 I_x、I_y、I_{xy} 与主惯性矩 I_x'、I_y'、I_{xy}'。

惯性矩 I_x、I_y、I_{xy} 为

$$\begin{cases} I_x = \dfrac{1}{M} \sum_{i=1}^{m} \sum_{j=1}^{n} (j - x_c)^2 f(i,j) \\[2mm] I_y = \dfrac{1}{M} \sum_{i=1}^{m} \sum_{j=1}^{n} (j - y_c)^2 f(i,j) \\[2mm] I_{xy} = \dfrac{1}{M} \sum_{i=1}^{m} \sum_{j=1}^{n} (j - x_c)(j - y_c) f(i,j) \end{cases} \tag{8-31}$$

主惯性矩 I'_x、I'_y、I'_{xy} 分别为

$$\begin{cases} I'_x = \dfrac{1}{2}(I_x + I_y) + \dfrac{1}{2}(I_x - I_y)\cos 2\varphi - I_{xy}\sin 2\varphi \\[2mm] I'_y = \dfrac{1}{2}(I_x + I_y) - \dfrac{1}{2}(I_x - I_y)\cos 2\varphi + I_{xy}\sin 2\varphi \\[2mm] I'_{xy} = (I_x - I_y)\sin 2\varphi + I_{xy}\sin 2\varphi \end{cases} \tag{8-32}$$

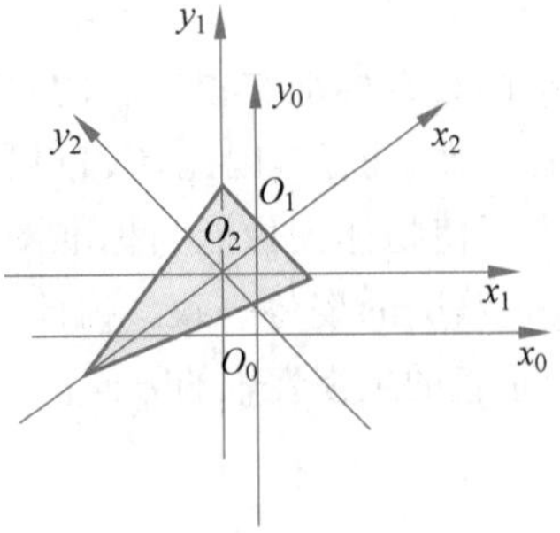

根据惯性矩 I_x、I_y、I_{xy} 可以求出偏角为

$$\varphi = \frac{1}{2}\arctan\left(2\frac{I_{xy}}{I_y - I_x}\right) \tag{8-33}$$

设图像原坐标系为 $x_0 O_0 y_0$，对图像进行平移后的坐标系为 $x_1 O_1 y_1$，旋转后得到的新坐标系为 $x_2 O_2 y_2$，如图 8-8 所示，则原坐标系和新坐标系的变换关系为

$$\begin{cases} x_2 = \left[(x_0 - x_c)\cos\varphi - (y_0 - y_c)\sin\varphi\right] + x_c \\[2mm] y_2 = \left[(x_0 - x_c)\sin\varphi - (y_0 - y_c)\cos\varphi\right] + y_c \end{cases} \tag{8-34}$$

图 8-8 原坐标系到新坐标系的变换

8.3 距离测量方法

8.3.1 基本概念

"雷达"的中文学名来自英文"RADAR"，全称为 Radio Detection And Ranging，意思是无线电探测和测距。雷达是一种利用电磁波探测目标的设备。电磁波是以辐射的形式传播的电磁场，具有波粒二象性。电磁辐射由低频至高频（或由长波至短波）划分，依次为无线电波、微波、红外线、可见光、紫外线、X 射线和 γ 射线。以微波和毫米波作为载波的雷达最早出现在 1935 年左右，那时主要应用于机载探测、测距和跟踪。目前，雷达已成为军事战斗和民用生活必不可少的工具。随着激光器的发明，雷达技术延伸到电磁频谱的可见光波段，产生了激光雷达。早期的激光雷达简单地称为光雷达 LiDAR(Light Detection and Range)，后期为明确激光探测的概念，将这种原始的名称改为 LADAR (Laser Detection and Ranging)。激光雷达最早在 1967 年公开报道，由美国国际电话和电报公司研制成功，用于航天飞行机交会对接的星载激光雷达。1978 年，美国国家航空航天局马歇尔太空飞行中心研制以同样目的研制了 CO_2 相干激光雷达，至此激光雷达开始成为世界广泛关注和研究的课题。2015 年，南京大学提出激光三维成像雷达(LiDAR)的概念，意指以激光作为光源的主动式光电成像系统，利用光束的飞行时间与发射方位的信息，高效率、高精度获取物方空间的三维坐标数据的成像技术。激光三维成像雷达的特点是采用非光机扫描的方式成像，对视场中的点云数据同步获取。

激光成像雷达技术可广泛应用于激光制导、战场侦察、飞机防撞、地雷遥感等军事领域，同时也可以应用到城市数字模型重建、森林生态监测、海洋环境测绘、地质地貌探测、太空勘测等科学领域。

激光雷达与微波雷达在探测性能上相比兼具优、缺点，激光雷达的优点主要表现在

以下五方面：

（1）激光具有更窄的脉冲（纳秒至飞秒），有效的带宽更宽，因此可实现更高精度的测量；

（2）激光的工作频率在电子干扰频谱和微波隐身有效频率之外，因此抗干扰能力强，隐蔽性好；

（3）激光的单色性和相干性好，可实现高灵敏的外差干涉接收；

（4）激光回波可同时获得目标的距离、角度和速度等多个信息，生成多种图像，通过融合得到的三维图像信息更丰富；

（5）激光雷达系统一般体积小、重量轻，因此很适合车载、机载乃至星载模式的测量。

激光雷达存在一些缺点：激光受大气衰减，背景光影响大，在恶劣天气、大气衰减严重的环境中探测距离会降低，且精度也受影响。

但综合来看，在微波雷达后期发展起来的激光雷达，在很多方面已经具有无可替代的优势。

激光雷达的分类方式很多，按激光波段可分为紫外激光雷达、可见激光雷达和红外激光雷达；按发射源可分为气体激光雷达、固体激光雷达、半导体激光雷达、二极管激光雷达等；按运载模式可分为星载激光雷达、机载激光雷达、车载激光雷达、地基激光雷达等；按功能可分为成像激光雷达、目标识别激光雷达、流速测量激光雷达、跟踪激光雷达等；按应用领域可分为大气探测激光雷达、海洋探测激光雷达、陆地探测激光雷达、目标探测激光雷达等。

8.3.2 距离测量技术

激光成像雷达的距离测量方法有很多种，常见的有脉冲飞行时间（TOF）、振幅调制、振幅啁啾调制、频率啁啾调制等。

1. 脉冲飞行时间法

脉冲飞行时间是指激光脉冲飞行时间，它是利用激光脉冲持续时间极短、能量在时间上相对集中、瞬时功率很大的特点进行测距的。如图 8-9 所示，光源发出的脉冲光从光源飞向目标，遇目标反射后，返回到探测器，光脉冲往复飞行距离为 $2d$，所用的时间为

$$t = \frac{2d}{c} \tag{8-35}$$

式中：c 为光的传播速度，空气中的光速为 $3.0 \times 10^8 \text{m/s}$（精确值为 299792458m/s）；$d$ 为被照射物点相对于探测系统的距离。

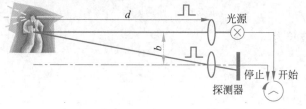

图 8-9　脉冲飞行时间测量

显然，根据光脉冲的飞行时间 t，可以计算出物点的距离，即

$$d = \frac{t}{2}c \qquad (8\text{-}36)$$

激光器以脉冲的形式发光，在极短的时间内将储存的能量释放出来，可以获得峰值功率极高的激光脉冲输出，这有利于提高激光成像的作用距离。激光器之所以能够形成高峰值功率、窄脉宽激光脉冲，主要是利用激光器的调 Q 技术(也称作 Q 开关技术)：在光泵浦初期设法将谐振腔的 Q 值降低，从而抑制激光振荡的产生，使工作物质上能量粒子数得到积累。随着光泵的继续激励，高能级粒子数逐渐积累到最大值。此时突然将谐振腔的 Q 值调高，使得积累在高能级的大量粒子极端的时间内雪崩式地跃迁到低能级，同时一部分能量转换为光输出。

脉冲激光器是不连续的高重频脉冲间隔发光，一般以发射能量来评价脉冲的输出，单位为焦(J)；或者用平均功率评价激光器的功率特性，功率单位为瓦(W)，即每秒做功多少焦耳。瓦和焦耳的关系为 $1\text{W} = 1\text{J/s}$。

例如，一台脉冲激光器，重复频率为 20kHz，脉冲宽度为 10ns，脉冲发射能量为 20mJ。则该激光器的单脉冲输出功率为

$$P = 20\text{mJ}/10\text{ns} = 2 \times 10^{6}\,\text{W} \qquad (8\text{-}37)$$

激光器的平均输出功率为

$$\overline{P} = 20\text{mJ} \times 20\text{kHz} = 400\text{W} \qquad (8\text{-}38)$$

脉冲飞行时间测量方法的精度与时间测量精度有关，这样就由时间计数器(TDC)的计时分辨率以及脉冲的起始和回波结束的判断精度两个因素决定。

2. 振幅调制的相位法

如图 8-10 所示，光束被调制为幅度呈三角函数周期变化的光波，如图中的实线所示；光波在传播过程中遇到被探测的物体后返回，如图中的虚线所示。反射回波与发射光波之间，因为物体的距离因素而存在相位差 $\Delta\varphi$。

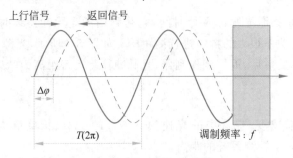

图 8-10　连续波振幅调制

设调制光的波长为

$$\lambda = \frac{c}{f} \qquad (8\text{-}39)$$

则目标的距离为

$$d = \left(\frac{\Delta\varphi}{2\pi}\lambda\right)/2 = \frac{\Delta\varphi c}{4\pi f} \tag{8-40}$$

$$\varphi = 2m\pi + \Delta\varphi = (m + \Delta m)2\pi \tag{8-41}$$

式中：m 为零或者整数；Δm 为小于 1 的非整数，$\Delta m = \Delta\varphi/2\pi$。

一般情况下，式(8-41)中的 $m=0$，因为若 $m \geqslant 1$，将无法确定 m 的实际数值。因为相位差测量方法只能测量 $\Delta\varphi < 2\pi$ 的值，当实际的相位差 $\Delta\varphi > 2\pi$ 时，即 $m > 1$ 时，也只会测量出 $\Delta\varphi < 2\pi$ 的值。为了测量更远距离，可降低激光的调制频率，使得激光的调制波长增加。

相位测量法的测量精度与相位测量精度相关，例如相位测量误差 0.1%，那么，当光的调制波长为 10m 时，测量误差为 10mm，光的调制波长为 100m 时，测量误差为 0.1m。可见，相位法测距不适合远距离测距的精度要求。

若目标距离 d 大于调制波长 λ，则在确定调制波长数 m 时会产生不定解。为了得到较高的测距精度，又不使距离测量产生不定解，可顺序地采用几个波长的调制光，并测量每个波长的相移。长波长与短波长相结合可以实现远距离和高精度测距。最短的调制波长将决定测距精度，称为精测波长或基本测尺波长，所对应的频率称为精测频率或基本测尺频率；最长的波长决定可测距范围，称为粗测波长，对应着粗测频率；其他波长的调制波长称作辅助测尺波长，对应着辅助测尺频率。

3. 啁啾调制法

啁啾调制是一种连续波调制技术，如图 8-11 所示，激光被频率调制，所发出的激光束幅度相等，频率随时间变化。在 T_0 周期内，激光束的频率变化 ΔF（称作调制深度），在任意 t 时刻，激光束的频率为

$$f_S = f_0 + kt \tag{8-42}$$

式中：$mT_0 \leqslant t \leqslant (m+1)T_0$，$m = 0,1,2,3,\cdots$；$f_0$ 为啁啾信号的基准频率；系数 $k = \Delta F/T_0$。

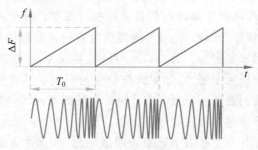

图 8-11　啁啾调频信号

如图 8-12 所示，经往返时间 τ（$\tau = 2d/c$）后，激光束到达激光接收端，回波啁啾信号与原始无延迟啁啾信号之间存在延时 τ，由于啁啾信号为线性调频信号，频率变化与时间变化呈线性关系，因此延时大小将转变为频差 f_{if} 大小，通过检测频差，就可以得到回波延时，进而得到目标距离。

回波信号的频率为

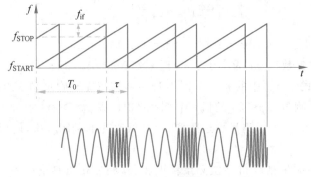

图 8-12　回波差频信号

$$f_R = f_0 + k(t - \tau) = f_0 + k\left(t - \frac{2d}{c}\right) \tag{8-43}$$

发射信号与回波信号的频率差为

$$f_{if} = f_R - f_0 = k\frac{2d}{c} \tag{8-44}$$

或者，令本征信号频率 $f_0 = f_S$，则有

$$f_{if} = f_R - f_S = k\frac{2d}{c} \tag{8-45}$$

$$d = \frac{cf_{if}}{2k} = \frac{cT_0}{2} \tag{8-46}$$

　　啁啾调制方法通过改变调制频率深度 ΔF 适应不同测程需要。由于频率随时间严格线性变化很困难，不适用于高精度测距。相对于同等功率激光器的脉冲方法，连续波测距激光雷达平均发射功率较低，作用距离小很多。

　　根据相位法和脉冲法两种激光测距方式的对比可以得出以下结论：

　　(1) 相位法激光测距常用于小距离测距（一般用于百米以内的距离测量），具有很高的测量精度（测量精度可达到毫米级），并且设计相对简单。对于测量精度的影响，除了大气温度、气压和湿度等外在因素，还包括测距仪自身的光发射功率、测量平均次数和调制频率及其稳定性等因素的影响。另外，电子噪声，特别是由大功率调制引入的电子相干噪声对探测精度影响很大。而且，如果光电信号与调制源具有相同的频率，就会限制测相精度。这是由于调制源存在与光电信号频率相同的泄漏场，它与光电信号发生相干作用，降低了信噪比，特别是在回波信号很弱时。

　　(2) 脉冲式激光测距仪主要用于远距离的激光测距，其特点是抗干扰能力强，精度高。目前主流的脉冲式激光测距产品的测量精度可达到厘米级。

　　脉冲激光测量系统的测量精度主要依赖于接收通道的带宽、激光脉冲的上升沿、光电探测器的信噪比（峰值信号电流与噪声电流均方根值之比）和时间间隔测量精度。以上主要是从激光飞行时间出发来考虑测量的精度，其中关键是如何精确地确定激光飞行时间的起止时刻和精确测量激光飞行时间，它们各自对应的是时刻鉴别单元和时间间隔测量单元。另外，大气折射率也受环境温度、气压及大气湍流的影响。

（3）连续波啁啾调制法主要用于近距离的激光成像场合，如近炸引信、武器寻的、测速仪、汽车防撞等。它的特点是：激光的发射功率受到限制，比较适合于近距离的成像中，并且容易实现极高的距离分辨力，具有较高的距离测量精度。系统结构相对简单，因此具有尺寸小、重量轻、成本低等优点，被截获概率小。根据雷达系统理论，雷达的理论分辨率由雷达信号带宽决定。在线性调频连续波雷达中，易得到大带宽信号，而接收机的带宽却远小于信号带宽，因此易于工程实现，不存在距离盲区。

线性调频连续波雷达采用的是大时宽带宽积调频信号，根据雷达信号模糊函数理论，它必然存在距离与速度耦合的问题，这不仅导致系统的实际分辨率下降，而且会引起运动目标测距误差。

8.4　激光三维成像技术

第 5 章和第 6 章介绍了单光子雪崩光电二极管、微通道板超快光子传感器、超导单光子探测器，这三种器件都可以用于激光成像雷达，在主动式距离测量中是常见的光电传感器件。由于它们具有极其敏感的光信号检测能力，在远距离激光成像方面具有很大的优势。对于近距离的激光成像系统，线性 APD 器件也是常用的光电传感器件。

2014 年，美国国家研究委员会（NRC）发表研究结论："主动式光电成像技术能够实现被动成像无法完成的测量功能，将大规模替代被动式成像雷达在商业、军事方面的应用。"激光三维成像是该委员会重点论述的主动式光电成像技术，该技术具有不可替代的优势：亮度高、单色性好、射束发散角小、探测精度高、分辨能力强，可以获得被测目标的丰富的三维信息；其天线口径小，体积和重量不大，可以方便地移植到多种平台上；激光雷达工作时隐蔽性强，不易受到外部干扰。利用激光雷达系统，可以满足大面积、高速度、高精度现代海洋战场侦测的需要。相对于电磁波雷达系统，激光雷达探测系统具有更高的隐蔽性以及全天候的优势。

作为主动式机器视觉传感方式，激光成像雷达具有独特的性能，因此，激光成像雷达在机器视觉的应用中越来越常见。例如路径导航与规划、自动驾驶汽车、太空应用（如星球机器人、卫星的态势感知等）、避障、机器挖矿、无人作战装备等。

激光三维成像方式有很多种，如扫描成像（X-Y 扫描、线扫描、MEMS 或 DMD 扫描）、FLASH 成像（焦平面成像）、条纹相机成像、距离选通成像、相控阵成像、面阵光电成像等。每一种成像方式在作用距离、成像速度、分辨率、测量精度等方面各具优、缺点，不能一概而论孰优孰劣。下面将介绍其中较为常见的成像方法。

8.4.1　线阵成像方法

激光器发出的线型激光投射到被探测的物方空间，激光经被成像物体表面的反射后，回波信号通过成像物镜投影到光电传感器的感光面，根据回波信号的光学参数，确定回波信号所对应的物点的三维坐标值。常见的方法有结构光成像法和直接成像法。

1. 结构光成像法

结构光成像法是一种三角测距的基本成像方法，线型激光照射物方空间后的回波信号与激光脚印在物体表面投射点距离相关,物体表面的距离不同,激光回波在感光面的像点位置的位移也不同,且像点位置与物体表面的高度信息具有唯一的几何对应关系。

如图 8-13 所示,垂直入射式是指激光沿着被测物体表面法线方向垂直入射,AO 为线激光器发出的入射光线,在被测物体表面发生反射之后,经成像透镜中心 O_1 成像于相机的成像面上,其中 A 点对应于像点 B,O 对应于像点 C。入射光 AO 与反射光 OC 之间的夹角为 θ,反射光 OC 与成像面之间的夹角设为 α。则被测物体表面高度不同的点对应的像点在成像面上的位置也会不同,因而入射光 AO 投射于被测物体表面的点与其在成像平面上的像点之间是一一对应的关系。

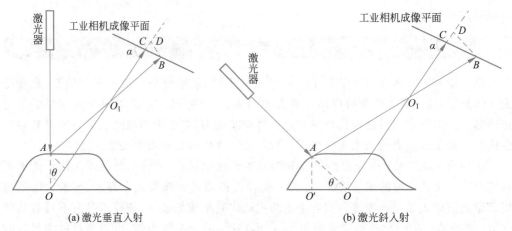

图 8-13　结构光成像原理

假设以 O 点所在的平面为测量的基准平面,其对应的像点 C 为成像面上的基准点,根据三角几何关系,只要知道入射光线 AO 上任一点在相机成像上的位置与基准像点 C 之间的位置偏差,就可推出该点与基准平面上 O 点之间的距离差,进而求得被测物体表面上相应点的距离信息。

图 8-13(a)中,由相机成像的投影关系及相似三角形,可列出关系式:

$$\frac{AO \times \sin\theta}{CB \times \sin\alpha} = \frac{OO_1 - AO \times \cos\theta}{O_1C + CB \times \cos\alpha} \tag{8-47}$$

进一步推导出距离差值:

$$AO = \frac{OO_1 \times CB \times \sin\alpha}{O_1C \times \sin\theta + CB \times \sin(\alpha + \theta)} \tag{8-48}$$

式中:AO 为所求的被测物体表面相应位置点的距离信息;CB 为 A 点与 O 点在成像平面上相应像点之间的位置偏差;OO_1 为 O 点的物距;O_1C 为 O 点的像距。

图 8-13(b)中,已知入射光 AO 与反射光 OC 之间是垂直关系,设入射光 AO 与基准平面之间的夹角为 θ,反射光 OC 与工业相机成像平面之间的夹角为 α。由相机成像的投影关系及相似三角形,可列出关系式:

$$\frac{AO'/\sin\theta}{CB \times \sin\alpha} = \frac{OO_1}{O_1C + CB \times \cos\alpha} \tag{8-49}$$

则由上式可得

$$AO' = \frac{CB \times \sin\alpha \times OO_1 \times \sin\theta}{O_1C + CB \times \cos\alpha} \qquad (8\text{-}50)$$

式中：AO' 为被测物体表面相应位置的高度；CB 为 A 点与 O 点在成像平面上像点之间的偏移量；OO_1 为 O 点的成像物距；O_1C 为 O 点的像距。

激光的发光点位置与接收相机的位置 O_1 之间有一定的距离，才能确保结构光成像系统的有效工作。

2. 直接成像法

直接成像法以线型激光投射到被探测的物方空间，激光经被成像物体表面的反射后，回波信号通过成像物镜投影到光电传感器的感光面，根据回波信号的光学参数确定回波信号所对应的物点的三维坐标值。相对于间接成像法，直接成像法具有零基线成像的特点，即不依赖于三角测距的原理实现距离的测量。在直接成像法中，距离测量的方法包括 8.3.2 节"距离测量技术"介绍的所有测量方法。

如图 8-14 所示，被展开呈扇形的激光束投射在被成像的物体表面($A_1, A_2, \cdots, A_m$)，镜反射后的回波信号由成像镜头接收，并投射于线阵传感器件的感光面。对应于物点($A_1, A_2, \cdots, A_m$)，所形成的回波信号为($a_1, a_2, \cdots, a_m$)，并分别被 m 个传感单元($s_1, s_2, \cdots, s_m$)接收。线阵传感器件具有 m 个独立的传感单元，每一单元对应一个物点及其回波信号。

图 8-14　直接成像法

线阵传感器件必须具有以下基本性能：

(1) 所有的传感单元可以分别检测光电信号；

(2) 传感单元之间相互独立，互补干涉；

(3) 能够分别同时检测回波信号，并具有相同的时间分辨率。

从光学结构上讲，激光束被展开呈扇形，并且具有相同的光电调制特性。根据不同的测距方法，可以采用不同的光电工作机制。

(1) 脉冲飞行时间法：光源发出的光束以窄脉冲的方法发射，扇形中的光束同时从光源飞向目标。传感器的所有单元同步读取回波信号，并分别独自给出回波信号的返回时间。

不同距离处的物点回波的飞行时间不同，线阵传感器可以同时检测不同物点的飞行时间，从而同时探测所有物点的三维坐标。

(2) 振幅调制的相位法：扇形内的光束被调制为幅度呈三角函数周期变化的光波，同时从光源飞向目标。光波在传播过程中遇到被探测的物体后返回，并且不同物点因其距离不同而回波信号具有不同的相位差。线阵传感器的每一个传感单元须同时检测各自所对应的物点的相位差，从而分别测量出对应物点的距离。

间接成像法与直接成像法的性能比较如表 8-2 所示，两者各具优、缺点。

表 8-2　间接成像法与直接成像法的性能比较

性　　能	间接成像法	直接成像法
基本原理	单相机和条纹编码投影	回波飞行时间
响应时间	慢	快
距离测量精度	中等	中等
空间分辨率	中等	中等
作用距离	短	近距离以上，受光源能量限制
系统成本	高	中
系统结构	大	小
环境光影响	容易受环境光影响	不易受环境光影响

8.4.2　条纹管成像原理

条纹管成像是线阵成像方法的一个实例，由于所示的关键光电器件为"条纹管"，故名。

1. 条纹管成像原理

条纹管由光电阴极（PC）、加速系统（M）、聚焦系统（F）、偏转系统（D）和荧光屏（PS）等部分组成。激光成像雷达的物镜将回波的影像投影在狭缝上，狭缝取出一维空间信息，通过中继透镜成像在条纹管的光电阴极上。回波光脉冲照明的光电阴极上将发射光电子，并且光电子的瞬态发射密度正比于该位置、该时刻的光脉冲强度，所产生的光电子脉冲的持续时间就是入射光脉冲的持续时间。光电阴极发出的电子脉冲经加速后再由静电聚焦系统聚焦，随后进入偏转系统，偏转系统上施加的电压使得进入偏转系统的电子脉冲发生偏转。偏转后的电子束进入微通道板，经由微通道板放大后，产生更多数量的电子。然后轰击荧光屏，使荧光屏发出可见光（图 8-15）。

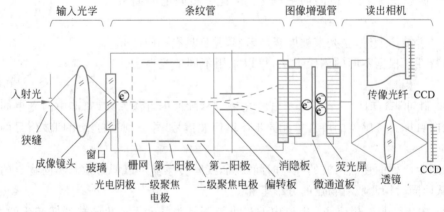

图 8-15　条纹管结构示意图

经过这一系列的过程，激光回波信号的光能量首先经阴极板转变成电子能量，然后经电子放大后又经荧光屏转变成光能量。所以，可以把条纹管看成是一个示波器，它把微弱的光信号放大后成为肉眼可见的光信号。中间过程中借助微通道板进行放大。不过,条纹管不仅使光放大,它最重要的功能是测量光的飞行时间。

在条纹管结构中,偏转系统所施加的电压是一种斜坡电压,如图 8-16 所示。偏转系统上的电压值随时间线性变化,电压越高,电子脉冲偏转的角度越大,电子束落在荧光屏上越高。由于不同时刻进入偏转系统的电子脉冲受到不同偏转电压的作用,电子束到达荧光屏时,将沿垂直于狭缝的方向展开,这一方向展开的高度与时间轴上电子脉冲的时间相对应。例如,分别在 t_1、t_2、t_3、t_4 时刻返回的激光束产生对应的电极脉冲,它们分别对应的偏转电压逐渐下降,因此后到达的偏转角度也逐渐减小。t_1、t_2、t_3、t_4 时刻的回波信号在对应的荧光屏上的偏转位置分别具有不同的高度。这样,通过对荧光屏上光点的高度即可计算出回波信号所对应的飞行时间,这种“以空间换时间”的测量方法是条纹管的最核心的工作原理。

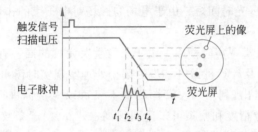

图 8-16　偏转扫描与时间测量

图 8-17 是条纹管线阵激光成像的原理,线阵激光回波信号投影在狭缝上,如图中的四个空间上一字排开的回波信号,它们在时间上也是有先后的顺序,经条纹管成像后,在荧光屏上形成了对应的图案。通过对图案的测量,即可测量出回波信号的飞行时间,进而计算出每一个回波信号所对应的物点的距离。

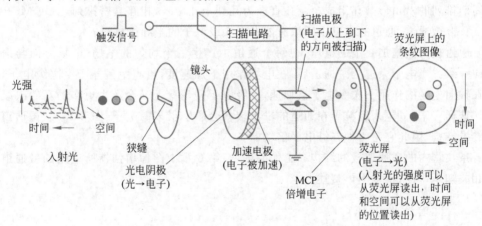

图 8-17　条纹管线阵激光成像原理

为了保证电子脉冲和斜坡电压的同步,在光路中引入分束器,该分束器将一部分光送入物镜,另一部分光送入 PIN 管,由于 PIN 管输出的电脉冲经可变延时器适当延时后触发斜坡电压发生器。电子经前面的系统加速后轰击荧光屏,转换为可见光。荧光屏输出的狭缝扫描图像,一般采用接触照相机或 CCD 实时读出系统记录。由于电子束比任何机械结构在运动中具有小得多的惯性,而利用超快速开关元件很容易产生瞬变电场所需的电压波形,所以条纹管技术可以获得极高的时间分辨率条纹管作为一种电子光学成像器件,具有其他光机式的高速摄影技术难以具有的特点。

条纹管构成的器件具有以下特点:

(1) 条纹管高速摄影能够实现波长转换。如果在条纹管中选用不同的光电发射体和荧光屏材料,就可以进行各种不同波段的摄影。条纹管的光谱响应范围可以覆盖从红外、可见光、紫外、软/硬 X 射线一直到中子射线的整个光谱范围。

(2) 利用增加电子动能或配用电子倍增器(如微通道板等)的方法,可以实现亮度增强,对弱光目标进行拍摄。这一点为条纹管高速摄影所独有,是其他高速摄影难以比拟的。目前像增强器的灵敏度可以做到记录单个光子。

(3) 拍摄频率高,曝光时间短。由于电场与磁场对电子束的作用极为迅速,条纹管的拍摄频率可以达到 $10^8 \sim 10^{13}$。

(4) 图像数据可以实现实时输出。由于条纹管荧光屏的面积有限,位置固定,对其输出图像可用 CCD 相机及计算机做进一步的数据处理实现实时读出。

由上述特点可以看出,利用条纹管探测器不仅可以对目标进行三维成像(探测目标的距离信息),而且成像精度和帧频可以达到很高;另外,由于条纹管探测器使用了微通道板,利用其电子放大作用使得条纹管具有极高的光电灵敏度,使其能够探测到微弱的回波信号。

2. 微通道板

微通道板是一种大面阵的高空间分辨的电子倍增探测器,具备非常高的时间分辨率。其主要用作高性能电子束放大(电子增强器)。微通道板以玻璃薄片为基底,由一系列周期排列的六角形微孔组成。微孔直径为几到十几微米,相互紧密排列,一块 MCP 上有上百万微通道,通道的内壁上都涂有能发射次级电子的半导体材料。

通道板两侧施加一定的电压,在每个通道中产生一个均匀的电场,电场方向与通道轴向一致。当电子束进入了通道后,在电场作用下加速度,再与壁碰撞产生次级电子,并且在轴向电场的作用下次级电子被加速,次级电子碰到壁上又会产生更多的新的次级电子。这样一来,一颗入射粒子在通道的输出端就会产生很多的电子(图 8-18)。微通道板是二维结构,因此它是一种二维电子倍增器。

条纹管中的微通道板的结构和工作原理,与第 6 章中图像增强器所应用的微通道板的相关知识一样,本章不再赘述。

8.4.3 面阵成像方法

目前的面阵光电成像主要是深度相机,包括飞行时间方法、Flash 焦平面成像、结构光方法、激光散斑方法等。结构光方法需要光源与相机之间有一定的基线距离,激光散斑方法对于近距离、低分辨率测量是比较常见的,这两种方法与前述的线阵成像方法类似,只不过将线阵光源和探测器件换成面阵光源和面阵探测器件。

Flash 焦平面成像方法和飞行时间方法对应的都是激光回波的飞行时间的直接测量

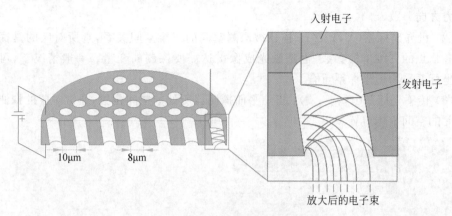

图 8-18　条纹管线阵激光成像原理

方法,采用面阵光源和面阵探测器件对二维的回波信号同时测量。这两种成像技术具有测量精度高、作用距离远的特点。

1. Flash 焦平面成像

Flash 焦平面成像雷达采用面阵焦平面探测器件,对二维方向的激光回波信号进行同时探测,其基本原理如图 8-19 所示。其主要由发射系统和接收系统两部分构成。发射系统将激光展开成面阵光源,照射一定区域的目标;接收系统通过光电结构将激光回波信号接收,与面阵照明光源相对应,接收系统使用的是二维焦平面阵列器件。

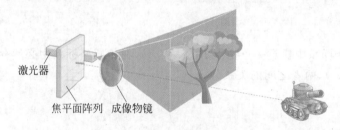

图 8-19　Flash 焦平面成像雷达原理示意图

二维焦平面阵列器件有多种类型,如硅基雪崩光电二极管器件、InGaAs 盖革雪崩光电二极管器件、超导单光子探测器等。这些面阵的焦平面探测器件在第 6 章中有详细介绍,它们都是一种具有单光子探测能力的传感器件。

例如,使用 32×32 单元的 APD 器件,根据牛顿光学的成像定律,每个单元对应一个物点,一个 32×32 单元的 APD 器件可以同时检测 1024 个物点的回波信号,如图 8-20 所示。若采用盖革模式 APD 器件,则每个单元输出的是对应物点回波信号的飞行时间;若采用线性模式 APD 器件,则每个单元输出的是对应物点回波信号的飞行时间、信号的强度。

设立激光成像雷达的成像模型,如图 8-21 所示,用三个坐标系描述成像系统的内外部参数的关系:

(1) 物镜坐标系 (x_c,y_c,z_c):描述接收物镜的空间位置关系,以接收物镜的光轴为 z_c 轴,以物镜的光心 C 为坐标原点设立坐标系,其中 x_c 与大地的水平线平行,y_c 与地球的重力方向一致。

（2）世界坐标系(X,Y,Z)：描述被探测空间的三维空间关系，它所对应的是探测空间中各物点的三维坐标参数，也是激光成像雷达需要探测的变量。一般情况下，可以将世界坐标系与物镜坐标系重合。

（3）传感坐标系(x_i,y_i,z_i)：指焦平面探测器所处的空间位置，通常对应的探测器每个单元的空间坐标位置。

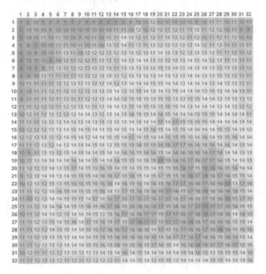

图 8-20　焦平面阵列器件的输出信号

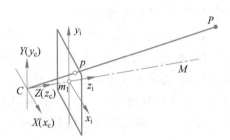

图 8-21　物镜的成像模型

对于世界坐标系中任意一个物点 $P(X,Y,Z)$，在传感坐标系中必然存在一个对应的像点 $p(x_i,y_i,z_i)$，两者之间的关系为

$$\begin{bmatrix} x \\ y \\ 1 \end{bmatrix} = \frac{1}{k} \begin{bmatrix} f & & 0 \\ & f & 0 \\ & & 1 & 0 \end{bmatrix} \begin{bmatrix} X \\ Y \\ Z \end{bmatrix} \tag{8-51}$$

式中：f 为物镜的焦距；k 为比例系数。

一般情况下，可以认为激光发射系统的发射坐标系与物镜坐标系重合，脉冲激光器发射一个激光脉冲的同时，向成像系统相机发送一个同步信号，成像系统同步产生一个计时开始脉冲信号 START。START 信号经过固定延时后产生距离门控信号 EN，给计数器件作为每个像素中高频时钟计数器 TDC 的起始信号。

如图 8-22，当激光脉冲回波信号返回到达传感平面时，感光单元将产生输出信号（如 Gm-APD 将产生盖革雪崩信号），触发停止计数脉冲 STOP。该 STOP 脉冲停止像素的高频时钟计数器 TDC，而后在 EN 信号结束后串行输出各像素的 TDC 计数值。

设 TDC 为一个 12 位的计数器，取值范围为 0～4095。激光脉冲飞行时间 $T_0 = \mathrm{TDC} \times T_{\mathrm{bin}}$，其中 T_{bin} 为高频计数器的时间分辨率。

由于光速 $c = 3 \times 10^8 \, \mathrm{m/s}$，可以得到激光脉冲的飞行距离为

$$D_{\mathrm{f}} = \mathrm{TDC} \times T_{\mathrm{bin}} \times c \tag{8-52}$$

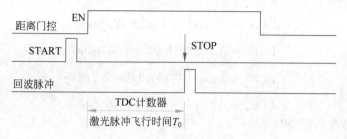

图 8-22　回波脉冲测量时序

进一步可以得到被探测目标的距离为

$$D_T = D_f \div 2 = \text{TDC} \times T_{\text{bin}} \times c \div 2 \tag{8-53}$$

所以,在完成一次激光回波检测,并全部读出每个像素的 TDC 计数器值后,就可以获得一帧完整的目标三维图像。

2. TOF 相机

基于 TOF 方法实现激光成像的器件称作 TOF 相机。它采用连续波调制的方法,测量物方空间的三维坐标值。如图 8-22 所示,对于面阵器件的某一个探测单元而言,根据连续波的回波信号的相位延时 φ,可以测量出该回波信号的距离。

假设发射的激光波形为

$$S_E(t) = A_E \sin(2\pi f_m t) \tag{8-54}$$

式中:f_m 为调制的光波频率。

回波信号由于存在时间延时 τ,因此对应地存在相位延时 φ,其波形为

$$S_R(t) = A_R \sin[2\pi f_m (t+\tau)] = A_R \sin(2\pi f_m t + \varphi) \tag{8-55}$$

根据时间延时 τ 与相位延时 φ 的关系可知

$$\Delta \varphi = 2\pi f_m \tau \tag{8-56}$$

进而可得

$$\tau = \frac{\Delta \varphi}{2\pi f_m} \tag{8-57}$$

因此,可计算物点的距离为

$$d = c \frac{\tau}{2} = \frac{c\varphi}{4\pi f_m} \tag{8-58}$$

式中:c 为光在介质中的传输速率。

回波信号相位延时 φ 可以通过一个波形周期的四个等间隔的采样点计算得到。如图 8-23 所示,采用等间隔时间的测量方法,采样间隔为光信号周期的 1/4,即采样频率 $f_s = 4f_m$。为了获得稳定的相位测量进度,需要对采样的时间点进行准确的同步控制。相对于发射的光信号而言,对回波信号的采样时间分别控制在 $0°$、$90°$、$180°$、$270°$ 位置。由此,确定四个采样点 A_1、A_2、A_3、A_4。它们所采集到的回波信号值,分别记作 DCS_0、DCS_1、DCS_2、DCS_3。从而有

$$
\begin{cases}
\mathrm{DCS}_0 = A_\mathrm{R}\sin\left(\dfrac{\pi}{2}+\varphi\right) = A_\mathrm{R}\cos\varphi \\[2mm]
\mathrm{DCS}_1 = A_\mathrm{R}\sin(\pi+\varphi) = -A_\mathrm{R}\sin\varphi \\[2mm]
\mathrm{DCS}_2 = A_\mathrm{R}\sin\left(\dfrac{3\pi}{2}+\varphi\right) = -A_\mathrm{R}\cos\varphi \\[2mm]
\mathrm{DCS}_3 = A_\mathrm{R}\sin(2\pi+\varphi) = A_\mathrm{R}\sin\varphi
\end{cases}
\tag{8-59}
$$

式中：A_R 为回波光信号的峰值。

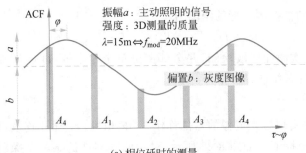

(a) 相位延时的测量

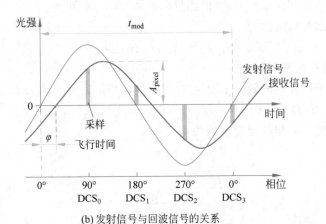

(b) 发射信号与回波信号的关系

图 8-23　连续波调制距离测量原理

将式(8-59)的四个方程联立，消除未知变量 A_R，即得

$$
\frac{\mathrm{DCS}_3 - \mathrm{DCS}_1}{\mathrm{DCS}_2 - \mathrm{DCS}_0} = -\tan\varphi = \tan(\pi-\varphi)
\tag{8-60}
$$

因此，可得

$$
\varphi = \pi - a\tan\left(\frac{\mathrm{DCS}_3 - \mathrm{DCS}_1}{\mathrm{DCS}_2 - \mathrm{DCS}_0}\right)
\tag{8-61}
$$

根据四个固定相位的采样点，计算回波信号的相位延时，进而测量回波信号的飞行时间。这种方法避免了高速采样以恢复回波信号波形所带来的硬件成本问题，可以以相对而言不是太高的采样速率，实现对正弦波的相位延时的测量。另外，DCS 不仅包含距离信息，还包含接收光信号的强度信息，因此这种方法不仅可以得到距离像，而且可以得

到强度像。一般情况下,回波信号的信号幅度越高,信噪比越大,距离测量越精确。

连续调制的方法,一般的测量距离不大于调制光波的周期长度。如果物距大于一个调制周期长度,则出现距离测量模糊的现象,也就是说,大于一个调制波长的距离会被当成小于一个调制波长的距离。这种翻转距离称为最大测量范围,可按如下方式计算:

$$d_M = \frac{c}{2f_m} \tag{8-62}$$

最大测量范围是对应于所使用调制的一个周期内的最大飞行时间的最大距离,它是 f_m 的一个周期。在 d_M 的范围内,可以明确检测到该区域内物点的距离;d_M 范围之外的物点,只要回波信号足够强,仍然可以被检测到,但测量的距离数值是不明确的。例如,某物点的实际距离 $d_0 > kd_M$,则 TOF 相机测得的距离值为

$$d = d_0 - kd_M \tag{8-63}$$

一种典型的 TOF 相机的探测单元(像素)结构如图 8-24 所示,若器件的原始像素规模是 $2m \times 2n$,器件在平面工作模式下,可以输出 $2m \times 2n$ 像素规模的图像。在立体成像模式下,每四个相邻像素构成一个"像素组",即像素被配置成 2×2 像素组合中。像素组中的四个像素被命名为 UE(上行、偶列)、UO(上行、奇列)、LE(下行、偶列)和 LO(下行、奇列),具体取决于它们在像素组内的位置。

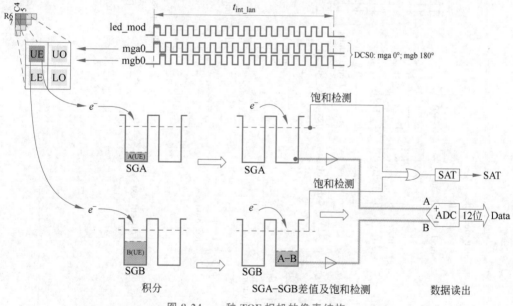

图 8-24 一种 TOF 相机的像素结构

像素组执行测量(积分)和读出(ADC)两个基本操作,在整个像素区域中同时控制具有相同名称的像素,或者说整个像素区域被分组为四个 $m \times n$ 的面阵组合,每一个面阵组合同时执行测量和读出操作。更确切地说,在测量期间同时控制上行和下行中的像素,在读出期间同时控制偶数列和奇数列中的像素。在时序驱动的控制下,UE、UO、LE、LO 四类像素分别读取 DCS_0、DCS_1、DCS_2、DCS_3 的信号。

图 8-25 框内是集成探测器件的内部结构,其外围电路主要是 LED 驱动电路。电路

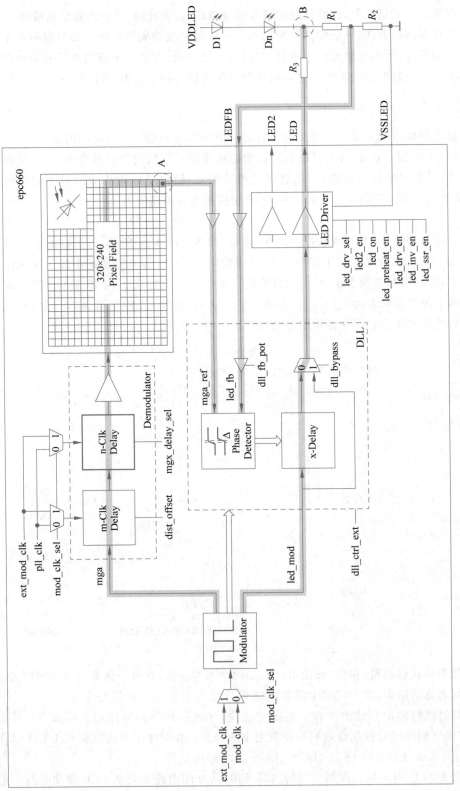

图 8-25 一种 TOF 相机的系统结构

需要通过 LED 驱动(图中的 LED Driver)模块来驱动外部的光源(如 LED)发光,并且保持稳定频率的正弦波的光强度调制,同时需要准确测量出 LED 实际发光波形的初始相位。

　　LED 驱动器和外部 LED/LD 的相位稳定性主要受系统的温度、老化等影响,内置的 DLL 电路可以最大限度地减少这种行为,它最大限度地减小了上述关键信号相位延迟的长期偏差。

　　调制器(图中的 Modulator)在 DCS 帧采集之前以寄存器设置的速率调用 DLL,在调用 DLL 时,调制器的解调信号(led_mod)首先通过数字延迟级(X-Delay);同时,它被分配给像素区域中的各个像素(mga),直到点 A。led_mod 信号通过 DLL 后,再有 LED 驱动器输出到 LED 引脚。该引脚驱动 PCB 上的外部 LED 电路,产生调制的相应的调制光源,直到 B 点。

　　这两个信号路径受到相位延迟偏差的影响,具体取决于温度或老化。这种延迟转化为距离误差。DLL 通过在 led_mod 信号(x-Delay)上添加一定延时来最小化偏差。DLL 将来自像素的解调信号相位作为 mga(点 A)与来自外部 LED 电路的 LEDFB 引脚的电流反馈信号(点 B)进行比较。如果来自 A 点和 B 点的信号的延时相同,则距离读数误差最小。

　　TOF 深度相机对时间测量的精度要求较高,即使采用最高精度的电子元器件也很难达到毫米级的精度。因此,在近距离测量领域,尤其是 1m 范围内,TOF 深度相机的精度与其他深度相机相比还具有较大的差距,这限制它在近距离高精度领域的应用。

　　但是,从前面的原理不难看出,TOF 深度相机可以通过调节发射脉冲的频率改变相机测量距离;TOF 深度相机与基于特征匹配原理的深度相机不同,其测量精度不会随着测量距离的增大而降低,其测量误差在整个测量范围内基本上是固定的;TOF 深度相机抗干扰能力也较强。因此,在测量距离要求比较远的场合(如无人驾驶),TOF 深度相机具有非常明显的优势。

　　理论上,影响相位法测距精度的因素主要有:
　　(1) 光的传播介质折射率变化等引起光速误差;
　　(2) 调制频率 f 的误差(调制频率稳定性);
　　(3) 相位测量误差。

　　其中,传播介质引起的误差可以采用实时实地环境监测参数来补偿,从而降低误差,如大气能见度、温度、大气压力等。其余两方面误差原因则取决于电路系统。因此,在设计电路系统时调制频率发生电路和相位测量电路是关键,它直接影响系统测量误差的大小。

　　另外,还必须考虑信号在系统光路和电路上的传输所产生的附加相位移。一些固定的、不随外界环境的变化而变化,只与电路或者光路系统本身有关的附加相位移,在进行数据处理时,可通过加减固定偏移量来修正。随机性附加相位移随着外界环境、元器件性能而变化,无法用修正来进行消除,会对测量结果产生很大的影响。

第9章

光纤传感器

随着光导纤维(简称光纤)技术的普及,光纤传感器的发展也随之加快,光纤传感器种类越来越多;光导纤维具有抗电磁干扰能力强、安全性能高、灵巧轻便、使用方便等特点,光纤传感器的应用领域也越来越广。光导纤维的相关知识可参见附录Ⅰ。

光纤传感器按其工作原理可以分为功能型光纤(FF)传感器及非功能型光纤(NFF)传感器两大类。为了掌握光纤传感器的基本原理以及应用技术,本章将首先介绍光纤传感器的调制原理,在此基础上进一步介绍几种常用的光纤传感器,包括单点测量的光线传感器和分布式光线传感器。为了拓展读者的知识面,最后还简单介绍了光纤传感器在智能材料中的应用实例。

9.1 光纤传感器原理

光纤传感器的基本原理是将光源入射的光束经由光纤送入调制区,在调制区内,外界被测参数与进入调制区的光相互作用,使光的强度、波长(颜色)、频率、相位、偏振态等光学性质发生变化成为被调制的信号光,再经光纤送入光敏器件、解调器而获得被测参数。整个过程中,光束经由光纤导入,通过调制器后再出射,光纤的作用首先是传输光束,其次是可能起到光调制器的作用。之所以说"可能",是因为要视光纤传感器的类型而定。

光纤传感器按其传感原理分为传光型光纤传感器和传感型光纤传感器两类。这两类光纤传感器的基本组成十分相似,都由光源、入射光纤、调制器、出射光纤和光敏器件组成,但两者的光纤所起的作用是不同的(也就是调制器不同)。

传光型光纤传感器又称作非功能型光纤传感器,光纤仅作为传播光的介质,在传感器中仅起传光的作用,见图 9-1(a)。对外界信息的"感觉"功能是依靠对光的性质加以调制的调制器来完成的。传光型光纤传感器利用已有的其他传感技术,它的敏感元件(调制器)用的是别的材料,这样可以充分利用现存的优质敏感元件来提高传感器的灵敏度。在已经实用的光纤传感器中,传光型光纤传感器占大多数。

传感型光纤传感器又称为功能型光纤传感器,它利用对外界信息具有敏感能力和检测功能的光纤作为传感元件,是将"传光"和"感知"合为一体的传感器。在这类传感器中,光纤不仅起传光的作用,而且利用光纤在外界物理量作用下,能够引起在光纤内传输的光的某些性质(如光强、相位、偏振态等)发生变化来实现传和感的功能。因此,光纤本身就是调制器,充当着对外界信息进行采集的单元,如图 9-1(b)所示。

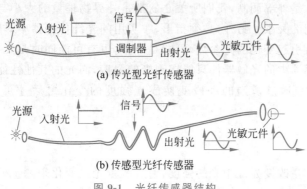

(a) 传光型光纤传感器

(b) 传感型光纤传感器

图 9-1 光纤传感器结构

传感型光纤传感器在结构上比传光型光纤传感器简单,因为光纤是连续的,可以少用一些光耦合器件。但为了实现对外界物理量变化的感知,往往需要采用特殊光纤来作探头,这样就增加了传感器制造的难度。

光纤传感器由光源、入射光纤、调制器、出射光纤和光敏器件组成,其中调制器是最重要的组成部分。实际上,研究光纤传感器原理就是定性或定量地研究光在调制器内与外界被测物理量的相互作用,也就是光纤中的光束被外界物理量调制的原理。

在电子传感器中,经过传感器的电信号的某些特征如电压、电流或间接导致电压、电流变化的传感器的电阻、电容、电感等会受到外界物理量的调制,通过对这些电量的测量而达到测量外界物理量的目的。同样,在光纤传感器中,通过光纤调制器的光的某些特性也受到外界物理量的调制。

沿某一方向(如 x 方向)传播的光波可以用平面波的波动方程表示,即

$$E = A\sin(kx - \omega t + \varphi) \tag{9-1}$$

式中,k 为波数,$k = 2\pi/\lambda$。

由式(9-1)可见,光具有以下基本特性参量:

(1) 幅值 A:光的振幅 A 决定了光的强度,光强度的极大值就是 A^2。

(2) 振动方向:由于振幅 A 是一个矢量,所以存在振动方向,通常称作偏振方向。

(3) 频率:ω 为光的角频率。在环境因素保持不变的条件下,光不论在什么介质中传播,其频率总是不变的。在可见光波段光波频率的外部特征就是光的颜色。

(4) 波长 λ:同样的光波,在不同折射率的介质中光的波长是不相等的。

(5) 初始相位 φ:初始相位反映了光波的光程。

光波的上述特征参数主要是以光强度与光的波长两个最直观的特征表现出来的,或者说,目前的光电传感器只能测量光的强度与波长,对其他特征的测量是通过测量光的强度或波长而间接测量的。就如对电子传感器的电阻、电容、电感的测量,总是以测量电压或电流进行间接测量一样。

光波作为光纤传感器中的传输信号,受外界物理量的调制,从而反映出外界物理量的变化。外界物理量可能引起光的强度、波长(颜色)、频率、相位、偏振态等特性发生变化,从而构成强度、波长、频率、相位或偏振态调制原理。

光纤传感器的调制器可以是功能型光纤传感器中的光纤本身(内部调制),也可以是非功能型光纤传感器中用某种材料制成的敏感元件(外部调制)。就调制原理本身而言,不论是内部调制还是外部调制,我们所关心的都是外界物理量的大小与其所引起的光的特性变化两者之间的关系。另外,必须指出,在实用的光纤传感器中,外部物理量对光的特性的调制作用所引起变化的光参数,可能是一个,也有可能同时是几个。此外,几乎所有的用于光纤传感器中的光敏器件只能探测光的强度,而光的其他性能如偏振态、频率、相位等的改变,必须通过适当的手段变换成光强度的变化之后才可以被光敏器件所探测。

9.1.1　强度调制

利用外界物理量改变光纤中光的强度,通过测量光强变化来测量外界物理量变化的

原理称为强度调制。恒定光源发出的光束 I_{in} 注入调制区,在外力场 I_s 的作用下,输出光束的光强度被调制,载有外界物理量信息的 I_{out} 的包络线与 I_s 形状一样。光敏器件的输出电流(或电压)也做同样的调制。

强度调制是光纤传感器最早使用的调制方法,其特点是技术简单、可靠、价格低。传输光纤可采用多模光纤,光源可采用输出稳定的 LED 或高强度白炽灯等非相干光源,光敏器件一般用光电二极管(PD)、PIN 和光电池等。构成传感器探头的物理机理分为反射、透射、折射等。

1. 透射式强度调制

图 9-2 是透射式强度调制,光纤间距 2~3μm,端面为平面,通常入射光纤不动,而出射光纤可以横向(或纵向)平移或转动,这样出射光纤的输出光强受位移的调制,如图 9-2(a)所示。图 9-2(b)为横向移动调制方式的原理图,出射光纤的输出光强被输出光纤接收,接收光强度与图中的两个圆的交叠面积有关。如果输入、输出均为同一种单模光纤,那么光纤的径向位移 x 与功率耦合系数 T 之间的关系为

$$T = \exp(x^2/S_0^2) \tag{9-2}$$

式中:S_0 为光纤中的光斑尺寸。T 与 x 的关系为高斯型曲线,如图 9-2(c)所示。为了得到高的灵敏度和好的线性度,偏置点应当选择在 A 点。这一方法的位移测量范围在 10μm 以内。

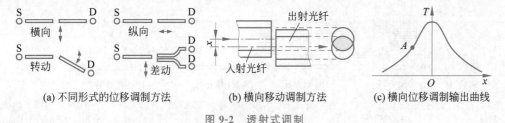

(a) 不同形式的位移调制方法　　(b) 横向移动调制方法　　(c) 横向位移调制输出曲线

图 9-2　透射式调制

2. 开关调制

图 9-3 为开关调制。入射光纤和接收光纤都固定不动,当遮光屏受外界物理量影响而运动时,出射光纤中的光强就会发生变化,遮光屏可以和其他的敏感器件如薄膜或管式压力计、热膨胀元件、涡轮式流量计等相连。遮光屏本身既可以用固体材料,也可以用液体制作。

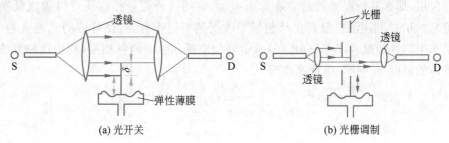

(a) 光开关　　　　　　　　　　　　(b) 光栅调制

图 9-3　开关调制

在图 9-3(a)所示的挡板调制中，入射光纤的端面被透镜准直为平行光束，设平行光束的半径为 r，则挡板位移 δ 在输出光纤端面所引起的光强变化与 δ/r 呈正比。

在图 9-3(b)所示的光栅调制中，入射光经过准直透镜后变成平行光，平行光通过光栅后再用物镜把光聚焦在出射光纤的端面上，光栅有两个，一个固定，另一个随外界物理量而移动，当光栅做相对运动时，通过两光栅之间的光强就会发生变化。假设两光栅都是 $5\mu m$ 栅距、$5\mu m$ 栅宽，则输出光纤的输出光强随位移而周期性变化，每当动栅相对位移改变 $10\mu m$，光强就变化一个周期。如果将输出光纤的输出光谱与光栅的相对位移之间的关系绘制成曲线，那么就会发现，当偏置点放在相对位移为 $2.5\mu m$、$7.5\mu m$ 等处时，灵敏度最大。减小栅元宽度可以提高灵敏度，但降低了测量范围。

3. 反射式强度调制

反射式强度调制的形式也很多，它可由一根或两根光纤组成，也可由光纤束组成，如图 9-4 所示。光从光源耦合到光纤或光纤束，射向被测物体，再由被测物体将光束反射回来，经反向传输后由光敏器件接收，其光强的大小随被测物体的特性的不同而不同，这些特性包括被测物体距光纤探头端面的距离 x、对象的表面反射率 r、对象的相对倾斜角 α 等。为了提高光强的耦合效率，可采用大数值孔径光纤或光纤束。这种结构具有非接触、探头小、频响高、线性度好等特点，其测量范围在 $100\mu m$ 以内。

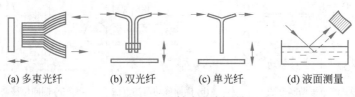

(a) 多束光纤   (b) 双光纤   (c) 单光纤   (d) 液面测量

图 9-4　反射式强度调制

4. 折射率调制

折射率调制是利用折射率的变化来进行光强调制的，其基本原理是利用被测物理量来改变与纤芯相接触的某物质的折射率，从而调制光纤内全反射光强度的大小。图 9-5 为常用的折射率调制。图 9-5(a)是利用液体折射率随温度上升而减小，在纤芯折射率不变的情况下进行强度调制，采用这种调制可以做成温度传感器。如果采用塑料涂层作为光纤的包层，那么其折射率随温度降低而增加，利用这种光纤作探头可以做成低温温度计。图 9-5(b)是利用油扩散到光纤包层上改变其折射率分布，使纤芯的光进入包层，从而测量水中的含油量。图 9-5(c)、(d)所示调制原理和上面两种相同，利用这种方法可以测量液体的温度、折射率、液面高度等。

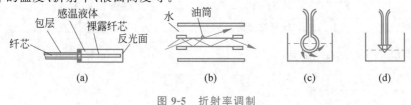

(a)   (b)   (c)   (d)

图 9-5　折射率调制

9.1.2 偏振态调制法

利用外界物理量改变光的偏振性,通过检测光的偏振态的变化(偏振面的旋转)来检测各种物理量,称为偏振态调制。在光纤传感器中,偏振态调制主要基于人为旋光现象和人为双折射如法拉第效应、克尔效应以及光压效应等实现的。

1. 法拉第效应

当偏振光通过某种透明介质时,偏振光的偏振态将以光的传播方向为轴线旋转一定的角度,这种现象称为旋光现象。在磁场作用下的旋光效应称作法拉第效应(或磁致旋光效应)。

如图 9-6(a)所示,由起偏器[①] P_1 产生的线偏振光沿着磁场方向透过绕有螺管线圈的磁致旋光物质。当线圈中没有电流时,将检偏器 P_2 的透光轴与 P_1 的透光轴正交,这时 P_2 无光出射。通入电流产生磁场后,则 P_2 有光出射,将 P_2 转过一个角度 θ 后又无光出射,表明光矢量的方向在穿过磁致旋光物质过程中被旋转了一个角度 θ。

法拉第磁光效应表明,在磁场作用下,偏振光的光矢量将发生旋转,光矢量旋转的角度 θ 与光在磁致旋光物质中通过的距离 L、磁感应强度 B 成正比,即

$$\theta = V_d LB \tag{9-3}$$

式中: V_d 为磁致旋光物质的费尔德常数。 θ 的大小仅与磁场方向有关而与光的传播方向无关。

费尔德常数的单位为(弧度/特斯拉·厘米)或(rad/T·m),常见的磁致旋光物质的费尔德常数有:冕玻璃为 0.015,火石玻璃为 $0.030\sim0.050$,稀土玻璃为 $0.13\sim0.27$,氯化钠为 0.036,水为 0.013。

根据式(9-3)可以制成光纤磁传感器,若在长直导线上绕有 N 圈光纤[图 9-6(b)],则光矢量被旋转的角度 θ 与导线中的电流 I 有关:

$$\theta = V_d NI \tag{9-4}$$

式中: I 为导线中通过的电流。这种结构可以制成电流传感器。

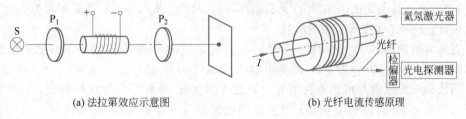

(a) 法拉第效应示意图　　　(b) 光纤电流传感原理

图 9-6　法拉第效应的应用

---

① 起偏器:对于一束自然光,其光矢量的振动方向是 360°的,为了获得只有一个振动方向的光(偏振光),就需要借助于起偏器。起偏器一般是用具有二相色性的介质制作而成的,这种介质只让某一个振动方向的光矢量透过,这个方向称为透光轴,而垂直于透光轴方向的光矢量或光矢量的分量被吸收。后面出现的检偏器与起偏器实质上是同一种器件(统称偏振片),只是所起的作用不同,故而称谓不同。

2. 克尔效应

当一束单色光入射到各向同性介质表面时，它的折射光只有一束光，这是人们所熟知的折射现象。但是，当一束单色光入射到各向异性介质表面时，一般产生两束折射光，这种现象称为双折射。

双折射得到的两束光中，一束总是遵守折射定律，这束光称为寻常光（或 O 光）。另一束光则不然，它是不遵守折射定律的，称为非寻常光（或 E 光）。O 光和 E 光都是线偏振光，且 O 光的光矢量垂直于晶体的主截面，而 E 光的光矢量在主截面内。两者的光矢量互相垂直。若 O 光的折射率为 n_O，E 光的折射率为 n_E，则

$$\Delta n = | n_O - n_E | \tag{9-5}$$

产生双折射有两种途径：一种是利用具有双折射特性的天然材料如石英晶体、方解石晶体等；另一种是人为产生。这里简单介绍后一种方法。

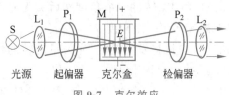

光源　起偏器　克尔盒　检偏器

图 9-7　克尔效应

人们知道，非晶体在一般情况下不是双折射物质，光通过它们不发生双折射现象。但当它们受到外力或电场作用时，却会产生双折射现象，即人为双折射现象。图 9-7 表示在电场作用下使物质产生双折射现象的克尔效应。图中，M 是具有平行板电极并盛有液体（如硝基苯）的克尔盒。

前后两偏振片 P_1、P_2 的透光轴方向相互正交；L_1、L_2 为透镜，S 为单色光源。当电极间不加电场时，没有光从 P_2 射出，这表明盒内液体没有双折射效应；当两电极间加上适当大小的电场时（$E = 10^4 V/cm$），就会有光透过 P_2，这表明，盒内液体在强电场作用下变成双折射物质。入射的偏振光发生了双折射，各光矢量方向相互垂直的光束的光程发生了变化。

由实验表明，在克尔效应中，折射率变化与电场之间的关系为

$$\Delta n = n_O - n_E = K\lambda E^2 \tag{9-6}$$

式中：Δn 为折射率变化；n_O 为 O 光折射率；n_E 为 E 光折射率；K 为克尔常数；E 为外电场强度；λ 为光波在真空中的波长。

克尔常数的单位为 $(10^{-14} m \cdot V^2)^{-1}$，常见的克尔效应物质的克尔常数有：水为 5.2，硝基苯（$C_6H_5NO_2$）为 244，硝基甲苯（$C_5H_7NO_2$）为 137。

当线偏振光沿着与电场垂直的方向通过克尔盒时，分解为两束线偏振光：一束的光矢量沿着电场方向，为 O 光矢量；另一束的光矢量与电场垂直，为 E 光矢量。这两束折射率不同的线偏振光通过克尔盒后产生的光程差为

$$\Delta = (n_O - n_E)L = KL\lambda \left(\frac{U}{d}\right)^2 \tag{9-7}$$

式中：U 为外加电压；L 为光在克尔盒中穿过的空间长度；d 为电场两极间距离。对应的相位差为

$$\Delta\varphi = \frac{2\pi}{\lambda}(n_O - n_E)L = 2\pi KL \left(\frac{U}{d}\right)^2 \tag{9-8}$$

若检偏器与起偏器正交,而且与电场方向成 45°,则出射光波的光强为

$$I = I_0 \sin^2 \frac{\Delta \varphi}{2} = I_0 \sin^2 \left[\pi K L \left(\frac{U}{d} \right)^2 \right] \tag{9-9}$$

利用克尔效应可以构成光纤电压传感器。

3. 光压效应

光压效应又称作应力双折射,其原理如图 9-8 所示。

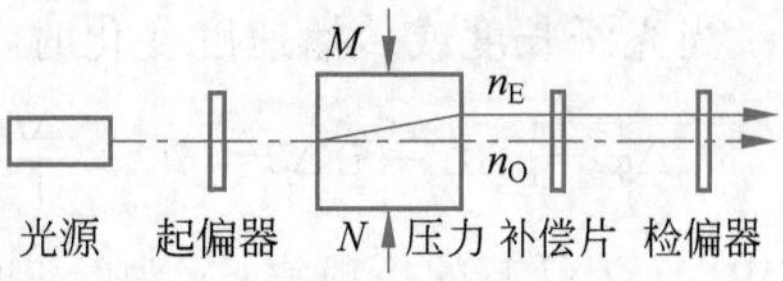

沿 MN 方向存在压力或张力时,则 MN 方向的折射率和其他方向不同。设对应 MN 方向上的偏振光的折射率为 n_E、对应垂直 MN 方向上偏振光的折射率为 n_O,则折射率的变化与外加压强 P 的关系为

图 9-8 应力双折射原理

$$\Delta n = n_O - n_E = K P \tag{9-10}$$

式中:K 为物质的压强光学系数。

若光波通过的物质厚度为 L,则产生的光程差为

$$\Delta = (n_O - n_E)L = K P L \tag{9-11}$$

由此引起的相位差为

$$\Delta \varphi = \frac{2\pi}{\lambda}(n_O - n_E)L = \frac{2\pi}{\lambda} K L P \tag{9-12}$$

相应的出射光强为

$$I = I_0 \sin^2 \left(\frac{\pi}{\lambda} K L P \right) \tag{9-13}$$

利用物质的光弹效应可以构成压力、声、振动、位移等光纤传感器。

需要指出的是,由于内部残余应力和芯径不对称性以及外部弯曲、各种外应力和外电磁场等因素,光纤自身也存在着双折射,而且对偏振态调制影响很大,严重时甚至完全淹没人为偏振态调制作用,即使采用极低双折射的保偏光纤,在弯曲时也将存在弯曲双折射的影响,这一点不容忽视。进一步的知识可参阅有关技术资料。

9.1.3 相位调制法

利用外界物理量改变光纤中光波的相位,通过检测相位变化来测量物理量的原理称为相位调制。

光纤中光波的相位由光纤波导的物理长度、折射率及其分布和波导的横向几何尺寸所决定,一般来说,压力、张力、温度等外界物理量能直接改变上述三个参数,产生相位变化,实现光纤的相位调制。然后借助于光纤干涉仪将相位变化转变为光强变化,实现对外界物理量的检测。因此,光纤传感器中的相位调制技术应包括两部分:一是产生光波相位变化的物理机理;二是光的干涉技术。光纤干涉仪相关知识参见附录 J。

1. 应力应变效应

当光纤受到纵向(轴向)的机械应力作用时,光纤的长度(应变效应)、纤芯的直径(泊

松效应）、纤芯折射率（光弹效应）都将变化，这些变化将导致光纤中光波相位变化。光波通过长度为 L 的光纤后，出射光波的相位延迟为

$$\varphi = \beta L \tag{9-14}$$

式中：β 为光波在光纤中的传播系数。

当光纤长度或传播速度变化时，引起光波相位变化为

$$\Delta\varphi = \beta\Delta L + L\Delta\beta = \beta L + \frac{\Delta L}{L} + L\Delta n + \frac{\partial\beta}{\partial n} + L\frac{\partial\beta}{\partial r}\Delta r = \Delta\varphi_1 + \Delta\varphi_2 + \Delta\varphi_3 \tag{9-15}$$

式中：n 为纤芯的折射率；r 为纤芯的半径；$\Delta\varphi_1$ 为光纤长度变化引起的相位延时（应变效应或纵向应变）；$\Delta\varphi_2$ 为折射率变化（光弹效应）引起的相位延时，与光纤的横向应变 ε_1、ε_2（对于各向同性光纤材料，$\varepsilon_1 = \varepsilon_2$）以及光纤的纵向应变 ε_3 有关；$\Delta\varphi_3$ 为纤芯的直径变化（泊松效应或横向应变）引起的相位延时。一般来说，$\Delta\varphi_3$ 相对前两项要小得多，可以忽略不计，因此有

$$\Delta\varphi = \Delta\varphi_1 + \Delta\varphi_2 \tag{9-16}$$

式中

$$\Delta\varphi_2 = nk_0 L\left\{\left(1 - \frac{1}{2}n^2 P_{12}\right)\varepsilon_3 + \left[\varepsilon_3 - \frac{1}{2}n^2(P_{11} + P_{12})\varepsilon_1 + P_{12}\varepsilon_3\right] + \left[\alpha\frac{r}{nk_0} - \frac{1}{2}n^2(P_{11} + P_{12})\right]\varepsilon_1\right\}$$

其中：$k_0 = 2\pi/\lambda$；α 为应变因子；P_{11}、P_{12} 为光纤的光弹系数。大括号的第一项为纵向应变的相位调制项；第二项为横向应变的相位调制项；第三项为光弹效应的相位调制项。

2. 温度应变效应

温度应变效应与应力应变效应相似。若光纤放置在变化的温度场中，将温度场变化等效为作用力 F，则作用力 F 将同时影响光纤折射率 n 和长度 L 的变化。由 F 引起光纤中光波相位延迟为

$$\frac{\mathrm{d}\varphi}{\mathrm{d}F} = k_0 L\frac{\mathrm{d}n}{\mathrm{d}F} + k_0 n\frac{\mathrm{d}L}{\mathrm{d}F} = k_0\left(L\frac{\mathrm{d}n}{\mathrm{d}F} + n\frac{\mathrm{d}L}{\mathrm{d}F}\right) \tag{9-17}$$

式中：第一项表示折射率变化引起的相位变化；第二项表示光纤几何长度变化引起的相位变化。式中没有考虑光纤直径变化对相位变化的影响。若式（9-17）用温度变化 ΔT 和相位变化来描述，则有

$$\frac{\Delta\varphi}{\Delta T} = k_0\left(L\frac{\mathrm{d}n}{\mathrm{d}T} + n\frac{\mathrm{d}L}{\mathrm{d}T}\right) \tag{9-18}$$

与其他调制方法相比，相位调制法采用干涉技术而具有很高的相位调制灵敏度。例如，相位型光纤温度传感器具有 $10^{-6}\,\mathrm{rad/(m\cdot\text{℃})}$ 的灵敏度，相位型光纤压力传感器具有 $10^{-9}\,\mathrm{rad/(m\cdot Pa)}$ 的灵敏度，相位型光纤应力传感器对应变（轴向）具有 $11.4\,\mathrm{rad/(m\cdot\mu m)}$ 的灵敏度。如果信号检测系统可以检测 $1\mu\mathrm{rad}$ 的相位移，那么，每米光纤的检测灵敏度对温度为 $10^{-8}\,\text{℃}$、对压力为 $10^{-7}\,\mathrm{Pa}$、对应变为 $10^{-7}\,\mu\mathrm{m/m}$，动态范围可达 10^{10}。且探头形式灵活多样，适用于不同的测试环境，但需用保偏光纤才能获得好的干涉效果。

在全光纤干涉仪中,有时为了对被测物理量进行"增敏",对非被测物理量进行"去敏",需要对单模光纤进行特殊处理,以满足测量的要求。

9.1.4 频率调制法

当光接收元件与光源之间有相对运动时,光敏器件所接收到的光频率 f_S 与光源本身的光频率 f 不相同,这种现象称作光的多普勒效应。设光敏器件相对于光源的运动速度为 v,则光敏器件所接收到的光频率可以简单地表示为

$$f_S = f/(1 - v/c) \approx (1 + v/c)f \tag{9-19}$$

式中:c 为光速。

光纤的频率调制法就是基于多普勒效应中接收光频与光源运动速度的上述关系得来的,频率调制法可以测量运动物体(如流体)的速度、流量等。

图 9-9 为频率调制法测量原理装置,He-Ne 激光器发出频率为 ω_0 的光束经分光棱镜 BS_1 分成两束,其中一束进入声光调制器(参见附录 K)被调制成频率为 $\omega_R = \omega_0 - \omega_1$ 的光,并作为参考光直接入射到光敏器件上,这束光称为参考光;另一束频率为 ω_0 的光束经光纤入射到以速度 v 运动的流体中,流体微粒(同样以速度 v 运动)的反射光再度通过光纤返回,反射光因产生 $\pm\Delta\omega$ 的频移而成为频率为 $\omega_S(\omega_0 \pm \Delta\omega)$ 的光,这束光称作测量光。参考光与测量光在光敏器件上混频后形成 $\omega_1 \pm \Delta\omega$ 的振荡信号。

频率 $\Delta\omega$ 检测的常见方法有零差法和外差法。

1. 零差法

零差法利用参考光束频率 ω_R 与测量光束频率 $\omega_S = \omega_0 \pm \Delta\omega$ 相干涉,得到一个干涉光强随频差 $\Delta\omega$ 而变化的光电信号。注意,零差法测频时,图 9-9 装置中无声光调制器,因此,参考光束频率 $\omega_R = \omega_0$。参考光 $E_R(t)$ 和测量光 $E_S(t)$ 分别用指数形式表示为

$$\begin{cases} E_S(t) = e_0 e^{-j\omega_S t} \\ E_R(t) = e_0 e^{-j\omega_0 t} \end{cases} \tag{9-20}$$

式中:e_0 为光矢量振幅。

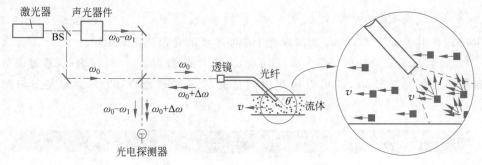

图 9-9 频率调制法测量原理装置

两束光在光敏器件上相互干涉,干涉光的振幅为

$$E(t) = E_S(t) + E_0(t) \tag{9-21}$$

干涉光的光强 $I(t)$ 为干涉光的振幅 $E(t)$ 及其共轭振幅 $E^*(t)$ 的积,即

$$
\begin{aligned}
I(t) &= E(t)E^*(t) \\
&= (e_0 \mathrm{e}^{-\mathrm{j}\omega_0 t} + e_0 \mathrm{e}^{-\mathrm{j}\omega_\mathrm{S} t})(e_0 \mathrm{e}^{\mathrm{j}\omega_0 t} + e_0 \mathrm{e}^{\mathrm{j}\omega_\mathrm{S} t}) \\
&= e_0^2 (2 + \mathrm{e}^{\mathrm{j}(\omega_\mathrm{S}-\omega_0)t} + \mathrm{e}^{-\mathrm{j}(\omega_\mathrm{S}-\omega_0)t}) \\
&= 2e_0^2 (1 + \cos(\omega_\mathrm{S}-\omega_0)t) \\
&= I_0 (1 + \cos\Delta\omega t)
\end{aligned}
\tag{9-22}
$$

式中：$\Delta\omega = \omega_\mathrm{S} - \omega_0$ 就是多普勒频移量。

由式(9-22)可见,光强 $I(t)$ 的大小与多普勒频移相关,光敏器件输出的电信号的大小也就与多普勒频移相关。利用频谱分析仪通过对光敏器件电信号的测量,即可测出频移。

由于余弦函数为偶函数,对于 $\Delta\omega$ 的正、负不易断定,因此零差法只能测量运动大小,不能测量物体运动方向。

2. 外差法

与零差法不同的是,外差法测频在参考光路上添加了声光调制器,声光调制器的作用是在参考光束中添加频率 ω_1,这样,参考光的频率 ω_R 和测量光的频率 ω_S 分别为

$$
\begin{cases}
\omega_\mathrm{R} = \omega_0 - \omega_1 \\
\omega_\mathrm{S} = \omega_0 - \Delta\omega
\end{cases}
\tag{9-23}
$$

参考光 $E_\mathrm{R}(t)$ 和测量光 $E_\mathrm{S}(t)$ 分别用指数形式表示为

$$
\begin{cases}
E_\mathrm{S}(t) = e_0 \mathrm{e}^{-\mathrm{j}\omega_\mathrm{S} t} \\
E_\mathrm{R}(t) = e_0 \mathrm{e}^{-\mathrm{j}\omega_\mathrm{R} t}
\end{cases}
\tag{9-24}
$$

两束光在光敏器件上相互干涉,干涉光的振幅为

$$
E(t) = E_\mathrm{S}(t) + E_\mathrm{R}(t)
$$

干涉光的光强为

$$
\begin{aligned}
I(t) &= E(t)E^*(t) \\
&= (e_0 \mathrm{e}^{-\mathrm{j}\omega_\mathrm{R} t} + e_0 \mathrm{e}^{-\mathrm{j}\omega_\mathrm{S} t})(e_0 \mathrm{e}^{\mathrm{j}\omega_\mathrm{R} t} + e_0 \mathrm{e}^{\mathrm{j}\omega_\mathrm{S} t}) = I_0(1 + \cos\Delta\psi t)
\end{aligned}
\tag{9-25}
$$

式中：$\Delta\psi = \omega_\mathrm{R} - \omega_\mathrm{S} = \Delta\omega - \omega_1$ 为两束光干涉而形成的光强变化的拍频。

当 $\Delta\psi = \Delta\omega - \omega_1 = 0$ 时,式(9-25)的 $I(t)$ 为最大值,此时 $\omega_\mathrm{S} = \omega_1$。因此,通过调节声光调制器的调制频率 ω_1,就可以检测出测量光的多普勒光频移量 ω_S 的大小与频移方向。

9.2　分立式光纤传感器

按测量对象的不同,光纤传感器可分为光纤温度传感器、光纤位置传感器、光纤流量传感器、光纤力传感器、光纤速度传感器、光纤磁场传感器、光纤电流传感器、光纤电压传感器、光纤图像传感器和光纤医用传感器等。下面将介绍几种常见的分立式光纤传感器。

9.2.1　偏振式光纤温度传感器

光纤温度传感器是工业中开发最早、应用最多、发展最快的光纤传感器之一,其工作原理一般可分为两类,即相干型和非相干型。偏振式光纤温度传感器属于非相干型结构。

如图 9-10(a)所示,激光源发出 $\lambda = 0.6328\mu m$ 的光,一部分经粗芯径的多模光纤注入测温探头,入射光经透镜准直成平行光束,然后分别穿过偏振棱镜、石英晶体、1/4 波片(关于波片的进一步知识参见附录 L)。透过 1/4 波片的光束由反射镜反射后再经 1/4 波片、石英晶体、偏振棱镜返回,并由透镜会聚后注入接收光束,光敏探测器 2 接收由接收光纤出射的光,并将其转换为电信号。此外,激光器发出的光束的另一部分直接由光敏探测器 1 接收,作为参考电信号。这两部分信号经信号处理后,便可测得温度。图 9-10(b)为偏振测温传感器的探头原理结构。

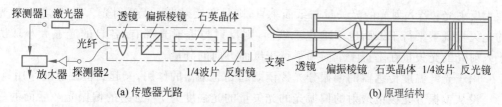

(a) 传感器光路　　　　　　　　　　　　　　　(b) 原理结构

图 9-10　偏振测温传感器结构原理

为了便于理解偏振测温传感器的工作原理,首先需要了解传感器中几个主要部件的作用。

1. 偏振分光棱镜

将光线入射方向与光学界面(具有不同折射率的两种光学介质的分界面,玻璃与空气的光学界面就是玻璃表面)法线方向构成的平面称作入射面,并且把入射光线的光矢量分解为平行于入射面的分量(P 分量)和垂直于入射面的分量(S 分量)两部分,如图 9-11(a)所示。

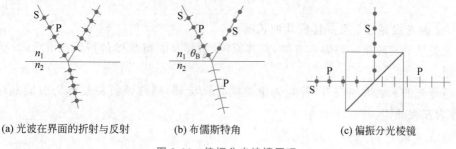

(a) 光波在界面的折射与反射　　　　(b) 布儒斯特角　　　　(c) 偏振分光棱镜

图 9-11　偏振分光棱镜原理

一般情况下,经光学界面折射和反射的光线中,既包含 S 分量又包含 P 分量。在折射或反射光线中所包含的两个分量的光强比例可以由菲涅耳公式推导,菲涅耳公式是描述光波在界面处的反射与透射特性的经典公式。

按照菲涅耳公式推导，存在一个独特的入射角 θ_B，当光线沿着这个角度入射时，入射光线将被分解为两个纯粹的偏振光：反射光中只有 S 分量的光矢量，透射光中只有 P 分量的光矢量[图 9-11(b)]。这个角度称为布儒斯特角，并且有

$$\theta_B = \arctan(n_2/n_1) \tag{9-26}$$

式中各项分别如图 9-11(b)所示。

利用光的这一特性，将多片玻璃叠合成玻璃片堆（实际为薄膜），并使光的入射角等于布儒斯特角，这样，经过多次的反射和折射，可以得到光强足够大、偏振度足够高的偏振分光棱镜。图 9-11(c)中棱镜的斜面（粗线）就是由多层介质膜构成的玻璃片堆，图中，光线自左向右入射至偏振分光棱镜的分光面上，透射光线的光矢量方向只有一个，即平行于纸面的方向（P 分量），反射光线的光矢量方向也只有一个，即垂直于纸面的方向（S 分量）。

另外，线偏振光入射至偏振分光棱镜，若入射光的光矢量与纸面平行，则只有透射光而无反射光；若入射光的光矢量与纸面垂直，则只有反射光而无透射光。当然，如入射光的光矢量既不平行于纸面也不垂直于纸面，则反射与透射光都有，各自的光强大小取决于入射光的光矢量在垂直于纸面和平行于纸面方向的分量。

用于光纤温度传感器的偏振分光棱镜既起到起偏器的作用，又起到检偏器的作用。

设从偏振分光棱镜透射的偏振光的光矢量的光强度为 I_0，透射的偏振光经后面的一系列光学元件后原路返回，若光线的光矢量被旋转了 α 角，那么按照马吕斯定律，返回光线透过偏振分光棱镜后的光强度 I 与原来的光强度 I_0 之间的关系为

$$I = I_0 \cos^2\alpha \tag{9-27}$$

2. 石英晶体

波长为 λ 的光线经过石英晶体时，光矢量被旋转。按照菲涅耳的解释，进入石英晶体的线偏振光可以分解为左旋圆偏振光和右旋圆偏振光。设左、右旋圆偏振光在石英晶体中的折射率分别为 n_L、n_R，则线偏振光穿过石英晶体后其光矢量的旋转角为

$$\alpha = (n_R - n_L)\frac{\pi d}{\lambda} \tag{9-28}$$

式中：d 为光线穿过石英晶体的几何长度。

光矢量的旋转角 α 与温度有关，究其原因，只能是石英晶体的折射率 n_L、n_R 受温度的调制。

迎着光的入射方向观看，若光矢量被顺时针旋转，则称该石英晶体为右旋晶体；否则，称为左旋晶体。

3. 1/4 波片

光线经 1/4 波片后产生的光程差为

$$\Delta = (n_0 - n_e)d = \left(m + \frac{1}{4}\right)\lambda \tag{9-29}$$

式中：m 为整数；d 为 1/4 波片的厚度。

若光线两次通过 1/4 波片，光矢量将以 1/4 波片的快轴为对称轴，被转动相同的角

度,如图 9-12 所示。

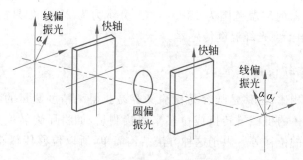

图 9-12   1/4 波片的作用

4. 传感器工作原理

不妨沿着光的入射方向(图 9-10 从左向右的方向)观察,从固定的角度分析光矢量的变化过程。如图 9-13(a)所示,y 轴是图 9-12 中平行于纸面的方向,F 为 1/4 波片的快轴方向,它与 y 轴夹角为 β。假设石英晶体为左旋晶体。

光线穿过石英晶体后,被石英晶体左旋了 α 角(被顺时针旋转了 α 角),见图 9-13(b),α 角的大小与温度有关。

光线透过 1/4 波片之前,光矢量与其快轴的夹角为 $\beta-\alpha$,如图 9-13(c)的虚线所示。光线穿过 1/4 波片后再被反射镜反射回来,往返两次通过 1/4 波片后,光矢量以 1/4 波片的快轴为对称轴转动了 $\beta-\alpha$ 角,如图 9-13(c)所示。

光线再一次经过石英晶体,同样被左旋了 α 角,如图 9-13(d)所示。注意,光线返回时是射向我们观察方向的,所以被左旋了 α 角后,在图 9-13(d)中不再是顺时针而是逆时针了。

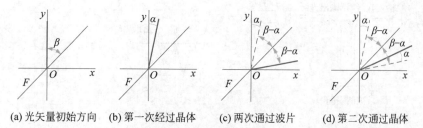

(a) 光矢量初始方向   (b) 第一次经过晶体   (c) 两次通过波片   (d) 第二次通过晶体

图 9-13   光矢量的方向分析

光线两次通过石英晶体后,光矢量总的转角为

$$\alpha+2(\beta-\alpha)-\alpha=2(\beta-\alpha) \tag{9-30}$$

设入射光强为 I_0,光矢量被旋转了 $2(\beta-\alpha)$ 的光线透过偏振分光棱镜后的光强为 I,则根据式(9-27)可知

$$I=I_0\cos[2(\beta-\alpha)] \tag{9-31}$$

显然,当 $2(\beta-\alpha)=45°$ 时,输出光强与 α 之间的线性度最好。当测温的范围确定后,可以通过调整 1/4 波片快轴来满足要求。必须指出的是,1/4 波片起到了十分重要的作用,如果没有 1/4 波片,光线往返两次经过石英晶体后,光矢量又回复到原来的振动

方向。

这种温度传感器的测温范围为 $18\sim180℃$，分辨力为 $2℃$。如果需要得到更高的测量精度，可以采用相干型光纤温度传感器。

9.2.2 反射式光纤位移传感器

与其他机械量相比，位移是既容易检测又容易获得高精度测量的物理量，所以测量中常采用将被测物体的机械量转换成位移来间接测量，如将压力转换成膜的位移、将加速度转换成质量块的位移等。由于这种方法结构简单，所以位移传感器是机械量传感器中的基本传感器。

光纤位移传感器也有相干型和非相干型两大类，反射式强度调制位移传感器属于非相干型结构。

图 9-14(a)是最早使用的线性位移测量装置。光从光源耦合到输入光纤射向被测物体，被测量的物体将入射光反射回另一根光纤(输出光纤)。设两根光纤的折射率为阶跃型分布，两根光纤的内侧距离为 d，每根光纤直径为 $2a$，数值孔径为 NA，光纤与被测物体之间的距离为 b。根据几何光学知识，输出光纤所接收的光强等效于输入光纤端面像发出的光强，如图 9-14(b)所示。显然有

$$\tan\theta = \frac{d}{2b} \tag{9-32}$$

由于 $\theta = \arcsin NA$，所以式(9-32)可写成

$$b = \frac{d}{2\tan(\arcsin NA)} \tag{9-33}$$

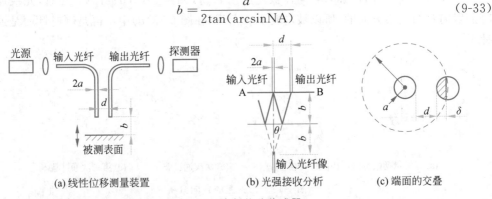

(a) 线性位移测量装置　　　(b) 光强接收分析　　　(c) 端面的交叠

图 9-14　光纤位移传感器

显然，当 $b < d/[2\tan(\arcsin NA)]$ 时，即输出光纤位于光纤像的光锥之外，两光纤的耦合为零，无反射光进入输出光纤；当 $b \geqslant (d+2a)/[2\tan(\arcsin NA)]$ 时，即输出光纤位于光锥之内，两光纤的耦合最强，接收光强达到最大值。d 的最大检测范围为 $a/\tan(\arcsin NA)$。

设如图 9-14(b)所示的 A-B 面是经过输入光纤与输出光纤端面并与被测量表面平行的平面，输入光纤像的发光锥在 A-B 面上投影的光斑为如图 9-14(c)所示的虚线圆，这个光斑与输出光纤端面有一交叠面，如图 9-14(c)中的阴影部分所示，交叠面积决定了输出

光纤接收到的光强。由于输出光纤芯径很小,常常把光锥边缘与输出光纤芯交界弧线看成直线。通过对交叠面简单的几何分析,不难得到交叠面积与光纤端面积之比为

$$M = \frac{\arccos(1 - \delta/a) - (1 - \delta/a)\sin(1 - \delta/a)}{\pi} \tag{9-34}$$

式中:δ 为投影光锥的光斑与输出光纤芯端面交叠扇面的高,且有

$$\delta = 2b\tan(\arcsin NA) - d$$

根据式(9-34)可以求出 M 与 δ/a 的关系曲线,如图 9-15(a)所示。

假定反射面无光吸收,两光纤的光功率耦合效率为交叠面积与光锥底面积之比,即

$$F = M\frac{\pi a^2}{\pi[2b\tan(\arcsin NA)]^2} = M\left(\frac{a}{2b\tan(\arcsin NA)}\right)^2 \tag{9-35}$$

根据式(9-35)可以求出反射式位移 b 与光功率耦合效率 F 的关系曲线。

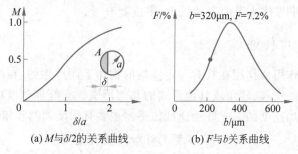

(a) M与δ/2的关系曲线   (b) F与b关系曲线

图 9-15   光纤传感器的输出

图 9-15(b)所示的 F 与 b 的关系曲线是在纤芯径 $2a = 100\mu m$、数值孔径为 0.5、间距 $d = 100\mu m$ 条件下作出的。由于传感器的输出特性呈近似抛物线状,因此,通常只利用了线性较好的前坡进行位移测量。

实际的光纤传感器并不是如图 9-14(a)那样只是两根光纤,而是由多股光纤组合而成的,标准的光纤位移传感器由 600 根直径为 0.762mm 的光导纤维组成,光纤内芯是折射率为 1.62 的火石玻璃,包层为折射率为 1.52 的玻璃。光纤采用 Y 型结构,即两束光纤的一端合并为光纤探头,另一端分叉为两束,分别为输入光纤和输出光纤。

影响光纤位移传感器的测量范围和灵敏度的主要因素是输入光纤和输出光纤端部的光纤分布形态。光纤分布形态一般有四种,即随机分布(R 型)、半圆形分布(H 型)、共轴内发射分布(CII 型)和共轴外发射分布(CTD 型),如图 9-16(a)所示。图中黑色圆点为输入光纤,白色圆点为输出光纤。

以随机型光纤位移传感器与半圆形光纤位移传感器为例,传感器的输出电压与位移之间的关系曲线如图 9-16(b)所示。可见,尽管随机型和半圆形光纤位移传感器输出特性依然有如图 9-15(b)所示的规律,但各自具有不同的峰值位置和灵敏度,线性测量范围也不相同。

光纤位移传感器在小的测量范围内能进行高速位移测量,具有结构简单、性能稳定、造价低廉、设计灵活、非接触、探头小、频响高、线性度好、能在恶劣环境下工作等优点,因而在光纤传感器中占有十分重要的地位并得到广泛应用。

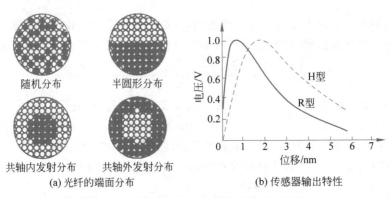

随机分布　　　　　半圆形分布

共轴内发射分布　　共轴外发射分布

(a) 光纤的端面分布　　　　　　(b) 传感器输出特性

图 9-16　光纤的端面分布及传感器输出特性

由于光纤位移传感器是以光强度作为测量值的，因此对光源的驱动也有一定的要求，附录 M 描述了半导体光源的驱动技术，供读者参考。

9.2.3　光纤加速度传感器

加速度是外界作用力作用在具有一定质量的物体上而产生的，在平衡力的反作用下使物体产生一定量的位移、转角或其他形式的几何形变。光纤加速度传感器就是通过测量这些变量而测量加速度的。光纤加速度传感器主要有强度调制和相位调制两种。

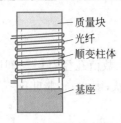

质量块
光纤
顺变柱体
基座

图 9-17　光纤加速度
传感器

1. 干涉型光纤加速度传感器

光纤加速度传感器由基座、顺变柱体、质量块和绕在顺变柱体上的单模光纤组成（图 9-17），这是一个惯性系统。若质量块的质量 m 远大于顺变柱体的质量 m_c，那么这个惯性系统可以简化为一个简单的二阶质量-弹簧系统。

顺变柱体实际上是空心的圆柱体，以加速度 a 运动的质量块会对顺变柱体施加一个沿轴向的力 F，并且有

$$F = ma \tag{9-36}$$

在力 F 的作用下，顺变柱体产生的轴向应变为

$$\varepsilon_i = \frac{F}{EA} = \frac{4F}{E\pi d^2} \tag{9-37}$$

式中：E 为顺变柱体材料的弹性模量；d 为顺变柱体的直径。

与此相对应的是顺变柱体的径向应变 ε，若顺变柱体材料的泊松比为 μ，根据材料力学可知，$\varepsilon = \mu\varepsilon_i$，因此有

$$\varepsilon = \mu\varepsilon_i = \frac{4\mu F}{E\pi d^2} \tag{9-38}$$

顺变柱体的径向应变传递给缠绕在顺变柱体上的光纤，必然使光纤的长度发生变化，结合 $\varepsilon = \delta l / l$，设光纤匝数为 N，则光纤的总长度 $l = N\pi d$。根据式（9-38）可以推导出光纤的长度变化量为

$$\delta l = \frac{4\mu Nma}{Ed} \tag{9-39}$$

光纤长度的变化可通过干涉系统加以测量,测量系统如图 9-18 所示。激光束通过分光镜 1 后分为两束光:一束经光纤耦合后直接射到分光镜 2,作为参考光;另一束光纤缠绕在加速度传感器上,它将光束耦合后也射入分光镜 2,作为测量光。两束光相遇后产生干涉,干涉光强度的变化与两束光的位相差有关。由于加速度传感器上的光纤变形,在光纤上传播的参考光束所产生的位相变化为

$$\Delta\varphi = \beta\delta l\left[1 - 0.5n^2(1 - \mu_f)P_{12} - \mu_f P_{11}\right] \tag{9-40}$$

式中:$\beta = 2n\pi/\lambda$;n 为纤芯的折射率;P_{11}、P_{12} 为光弹系数;μ_f 为纤芯的泊松比;λ 为激光在光纤中的波长。

若定义加速度传感器的灵敏度为 $\Delta\varphi/a$,则有

$$\frac{\Delta\varphi}{a} = \frac{8\pi\mu nmN}{Ed\lambda}\left[1 - \frac{1}{2}n^2(1 - \mu_f)P_{12} - \mu_f P_{11}\right] \tag{9-41}$$

2. 强度调制型光纤加速度传感器

强度调制型光纤加速度传感器的原理,仍然是利用一个具有一定质量的物体在加速度作用下产生惯性力,惯性力产生位移,从位移反映出加速度的大小。

图 9-19 是强度调制型光纤加速度传感器。其传感力的变化的元件是质量块。在套筒内固定着三根光纤,最上面一根是输入光纤,下面两根是接收信号的输出光纤,三根光纤都是使用多模光纤。

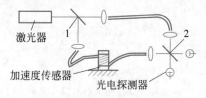

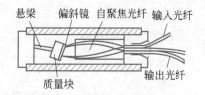

图 9-18 光纤加速度测量系统　　图 9-19 强度调制型光纤加速度传感器

由于黄铜板弹簧即图 9-19 中的悬梁是水平放置的,它的厚度小、宽度大,只能感受到垂直方向的加速度,而对水平方向的加速度几乎无法传感。

图 9-20(a)表示输入与输出光纤的排列情况,输入光纤 1 将光源发出的光导入,并经图中自聚焦光纤射向偏斜镜。反射回来的光线再经自聚焦光纤会聚成光斑 4 照射在输出光纤 2、3 上。没有加速度作用时,光斑位于两根输出光纤之间,处于平衡位置,即两个输出光纤得到的光强

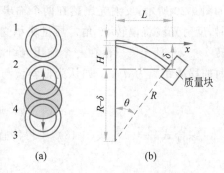

1—输入光纤;2、3—输出光纤;4—反射光斑
图 9-20 光纤加速度传感器原理

是相同的。当质量块承受加速度作用时,偏斜镜倾斜,使光斑位置向上或向下移动,移动方向由加速度的方向决定。

图 9-20(b)是质量块在加速度作用下板簧变形的情况,图示变形量 δ 是板簧长度方向坐标 x 的函数。当垂直作用力 F 加到质量块上时,板簧产生的变形可用下式表示:

$$\delta(x) = \frac{fx^2}{6EJ}(3L - x) \tag{9-42}$$

式中：E 为板簧材料的弹性模量；J 为板簧的惯性矩；L 为板簧长度。

质量块倾斜角度 $\theta(x)$ 是 z 的函数，它可以通过对 $\delta(x)$ 进行微分来得到：

$$\theta(x) = \frac{\mathrm{d}}{\mathrm{d}x}[\delta(x)] = \frac{2Fx}{6EJ}(3L - x) - \frac{Fx^2}{6EJ} = \frac{F}{2EJ}(2Lx - x^2) \tag{9-43}$$

当 $x = L$ 时，有

$$\theta = \frac{FL^2}{2EJ} \tag{9-44}$$

由于质量块 m 受到的作用力 F 是由加速度 a 所引起的，所以由牛顿第二定律可得

$$a = \frac{\delta K}{m} \tag{9-45}$$

式中：K 为板簧的弹性系数。

由 θ 和 δ 的公式可知，$\delta = 2L\theta/3$。

若偏斜镜倾斜 θ 角，入射到其上的光线将被偏转 2θ 角。由于偏斜镜的倾斜，光斑偏向某一个输出光纤。当全部光线只照射在某一个光纤上时，偏斜镜的偏转角为最大值 $\theta_{\max}$，由这个最大的倾斜角可以确定本传感器所能测量的最大加速度为

$$a_{\max} = \frac{2}{3}\frac{L}{Km}\theta_{\max} \tag{9-46}$$

系统的固有频率为

$$\omega_r^2 = \frac{K}{m}\frac{EWH^3}{4mL^3} \tag{9-47}$$

式中：W 为悬梁的宽度；H 为悬梁的厚度。

如果自聚焦光纤的长度为 z，折射率为 n_0，当加速度为零时，偏斜镜的倾斜角 $\theta = 0°$，如图 9-20 所示，反射光斑落在两个输出光纤的中间。当偏斜镜在加速度作用下偏转 θ 角时，反射光线将偏转 2θ 角。质量块承受最大加速度 $a_{\max}$ 时，根据设计，反射光将恰好偏转 $\theta_{\max}$，并且光斑只落在一个输出光纤上。若光纤的直径为 d，则这时光斑相对于 $a = 0$ 时的移动距离为 $d/2$。如认为偏斜镜与自聚焦光纤端面之间只有最小气隙，此时有

$$\theta_{\max} = \frac{d}{4z}\frac{\pi n_0}{2} \tag{9-48}$$

综合式(9-46)~式(9-48)，可得传感器所能测量的最大加速度为

$$\alpha_{\max} = \frac{\omega_r^2 L d \pi n_0}{12z} \tag{9-49}$$

实验研究表明，这种结构的加速度传感器灵敏度高，动态范围大，而且不易受冲击振动和电源波动的影响，最小可测加速度值小于 $10^{-5}\,\mathrm{m/s^2}$，而且整体结构简单，体积小。

9.3　分布式光纤传感器

分布式光纤传感器将若干传感点串联在一起，解决点式传感器布线问题，使用方便

可靠。分布式光纤传感器除了具有一般光纤传感器优点外,在一个光网络中有效地复用多个光纤传感器的能力是其独一无二的特性,能够获得待测物体的空间信息分布。分布式光纤传感器分为以下两类:

(1) 准分布式光纤传感器:多个传感器可以在一个系统中基于时间、频率、波长、相干性以及偏振等的复用,一根光纤线路实现大量参数感知的传感方式。

(2) 分布式光纤传感器:基于光纤中的散射效应,沿着整条传感光纤实现对各个传感单元的测量。这种传感器是本节将要重点介绍的,利用光纤中的自发散射和受激散射的过程,它们可以实现长达几十千米距离内的温度和应变传感。

最常见的分布式光纤传感器基于光纤中的瑞利散射、自发拉曼散射以及自发布里渊散射或受激布里渊散射,可以通过不同的技术来实现,如光时域反射与光频域反射。基于布里渊散射效应的光纤传感器应用较多,可以分为受激布里渊散射(SBS)和布里渊光时域分析(BOTDA)技术两大类,各具特色。基于布里渊光时域的分布式传感测量又可以分为布里渊光时域反射计(BOTDR)型和分析仪型两种,BOTDR 是单端输入系统,光从光纤的一端注入,信号较弱、信噪比较低、空间分辨率低、测量精度低,适用于长距离测量;BOTDA 是基于泵浦-探测技术的双端注入系统,即泵浦光从一端注入光纤,探测光从另一端进入光纤形成受激放大过程,具有测量距离长、测量精度高等特点。

9.3.1 光纤中的光散射

光在光纤中传输时会产生后向散射光,如瑞利散射、拉曼散射和布里渊散射等,如图 9-21 所示。拉曼散射会产生强度变化,与温度有关;布里渊散射会产生频率的变化,与温度及应变有关。因此,基于拉曼散射的光纤传感器可实现温度的测量,基于布里渊散射的光纤传感器可实现温度及应变的测量。

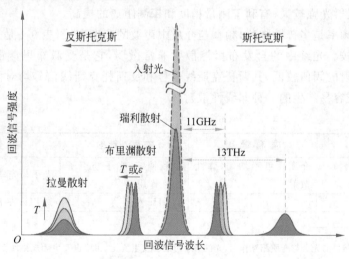

图 9-21 光纤中的非线性散射

(1) 瑞利散射:光纤介质的密度分布存在随机变化,由此而引起的一种基本散射,这种散射过程不涉及任何多普勒效应引起的频率偏移,是一种特殊的没有频率位移的弹性光散射。在一些介质中还存在瑞利翼散射，它是介质中各向异性分子沿入射光波的电场矢量排列所引起的弹性散射，这种散射具有很宽的光谱特征。不过，光纤中不存在瑞利翼散射。

（2）拉曼散射：入射光子与光学声子交换能量的结果，光学声子比声学声子携带更多的能量，这使得自发拉曼散射成为一个高度非弹性过程。其斯托克斯线信号与外部参数无关，仅反斯托克斯线信号的强度对温度敏感，频移较大且阈值高。

（3）布里渊散射：布里渊散射的本质是入射光与声学声子相互作用的非弹性散射，分为自发布里渊散射和受激布里渊散射。比拉曼散射的频移低三个数量级（例如，石英光纤中拉曼散射频移约为13THz）。

自发布里渊散射：在常温状态下光纤中，因原子、分子或离子的热运动而形成自发声波场，使得光纤的密度随时间和空间周期性变化，从而使得光纤上的折射率被周期调制，可以视为沿光纤运动着的光栅。当泵浦光射入光纤中时，将会受到光栅的衍射作用，产生自发布里渊散射光。沿着光的传播方向观察，自发布里渊散射前向和后向都有散射，一般应用于反射计型分布式传感测量，由于反射光强微弱、检测比较困难，制约了系统性能的提高。

受激布里渊散射：当进入光纤的入射光泵浦功率超过某一阈值时，光纤内产生的电致伸缩效应，使得沿光纤产生周期性形变或弹性振动，即光纤中产生了相干声波，该声波沿其传播方向使光纤折射率被周期性调制，从而形成了一个以该声速运动的折射率光栅，使入射光产生散射。当满足波场相位匹配时，声波场得到极大增强，从而使光纤内的电致伸缩声波场和相应的散射光波场的增强大于它们各自的损耗，将出现声波场和散射光场的相干放大，从而导致大部分传输光功率被转化为后向散射光，产生受激布里渊散射。沿着光的传播方向观察，受激布里渊散射只有后向散射，一般应用于分析仪型分布式传感测量，反射光强较大，有利于测量精度和探测距离的提高。

散射光的频率是多普勒频移，频移与介质中声波的速度有关，表9-1是三种不同的光散射的性能比较。光纤中的自发布里渊散射非常微弱，它是受激布里渊散射的起始过程。布里渊散射的阈值较低，其斯托克斯线信号和反斯托克斯线信号均对温度和应变敏感，是光纤中较容易产生的一种非线性散射[①]。

表 9-1　三种散射的比较

	瑞 利 散 射	布 里 渊 散 射	拉 曼 散 射
物理机制	介质密度不均匀，弹性散射	电致伸缩，光子与声子相互作用	光子与光学声子相互作用
频移量	0	11GHz 左右	10THz 左右

---

① 在介质中传播的光会与介质相互作用，光的频率可能会发生变化，相位也发生无规律的变化。研究表明，激发线的两侧各存在一条谱线：低频一端称为斯托克斯线（红伴线），其频率为 $\nu_0 - \Delta\nu$；高频一端称为反斯托克斯线（紫伴线），频率为 $\nu_0 + \Delta\nu$。在散射光谱中，激发线 ν_0 处的散射谱线称为瑞利散射，散射光频率与激发光的频率相同。物理学家拉曼（C. V. Raman）首先在液体苯的散射光中发现了这一现象，因此称为拉曼散射，拉曼散射在石英等介质中都存在。

续表

	瑞 利 散 射	布 里 渊 散 射	拉 曼 散 射
相对强度	约比入射光功率小 30dB	比瑞利散射光功率小 20～30dB	比瑞利散射光功率小 40～60dB
分布式光纤传感应用	OTDR	BOTDR,BOTDA	ROTDR

光通过光纤的传播以及自发散射过程的起源可以用波动方程描述为

$$\nabla^2 \boldsymbol{E} - \frac{1}{c^2}\frac{\partial^2 \boldsymbol{E}}{\partial t^2} = \mu_0 \frac{\partial^2 \boldsymbol{P}}{\partial t^2} \tag{9-50}$$

式中：$\boldsymbol{P}$ 为电极化强度,模拟了电介质对波传播的影响；c 为真空中的光速；$\boldsymbol{E}$ 为波电场；μ_0 为真空中的磁导率；$c^2 = 1/\varepsilon_0\mu_0$,$\varepsilon_0$ 为真空中介电常数。

由于介质的不均匀,电极化强度 $\boldsymbol{P}$ 需要考虑电极化率 $\boldsymbol{\chi}$ 在时间和空间上的波动（$\Delta\boldsymbol{\chi}$）:

$$\boldsymbol{P} = \varepsilon_0\boldsymbol{\chi}\cdot\boldsymbol{E} + \varepsilon_0\Delta\boldsymbol{\chi}\cdot\boldsymbol{E} = \varepsilon_0\boldsymbol{\chi}\cdot\boldsymbol{E} + \Delta\varepsilon\cdot\boldsymbol{E} = \boldsymbol{P}_0 + \boldsymbol{P}_d \tag{9-51}$$

在线性系统中,$\boldsymbol{P}$ 与 $\boldsymbol{E}$ 成正比关系,表示为

$$\boldsymbol{P} = \varepsilon_0\boldsymbol{\chi}\cdot\boldsymbol{E} \tag{9-52}$$

式中：$\Delta\varepsilon$ 由标量项 $\Delta\varepsilon$ 和张量项 $\Delta\varepsilon_{ij}^{(t)}$ 组成,可以表示为

$$\Delta\varepsilon = \Delta\varepsilon\delta_{ij} + \Delta\varepsilon_{ij}^{(t)} \tag{9-53}$$

式中,标量项 $\Delta\varepsilon$ 来源于热力学量的波动,如压力、熵、密度或者温度,由 $\Delta\varepsilon$ 引起的散射称为标量光散射,是瑞利散射和布里渊散射的起源。瑞利散射由熵涨落引起,布里渊散射由介质中传输的压力波引起的密度变化产生。由 $\Delta\varepsilon_{ij}^{(t)}$ 引起的光散射称为张量光散射,由 $\Delta\varepsilon_{ij}^{(s)}$ 和 $\Delta\varepsilon_{ij}^{(a)}$ 组成。在电场作用下,不对称分子的快速重定向形成的瑞利翼散射的起源便是 $\Delta\varepsilon_{ij}^{(s)}$,瑞利翼散射在光纤中不存在。$\Delta\varepsilon_{ij}^{(a)}$ 是拉曼散射的起源,来源于介质中的热振动。

根据传感器所运用的散射方式不同,分布式光纤传感器可分为三大类,即基于瑞利散射的光纤传感技术,包括光时域反射仪（OTDR）、相干光时域反射仪（COTDR）、相位敏感光时域反射仪（ϕ-OTDR）、光频域反射仪（OFDR）；基于拉曼散射的光纤传感技术,包括拉曼光时域反射仪（ROTDR）、拉曼光频域反射仪（ROFDR）；基于布里渊散射的光纤传感技术,包括布里渊光时域反射仪（BOTDR）、布里渊光时域分析仪（BOTDA）、布里渊光频域分析仪（BOFDA）。

9.3.2 瑞利散射及光纤传感技术

1. 瑞利散射

由于光纤制作的工艺缺陷或者外力作用等因素,光纤中介质密度分布存在不均匀的情况,因此光纤中普遍存在光的瑞利散射现象。若入射光波长为 λ,瑞利散射光强度与 λ^4 成反比,也就是入射光的波长越短,瑞利散射光越强。并且,瑞利散射光的强度随着探测方向也会发生变化,探测方向 θ 不同,瑞利散射的光强也不同,即

$$I = I_0(1 + \cos^2\theta) \tag{9-54}$$

式中：θ 为入射光与探测方向的夹角；I_0 为 $\theta = \pi/2$ 时的瑞利散射光强度。

光纤中各个方向都存在瑞利散射光，受光纤结构的限制，只有与入射光同向或者反向的散射光才能在光纤中传输，如图 9-22 所示。后向瑞利散射信号的光功率为

$$P_R = S\alpha_S W \frac{v}{2} e^{-\alpha L} P_0 = \frac{1}{4}\left(\frac{\lambda}{\pi n r}\right)^2 \alpha_S W \frac{v}{2} e^{-\alpha L} P_0 \tag{9-55}$$

式中：P_0、λ、W、v 分别为入射光的峰值功率、波长、光脉冲的脉宽、光波群速度；α_S 为瑞利散射系数；n 为光纤介质折射率；r 为光纤模场半径；α 为光纤损耗系数；S 为后向瑞利散射光功率捕获因子；L 为光纤中反射点相对于入射端的距离。

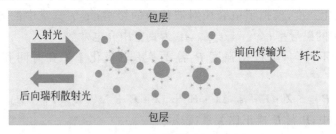

图 9-22　瑞利散射过程示意图

2. 光时域反射仪

OTDR 系统包含激光器、声光调制器、光纤环形器、传感光纤、光电探测器，如图 9-23 所示。激光器发出的光信号被声光调制器调制为光脉冲信号，然后由环形器的一端传输到传感光纤中。光脉冲在传感光纤中传输，同时会有后向瑞利散射光和菲涅耳反射光，这些光信号通过环形器的另一端传输到光电探测器。

在每一个探测周期，光电探测器输出一条轨迹曲线图（图 9-24），在该曲线上反射光信号强度与光纤上的位置点是一一对应的，不同的缺陷表现出不同的信号特征。根据式(9-55)可知，由于光纤损耗系数 α，反射光信号强度随着传输距离的增加不断衰减，所以返回的轨迹曲线的强度整体上呈下降趋势。

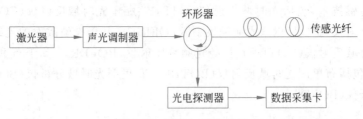

图 9-23　OTDR 系统结构

OTDR 能够测量出较为明显的强折射率变化，如光纤衰减、熔接点、连接点、弯折以及光纤末端等，但很难测量应力、振动等外界环境影响造成的弱折射率变化。

OTDR 使用宽带光脉冲信号注入光纤始端，系统直接测量后向瑞利散射光功率并且检测接收到的瑞利散射信号和菲涅耳反射信号，由于接收到的信号强度较低而且含有噪声，此过程需要反复进行，然后对收集到的所有结果做平均处理，以消除噪声因素和偶然因素影响，再分析信号的强弱变化，最终得到光功率变化与传感光纤长度的对应关系，从

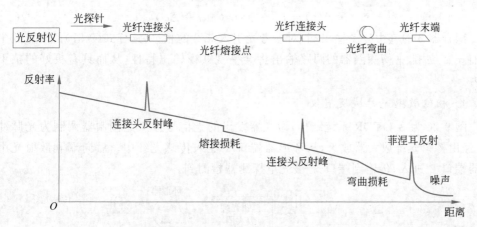

图 9-24　OTDR 系统接收到的轨迹曲线

而明确光信号在传感光纤中的传输特性。

3. 相干光时域反射仪

图 9-25 为 COTDR 系统结构，激光器发出的窄线宽光信号被声光调制器调制为光脉冲信号，经由掺铒光纤放大器放大，从环形器注入传感光纤中，并不断产生后向瑞利散射光。散射通过环形器回到入射端，由耦合器 2 将其与耦合器 1 的本征光相叠加，探测器感光面产生干涉。

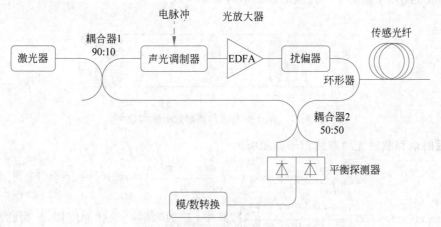

图 9-25　COTDR 系统结构

频率为 ω_0 的入射光被耦合器 1 分出的两路光：一路为参考光，直接到达耦合器 2；另一路经声光调制器后，被调制成频率为 ω_S、脉宽为 τ 的探测光。

参考光的光矢量 E_0 和探测光的光矢量 E_S 分别为

$$\begin{cases} E_S(t) = e_0 e^{-j(\omega_S t + \varphi_S)} \\ E_0(t) = e_0 e^{-j(\omega_0 t + \varphi_0)} \end{cases}$$

（9-56）

式中：$\omega_S = \omega_0 + \Delta\omega$；$\varphi_0$、$\varphi_S$ 分别为参考光与探测光的初始相位。

参考式(9-25)的推导过程，很容易得出合成光强为

$$I(t) = I_0 [1 + \cos(\Delta\omega t + \Delta\varphi)] \qquad (9\text{-}57)$$

耦合器 2 的其中一个输出端，对参考光引入 $\pi/2$ 的相移，这样式(9-57)的余弦式中将增加 $\pi/2$ 位相，平衡探测器的两路输出将会呈现共模输出特性，从而具有更好的抗干扰能力。

4. 相位敏感光时域反射仪

图 9-26 为 ϕ-OTDR 系统结构，激光器发出的光信号被声光调制器调制为光脉冲信号，经由掺铒光纤放大器放大，从环形器端口 1 注入传感光纤中。后向瑞利散射光由环形器端口 2 进入，传输到端口 3，被光电探测器检测到。

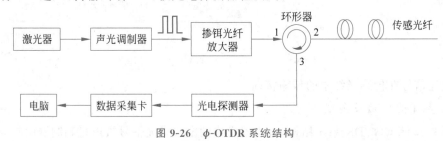

图 9-26　ϕ-OTDR 系统结构

如图 9-27 所示，用离散模型描述后向瑞利散射，将传感光纤分成 N 个散射中心。设传感光纤总长度为 L，划分成了 N 段，每段的长度 $\Delta L = L/N$，系统采集到的后向瑞利散射信号由这 N 个散射中心产生的散射信号叠加构成。

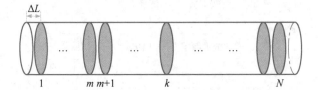

图 9-27　光纤中的后向瑞利散射离散模型

后向瑞利散射光功率的相干叠加项为

$$P(t) = 2\sum_{i=1}^{N}\sum_{j=1}^{N} a^2 \cos\varphi_{ij} \exp\left(-\alpha\frac{c(\tau_i + \tau_j)}{n}\right) \times \text{rect}(i) \times \text{rect}(j) \qquad (9\text{-}58)$$

式中：$\text{rect}(m) = \text{rect}\left(\dfrac{t - (k-1)T - \tau_m}{W}\right)$，其中，$T$ 为入射光的脉冲周期，k 为脉冲序列数，W 为入射光脉冲宽度；$\varphi_{ij} = \dfrac{2\pi f n(L_i - L_j)}{c}$，其中，$f$ 为脉冲光频率，c 为真空中的光速，n 为光纤折射率，L_i、L_j 分别为第 i、j 个散射中心的位置；N 为传感光纤上的散射中心总个数；φ_{ij} 为无扰动时第 i 条和第 j 条瑞利散射信号之间的相位差；a 为第 i 个散射中心处的后向瑞利散射光幅度；τ_i 为脉冲周期内的第 i 个散射脉冲光产生的时延；α 为光纤中的光衰减系数。

可见，相位差与光纤折射率相关，传感光纤上发生的扰动会导致光纤折射率 n_f 变化，进而导致相位 φ_{ij} 发生变化，后向瑞利散射光功率又与相位差 φ_{ij} 相关，因此可以通过观察光功率的变化来获取扰动信息。

5. 光频域反射仪

如图 9-28 所示,连续可调谐光源发出可调谐扫频光,光束进入耦合器分成两束光,一束光进入参考光纤,另一束光进入传感光纤。两束光遇到光纤中的不均匀介质会发生散射,最终两束光中的后向瑞利散射和菲涅耳反射光会反射回来发生干涉,干涉光中便会携带两束光的频率差和相位差,在光电探测器表面被探测,经过后期数据处理便可以得到光纤中携带的各种信息,如光纤长度、光纤断裂、熔接点等。

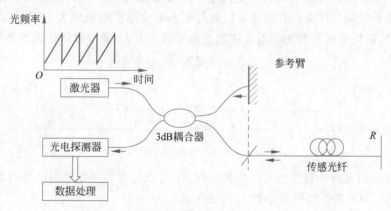

图 9-28　OFDR 原理图

OFDR 技术与调频连续波(FMCW)激光雷达技术相同,如图 9-29 所示,传感光纤中的散射光和参考光纤中的反射光发生干涉时的拍频为

$$f_b = \gamma \tau_z = \gamma \frac{2L}{nc} \qquad (9-59)$$

式中:L 为传感光纤上的一个反射点的位置;τ_z 为参考臂上的反射点与传感光纤上的反射点的时延;n 为光纤折射率;c 为光在真空中的传播速度;γ 为可调谐光源的调谐速率。

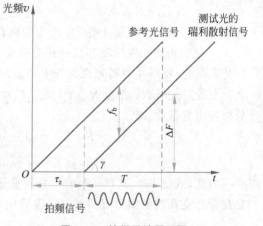

图 9-29　拍频干涉原理图

不考虑相位噪声的情况下,去掉直流项,可以推导出拍频信号光强为

$$I(t) = E_0^2 \left\{ 2\sqrt{R(\tau_z)} \cos\left[2\pi\left(f_0\tau_z + f_b t - \frac{1}{2}\gamma\tau_z^2 \right) \right] \right\} \qquad (9-60)$$

对拍频信号进行快速傅里叶变换,并将光频域信号转换到距离域,可以得到待测光纤上不同反射点处散射光的强度信息,从而获得待测光纤上的损耗、断面等情况,并可以进行准确的定位。

9.3.3　拉曼散射及光纤传感技术

1. 拉曼散射

从量子力学的角度来看,入射光和与光纤介质中剧烈运动的分子相互作用时,导致非弹性碰撞的产生,光子将吸收或者发射一个声子,这一过程便是拉曼散射。如图 9-30 所示,入射光子吸收一个光学声子成为频率上移的反斯托克斯拉曼散射光子,放出一个光学声子成为频率下移的斯托克斯拉曼散射光子,分子完成了相应的两个振动态之间的跃迁。自发拉曼散射由频率较低的斯托克斯拉曼散射光和频率较高的反斯托克斯拉曼散射光两部分组成。反斯托克斯光背向散射光强度受温度影响较大,通常作为测量温度的传感信号,斯托克斯光背向散射光强度受温度影响不大,通常可以作为参考信号。

图 9-30　拉曼散射的能级示意图

光源发出的光脉冲在传感光纤中传播时,在 z 点处发生拉曼散射产生的反向斯托克斯光子数 N_S 和反斯托克斯光子数 N_{AS} 分别为

$$N_S = K_S \times s \times \nu_S^4 \times N_0 \times R_S(T) \times \exp[-(a_0 + a_S) \times L] \qquad (9-61)$$

$$N_{AS} = K_{AS} \times s \times \nu_{AS}^4 \times N_0 \times R_{AS}(T) \times \exp[-(a_0 + a_{AS}) \times L] \qquad (9-62)$$

式中:K_S、K_{AS} 分别为与光纤中产生的斯托克斯光和反斯托克斯光的截面有关的系数;ν_S、ν_{AS} 分别为斯托克斯光和反斯托克斯光其光信号的频率;a_0、a_S、a_{AS} 分别为入射光、斯托克斯光、反斯托克斯光在光纤中传播的平均损耗系数;L 为光发射点的距离;N_0 为入射光的总光子数;系数 $R_S(T)$、$R_{AS}(T)$ 与光纤所处环境的温度有关,满足玻耳兹曼热分布定律的条件,即

$$R_S(T) = [1 - \exp(-h\Delta\nu/kT)]^{-1} \qquad (9-63)$$

$$R_{AS}(T) = [\exp(h\Delta\nu/kT) - 1]^{-1} \qquad (9-64)$$

因此,式(9-61)、式(9-62)的自发拉曼散射光的强度与光纤所处环境温度有关,特别是反斯托克斯拉曼散射有明显的温度效应。

2. 拉曼光时域反射仪

由于拉曼散射效应产生的散射光的光强度与周围温度有直接的联系,因此便有利用拉曼散射光来反演光纤沿线温度变化。ROTDR 原理如图 9-31 所示,激光器发出脉冲激光在光纤中传播时发生拉曼散射,产生反斯托克斯光和斯托克斯光,利用波分复用器把反斯托克斯光和斯托克斯光分为两路,并通过光电转换器及采集卡采集光强度数据,通过计算反斯托克斯光除以斯托克斯光的拉曼强度比,最终反演得到光纤沿线的温度。

为了计算结果更加准确,通常会设置一段参考光纤,该段光纤的沿线温度是已知的。利用这一段光纤的温度及反斯托克斯光除以斯托克斯光的拉曼强度比,结合传感光纤沿

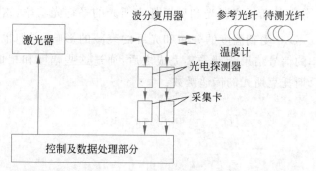

图 9-31　ROTDR 原理图

线反斯托克斯光除以斯托克斯光的拉曼强度比,共同计算待测段光纤沿线温度,即

$$\frac{1}{T}=\frac{1}{T_0}-\frac{k}{h\nu c}\ln\frac{R(T)}{R(T_0)} \tag{9-65}$$

3. 拉曼光频域反射仪

如图 9-32 所示,入射光调制频率为 ω_0,经声光调制器进入传感光纤,产生背向散射光信号。然后,以 $\Delta\omega_{mod}$ 为步长,在上一个频率基础上改变入射光的调制频率,即

$$\omega_m=m\Delta\omega,\quad m=0,1,2,\cdots,M-1 \tag{9-66}$$

入射光功率为

$$P_0(t)=\bar{P}_0+\widetilde{P}_0\cos(\omega_m t+\varphi_0) \tag{9-67}$$

式中:$\bar{P}_0$ 为平均功率;$\widetilde{P}_0$ 为调制光峰值;φ_0 为初始相位。

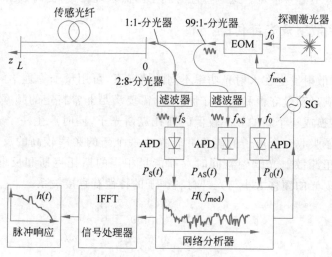

图 9-32　ROFDR 原理图

后向散射光的斯托克斯光 $P_S(t)$ 和反斯托克斯光 $P_{AS}(t)$ 的光功率分别为

$$P_S(t)=\bar{P}_S+\widetilde{P}_S\cos(\omega_m t+\varphi_S) \tag{9-68}$$

$$P_{AS}(t)=\bar{P}_{AS}+\widetilde{P}_{AS}\cos(\omega_m t+\varphi_{AS}) \tag{9-69}$$

式中：$\overline{P}_S$ 和 $\overline{P}_{AS}$ 分别是斯托克斯光和反斯托克斯光的平均光功率，这里两种光的幅度 $\widetilde{P}_S$、$\widetilde{P}_{AS}$ 和相位 φ_S、φ_{AS} 受到温度的分布和光纤的衰减的影响，它们也与调制频率紧密相关。当所需频率的信号结果全部采集完成之后，通过这些幅度和相位的值，可以计算出斯托克斯光和反斯托克斯光的传递函数：

$$H_S = \frac{\widetilde{P}_S}{\widetilde{P}_0} \exp\left(j\varphi_S - j\varphi_0\right) \tag{9-70}$$

$$H_{AS} = \frac{\widetilde{P}_{AS}}{\widetilde{P}_0} \exp(j\varphi_{AS} - j\varphi_0) \tag{9-71}$$

进而可以得出脉冲响应的时域函数的比值，即

$$h_{sens}(z_q) = \frac{Re(h_S(t_q))}{Re(h_{AS}(t_q))} \exp(\Delta\alpha_p Z_q) \tag{9-72}$$

式中：h_S、h_{AS} 是 H_S、H_{AS} 的傅里叶反变换，即脉冲响应的时域函数；$\Delta\alpha_p$ 为斯托克斯光和反斯托克斯光的衰减系数之间的差值；Z_q 为光纤待测点位置。

令 $t_q = 2nZ_q/c = q\Delta t$，其中，$n$ 为光纤纤芯的折射率，$q = 0,1,2,3,\cdots,M-1$，t_q 为步长 Δt 的时间维度上第 q 个时间点，而时间维度上 t_q 点对应的空间维度上的参数则是传感光纤在 Z_q 位置的信号。

由于每个调制频率依次处理，所以只需要使用窄带分析仪处理一个频率分量，再做傅里叶反变换处理。因此，相对于 ROTDR，ROFDR 不需要处理脉冲上升时间为几纳秒的脉冲，系统带宽不需要很宽。这个特性有利于降低系统噪声，提高数据处理效率。

9.3.4　布里渊散射及光纤传感技术

1. 布里渊散射

自发布里渊散射发生在入射光功率不高的情况下，可用量子物理学解释。如图 9-33 所示，必须同时满足动量守恒和能量守恒，因此需要满足非常特定的频率和波矢量条件。一个入射光子转换成一个新的频率较低的斯托克斯光子，同时产生一个新的声子；同样地，一个入射光子吸收一个声子的能量并转换成一个新的频率较高的反斯托克斯光子。因此，在自发布里渊散射光谱中将同时存在能量相当的斯托克斯和反斯托克斯两条谱线，其相对于入射光的频移大小与光纤材料声子的特性有直接关系。

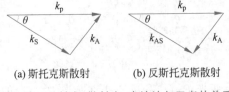

(a) 斯托克斯散射　　　(b) 反斯托克斯散射

图 9-33　入射光、散射光、声波波矢三者的关系

入射光引起介质折射率的周期性调制，形成折射率光栅，通过布拉格衍射散射泵浦光。由于多普勒位移与以声速 v_A 移动的光栅有关，因此散射光产生了频率下移。同样

地,在量子力学中,这个散射过程可以看作一个泵浦光子的湮灭,同时产生了一个斯托克斯光子和一个声频声子。由于在整个散射过程中能量和动量必须守恒,因此三个波之间的频率和波矢关系为

对于斯托克斯,有

$$\omega_S = \omega_p - \omega_A, \quad k_S = k_p - k_A \tag{9-73}$$

对于反斯托克斯,有

$$\omega_{AS} = \omega_p - \omega_A, \quad k_{AS} = k_p + k_A \tag{9-74}$$

式中:ω_p、ω_A、ω_S、ω_{AS} 分别为入射光波、声波、斯托克斯波、反斯托克斯波的频率;k_p、k_A、k_S、k_{AS} 分别为入射光波、声波、斯托克斯波、反斯托克斯波的波矢。

设入射光波与斯托克斯波之间的夹角为 θ,则有

$$\omega_A = v_A \mid k_A \mid \approx 2v_A \mid k_p \mid \sin\frac{\theta}{2} = 2v_A \left| \frac{2\pi n}{\lambda_p} \right| \sin\frac{\theta}{2} \tag{9-75}$$

在单模光纤中,由于只有前后向为相关方向,所以受激布里渊散射仅发生在后向($\theta = \pi$),且后向布里渊频移为

$$v_B = \frac{\omega_A}{2\pi} = \frac{2n v_A}{\lambda_p} \tag{9-76}$$

式中:λ_p 为入射光的波长。

光纤中的声速 v_A 随着泊松比 μ、光纤材料密度 ρ 和弹性模量 E 改变而变化,而这些参数均与光纤的温度与应变相关。将 v_A 随上述参数相关的公式代入式(9-76),可得

$$v_B = \frac{2n(T,\varepsilon)}{\lambda_p} \sqrt{\frac{E(T,\varepsilon)[1-\mu(T,\varepsilon)]}{\rho(T,\varepsilon)[1+\mu(T,\varepsilon)][1-2\mu(T,\varepsilon)]}} \tag{9-77}$$

当光纤完全松弛不承受应变时,应变 ε 不变,可以只考虑温度变化对于光纤参数的影响。假设光纤温度变化量为 ΔT,对式(9-77)做泰勒级数展开,对高阶数项进行忽略,可得

$$
\begin{aligned}
v_B &= v_B(T_0) + \Delta T \frac{\partial v_B(T)}{\partial T}\bigg|_{T=T_0} \\
&= v_B(T_0) + \Delta T (\Delta n_T + \Delta \mu_T + \Delta E_T + \Delta \rho_T)
\end{aligned}
\tag{9-78}
$$

布里渊散射谱具有一定的宽度,并呈现洛伦兹曲线形式:

$$g_B = g_0 \frac{(W_B/2)^2}{(v-v_B)^2 + (W_B/2)^2} \tag{9-79}$$

式中:$W_B/2$ 为布里渊散射谱的半峰宽度,是一个与声子寿命有关的参数,一般为几十兆赫。布里渊散射谱在 v_B 处达到峰值。

受激布里渊散射是入射光通过电致伸缩效应引发声波而形成的,受激布里渊散射的入射光波、声波、斯托克斯波的频率和波矢的关系与自发布里渊散射过程中的关系相似,其放大过程是非线性的,可以用布里渊增益因子表示,具有洛伦兹曲线形式:

$$g_B = g_0 \frac{(\Gamma_p/2)^2}{(\omega_B - \omega_A)^2 + (\Gamma_p/2)^2} \tag{9-80}$$

式中：g_0 为峰值增益因子，是一个与光纤材料有关的常数（例如，在某参数条件下，$g_0 = 5 \times 10^{-11}$ m/W）；Γ_p 为布里渊增益带宽，是声子寿命 τ_p 的倒数。

频率为 ω_p 的入射光与频率为 ω_S 的反向传输的斯托克斯光之间的非线性相互作用，彼此干涉产生的拍频场的频率与材料的布里渊频移 $\omega_p - \omega_S$ 一致。声波可以调制介质的折射率，生成折射率周期变化的光栅，通过布拉格衍射来散射入射光。光栅以声速 v_A 运动，并对入射光产生多普勒效应，散射光的频率降低了布里渊频移对应的量。散射光对斯托克斯分量进行增强放大，进一步增强声波，声波和斯托克斯分量相互加强；相反地，反斯托克斯分量由于能量转移到入射光，其强度会逐渐降低。

受激布里渊散射也是一个相干过程，对入射的要求是具有足够的时间和空间相干性。

2. 布里渊光时域反射仪

如图 9-34 所示，当脉冲光在光纤中传输时，可以在光纤的脉冲光发送端检测到由瑞利散射产生的后向散射光，可以通过后向散射光与脉冲光之间的延时来测量光纤的位置信息，通过后向散射光的强度测量光纤的衰减。在 BOTDR 中后向的自发布里渊散射代替了瑞利散射，由于布里渊散射会受到温度和应变的影响，所以通过测量布里渊散射可以得到温度和应变的信息。

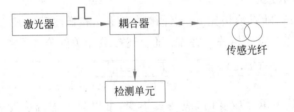

图 9-34　BOTDR 原理结构

3. 布里渊光时域分析仪

如图 9-35 所示，光纤两端分别有两只可调谐激光器，分别向光线注入脉冲光（泵浦激光器）和连续光（图中的 CW 来自探测激光器），脉冲光和反向传输的连续光的频率差 $\Delta\nu = \nu_p - \nu_{cw}$。扫描探测光频率，当泵浦与探测光的频率差和光纤中某区域的布里渊频移 ν_B 相等，即 $\Delta\nu = \nu_B$ 时，由于受激布里渊散射作用，在该区域就会产生布里渊放大效应，两光束相互之间发生能量转移，使得脉冲光功率向探测光功率转移，即探测光被放大而信号增强。由于布里渊频移与温度、应变存在线性关系，因此，对两激光器的频率进行连续调节的同时，通过检测从光纤一端耦合出来的连续光的功率就可确定光纤各小段区域上能量转移达到最大时所对应的频率差，从而得到温度、应变信息。另外，被放大的探测光的观测时间 t 与探测光被放大的位置 Z 有关系 $Z = c/2$（c 为光在光纤中的速度），这样就可以确定沿整个光纤长度方向上的应变分布。

4. 布里渊光频域分析仪

BOFDA 同样利用布里渊频移来实现对温度和应变的传感测量，但是对被测量空间定位不再是传统的光时域反射法，而是通过得到的传感光纤的复合基带传输函数来完成

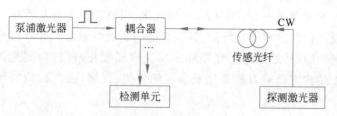

图 9-35   BOTDA 原理结构

（图 9-36）。对传感光纤两端注入频率不同的连续光,其中探测光 f_S 与泵浦光 f_P 的频差 $\Delta f = f_P - f_S$ 约等于传感光纤的布里渊频移。使探测光经过频率 f_m 可变的信号源进行幅度调制,对于每个调制信号频率来说,在耦合器的两个耦合输出端同时检测注入光纤的探测光强度 $I_S(L)$ 和泵浦光强度 $I_S(L,t)$,这样,通过和检测器相连的网络分析仪就可以确定传感光纤的基带传输函数,通过基带传输函数便可以得到系统的冲激响应,系统的冲激响应反映沿光纤分布的温度、应变信息。

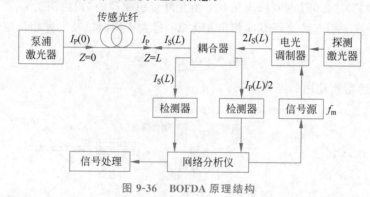

图 9-36   BOFDA 原理结构

9.4   光纤传感器的应用

　　智能材料与智能结构是光纤传感器的典型应用,这种材料或结构正越来越多地应用于航空、航天飞行器的在线、动态监测和机器人的神经网络系统,用于高层建筑、智能大厦、桥梁、高速公路等在线、动态检测、防护、报警等,有关智能材料与结构的研究工作也方兴未艾。

　　由于光纤传感器体积小、重量轻、纤细柔软,因而易于布置,适宜于分布传感及遥测,既可以作为传感器又可以传输信号,并且在传感与传输两个环节都不受电磁干扰等的影响,因而在智能材料或结构中得到了广泛应用。将光纤传感器埋入复合材料中,用于探测复合材料内部应力、应变以及估计结构的损伤,已成为一种新型的无损检测技术。例如,将光纤传感器埋入钢筋混凝土材料与结构中,可以实时、在线监测混凝土结构内部应力状态的变化,使建筑物成为一种智能建筑结构。

　　在风力、地震、交通运输、热应变等外部载荷的作用下,建筑结构对这些外部载荷会有不同程度的反应。对于桥梁、水坝、核电站等这类安全性、可靠性要求很高的混凝土建筑结构,内部状态是十分重要的参数,需要采用实时、在线的无损监控手段,以便人们实时了解这些结构的安全状态、内部应力、应变变化、裂缝的发生与发展等。

如果在混凝土构件内埋设光纤传感器，裂缝的扩展导致埋入光纤传感器外部机械特性的变化，从而使光纤传感器中的光强输出发生剧烈变化，通过检测光强输出的变化就可以监测混凝土结构内部应力的变化及裂缝的发生、发展，实时检测或预报大型建筑内层结构的状态。

9.4.1　埋入式光纤传感器

常用于智能材料与结构应力测量的光纤传感器有干涉型和偏振型两类。干涉型光纤传感器具有很高的测量灵敏度，结构相对复杂；偏振型光纤传感器结构相对简单，测量灵敏度不及干涉型光纤传感器。

图 9-37(a) 为干涉型光纤传感器原理结构，为马赫-泽德型光纤干涉仪。其中，参考臂不受应力作用，测量臂置于"主体材料"（不妨将智能材料中的复合材料、钢筋混凝土材料称作"主体材料"）内部，其调制原理见 9.2 节光纤传感原理的"相位调制"。

设由于应变 ε 引起的光纤纵向相位变化 $\Delta\varphi$ 远大于横向以及光弹相位变化，且

$$\Delta\varphi \approx \beta\Delta L = \frac{2\pi}{\lambda}nL\varepsilon \tag{9-81}$$

式中：λ 为传感器所使用的光源波长。

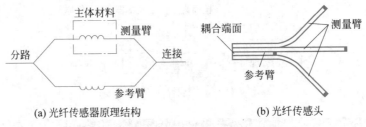

(a) 光纤传感器原理结构　　　　　　　　(b) 光纤传感头

图 9-37　干涉型埋入式光纤传感器

干涉型光纤传感器可以用两根或多根光纤组合在一个防护层中，如图 9-37(b) 所示。光纤的耦合端面引入光源发射的光并接收从光纤出射的光，光纤的另一端面镀有反射层（图中黑色端），可以将从光源一端进入的光线反射回去。同一防护层内的多根光纤中，一根为参考臂，其余的为测量臂。测量臂要比参考臂长一段，长度差 L 为测量应变的标距。参考臂与测量臂长度相同的段，各自所受到的物理作用完全相同，因此光学特性几乎完全一致，不存在相位差的变化。在测量臂的标距段，光束往返 $2L$ 距离，该段的应变起到调制光纤传感器的作用，或者说，标距段所受到的应变将引起测量臂与参考臂之间的相位差。

与干涉型光纤传感器相比，偏振型光纤传感器结构简单、埋置方便、灵敏度适中。图 9-38 为偏振型埋入式光纤传感器的原理结构。

光源 S 发出的光分为两路：一路由光敏管 PIN_1 接收（图中未画），通过功率监控电路控制半导体激光器的电源，使激光器输出的光功率保持稳定；另一路的光经准直透镜 L_1 准直为平行光束再过起偏器 P_1，后成为平行偏振光，透镜 O_1 将平行偏振光聚焦并耦合

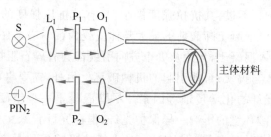

图 9-38　偏振型埋入式光纤传感器

进入光纤。偏振光在埋入主体材料中的光纤内传输,从光纤的另一端面输出,并被透镜 O_2 准直为平行光通过检偏镜 P_2 检测偏振光的偏振方向,就可以推断光纤在主体材料中所受应变的大小,当然也可以由光敏管 PIN_2 将光信号转化为电信号输出。由于光纤的某一段置于主体材料内部,当偏振光耦合入光纤后,如光纤上没有应变作用,则在光纤中传输的光应保持它原有的偏振方向不变,调节检偏镜 P_2 可以使此时投射到光敏管 PIN_2 上的光强度达到最大值 I_1。

当置于主体材料内部的那段光纤受到应变作用时,偏振模式将发生分裂,从光纤出射的偏振光的偏振方向相对于初始方向偏转了 θ 角,此时,投射到光敏管 PIN_2 的输出将发生变化,设为 I_2,并且

$$I_2 = I_1 \cos\theta \tag{9-82}$$

主体材料中光纤传感器采用高双折射率光纤,当光纤受到应变 ε 作用时,它的双折射率差发生改变,从而引起偏振光的相位发生 $\Delta\varphi$ 改变,并且

$$\Delta\varphi = L\Delta\beta + \beta\Delta L \tag{9-83}$$

式中:ΔL 为主体材料中光纤段的拉伸变化量;$\Delta\beta$ 为主体材料中光纤段的传输常数变化量。

理论分析可知,偏振光的相位 $\Delta\varphi$ 与光纤受到的应变 ε 之间呈线性关系。

设光纤传感器的弹性模量为 E_1,主体材料的弹性模量为 E_2,两者往往存在差异。如果光纤传感器所测的应变为 ε_1,则主体材料结构的内应变为 ε_0,且

$$\varepsilon_0 = \varepsilon_1 \frac{2E_1}{E_1 + E_2} \tag{9-84}$$

由此可见,在光纤传感器与主体材料的弹性模量不相等的情况下,光纤的弹性模量 E_1 越大,光纤所测的应变 ε_1 就越接近混凝土的实际应变 ε_0。

9.4.2　传感器的安装

光纤传感器的安装根据主体材料的不同而有所差异,首先需要对主体材料的特性加以研究,然后确定安装方法。这里以钢筋混凝土材料为例加以介绍。

钢筋混凝土是当今世界上最流行的建筑材料,它的主要成分是砂、碎石、水泥和钢筋,其中砂、碎石、水泥和水的混合物为混凝土,占钢筋混凝土总体积的 98%(含 70% 的碎石),另外 2% 为钢筋。塑性的混凝土是依靠放热化学反应使水泥硬化而变得坚固的。硬化后的混凝土的抗压强度与水泥/水的比例、混合特性以及湿度、温度等硬化条件有

关，一般在 35～50MPa，不过，其抗拉强度极小（只有其抗压强度的 1/10），为此，加入钢筋以改善其抗拉性能。混凝土断裂前的最大整体应变为 $(2～5) \times 10^{-3}$ mm/mm。

如果要将光纤置入混凝土，无论从哪个方向引线都会有碎石阻拦；此外，还有各种机械运动（混凝土的灌入与捣实）可能引起的机械破坏。另外，需要考虑到混凝土养护初期的高碱、高水环境对光纤的化学侵蚀等因素。尽管混凝土一旦结硬，就会像保护埋入的钢筋不受外部水、碱、酸环境的影响一样保护光纤，但在光纤置入主体材料的初期总是会遇到混凝土高碱、高水环境，即使时间不长，对光纤的影响依然是有的。因此，需要认真对待光纤传感器的置入问题。

图 9-39 为两种典型的埋入方法。如图 9-39(a)所示，先将光纤放入金属套管内埋入混凝土中，混凝土经过捣实以后，将金属套管慢慢地从钢筋混凝土中抽出，利用金属管与水泥界面泛出的水泥浮浆使光纤与混凝土的界面比较光滑。如图 9-39(b)，在光纤外包一条与混凝土热膨胀系数一致的金属细管，再将金属细管两端与光纤黏结起来，将带有光纤的金属细管置入主体材料，外部载荷通过金属细管作用在光纤上。

(a) 导管抽出　　　　　　　　　　　(b) 导管置入

图 9-39　两种典型的埋入方法

另外，首先将光纤埋入小型预制构件中，然后把小型预制构件作为大型建筑结构的一部分埋入建筑材料中也是一个可行的办法。图 9-40 为埋入混凝土圆柱构件[图 9-40(a)]、弯曲梁构件[图 9-40(b)]的光纤传感器结构。圆柱构件中对称地埋入了 $1^\#$ 和 $2^\#$ 两根光纤，两根光纤的输出值可互相验证，用以准确测量压力使圆柱构件产生的形变大小。弯曲梁构件中埋入两组光纤，每组两根，各组中两根光纤的输出值互相验证，以提高测量结果的可信度。其中 $1^\#$、$2^\#$ 光纤为一组（A 组），靠近梁的上表面；$3^\#$、$4^\#$ 光纤为另一组（B组），靠近梁的下表面。在弯曲梁受弯曲力（或剪切力）而发生形变时，A、B 两组光纤传感器分别处于弯曲梁的受拉、受压区，因而输出差动变量。

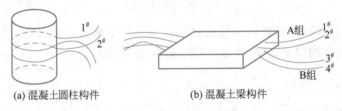

(a) 混凝土圆柱构件　　　　　　　　(b) 混凝土梁构件

图 9-40　预制光纤传感器构件

在未受到外部力作用的情况下，构件无外力引起的应变，此时，设光纤传感器输出的光强度为 I_0，当构件受应力 F 的作用时，设光纤传感器输出的光强度为 I。光纤传感器输出值相对变化量为

$$\delta = [(I_0 - I)/I_0] \times 100\% = (\Delta I/I_0) \times 100\% \tag{9-85}$$

光纤传感器输出值 δ 与应力 F 之间的关系见图 9-41。图 9-41(a)为圆柱构件中一组

光纤传感器（1#、2#）的输出特性；图 9-41(b) 为弯曲梁的两组光纤传感器输出特性，其中 A 组光纤传感器（1#、2#）处于受压区，曲线为实线，B 组光纤传感器（3#、4#）处于受拉区，曲线为虚线。纵坐标为构件所承受的相对抗压极限的百分比。

图 9-41(a) 中的点 1 表示虽然施力 F 已为抗压极限载荷的 30%，但光纤的输出变化较小，只变化了 30% 左右；点 2 表示施力 F 已为抗压极限载荷的 70%，光纤的输出减小了 50%；点 3 处施力 F 已为抗压极限载荷的 100%，光纤的输出约为圆柱构件未施力时的 60%；点 4 以后，圆柱构件已出现明显的裂缝，此时虽然压应力减小，但光纤的输出却急剧下降，到点 5，光纤断裂。图 9-41(b) 是埋入构件中的 A 组光纤传感器（1#、2# 光纤）及 B 组光纤传感器（3#、4# 光纤）的输出结果。

在钢筋混凝土中，钢筋与混凝土紧密结合，混凝土主要承受压力，钢筋主要承受拉力，因此光纤传感器应平行于钢筋放置，用于测量混凝土中水平和垂直方向的拉应力和应变。当然，光纤传感器应埋入应力敏感或应力集中等区域。

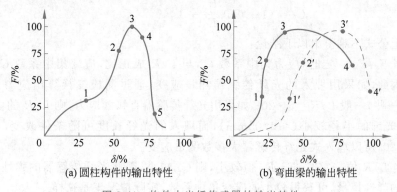

(a) 圆柱构件的输出特性　　　　　(b) 弯曲梁的输出特性

图 9-41　构件中光纤传感器的输出特性

9.4.3　力学特性对测量的影响

若埋入混凝土中的光纤传感器的弹性模量、泊松比和线膨胀系数等力学性质与混凝土一致，即达到完全匹配，则光纤传感器感受的应力与混凝土的应力相同。而实际上光纤传感器的上述性质均与混凝土不一致，因此光纤传感器的埋入势必破坏混凝土的连续性，导致光纤传感器所在处混凝土的应力集中，影响应力的测量。

1. 弹性模量不一致

光纤传感器的弹性模量与混凝土的弹性模量不一致，会使光纤传感器周围的混凝土产生应力集中。光纤传感器所受的应力 σ_f 和所受的应变 ε_f 可表示为

$$\begin{cases} \sigma_f = \sigma_c(1 + C_s) \\ \varepsilon_f = \varepsilon_c(1 + C_c) \end{cases} \tag{9-86}$$

式中：σ_c 为混凝土应力；ε_c 为混凝土应变；C_s 为应力集中系数，C_s 越小，传感器所测的应力 σ_f 与混凝土的实际应力 σ_c 越接近；C_c 为应变集中系数，C_c 越小，传感器所测的应变 ε_f 与混凝土的实际应变 ε_c 越接近。

通常，假定埋入混凝土的光纤传感器是一个长为 L、半径为 R 的圆柱体，光纤的弹性

模量为 E_f（E_f 与光纤的拉制、被覆条件等有关，玻璃光纤 E_f 的理论值一般为 $1.9\times 10^4\,\text{MPa}$）；并假设混凝土是完全匀质的弹性体，弹性模量为 E_c [E_c 与混凝土的组成及养护条件有关，一般为 $(1.5\sim4.5)\times10^4\,\text{MPa}$]，泊松比为 μ_c，且为无限体。

利用弹性力学知识可导出式(9-86)中的应力集中系数 C_s：

当 $L>\pi(1-\mu_c^2)R$ 时，有

$$C_s=\frac{E_f/E_c-1}{1+\left(\dfrac{\pi}{RL}\right)\left(\dfrac{E_f}{E_c}\right)\dfrac{1-\mu_c^2}{2-(1-\mu_c^2)(\pi R/L)}} \tag{9-87}$$

当 $L<\pi(1-\mu_c^2)R$ 时，有

$$C_s=\frac{E_f/E_c-1}{1+(\pi R/L)(E_f/E_c)(1-\mu_c^2)} \tag{9-88}$$

$$C_c=(1+C_s)\frac{E_c}{E_f}-1 \tag{9-89}$$

由以上公式不难得出以下结论：

(1) 当 E_f/E_c 一定时，应力集中系数 C_s 与 L/R 成正比，应变集中系数 C_c 与 L/R 成反比。因此，如果用埋入的光纤传感器测量应变（通过测应变换算出应力），应考虑 L/R 值大一些，一般 $L/R=5\sim20$；如果用光纤传感器直接测应力，则 L/R 的值要小些。一般来说，光纤的半径较小（$<0.25\,\text{mm}$），而埋入的光纤长度可随条件改变，容易满足 $L/R=5\sim20$，所以埋入式光纤传感器大多数测量应变。

(2) 当 L/R 值一定时，E_f/E_c 值较小，则 C_c 较小，因此光纤传感器的弹性模量略小于混凝土的弹性模量，可获得较小的应变集中系数，实际情况正是这样。

2. 泊松比不一致

若光纤传感器的泊松比 μ_f 与混凝土的泊松比 μ_c 不一致，则当构件承受压缩变形时，由于光纤横向变形对混凝土的挤压，将产生一个横向挤压应力 σ_e，σ_e 与 $\mu_f-\mu_c$ 成正比。实际上，光纤传感器的泊松比 μ_f 一般为 0.17，混凝土的泊松比 μ_c 一般为 $0.15\sim 0.20$，两者的差值较小，所以光纤传感器与混凝土泊松比不一致的影响可不考虑。

3. 线膨胀系数

由于光纤传感器线膨胀系数 β_f（一般为 $1\times10^{-6}/℃$）与混凝土线膨胀系数 β_c（一般为 $1\times10^{-5}/℃$）不一致，因此温度改变 ΔT 时，将产生热应力 σ_T。

当 $L>\pi(1-\mu_c^2)R$ 时，有

$$\sigma_T=\frac{(\beta_f-\beta_c)\Delta T E_c}{1+\dfrac{\pi R}{L}\dfrac{1-\mu_c^2}{2-(1-\mu_c^2)(\pi R/L)}} \tag{9-90}$$

当 $L<\pi(1-\mu_c^2)R$ 时，有

$$\sigma_T=\frac{(\beta_1-\beta_c)\Delta T E_c}{1+(\pi R/L)(1-\mu_c^2)} \tag{9-91}$$

若 $\beta_1-\beta_c$ 和 ΔT 较大,热应力就大,对测量结果影响较大。不过,从质量和体积上看,埋入混凝土中的光纤传感器比混凝土小,因此,两者的温差 ΔT 也就不会太大。

作为新型传感器件,新的光纤传感器总是不断涌现,基于光纤的传感器不仅用于物理量的测量,也可以用于化学量的测量,光纤化学传感器也正被不断地开发出来。与传统的电化学传感器相比,光纤化学传感器具有许多优越的性能,例如:①光纤及探头均为微型化,生物兼容性好,加之良好的柔韧性和不带电的安全性,使之适用于生物和临床医学上的实时、在体检测;②光纤传输功率损耗小,传输信息容量大,抗电磁干扰,且耐高温、高压,防腐蚀、阻燃防爆,使之可用于远距离遥测和某些特殊环境的分析;③可采用多波长和时间分辨技术来提高方法的选择性,可同时进行多参数或连续多点检测,以获得大量信息;④适当选择化学试剂及其固定方法,可检测多种物质,灵活性很大;⑤不需要电位法的参比电极,当用廉价光源照射样品时,成本可大大降低。

第 10 章

智能化集成传感器

集成传感器将敏感元件、信号调理电路(如放大器、滤波电路、整形电路、运算电路)、补偿电路、控制电路(如地址选择、移位寄存电路)或电源(如稳压源、恒流源)等制作在同一芯片上,使传感器具有很高的性能。集成传感器具有抗环境干扰和电源波动的能力强、体积小、可靠性高、易于同外部电路简单连接、无须外接变换电路的优点。

将敏感元件、信号调理电路、微处理器、通信模块集成在一块芯片上是集成传感器的另一发展趋势,这一类传感器称为智能化集成传感器(简称智能传感器)。智能传感器兼有检测信息、信息处理、信号补偿、通信等功能,甚至具有自我诊断、判断决策等功能。

智能化集成传感器种类很多,本章将着重介绍三种常用的传感器,即压敏传感器、温敏传感器和指纹传感器。

10.1 集成传感器的智能化

随着大规模集成电路工艺成本的降低、微处理应用技术的普及化,传感器技术也在朝集成化、智能化方向发展。将传感器与各种微处理器结合,结合网络技术、智能理论(如人工智能技术、神经网技术、模糊技术等),使传感器带有信号处理、温度控制、逻辑功能等一系列功能。智能化集成传感器的软件和硬件合理配合,既可以大大增强传感器的功能,提高传感器的精度,又可以使传感器的结构更为简单和紧凑,使用更加方便。

对于一些应用面广、市场需求旺盛的外界物理量的测量,其所对应的传感器正从传统的分立元件朝着单片集成化、智能化、网络化、系统化的方向发展。具体表现为以下几方面的技术发展趋势:

(1) 小型化:传感器的小型化会带来器件诸方面性能的提升,例如重量轻、体积小、分辨率高、便于安装在狭小空间、对周围器件影响小等,也利于微型仪器、仪表的配套使用。

(2) 集成化:利用现有的生产工艺和成熟的集成技术,把外围电路与传感器制作在一起,减少工艺流程以降低生产成本,而且不易损坏。集成化传感器将大部分单元集成于一块芯片中,甚至全部的单元集于一体。

(3) 智能化:传感器的集成化推进了智能化,将微处理器引入传感器的集成电路之中,使其具有"补偿""调理""记忆""思维"等能力。

10.1.1 集成传感器

集成传感器是建立在大规模集成电路工艺及现代传感器技术两大技术基础之上的,利用大规模集成电路工艺技术将敏感元件、信号调理电路、微处理单元集成在一块芯片上构成智能传感器系统。

集成传感器具有以下特点:

1. 微型化

微型化是传感器技术主要采用精密加工、微电子技术以及微机电系统(MEMS)技术,使得传感器具有体积小、重量轻、功耗低的特点。借助于微机械加工工艺,敏感元件的尺寸从微米级到毫米级甚至达到纳米级。

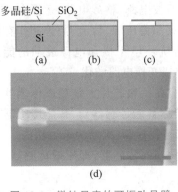

多晶硅/Si SiO₂

(a)   (b)   (c)

(d)

图 10-1　微纳尺度的可振动悬臂

例如，美国康奈尔大学研究的可测量阿克（ag，即 10^{-18}kg）物体质量的纳米电子机械组件，如图 10-1 所示。这种由长 $4\mu m$、宽 500nm 的硅芯片所构成的可振动悬臂，当小粒子吸附在芯片上将改变此悬臂的振动频率，测量从芯片上反射的激光可以捕捉到振动频率的微小改变，并进而计算出粒子的质量。研究人员预测他们制作的悬臂其灵敏度可小至 0.39 阿克，目前正致力于缩小组件的尺寸以提升灵敏度，希望能发展出灵敏度达 10^{-21}kg 的组件以测量病毒的质量。

2．一体化

采用微机械加工和集成化工艺，将传感器的敏感单元、调理电路、微处理器单元集成于一块芯片，甚至将执行器也微型化并融合于芯片之中，可以独立工作，也可以组成传感器网络。

压阻式压力（差）传感器是最早实现一体化结构的，不仅"硅杯"一次整体成型，而且电阻变换器与硅杯是完全一体化的，进而可在硅杯非受力区制作。一体化的压力传感器避免了传统结构的蠕变、迟滞、非线性特性等缺陷。

比起分体结构，结构一体化传感器的迟滞、重复性指标将大大改善，时间漂移大大减小。后续的信号调理电路与敏感元件一体化后可以大大减小引线长度带来的寄生参量的影响，这对电容式传感器更有特别重要的意义。

3．阵列式

微米级敏感元件结构的实现特别有利于在同一硅片上制作不同功能的多个传感器，甚至由更多的传感单元构成阵列式的结构，如图 10-2 所示。敏感元件构成阵列后，配合相应信号处理软件，就达到了更高层级信息传感的水平。敏感元件组成阵列后，通过计算机/微处理器解耦运算、模式识别、神经网络技术的应用，有利于消除传感器的时变误差和交叉灵敏度的不利影响，可提高传感器的可靠性、稳定性与分辨能力。

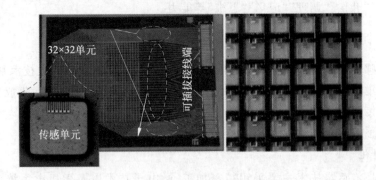

32×32单元

可插拔接线端

传感单元

图 10-2　32×32 单元柔性触觉传感器

例如，在一块硅片上制作了感受压力、压差及温度三个参量的，具有三种功能（可测静压、压差、温度)的敏感元件结构的传感器,采用数据融合技术消除温度与静压的影响,提高了传感器的稳定性与精度。再如,将几千乃至上万个压力传感单元布置在 $1cm^2$ 大小的硅芯片上,构成阵列式的压力传感结构,实现面阵型触觉传感。

传感器的集成化实现是传感器的发展方向,它又是传感器朝微型化、阵列化、多功能化、智能化方向发展的基础。随着微电子技术的飞速发展,大规模集成电路工艺技术日臻完善,MEMS 技术、微纳米技术、现代传感器技术协同发展,推动了传感器技术朝集成化、智能化方向演变。

10.1.2 传感器智能化

近年来,随着智能传感器的快速发展,智能温度传感器也从传统的模拟式朝数字化、智能化的方向发展。相对于传统的传感器,智能化传感器有能力对电信号进行处理,并实现算法定义的功能。在此基础上,具有数据共享的功能,通过标准通信方式,保证尽可能广泛、简便和可靠地共享传感器输出信号,从而最大限度地发挥传感器及其产生信息的作用。

智能传感器并非简单地将"传感器与微处理器组装在同一个芯片上的装置",或者用 IC 技术将"一个或者多个敏感元件和信号处理器集成在同一块硅芯片上的装置"。智能传感器把信号的数字化、智能化、共享化结合在一起,将数据直接转变为信息,能在本地使用信息,也能将信息传输至系统中的其他部件。在信号处理与算法实现方面,可以采用专用的数字硬件电路,通过硬件连线实现我们设计的算法;也可以采用微处理器完成。一般来说,专用硬件比微处理器系统的速度更快,但是其成本较高并且缺乏灵活性。当不需要专用硬件那么快的运算速度时,由于微处理器适用的场合更广泛,因此具有更好的设计灵活性,设计成本更低。

智能传感器将传感单元与微处理器有机地结合,并具备如下功能:

(1) 自校准、自标定、自校零,温度自补偿、线性自补偿、频率自补偿,改善静、动态性能,提高静态测量精度。

(2) 自动采集数据、逻辑判断和数据处理,抑制交叉敏感,提高系统稳定性的多信息融合。

(3) 自调整、自适应、自检验、自诊断、自恢复,判断、决策、自动量程切换与控制。

(4) 一定程度的自动采集、存储、记忆、识别和信息处理,从噪声中辨识微弱信号与消噪,多维空间的图像辨识与模式识别。

(5) 双向通信,标准数字化输出或者拟人类语言符号等多种输出。

(6) 算法判断和决策处理。

由于智能传感器具备上述六大功能,因此具有如下特点:

(1) 高精度和高分辨力。由于智能传感器具备自我完善的能力,因而具备了高精度和高分辨力这一特点。例如,自校准消除系统零点漂移,自标定消除偶然误差的影响,自动切换量程、软件数字滤波和相关分析等处理保证高分辨、自动补偿非线性误差。

(2) 高稳定性和高可靠性。智能传感器的自动补偿能力除了保证该传感器的高精度特点外,还能够自动补偿工作条件或者环境参数发生变化引起的智能传感器特性漂移。智能传感器的适时自我检验、分析、诊断和校正能力,使系统在异常情况下也能可靠、稳定地工作。

（3）强自适应性。由于智能传感器具有判断、分析和处理能力,它能根据系统工作情况决定各部件的供电情况、与系统中的上位机之间的数据传输速率,从而使系统以最适当的数据传送速率工作在最优低功率状态。

（4）高性价比。智能传感器采用价格低廉的集成电路工艺和芯片,使硬件开销大大减少,并具有强大的软件功能,其性价比远高于传统传感器。

10.2 集成压敏传感器

目前,集成压敏传感器依照敏感元件的不同可分为硅电容式集成压敏传感器和扩散硅集成压敏传感器两类,前者的敏感元件是电容式压敏元件,后者采用的是电阻式压敏元件。

10.2.1 硅电容式集成传感器

硅电容式集成传感器大体上由硅压力敏感电容器、转换电路和辅助电路三部分构成,其中压力敏感的电容器是核心部件,敏感电容器所感的电容量信号经转换电路转换成电压信号,再由后继信号调理电路处理后输出。

1. 硅压敏电容器

图 10-3 是用硅压敏电容器的膜结构。在厚的基底材料（如玻璃）上镀制一层金属薄膜（如 Al 膜）,作为电容器的一个极板,另一个极板处在硅片的薄膜上。硅薄膜是由腐蚀硅片的正面和反面形成的厚十几微米的膜。硅片边缘与基底材料键合在一起。

电容器的电容量由电容器电极的面积和两个电极间的间距决定,电容极板之间的介质是空气,当硅膜受到外部压力作用时,硅膜发生形变而引起电容的变化,电容的变化量与压力差的大小有关。从工作原理上讲,硅压敏电容器与传统的结构型压敏电容器没有差别,不过由于它是采用集成电路工艺技术制作而成的,电容的几何尺寸很小,因而可以与信号处理电路集成在一起。

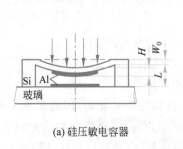

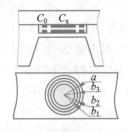

(a) 硅压敏电容器　　　　(b) 双圆形膜结构　　　(c) 环形膜结构

图 10-3　硅压敏电容器的膜结构

硅压敏电容器有两种极板结构,一种是圆形膜,见图 10-3(b),另一种为环形膜,见图 10-3(c)。两种不同结构的极板对应的有不同的电容值和不同的特性。

硅压敏电容器在结构中有两个电容器:一个是受外部压力作用的敏感电容器,其两个极板中的一个制于硅膜上,用 C_x 表示;另一个是不受外力作用的,起到参考电容的作用,主要是为了补偿温度的影响,用 C_0 表示。圆形膜结构的压敏电容器将敏感电容和参考电容分开,两个电容的硅膜半径均为 a,电容极板的半径均为 b,如图 10-3(b)所示。而环形膜则将两种电容器合二为一,它在半径为 a 的硅膜上镀制半径为 b_1 的圆形电极板,作为测量电容;在测量电容极板的外围镀制内、外径分别为 b_2 和 b_3 的同心圆环,作为参考电容,如图 10-3(c)所示。利用圆膜的边沿在压力作用下形变很小的特点而将参考电容器制作在硅膜的边沿,这样可以减小整个传感器的体积。

如图 10-4 所示,在压力的作用下,弹性硅膜发生形变,膜层的垂直位移函数为

$$W(P,r) = \frac{(R^2 - r^2)^2}{64D} P \tag{10-1}$$

式中:P 为外部压力;$D = \dfrac{EH^3}{12(1-\mu^2)}$,其中,$H$ 为硅膜厚度;μ、E 为硅膜材料的泊松系数和弹性模量。

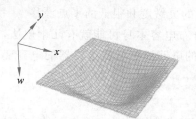

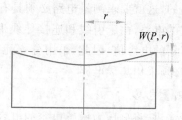

(a) 压力作用下硅膜的三维形状　　　　　(b) 硅膜的横切面及其几何参数

图 10-4　膜结构

圆形膜的电容为

$$C_x = \int_0^{r_0} \frac{2\pi r \varepsilon_0}{L - W(P,r)} \mathrm{d}r = \frac{4\pi \varepsilon_0 a^2}{\sqrt{64 W(P,0) D}} \ln \left[\frac{1 + g^2 M + (g^2 - 1)M^2}{1 - g^2 M + (g^2 - 1)M^2} \right] \tag{10-2}$$

$$g = \frac{b}{a}$$

$$M = \sqrt{\frac{W(P,0)}{L}}$$

$$W(P,0) = \frac{R^4}{64D} P$$

式中:L 为极板初始间距。

若膜层的变形不大,即 $W(P,0) \ll L$,或者说 $M \ll 1$,则式(10-2)可简化为

$$C_x = \frac{\pi \varepsilon_0 b^2}{d} \left[1 + \left(1 - g^2 + \frac{1}{3} g^4 \right) kP \right]$$

$$C_0 = \frac{\pi\varepsilon_0 b^2}{d} \tag{10-3}$$

式中：$g = b/a$；d 为铝电极板间的极距；$k = \dfrac{3(1-\mu^2)a^4}{16LEH^3}$。

环形膜的电容为

$$C_x = \frac{\pi\varepsilon_0 a^2}{d}\left[g_1^2 + \left(g_1^2 - g_1^4 + \frac{1}{3}g_1^6 \right)kP \right]$$

$$C_0 = \frac{\pi\varepsilon_0 a^2}{d}\left\{ (g_3^2 - g_2^2) + \left[\left(g_2^2 - g_2^4 + \frac{1}{3}g_2^6 \right) - \left(g_3^2 - g_3^4 + \frac{1}{3}g_3^6 \right) \right]kP \right\} \tag{10-4}$$

式中：$g_1 = b_1/a$；$g_2 = b_2/a$；$g_3 = b_3/a$。

以圆形硅膜压敏电容结构为例，设 $d = 2\mu m$，$H = 20\mu m$，$b = 500\mu m$，$a = 350\mu m$，$E = 130 \times 10^3 MPa$，$\mu = 0.18$，$P = 100kPa$。

由式(10-3)计算得 $C_0 = 1.7pF$，$C_x = 1.285C_0$，$\Delta C = 0.485pF$。

定义压力灵敏度 $S_v = (1/\Delta P)/(\Delta C/C_0)$，计算得 $S_v = 285 \times 10^{-5} kPa^{-1}$。比较可见，扩散硅电容器的灵敏度是结构型电容器传感器灵敏度的 10 倍。

由于扩散硅电容器的电容值很小，其受压力作用而产生的电容值变化($0.1 \sim 10pF$)也是很小的，这就要求测量电路必须具有相当高的灵敏度和很低的零点漂移。一般分立元件构成的电路，由于引线和连接导线形成的分布电容本身可能就有几十皮法，远大于压敏电容器的电容值，因此，采用分立元件构成的电路测量硅膜电容器的电容变化是不可能的，必须采用集成电路。

2. 测量电路

一般来讲，将硅压力敏感电容的电容变化转变成电信号的电路有两种：一种是采用交流信号进行激励，并通过某种整流电路来检出电容的变化，得到与电容有关的电压信号，用电压反映出外部压力的变化；另一种是把压力敏感电容作为某种形式振荡电路的电容元件，电容的变化引起该电路振荡频率的变化，这样就可以用频率信号的形式反映外部压力的变化。

不管采用哪种电路，都要求把压敏电容与传输线隔离开来，以减少杂散电容或寄生电容对压敏电容的干扰。其解决办法是把压敏电容和适当的电路集成在一起，如果在集成电路中，压敏电容器是电路的内部元件，它与任何输入或输出引线之间都是隔离的，那么这种电路就可以有效地防止压敏电容受外引线杂散电容的影响。

图 10-5 是利用交流驱动信号把压敏电容的变化转换成直流输出电压的电路。图中的压敏电容 C_x 由四个二极管隔离，四个二极管之外的杂散电容不会对它发生影响。构成较理想的电容式压力敏感电路的关键是把压敏电容 C_x、参考电容 C_0 和四个二极管 $VD_1 \sim VD_4$ 集成在一起。

电路采用交流激励电源，通过耦合电容 C_c 为电路供电，交流激励电源可以是方波、正弦波或其他波形。设电源电压峰值为 U_p，电路中 A 点和 B 点的交流信号是共模的(位相差 $180°$)，若 C_c 较大，则 A 点和 B 点的交流信号的幅度基本上就是 U_p。

无外力作用时,压敏电容 C_x 与参考电容 C_0 容值相等。在激励信号的正半周,有电荷从 B 点通过二极管 VD_2 对压敏电容 C_x 充电,同时也有电荷从 A 点经二极管 VD_3 对参考电容 C_0 充电。在激励信号的负半周,C_x 上的电荷要经过二极管 VD_1 向 A 点放电,同时 C_0 上的电荷也要经二极管 VD_4 向 B 点放电。即在激励信号的一个周期内,有一定数量的电荷从 B 点经电容 C_x 转移到 A

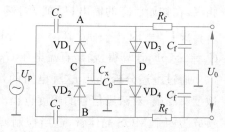

图 10-5 典型的测量电路

点,同时也有一定数量的电荷从 A 点转移到 B 点。在桥路完全对称的情况下(二极管 $VD_1 \sim VD_4$ 的特性完全一致,压敏电容 C_x 与参考电容 C_0 相等),一个周期内从 B 点转移到 A 点的电荷量与从 A 点转移到 B 点的电荷量是相等的。也就是说,在无外力作用的情况下,激励信号并不引起 A 点和 B 点之间净电荷的转移。

有外力作用的情况下,压敏电容 C_x 与参考电容 C_0 容值不相等。设 C_x 比 C_0 大,那么在激励信号的作用下,从 B 点转移到 A 点的电荷量将大于从 A 点转移到 B 点的电荷量,这样 A 点和 B 点有净电荷积累出现。另外,这一电荷积累使 A 点的直流电位上升,B 点的直流电位下降,"A 点电位的上升和 B 点电位的下降"这样的变动,减小了从 B 点向 A 点电荷的转移量,同时增加从 A 点向 B 点的电荷转移量。这样一来,经过若干的激励周期后,当 A 点和 B 点之间建立起的电势差平衡了电容的差别($\Delta C = C_x - C_0$)引起的效应时,一个周期内 B 点通过 C_x 转移到 A 点的电荷量正好与从 A 点通过 C_0 转移到 B 点的电荷量相等,这时电荷转移又达到了动态平衡。

在达到平衡以后,设 A 点、B 点的直流电位差为 U_0,那么 A 点就有一个直流电位 $U_0/2$ 和叠加在它上面的交流的激励信号,而 B 点有一个直流电压 $-U_0/2$,也叠加有一个同样的交流激励信号。用由 R_f、C_f 构成的低通滤波器滤去交流激励的高频电压成分后,输出端就只留下一个直流信号 U_0。

因为在达到稳定后,一个周期内从 B 点转移到 A 点的电荷量为

$$\Delta Q_{BA} = (U_p - 0.5U_0 - U_\alpha)C_x \tag{10-5}$$

式中:U_p 为激励信号的振幅;U_α 为二极管 VD 的正向压降(设四个二极管的 U_α 相同)。

同样,在一个周期内,从 A 点转移到 B 点的电荷量为

$$\Delta Q_{AB} = (U_p + 0.5U_0 - U_\alpha)C_0 \tag{10-6}$$

平衡时二者相等,可以得到直流输出信号

$$U_0 = \frac{2(U_p - U_\alpha)(C_x - C_0)}{C_x + C_0} \tag{10-7}$$

在考虑到 C 点和 D 点存在的寄生电容(设都是 C_p)时,有

$$U_0 = \frac{2(U_p - U_\alpha)(C_x - C_0)}{C_x + C_0 + 2C_p} \tag{10-8}$$

在集成电路中 C_p 数值较小而稳定,它对 U_0 的影响小而且稳定,即 C_x 可以做得比较小而仍能获得较大的信号和分辨率。此外,通过选择适当的 C_0 使它与零压力时 C_x 值

相等,在初始状态的输出 U_0 就等于零。

设 $U_p=2\mathrm{V}$, $U_\alpha=0.6\mathrm{V}$, $C_p=2\mathrm{pF}$, $C_0=1.7\mathrm{pF}$,在一个大气压($1.33\times10^{-3}\mathrm{Pa}$)下,$C_x=2.1\mathrm{pF}$,计算得,输出直流电压 $U_0=144\mathrm{mV}$。

通过上述分析可见,这种电路的性能是比较优越的,但二极管的正向压降不仅对灵敏度有影响,对激励信号的幅度也提出了较高的要求。一种改进的办法是把四个二极管换成为四个 MOS 晶体管,适当控制四个 MOS 晶体管的导通和截止可以使它们像二极管一样起到整流作用。由于 MOS 晶体管导通时的压降很小,可以在一定程度上减小二极管正向压降引起的损失。

如图 10-5 所示的测量电路实际上已经是一个独立的功能电路,集成压敏传感器采用的就是这种电路。此外,还有将驱动源、放大电路以及阻抗匹配电路合而为一的,这就是集成压敏传感器。

3. 集成压敏传感器

电容式集成压敏传感器的等效电路如图 10-6 所示,电路由振荡器、整形电路、压力敏感元件、放大器和输出缓冲电路等部分组成。

电路的最左边是一个阻容式自激振荡器,由于 VT_1 和 VT_2 各自处于直流电压负反馈的工作状态,如果没有电容 C_1 和 C_2, VT_1 和 VT_2 都应处于线性工作区。电容 C_1 和 C_2 起到耦合作用,使电路产生自激振荡,振荡器的输出经过一个斯密特触发器进行整形以增大波形的幅度和改善边沿特性。

施密特触发器主要由晶体管 VT_4 和 VT_5 构成。二极管 $\mathrm{VD}_7\sim\mathrm{VD}_{10}$ 用于钳位以防止晶体管 VT_4、VT_5 进入饱和区而影响电路的响应速度。从施密特触发器输出的波形,即用来作为激励信号以驱动压力敏感电路。

压力敏感部分的电路结构与图 10-5 完全相同,它所产生的直流信号经过低通滤波器后输出到差分放大器中进行放大,差分放大器电路对前面未能完全滤除的共模交流信号有进一步的抑制作用,放大后的信号经两级射极跟随器进行阻抗变换后输出。

10.2.2 扩散硅压敏传感器

采用硅材料作为压力敏感元件具有灵敏度高、体积小、可靠性大的优点,但同其他半导体材料一样,硅对温度十分敏感,硅压敏元件不可避免地要受到环境温度的影响。扩散硅压敏传感器的主要任务就是将补偿电路与硅压敏元件构成的全桥电路集成在一起,集成之后的传感器不仅体积小、成本低,更主要的是补偿电路中起补偿作用的元件与磁敏元件完全处于同一温度中,因此能够得到较好的温度补偿效果。

图 10-7 是带温度补偿电路的集成压力敏感器件。电阻 R_5、R_6 和晶体管 VT 构成的温度补偿网络与由压敏电阻 $R_1\sim R_4$ 构成的电桥集成在一起,当晶体管 VT 的基极电流比流过电阻 R_5、R_6 的电流小得多时,晶体管的集电极-发射极电压为

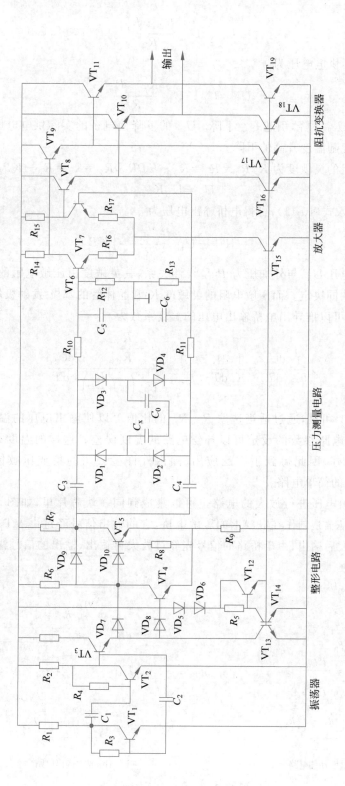

图 10-6 集成压敏传感器电路

$$U_{ce} = U_{be} \frac{R_5 + R_6}{R_6} \tag{10-9}$$

电桥的实际供电电压为

$$U_B = U_C - U_{be} \frac{R_5 + R_6}{R_6} \tag{10-10}$$

温度升高，U_{be} 下降，引起 U_{ce} 下降。U_{ce} 的下降使电桥的实际供电电压 U_B 增大，以补偿压阻灵敏度随温度升高的下降。

设压敏电阻的灵敏度为 K，$R_1 = R_3 = R_0 + KPR_0$，$R_2 = R_4 = R_0 - KPR_0$，则

$$U_o = U_B K P \tag{10-11}$$

将式(10-10)代入式(10-11)，可得电桥输出电压为

$$U_o = \left(U_C - U_{be} \frac{R_5 + R_6}{R_6} \right) K P \tag{10-12}$$

电桥输出电压 U_o，与外加压力 P 呈线性关系，其灵敏度由压敏电阻的灵敏度 K 以及电路的参数共同决定。而压敏电阻的灵敏度 K 和晶体管的基极-发射极电压 U_{be} 随温度而变化，所以可以推导出电桥输出电压的温度系数为

$$\frac{1}{U_o} \frac{\mathrm{d}U_o}{\mathrm{d}T} = \frac{1}{K} \frac{\mathrm{d}K}{\mathrm{d}T} - \frac{1 + \dfrac{R_5}{R_6}}{U_C - U_{be}\left(1 + \dfrac{R_5}{R_6}\right)} \frac{\mathrm{d}U_{be}}{\mathrm{d}T} \tag{10-13}$$

由式(10-13)可见，通过适当选取 R_5、R_6 的比值可以使输出电压的温度系数为零。也就是说，通过电路参数的设定可以补偿电路的温度误差。这样的温度补偿电路既简单，效果又比较好，因此得到了广泛应用，国内外许多公司的集成压敏传感器都采用图10-7(a)所示的简单电路。

对电桥输出电压进行放大的电路也可以集成到同一块芯片里，如图10-7(b)所示。其中电阻 $R_1 \sim R_4$ 是制作在硅膜上的压敏电桥，它的输出信号经过由 VT_1、VT_2 等元件组成的差分放大后输出，由于桥路的信号先经过放大再输出，输出的信号幅度增大，抗干扰能力大大增强。

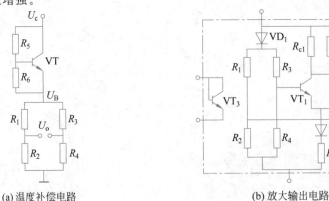

(a) 温度补偿电路　　　　　　　　(b) 放大输出电路

图 10-7　补偿与放大输出电路

硅扩散电阻具有正的温度系数,而它的压阻系数具有负的温度系数,因此,恒压供电时的压阻灵敏度随温度升高而下降;另外,在工作电流一定的条件下,差分放大器的跨导与热力学温度成反比。因此,为了改善整个电路的压力灵敏度温度系数,利用二极管 VD_1 和 VD_2 对电路进行整体补偿。

二极管 VD_1、VD_2 的正向压降和 VT_1、VT_2 的基极-发射极的正向压降具有负温度系数,随温度的升高而下降。这样,在供电电压一定的情况下,温度升高,电桥实际供电电压和差分对管的工作电流被提升,压力灵敏度和三极管跨导随温度升高而下降引起的影响就得到补偿。

在电源 $U_c = 5V$ 的条件下,电路的灵敏度温度系数低于 $10^{-4}/℃$,接近于零。图 10-7 所示电路的温度误差具有"零交叉"的特点。也就是说,在电源电压高时,二极管的补偿作用不足;在电源电压低时,二极管的补偿作用过强,整个电路呈正的温度系数。理论上讲似乎可以找到一个适当的电源电压值,使整个电路的温度系数接近于零。一般而言,在负载电阻为 $10 \sim 30k\Omega$ 时,整个电路的灵敏度可达到 $1000\mu V/mmHg(1mmHg \approx 133.3Pa)$ 左右(量程为 $-50 \sim +300mmHg$)。由于对压敏电阻的不对称性只能采用并联调零方法,桥路失调引起的零点温漂仍然存在,加上差分对管的温漂,使整个电路表现出一定的输出零位温漂,但仍可满足一般的应用要求。在要求较高的测量中,可以利用电路中所附的测温三极管 VT_3 取得片上的温度信息,通过外部补偿电路来补偿敏感器件的零位温漂。外部补偿可使集成压敏传感器的温漂下降约一个数量级。

10.2.3 智能化压敏传感器

随着计算机的不断应用,数字化测量技术已成为发展趋势。信号的数字化一般有两种办法:一种是通过模/数变换器实现;另一种是先把模拟信号变换成频率信号,再将频率信号变成数字信号。在压力测量方面,有一类将压力信号直接变换成频率信号输出的集成压敏传感器,在设计数字化或智能化测量系统时不妨考虑采用。此外,传感器还带有信号补偿、数据通信等功能,从而构成"智能化"压敏传感器。

图 10-8 是一种"一线总线"集成温度传感器,一线总线是一种具有一个总线主机和一个或若干个从机(从属器件)的系统,这种多站总线方式,能够使得分布式温度检测的应用大为简化。每一只传感器芯片有唯一的系列号,多只传感器可以连接于同一条单线总线上从中央处理器到仅需连接一条数据线和地线,读写操作,以及温度变换所需的电源可以由数据线提供。

一线总线的器件电源接入有以下两种方式(图 10-9):

(1) 寄生电源供电:在器件端,V_{DD} 直接与地线连接,I/O 线上提供一个强的上拉电压。这种方式的总线共有两根线,即 I/O 线和地线。在温度测量、变换、信号补偿、处理阶段,通过 MOSFET 把 I/O 线直接接入电源,即寄生电源。这种方式下,总线上的每一只器件的温度测量与数据传输分为两个阶段完成,不可同时操作。

(2) 外部电源供电:V_{DD} 引脚单独接入电源,这种方式的总线共有三根线,即 I/O 线、电源线和地线。这种方法的优点是在 I/O 线与电源线分开,独立供电保证了总线上所有器件的温度测量和数据传输可以同时操作,即某器件的温度测量转换的同时,其他器件可以同时在单线上传送数据。如果单线总线上的器件都使用外部电源,通过依次发

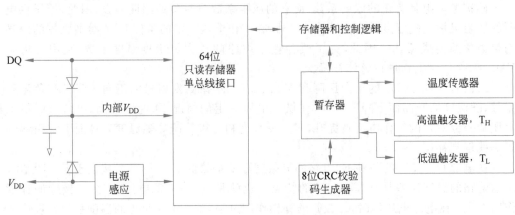

图 10-8　"一线总线"集成温度传感器

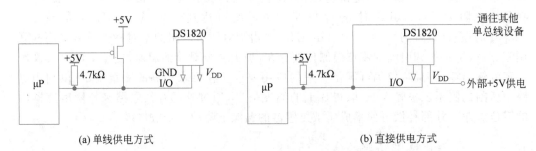

(a) 单线供电方式　　　　　　　　　　(b) 直接供电方式

图 10-9　"一线总线"的电源接入方式

出跳过和变换 ROM 指令,所有器件可以同时完成温度变换。

ROM 寄存器的操作指令是预先定义的指令集,由主机对总线上的器件进行工作状态控制。一旦总线主机检测到从属传感器件的存在,便可以向其发送操作命令。每一个传感器件都具有唯一的序列号,因此可以通过总线对每一传感器作单独寻址。

一般来说,这一类智能化温度传感器的芯片内部具有斜率累加器,可对信号的输出的非线性度加以补偿,并以数字的方式输出信号,例如将温度信号转换为频率信号输出。

10.3　集成温敏传感器

集成温敏传感器将温敏晶体管及其外围电路集成在同一芯片上,构成集测量、放大、电源供电电路于一体的高性能测温传感器。其典型的工作温度范围是－50～＋150℃,具体数值可能因型号和封装形式不同而不同。为进一步了解温敏晶体管工作原理,读者可参见附录J。

如表 10-1 所示,按输出电量类型,集成温敏传感器可分为模拟集成温敏传感器和数字集成温敏传感器两大类,模拟集成温敏传感器包括电压输出型温敏传感器、电流输出型温敏传感器两种,数字集成温敏传感器包括频率输出型温敏传感器、逻辑输出型温敏传感器两种。

电压输出型温敏传感器的优点是直接输出电压,且输出阻抗低,易于同读出或控制电路相连接;电流输出型温敏传感器输出阻抗极高,因此可以简单地使用双股绞线传输数百米远,而不必考虑传输导线的电阻,也不必考虑选择开关或多路转换器引入的接触电阻造成的误差。

数字集成温敏传感器的输出信号包括频率、串行数字信号、逻辑信号等,除了具有与电流输出型温敏传感器相似的优点外,还便于与数字化器件(如计算机)相连接。

表 10-1 集成温敏传感器分类

$$
\text{集成温敏传感器}\begin{cases}\text{模拟集成温敏传感器}\begin{cases}\text{电压输出型温敏传感器}\\\text{电流输出型温敏传感器}\end{cases}\\\text{数字集成温敏传感器}\begin{cases}\text{频率输出型温敏传感器}\\\text{逻辑输出型温敏传感器}\end{cases}\end{cases}
$$

10.3.1 PTAT 核心电路

集成温敏传感器采用的温度测量电路为差分对管电路,图 10-10(a)为这种对管差分电路的原理图。VT_1、VT_2 是一对结构和性能完全相同的温敏晶体管,它们分别在不同的集电极电流 I_{c1} 和 I_{c2} 下工作。在电阻 R_1 上得到的两晶体管 VT_1、VT_2 的基极-发射极电压差为

$$\Delta U_{be} = \frac{kT}{q}\ln\left(\frac{I_{c1}}{I_{c2}}\right) \tag{10-14}$$

集电极电流比(I_{c1}/I_{c2})等于集电极电流密度比(J_{c1}/J_{c2}),所以式(10-14)可改写为

$$\Delta U_{be} = \frac{kT}{q}\ln\left(\frac{J_{c1}}{J_{c2}}\right) \tag{10-15}$$

式中: J_{c1} 和 J_{c2} 分别是 VT_1 和 VT_2 管的集电极电流密度。

由式(10-15)可见,只要设法保持两管的集电极电流密度之比不变,那么电阻 R_1 上的电压 ΔU_{be} 将正比于热力学温度 T_0。ΔU_{be} 是集成温敏传感器基本的温度测量信号。在此基础上,可以利用后续电路得到所要求的与温度呈线性关系的电压或电流输出。

设两管增益极高,因此基极电流可以忽略,即集电极电流等于发射极电流,则有

$$\Delta U_{be} = R_1 I_{c2} \tag{10-16}$$

由此可知,VT_2 的集电极电流 I_{c2} 也正比于热力学温度。同样,图 10-10(a)中 R_2 上的电压也正比于热力学温度。为使两管集电极电流(或电流密度)之比保持不变,电流源给出的流过 VT_1 的电流 I_{c1} 也必须正比于热力学温度,于是电路总电流 $I_{c1}+I_{c2}$ 正比于热力学温度。这种电路称为 PTAT(Proportional To Absolute Temperature)核心电路。

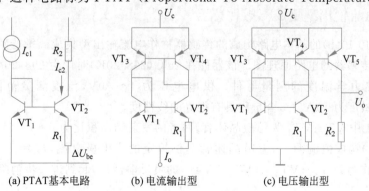

(a) PTAT基本电路　　(b) 电流输出型　　(c) 电压输出型

图 10-10 温敏传感器基本电路

PTAT 核心电路的关键在于两管的集电极电流密度之比 J_{c1}/J_{c2} 不随温度变化,为此,供电电源采用电流镜,如图 10-10(b) 所示。电流镜由晶体管 VT_3 和 VT_4 组成,由于它们具有完全相同的结构和特性,而发射结偏压又相同,如果两晶体管的输出阻抗和电流增益均为无穷大,流过 VT_1 和 VT_2 的集电极电流在任何温度下始终相等。

实际制作时,有意将温敏对管 VT_2、VT_1 的发射极面积制作成不相等的,其面积比为 n,这样的集电极电流密度比为面积的反比,这样,在电阻 R_1 上将得到两管的基极-发射极电压差为

$$\Delta U_{be} = \frac{kT}{q} \ln\left(\frac{J_{c1}}{J_{c2}}\right) = \frac{kT}{q} \ln(n) \tag{10-17}$$

由此可见,在电流镜 PTAT 电路中,ΔU_{be} 的温度系数仅取决于两管的发射极面积比 n,而面积比 n 与温度无关。发射极面积比是可以严格控制的,只要把 VT_2 的发射极设计成条形,而 VT_1 的发射极则为若干同样的条形电极的并联,于是两管的面积比变为简单的条数比。因此,电路输出端的总电流为

$$I_o = 2\frac{\Delta U_{be}}{R_1} = 2\frac{kT}{qR_1} \ln(n) \tag{10-18}$$

图 10-10(b) 所示的电路是基本的电流输出型温度传感器,其输出阻抗极高,而输出电流在很宽的电压范围内与所加电压 U_c 无关,U_c 可以在较宽的范围内(4～30V)选择,因此集成电路可以看作理想的电流源。它的优点还在于克服了晶体管的漏电流,包括在较高温度下的漏电流对测量精度的影响。这是因为 PTAT 电流取决于电阻 R_1 上的差分电压 ΔU_{be},而两个支路的相同的漏电流由于互相抵消并不在此电压中表现出来。另外,电阻 R_1 的数值最终决定了传感器的灵敏度,并且 R_1 的温度系数决定了灵敏度的温度系数,因此,R_1 的数值和它的温度稳定性是保证传感器精度的关键。为此,电阻 R_1 要选用高稳定的金属膜电阻,并对其阻值进行严格控制,使其达到设计所要求的精度,从而保证传感器的精度。

将电流输出型基本电路稍做改动便可构成电压输出型温度传感器基本电路,如图 10-10(c) 所示。VT_5 的发射结电压与 VT_3、VT_4 相同,又具有相同的发射极面积,于是流过 VT_5 和 R_2 支路的电流与另两支路电流相等,所以输出电压为

$$U_o = IR_z = \frac{R_2}{R_1}\frac{kT}{q} \ln(n) \tag{10-19}$$

10.3.2 电流输出型集成温敏传感器

依照图 10-10(b) 的基本电路构成的传感器称作电流输出型集成温敏传感器,图 10-11 为其中一种传感器的电路原理图。该器件在 $25℃(298.20K)$ 时产生 $298.20\mu A$ 的电流输出,可作为热力学温度的测量器件。供电电压为 $4～30V$,温度测量范围为 $-55～+150℃$,灵敏度为 $1\mu A/℃$,全量程具有很好的线性度。

图 10-11 中 VT_1、VT_2 为温敏晶体管,两者的发射结面积比为 $8:1$。(VT_3-VT_4)、(VT_5-VT_6)构成恒流源,为温敏晶体管提供恒定的集电极电流,$I_{c1}=I_{c2}$。差分对管 VT_9、VT_{10} 作为(VT_3-VT_4)、(VT_5-VT_6)的负反馈器件,起到进一步消除制造工艺不

足造成 VT_1、VT_2 不对称而对 ΔU_{be} 的影响。VT_{11} 与 VT_2 并联,同时又与衬底相连接,因此,使得包含在电路输出总电流中的偏置电流以及衬底的漏电流也变成 VT_2 的发射极电流而同样具有随温度变化而变化的特性。电阻 R_1、R_2 采用接近零温度系数的薄膜电阻,通过激光修正两者的阻值。VT_8 在外加电源反极性接入时起到对电路的保护作用。

图 10-12 为电路的电流输出特性曲线。

从图 10-12(a)可见,理想的温度灵敏度为 $1\mu A/℃$, 而实际的温度灵敏度有所偏离理论值,引起一定的误差。不过,由于这种误差是恒定不变的,所以可以用适当的方法加以消除。

从图 10-12(b)可见,在外接电源过低时,传感器的温度灵敏度随外加电源电压的上升而上升;当外加电源高于 3V 后,传感器的温度灵敏度将不再随外加电源电压的变化而变化。因此,器件的外加电源必须高于 4V,否则,外部电源的波动将对电路的输出产生影响。在实际应用中,对于利用干电池供电的便携式仪器,必须注意供电电源的下降对测量的影响。

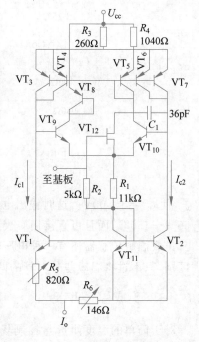

图 10-11　一种电流输出型集成温敏传感器电路原理图

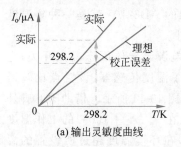

(a) 输出灵敏度曲线

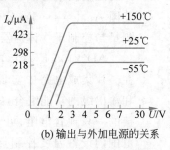

(b) 输出与外加电源的关系

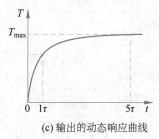

(c) 输出的动态响应曲线

图 10-12　传感器的特性曲线

图 10-12(c)表明,对于阶跃温度输入,器件的输出响应为一阶系统,时间常数 τ 随热交换条件而异,在热交换条件好的情况下一般 2~3s 就可达到稳定。

经激光修正后,集成温敏传感器的温度系数希望达到 $1\mu A/℃$。但存在偏差是难免的,从图 10-12(a)可直观地看到有斜率误差和平移。为了提高测温准确度,需要进行校正,校正电路如图 10-13 所示。

图 10-13(a)为一点法校正电路,它仅对某一温度点(通常选在 $0℃$ 或 $25℃$)进行校正。若传感器在校正点(如 $25℃$)时输出电流并非 $298.2\mu A$,则调节 R_w 使电路输出电压 $U_T=298.2mV$ 即可。

图 10-13(b)为两点法校正电路,电路中 AD581 是 10V 的基准电压,先使传感器处在温度为 $0℃$ 的环境中,调节 R_{w1},使 $U_o=0V$;再将传感器置于 $100℃$ 的温度环境中,调节

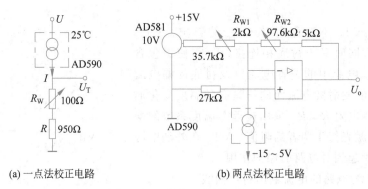

(a) 一点法校正电路　　(b) 两点法校正电路

图 10-13　输出误差校正电路

R_{W2}，使 $U_o=10.00V$。这时输出电压的温度系数为 $100mV/℃$。（其温度范围仍可以为 $-55\sim+150℃$，而且可直接用 ℃ 表示温度）。

集成温敏传感器还有一种电压输出型器件，这种器件的基本电路与电流输出型无多大区别，只不过将温敏差分对管的两个 U_{be} 之差 ΔU_{be} 引出。

10.3.3　集成温控开关

对于简单的温度测量与控制场合而言，通常需要温度传感器、信号放大电路、比较器、触发器等一系列电路。这一系列电路需要占据一定的空间，同时由于电路的相对复杂性而增加了电路调试的工作量。为此，出现了将上述测温—比较—控制电路集成为一体的温度测量与控制电路，称作集成温控开关。例如，美国 Analog Device 公司的 AD22105 就是一种集温度测量与控制于一体的器件。

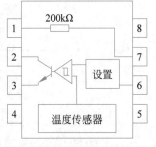

1—内部 200kΩ 上拉电阻（可选）；2—输出；3—地；4—空闲；5—空闲；6—温度设置点电阻；7—电源；8—空闲

图 10-14　AD22105 内部结构

AD22105 是一个单电源半导体固态温控开关，它在一片集成电路中实现了温度传感器、设置点比较器和输出级的功能组合，如图 10-14 所示。借助于 6 脚外接的一只预置电阻，可以在 $-40\sim+150℃$ 的工作温度范围内设置温度控制点，在环境温度超过所设置的温度点时，电路通过一个集电极开路输出端（2 脚）输出开关控制信号。电路内置一个施密特触发器，使温度控制有约 $4℃$ 的迟滞。此外，该芯片还包括一个可选的内部 200kΩ 上拉电阻，以便驱动像 CMOS 输入那样的轻负载，也可以直接驱动一个低功耗 LED 指示灯。当然，用户也可以通过 1、2 脚的接线加以选择是否使用上拉电阻，如果不将 1、2 脚相连接，就不使用片内的上拉电阻。

这种温控开关可用于工业过程控制、热控制系统、CPU 监控、计算机热管理电路、风扇控制、手持/便携电子设备等。

AD22105 采用 8 脚 SOIC SO-8 和 DIP 两种封装形式，包括引脚在内，外形尺寸为 $1.75mm\times5mm\times6.2mm$。由于其外形的小型化，也扩大了它的应用范围。

作为温控开关，AD22105 可以在系统设计者选择的 $-40\sim+150℃$ 的任意温度点上进行开关切换。内部比较器被设计成在周围温度上升到超过设置点时能非常精确地进行开关切换。当周围温度下降时,比较器在比原来进行开关切换的温度稍微低一些时释放输出。AD22105 的输出是一只 NPN 晶体管的集电极。

当器件的环境温度超过编程的温度控制点时,输出晶体管导通,使它的集电极变为低阻抗。输出级的集电极是浮空的,需要一个上拉电阻,才能观察到输出电压的变化。电路生产厂家可能考虑到增加输出级的灵活性,没有将片内的上拉电阻固定地连接到输出引脚,而是供用户选用。使用内置的 $200k\Omega$ 的上拉电阻可以驱动最大达 10mA 的负载。

用于设置温度控制点的外接设置电阻接于 6 脚与接地引脚(3 脚)之间,设置电阻由以下公式决定:

$$R_{set} = \frac{39M\Omega \cdot \text{℃}}{T_{set}(\text{℃}) + 281.6\text{℃}} - 90.3 \times 10^{-3} M\Omega \qquad (10\text{-}20)$$

设置电阻 R_{set} 可以选用任意类型的电阻器,电阻的精度 ε 与温度漂移 K_t 会影响编程开关切换温度的精度,一般来说,可以选用 $\varepsilon = 1\%$ 的金属膜电阻。进一步的考虑,就是温控点电阻的热漂移 K_t。综合考虑温控点电阻精度和热漂移的影响后,可以用以下方程计算:

$$R_{max} = R_{nom} \times (1 + \varepsilon) \times [1 + K_t \times (T_{set} - 25\text{℃})] \qquad (10\text{-}21)$$

式中:R_{max} 为在 T_{set} 下温控点电阻的实际值;R_{nom} 为最接近所需的 R_{set} 的标称电阻;ε 为所选电阻在 25℃时的精度(通常 1%、5% 或 10%);K_t 为所用电阻的温度系数;T_{set} 为所需的设置点温度。

在温度控制点 T_{set} 处,温控点电阻实际的阻值与理论所需的值 R_{set} 之间存在差值,这种差值就决定了温度控制误差。

10.3.4 智能化集成温敏传感器

温度是十分常见的物理量,在众多领域或系统中都需要测量。由于应用极为广泛,温度传感器的技术发展速度也很快。智能化是温度传感器的发展方向之一,有三条主要的技术途径:

(1)集成信号处理功能。利用集成或混合集成方式将敏感元件、信号处理器和微处理器集成在一起,嵌入软件实现若干功能,如测量过程控制、逻辑判断、数据处理、信息传输等。这类传感器具有微小型化、性能可靠、量产廉价等优点,被认为是智能化温度传感器的主要发展方向。

(2)基于新的检测原理和结构。采用微机械精细加工工艺和纳米技术设计新型结构,在硅片上制作出极其精细的沟、槽、孔、膜等。所构成的微型温度传感器,以新的检测原理更为真实地反映被测温度的完整信息。

(3)运用人工智能手段。人工智能主要包括机器智能和仿生模拟两大部分,前者利用现有的高速、大容量电子计算机的硬件设备,研究计算机的软件系统来实现新型计算机原理论证、策略制定、图形识别;后者在生物学已有成就的基础上,对人脑和思维过程进行人工模拟。

如图 10-15 是两种智能化集成温敏传感器的功能框图,与普通的集成温敏传感器相比,其智能化主要体现在以下几方面:

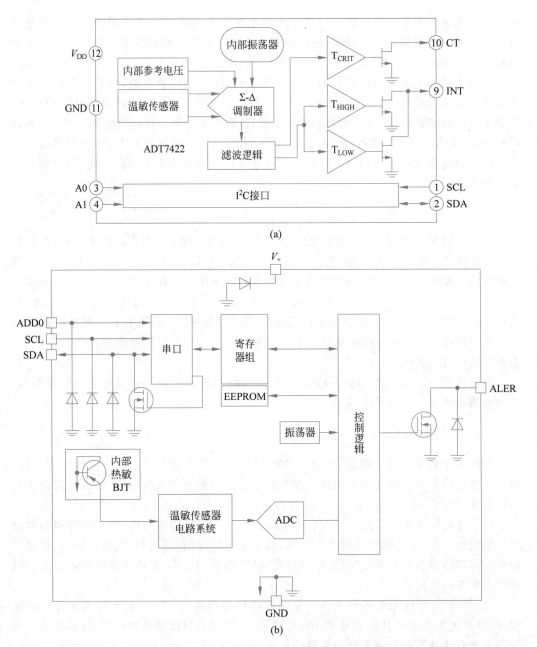

图 10-15　两种智能化集成温敏传感器功能框图

（1）采用多样的补偿或修正方式来提高感温精度，降低电路在生产过程中的失配等影响，如采用斩波技术和微调技术、温度或曲率补偿来提高感温精度、校正技术等，无须外部电路校准；片内设置有理想的内部电源（如带隙基准电压源），且具有较高测量分辨率（如 10^{-3}℃量级）和精度（±0.1℃左右）。

（2）采用具有不同形式的转换电路，以实现模数信号的转换，将模拟信号转换为数字信号输出。例如采用增量-累加（Σ-Δ）ADC、逐次逼近型（SAR）ADC 等；或者利用计数器的压频转换电路,以计数的方式实现温度的数字输出;或者采用环形振荡器,以频率的方式实现温度的数字输出等。

（3）采用可寻址串行通信,一般以 I^2C 总线作为器件与总线的连接途径,受主器件控制。主器件通过建立起始条件而启动数据传输,通过预先设置的协议,发送地址和传输数据,完成对所选器件的数据读取或写入。器件还配置寄存器,通过定义的控制器对其的工作模式作配置。

10.4 集成指纹传感器

10.4.1 指纹及身份识别

1. 指纹结构及特性

皮肤是由表皮、真皮、皮下组织三部分构成的。真皮是紧连在表皮下面的结缔组织,其上部叫乳头层,以突起的乳头伸向表皮深层,形成凹凸的皮肤花纹,如图 10-16 所示。在掌面皮肤和脚底皮肤内,这种乳头更为密集突出,呈现出整齐规律的乳突线花纹。

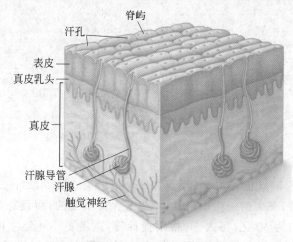

图 10-16　皮肤的组织结构

指纹的乳突线的高度为 0.1～0.4mm,宽度为 0.2～0.7mm,横断面呈梯形,如图 10-17 所示。乳突线（凸起部分）与小犁沟（凹陷部分）排列形成指纹图案,其立体的形状犹如山脉一样高低起伏。其中,突出的部分称为"脊",凹陷部分称为"谷"。

指纹即手指尖第一指节的表皮花纹。它具有乳突线花纹的三种系统,即内部花纹、外围线和根基线。内部花纹是由箕形线、环形线、螺形线、曲形线或几种混合的纹线为中心组成的。外围线由弓形线组成,从上面和两侧包围着内部花纹。根基线由直线和弓形线组成,位于内部花纹的下部,与指间屈肌线平行。在三种系统的纹线相遇之处形成三角。指纹的中心花纹形状有多种分布图样,如弓型、箕型、斗型（螺形）、曲型、杂型（混合形）。大致而言,可以将指纹图样分为三种类型,即斗型（whorl）、弓型和箕型,如图 10-18 所示。

在中国人的指纹中,弓、箕、斗三种类型花纹的出现率以斗型纹为最高,约占 50%;

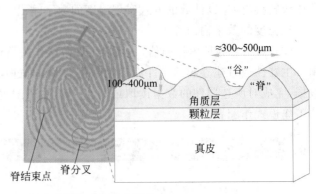

≈300~500μm

"谷"

"脊"

100~400μm

角质层

颗粒层

真皮

脊结束点   脊分叉

图 10-17　指纹皮肤的表层分布结构

图 10-18　乳突线花纹的三种类型

箕型纹次之,约占 47.5%(正箕 45%,反箕 2.5%);弓型纹最少,约占 2.5%。

指纹具有唯一性,在人的一生中,指纹始终是保持不变的,而且每个人之间都是不同的。以地球上的人口为 60 亿,每人 10 根手指计算,则需要 300 年才可能出现重复的指纹,因而出现两根手指的指纹完全相同的概率几乎是零。由于以上特性,在身份识别领域中一直是最为可靠的手段,并为各国法律所广泛承认。

2. 指纹应用的历史

生物识别是指通过人类生物特征进行身份认证的一种技术,利用人类固有的生理特性和行为特征(如笔迹、声音、步态等)对个人身份进行鉴定。它所基于的生物特征需要具备以下特点:

(1) 普适性:每个人都先天具有的个体特征。

(2) 唯一性:两人之间不存在相同特征,或者出现的概率极低。

(3) 永久性:终身不变的特征,不随年龄、健康状况等各种生理因素而改变。

(4) 可采性:特征信息能够被完整、准确地采集,难以伪造。

符合上述要求的人类生物学特征包括指纹、掌纹、虹膜、视网膜、面相、DNA、静脉等生理特性和笔迹、声纹、步态等行为特征,其中,指纹识别的应用约占 50%。每种身份识别各具特性,见表 10-2。指纹是一种非常重要的身份认证手段,历史悠久、技术成熟、应用广泛。

表 10-2　常见的生物特征识别的特性

生物特征	准　确　度	简　便　性	接　受　度	可　行　性	成　本
指纹	高	中	低	高	中
掌形	中	高	中	中	高
声音	中	高	高	高	低
视网膜	高	低	低	低	中
虹膜	中	中	中	中	高
签名	中	中	高	低	中
面相	低	高	高	中	低

注:简便性——信息采集过程的简易程度;接受度——被采集对象的认可度;可行性——信息采集的技术实施的可行性。

人类留下的最早的指纹是公元前 7000—6000 年古叙利亚和中国黏土陶器上的指纹,没有证据表明这些指纹是用于身份识别的。不过,中国古人很早就在文件上印有起草者的指纹,显然是身份鉴别的用途。

我国将指纹应用于民间契约及断案的历史记载久远,它在古人生活及交易中是具有法律效力的重要凭证。据历史文献记载,西周人在其买卖契约(称作"质剂",木刻契约)中就应用了指纹作为防诈证信的用途。汉代的"下手书"、唐代的"画指券",以手书或手刻形式留下物质痕迹,都有证伪的示信作用。

《睡虎地秦墓竹简》表明,战国末年的司法勘验或报告中,已经利用人的手与膝部痕迹进行侦查破案。该书以"爰书"[①]的形式叙述了一个案例:一户人家失窃,盗窃者遗留于现场的手、膝痕迹多达六处,官府遂利用此痕迹进行侦查勘验。

唐代学者贾公彦在其著作中强调,"画指"(指纹)是确认个人身份的一种可靠方法("汉时下手书,即今画指券,与古质剂同也。"记载于《周礼义疏》)。德国学者罗伯特·海因德尔在《世界指纹史》中认为,贾公彦是世界历史上第一个明确指出将指纹用作鉴定标准的人。

现代指纹识别技术最早源自 16 世纪末期。17 世纪 80 年代,亨利·福尔德在《自然》上发表的文章,认为指纹是人各不同的和长期不变的,并且用指纹鉴别罪犯;威廉·赫歇尔也在《自然》上发表了他自己 20 多年的指纹技术的研究成果,为现代意义的指纹识别技术奠定了基础。17 世纪 80 年代,英国的弗朗西斯·高尔顿提出了指纹细节特征的分类,把指纹区分为弧、箕、斗,这种分类方法把指纹识别技术带进了全新的时代。

10.4.2　指纹的数字化采集方法

从原理上,目前的指纹传感器有多种类型,如光学式、热感应式、电容式、超声波式、

---

① "爰书",即秦人司法案件的供词记录、审问报告。《睡虎地秦墓竹简》于 1975 年在湖北省云梦县出土,是现今出土文物中古代中国司法文明史上最早利用"手迹"进行侦查破案的官方文书。

压力式等,最为常用的有:电容式、超声波式、光学式,其特性比较如表 10-3 所示。从结构上,指纹传感器分为阵列模式、扫描模式两类。

表 10-3　三种常用的指纹传感器的特性

特　性	光　学　式	电　容　式	超声波式
成像能力	干燥、湿润、粗糙手指不佳,易受油污、脏污影响	干燥、湿润、粗糙手指均可,易受油污、脏污影响	非常好
成像区域	大	大	中
分辨率	小于 500dpi	大于 600dpi	1000dpi
体积	大	小	中
耐用性	好	较好	一般
功耗	较大	小	较大
成本	较高	低	很高
优点	相对高分辨率	高分辨、低成本、低功耗	三维感知
缺点	大尺寸、高成本、易伪造	外电磁场作用下易失效	高成本
屏下或屏上传感的可能性	易于实现屏下传感,已有原型产品	需要对触摸屏的 ITO 层做特殊处理	需要复杂的制程,已有原型

指纹传感器在电子锁、部分便携式电子产品(如手机、平板电脑、穿戴电子设备)的应用较为广泛,其中基于电容式指纹传感器的基本结构构建的电容式触摸屏的应用更为广泛,尤其是手机、平板电脑方面已经成为标准的配置。这类便携式电子产品的显示屏(如 LCD、OLED、MicroLED 等),具有超薄的性能要求,并且触摸屏、显示屏、指纹传感器相互融合,已经成为一种必然的发展趋势。这里的指纹传感器通常设计成“屏下”的形式,即具有超薄性能的传感器布置于屏幕下方,不影响传感器所在区域的画面显示,并且避免显示屏整体尺寸变厚,这就是所谓的带有指纹传感功能的“全面屏”。电容式指纹传感器影响光的透过,导致指纹传感器与显示屏画面的亮度有所下降,不太适合全面屏的技术要求;光学式、超声式的指纹传感器是平面显示屏的屏下指纹传感的可行方向。

1. 光学式指纹传感器

光学式指纹传感技术是典型的基于光学全反射效应的应用技术,如图 10-19(a)所示。从 45°棱镜的其中一个直边,光线垂直地入射后投射到棱镜的底面。由于光线入射角为 45°,大于全反射的临界角,因此光线被全反射后,从棱镜的另一直边出射。

如图 10-19(b)所示,当手指接触棱镜底面时,手指纹路的脊区会直接接触棱镜。棱镜的界面不再是玻璃和空气,而是玻璃与皮肤,这将导致该部分区域失去全反射条件。

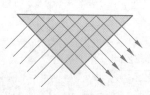
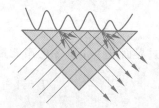

(a) 光学全反射　　　　　　　　(b) 指纹接触下的光学反射

图 10-19　光学式指纹传感器棱镜结构(一)

光路到达与脊直接接触的部分时,这部分光入射至皮肤内部,并发生散射。与此同时,指纹的谷区会与棱镜表面形成空气间隙,光路会在这部分区域全反射。

如果在 45°棱镜直边两侧放置有 LED 光源和带镜头的图像传感器,最终反射的光透过棱镜后,由镜头会聚到图像传感器的感光面,从而获得指纹图像。

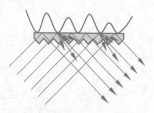

由于棱镜式传感器要求镜头到棱镜表面的光路长度远大于表面的图像尺寸,导致整体尺寸较大。一种有效减小尺寸的方式是用阵列式微棱镜结构,用 45°微棱镜组成阵列结构,替代整块棱镜结构(图 10-20),使得棱镜的尺寸大大减小。相对于传统的大棱镜结构,微棱镜结构具有很多的优点,且可以保持与大棱镜结构几乎相同的图像质量和分辨率。

图 10-20　光学式指纹传感器
微棱镜结构(二)

2. 超声式指纹传感器

超声波在不同声阻抗的介质传播时,具有不同的反射系数和透射系数。超声波式指纹传感器正是利用了超声波的这一特性,它由超声波发射器、阵列排布的换能器组成,如图 10-21 所示。

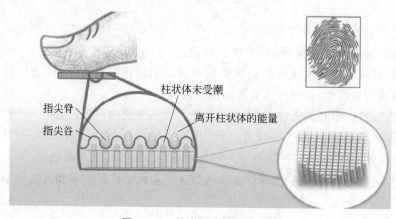

柱状体未受潮

指尖脊
指尖谷
离开柱状体的能量

图 10-21　超声波式指纹传感器

超声波从介质 1(声阻抗为 Z_1)进入介质 2(声阻抗为 Z_2)中,将会发生反射,反射的能量为

$$R = \frac{Z_2 - Z_1}{Z_2 + Z_1}$$

超声波透过界面进入介质 2 的声能量为

$$T = 1 - R = \frac{2Z_1}{Z_2 + Z_1}$$

式中，Z 为声阻抗，它是材料密度 ρ_0 和传输速度 C_0 的乘积，即 $Z = \rho_0 C_0$。

如图 10-22 所示，超声波经基板底部耦合后发射至基板的上表面。指纹按压在上表面，并形成了乳突线与基板、空气层与基板的两种界面。超声波在这两种界面处传播，受到不同声阻抗的影响，会反射不同强度的回波。

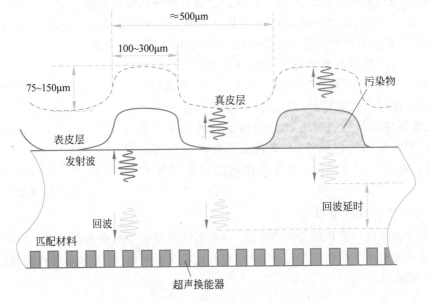

图 10-22　超声波指纹传感原理

人的皮肤表面可以分为两层，干燥的死皮层（表皮）和活性层（真皮）。从声学角度讲，皮肤内层的死皮层与皮肤内层的活性层具有不同的声阻抗。另外，指纹的谷区有可能含有汗液或其他液体，同样也具有不同的声特性。

假设指纹脊区（手指的人体组织）的声阻抗为 Z_r、空气的声阻抗为 Z_a，选择合适的接触板材料（如聚苯乙烯），其声阻抗 Z_b 与手指的声阻抗相同或接近。已知声阻抗 $Z_r = 1.6 \times 10^5\,\mathrm{g/(m^2 \cdot s)}$、空气的声阻抗 $Z_a = 34\,\mathrm{g/(m^2 \cdot s)}$、基板的声阻抗 $Z_b = 1.7 \times 10^5\,\mathrm{g/(m^2 \cdot s)}$，当超声波探测手指表面时，指纹的脊区与基板的反射效率和谷区与基板的反射效率分别为

$$R_{r\text{-}b} = \frac{Z_r - Z_b}{Z_r + Z_b} = 30.30\%$$

$$R_{r\text{-}a} = \frac{Z_r - Z_a}{Z_r + Z_a} = 99.96\%$$

换能器通过检测脊区与谷区的反射效率差值对指纹进行成像。在脉冲-回波系统下，

通过测量特定界面相对应的反射或透射的超声波的强度可以获得该界面的灰度图像。

超声波指纹传感器的优点是性能稳定,不受环境因素(如温度、湿度等)的干扰,同时成像精密分辨率高,可三维成像。由于在一定高度下可以非接触使用,耐刮擦,使用寿命长。缺点是像素级密度的换能器阵列加工工艺难度很大,价格高。

3. 电容式指纹传感器

如图 10-23 所示,非导电介质材料的基板上面分布导电电极阵列,作为电容的一面极板,并且涂敷一层耐磨的厚度为 d_1 的绝缘介质层。当手指贴在基板的上表面时,皮肤与表面电极阵列便构成了电容阵列,用 C_s 表示。指纹的脊区与谷区相对于基板上表面具有不同的距离,因此,对应的电容器的容值也不相同,分别为 $C_r = C_1$ 和 $C_v = C_1 + C_2$。

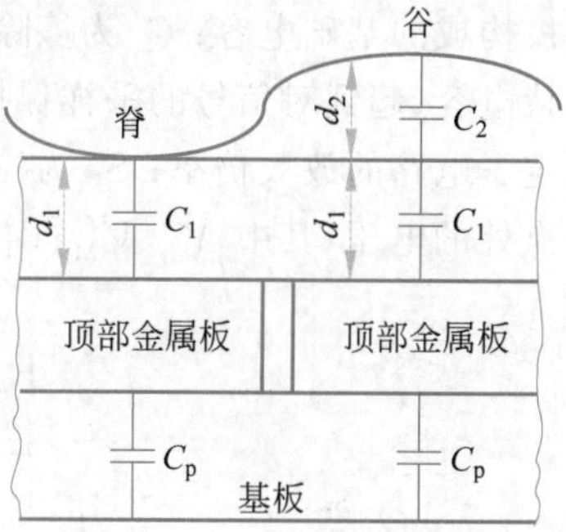

基板的下表面(底面)一般为导电层,与上表面的电极阵列构成基础电容,以 C_p 表示。

图 10-23　电容式指纹传感器

设耐磨介质层材料的介电常数为 ε_1,厚度为 d_1;基板材料的介电常数为 ε_p、介质层厚度为 d_p,表面电极的面积为 S,表面电极与感应皮肤的间距为 d_2。

考虑到手指的压力使得乳突线会紧贴基板上表面,脊区将会平贴在上表面,形成平面"电极"。因此,脊区所对应的脊区电容为

$$C_s = C_r = C_1 = \frac{\varepsilon_0 \varepsilon_1 S}{d_1}$$

由于谷区保持着曲面的状态,所形成的"电极"就会是曲面状态的。因此,谷区所对应的谷区电容为

$$C_s = C_v = C_1 + C_2 = \int_\Omega \frac{\varepsilon_0 \varepsilon_1}{d_2 + d_1} \mathrm{d}S$$

式中:Ω 为底部电极所对应的区域;d_2 为 Ω 区域内不同位置的谷区的深度,这个深度随着"谷"的深度而不同,是一个变量。

可见,脊区与谷区形成的电容是存在差异的,可以达到 210fF。电容式指纹传感器优点是尺寸可以做到十分小,单个电极之间的间距可以做到 $40\mu m$,便于集成。

与图 10-22 相似的考虑,从电学角度讲,死皮层可以视为介质层,活性层可以视为导电材料。当手指接触到基板上表面时,活性层从底部电极吸引边缘电场,导致有效互感电容的减小,边缘电场则由驱动电极和感应电极产生。考虑到这种情况,上述两类电容的计算公式需要考虑死皮层的厚度。

10.4.3　信号读出

不同类型的指纹传感器,其输出信号的类型不同,相应的信号读出电路也不同;同一类型的输出信号,也有不同的信号读出方法。下面以电容式指纹传感器为例,介绍其信号读出的一种方法。

1. 单元读出电路

图 10-24 为电容式指纹传感器的一个单元（Sensor block），以及信号放大（Sense amplifier block）与输出电路（Output block）。传感单元（Cell）包含电容 C_s 和 C_p，通过开关管 S_r 引出。图中：C_s 为指纹皮肤与表面电极构成的传感电容；C_p 为表面电极与底层电极构成的基础电容；C_p' 为擦除电容，目的是消除基础电容的影响，且 $C_p' \approx C_p$；C_{hi} 为保持电容，起到对信号的采样保持的作用，且 $C_{hi} \gg C_{fi}$，C_{fi} 为一级放大电路的反馈电容，决定了电路的放大倍率；S_i 为控制开关（$i=1,2,3,r,c,L,M,H,f1,f2$）；V_i 为一些特定节点处的电压，其中，V_L、V_M、V_H 为供电电源，且 $V_H - V_M \approx V_M - V_L$。

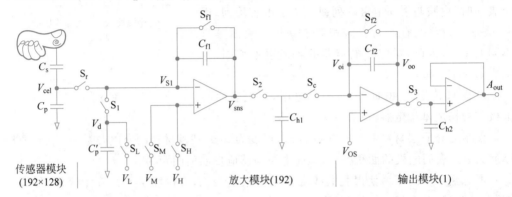

图 10-24　电容式指纹传感器单元信号读出电路

读出电路的三个模块相互独立，分别由控制开关 S_r 和 S_c 连接。控制开关根据信号读出的时序对模块之间的连通或断开进行时序控制。

2. 信号读出过程

在时序驱动下，各路控制开关按照一定的节拍接通或者断开，最终以电压的形式（A_{out}）输出信号，此输出信号与传感电容 C_s 存在定量关系。信号读出过程可以分为三个阶段，各阶段的开关默认状态为断开的。

第一阶段：信号转换。

此阶段将传感电容的容值转换为电荷量，以作为后续的电荷放大电路的输入信号。如图 10-25 所示，此阶段开关 S_L、S_H、S_r、S_{f1} 导通，图中的虚线表示线路处于非连接状态。此阶段的信号变化如下：

（1）电源 V_H 对传感电容 C_s 与基础电容 C_p 充电，并快速将其充满电荷，两端的电压 $V_{cel} = V_H$，所累积的电荷为 $(C_s + C_p)V_H$。

（2）电源 V_d 为擦除电容 C_p' 充电，并快速将其充满电荷，两端的电压 $V_d = V_L$，电荷为 $C_p'V_L$。

（3）电容 C_{f1} 被复位，其两端可能充有电荷，经过 S_{f1}，所累积的电荷被释放。

第二阶段：信号放大。

此阶段将传感电容所充满的电荷通过电荷放大器转换为电压值，如图 10-26 所示，开关 S_L、S_r、S_1、S_M 导通，S_{f1}、S_H 断开。电荷从 V_{cel} 和 V_d 经由 C_{f1} 向放大器输出端的保持

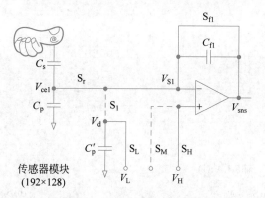

图 10-25 信号转换

电容 C_{h1} 充电。此阶段的信号变化为

$$Q_{S1} = (C_s + C_p)(V_H - V_M) + C_p'(V_L - V_M)$$
$$= (C_s + C_p)(V_H - V_M) - C_p'(V_M - V_L)$$
$$\approx C_s(V_H - V_M)$$

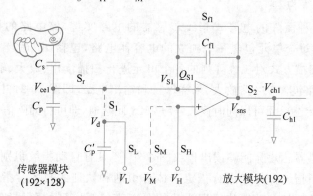

图 10-26 信号放大

由于 $C_{hi} \gg C_{fi}$，因此可以导出一级保持电容器 C_{h1} 两端的电压：

$$V_{ch1} = V_{sns} = V_M - C_s(V_H - V_M)/C_{f1}$$

第三阶段：信号输出。

此阶段将电荷放大器的输出信号进行二级放大，再经由电压跟随器输出，如图 10-27 所示。该阶段 S_2 断开，从保持电容器 C_{h1} 开始的右侧后端电路与放大电路从整个电路中独立开来，C_{h1} 两端的电荷处于保持状态。该阶段分为两个步骤：

（1）S_{f2} 导通，对 C_{f2} 复位；

（2）S_{f2} 断开，S_c、S_3 导通，此时，C_{h1} 向 C_{f2}、C_{h2} 充电，并有

$$(V_{os} - V_{sns})C_{h1} = [V_{os} - V_M - C_s(V_H - V_M)/C_{f1}]C_{h1}$$

输出电压为

$$A_{out} = \frac{(V_{os} - V_{sns})C_{h1}}{C_{h2}} = \frac{C_{f1}(V_{OS} - V_M) - C_S(V_H - V_M)}{C_{h2}}C_{h1}$$

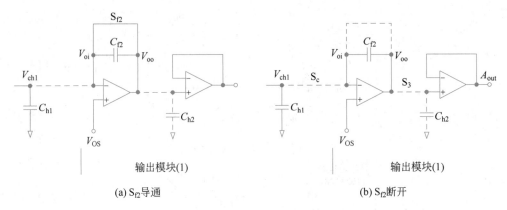

(a) S_{f2}导通　　　　　　　　　　　(b) S_{f2}断开

图 10-27　信号输出

可见，若取 $V_{OS} = V_M$，则电路的输出电压为

$$A_{out} = (V_H - V_M) \frac{C_{h1}}{C_{h2}} C_S$$

3. 芯片电路结构

图 10-28 是一种面阵的电容式指纹传感器的电路实例，该电路的指纹感知区域有 192×128 个单元，每个单元包含一个独立的电容器电路，包括图 10-24 中的 C_s、C_p、S_r。通过行选通和列扫描方式对二维阵列的各个单元进行扫描读出、放大、输出。由图 10-28 可知，其行读出电路包含 192 路放大、采样保持和输出电路，即图 10-24 中 S_r 右侧的电路。这样，每行的 192 传感单元可以同时读出，经过 128 此选通，即可将面阵信号完整地输出。

4. 指纹识别

一些指纹传感器芯片除能够读出指纹图像外，还具有自动指纹识别的能力。自动指纹技术是通过手指指纹特征来进行指定个体身识别和认证的技术。指纹特征可分为整体特征与局部特征两类。整体特征即为我们可以直接观察到的总体纹路走向。基本纹理包括螺旋型、环型、弓型等。局部特征即为一些细节点，主要包括终结点、交叉点、孤立点、环点、三角点、断点、短纹、核心点、分叉点等，如图 10-29 所示。

指纹图像识别过程通常包括以下三个阶段：

（1）指纹图像的预处理。采集到的指纹图像可能含有多种噪声，灰度图像中的指纹脊线可能出现断开、桥接或模糊等复杂现象。因此，需要去除图像的噪声、恢复指纹脊线，确保能够正确提取出指纹特征。

（2）指纹图像特征点提取。从指纹图像中提取到有益的细节特征，这些细节特征可以表征指纹特性且不含多余的无用信息。指纹的特征总的来说分为全局特征和局部特征两类。

（3）图像匹配。寻找两个比对指纹图像的共性，根据共性方面的分数，最终决定两个图像是否匹配。

指纹本身是一个三维立体的，如果能够采集到指纹的立体图像，对于指纹识别率的提高是有益的。从拓扑学的角度讲，指纹图像的特征分布既有平面维度的特征点的"点

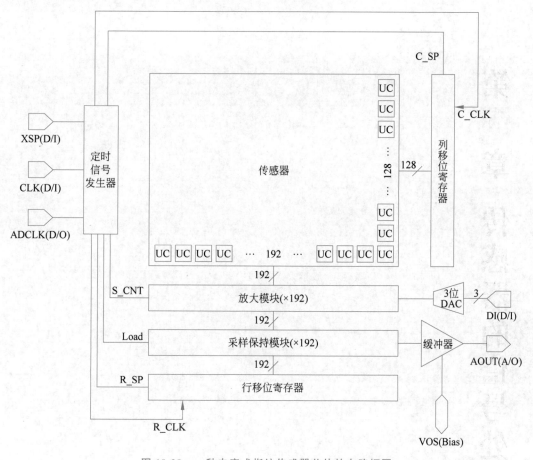

图 10-28 一种电容式指纹传感器芯片的电路框图

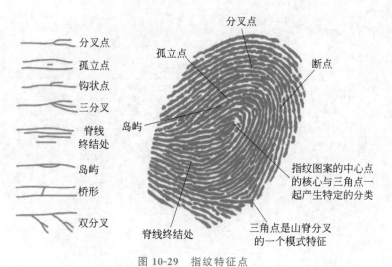

图 10-29 指纹特征点

集拓扑"关系,也有第三维度谷区深度网格分布关系。如何准确、有效地提取平面维度和深度维度的指纹图像,是指纹传感技术的一个发展方向。

第11章

传感器的信号处理

传感器能将外部物理量转换为电量,其电信号形式多为电荷、电压、电阻、电流等,为了在不影响传感器工作的前提下将其电信号引出并供后续电路使用,需要采用适当的电路,这些电路包括电荷放大器、电桥放大器、射极跟随器等。此外,对于有些传感器来说,还需要进行线性补偿或温度补偿等。经过上述处理的信号,其电压幅度不一定能够满足设计要求,为此,进一步的信号放大是十分必要的。

本章按照上述思路,将对传感器输出信号的引出、补偿、放大三个环节加以详细介绍。

11.1 信号处理概述

信号处理是检测系统的重要组成部分,它的作用是把传感器输出的电信号读出、补偿、放大等,使其形成具有较高信噪比和一定幅值的电压或电流信号。通过信号处理电路输出的信号可以克服环境某些物理因素如温度的干扰,具有良好的线性特性。

信号处理电路的组成可根据传感器的具体特性而定,包括信号的引出、线性补偿、温度补偿、信号放大等。

1. 信号的引出

引出传感器的信号,通常需要考虑传感器输出信号的类型、传感器的内阻等因素。例如,电荷输出型传感器需要用电荷放大器将电荷信号引出,电阻输出型传感器可以用直流电桥放大器等电路引出,电感或电容型传感器可以采用交流电桥、脉冲调宽或相敏检波等电路引出。对于内阻高的传感器,需要用阻抗匹配电路将高内阻的传感器信号转换为低阻抗输出的信号。

有些传感器如 CCD、压电传感器等,其输出电信号为电荷量,这些有源电荷器件都具有高内阻、小功率的弱点,因此需要信号读出电路具有以下三个功能:

(1) 抗干扰能力强。由于电荷输出传感器的信号极其微弱,因此电缆的分布电容和电路的漏电导、噪声等外部因素都会对信号输出产生严重干扰。

(2) 将电荷信号转换为常规后续电路可以处理的电压或电流信号。

(3) 将传感器的高内阻转换为低输出阻抗,从而易于一般放大电路对其信号加以处理。

电荷放大器恰好能够满足上述要求,它利用电容反馈原理将输入电荷量转换为电压信号,使放大器的输出电压正比于传感器的电荷信号;此外,电荷放大器是一种具有高增益的运算放大器,其主要特点是输出阻抗低,因此,可以将传感器的高输出阻抗转换为低输出阻抗,起到阻抗匹配的作用。

电荷输出的传感器表现为一个有源电容器件,可以从两个角度加以等效:一是将其等效为与电容 C_s 相并联的电流源 Q,如图 11-1(a)所示;二是将其等效为与电容 C_s 串联的电压源 e_i,如图 11-1(b)所示,并且

$$e_i = Q/C_s \tag{11-1}$$

传感器的输出阻抗都比较高,这种高内阻信号源与测量电路相接后,尽管传感器的空载信号足够大,但测量电路输入阻抗(相当于传感器的负载)会造成传感器信号的衰

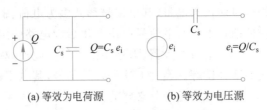

(a) 等效为电荷源   (b) 等效为电压源

图 11-1 电荷输出传感器的等效

减。为使测量系统更准确地拾取传感器输出信号,常采用高输入阻抗的射极跟随器作为前置电路。射极跟随器常见的电路是晶体管共集电极电路,有时为了进一步提高电路的输入阻抗,可以采用自举电路与共集电极电路并用或者采用达林顿电路与共集电极电路并用的形式,也有用运算放大器构成射极跟随器的。

电桥电路是最常采用的阻抗型(电阻、电容、电感)传感器信号转换电路,电路将传感器的阻抗变化转换为电压量送入运算放大器。也可采用传感器电桥放大器的形式,将电桥与放大器合二为一,构成集转换与放大于一体的电路形式。

电桥放大器的桥路形式很多,选用桥式电路时要考虑的因素有供给桥路的电源是接地还是浮地,传感元件是接地还是浮地,输出是否呈线性关系等。本章将介绍几种常见桥路的特点,对于选用适当的电桥放大器很有价值。

2. 补偿电路

温度是影响传感器工作常见的环境干扰因素,许多传感器或多或少地会受到温度的影响,导致测量温差。温度对传感器的影响表现在两方面:

一是传感器零点输出随温度变化而发生漂移,称作零点温漂或零点温度特性,如图 11-2(a)所示。传感器输出与输入的关系为

$$y(x) = b(T) + K_1 x + K_2 x^2 + K_3 x^3 + K_4 x^4 + \cdots \tag{11-2}$$

式中:$b(T)$ 为传感器的零点(截距),是一个随温度而变化的量。$b(T)$ 是温度 T 的函数,即

$$b(T) = b_0 + f_b(T) \tag{11-3}$$

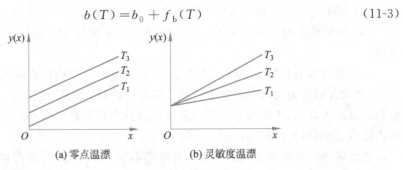

(a) 零点温漂   (b) 灵敏度温漂

图 11-2 温度漂移

二是传感器灵敏度随温度的变化而发生漂移,称作灵敏度温漂或灵敏度温度特性,如图 11-2(b)所示。传感器输出与输入的关系为

$$y(x) = b + K_1(T) x + K_2(T) x^2 + K_3(T) x^3 + K_4(T) x^4 + \cdots \tag{11-4}$$

式中：$K_i(T)$ $(i=1,2,3,\cdots)$ 为传感器的灵敏度（斜率），它们都不同程度地随温度的变化而变化。$K_i(T)$ 与温度 T 的函数关系为

$$K_i(T) = K_0 + f_i(T) \tag{11-5}$$

在传感器的应用中总是希望传感器的特性不受环境温度的影响，为此，需要采用一定的办法将环境温度对传感器的影响程度加以抑制，将其限定在一定的范围内，这一调理过程称为温度补偿。

对传感器进行温度补偿是十分必要的。温度补偿的电路很多，需要根据具体的传感器类型以及受温度影响的程度、定量关系等决定，没有统一的电路结构。

零点温度补偿一般是设定一个随温度变化的量，使它与传感器零点输出随温度的变化相抵消。灵敏度温度补偿则是调整传感器灵敏度，使其不随温度变化或将该变化限制在一定的范围内。对于灵敏度与供电电源的电压或电流有关的传感器，通常采用的一种方法是调整供电电源，利用供电电源随温度的变化抵消灵敏度随温度的变化。

一般总是希望传感器的输出量与被测物理量是线性关系，从而保证在整个测量范围内灵敏度比较均匀，便于测量结果的处理。然而，实际的传感器往往是非线性的输出特性，它们输出的电信号与被测物理量之间的关系是非线性的。为此，必要的时候需要对传感器的信号加以线性化，即线性补偿。

传感器的非线性特性是各式各样的，但是按其非线性关系的数学类型可分为两类，即指数曲线型和有理代数函数型。

具有指数曲线型非线性特性的传感器，其输出是输入的指数函数，一般可表示为

$$U_o = a\,e^{bU_i} + c \tag{11-6}$$

热敏二极管、热敏电阻等传感器就具有指数曲线型非线性特性。

具有有理代数函数型非线性特性的传感器，其输出是输入的有理代数函数，一般可表示为

$$U_o = a_0 + a_1 U_i + a_2 U_i^2 + a_3 U_i^3 + \cdots \tag{11-7}$$

热电阻、热电偶等传感器就具有有理代数型非线性特性。

就像霍尔元件存在着不等位电势的补偿问题一样，传感器的补偿电路并不只有温度补偿和线性补偿。对于不同的传感器，为了克服其自身的不足，提高测量精度，可能还会有其他特殊的补偿要求。

3. 放大电路

传感器输出的信号一般在幅值上不能满足后续器件如指示仪表、模/数转换等的满值要求，因此，测量电路通常都有信号放大级。其功能有二：一是把传感器输出的微弱信号放大到足以推动指示器、记录仪或各种控制机构；二是把传感器输出的微弱信号放大到与模/数转换器件输入电压范围相吻合的量。

有些传感器的输出信号中可能包含工频、静电和电磁耦合等共模干扰，这样就需要使用合适的放大器对信号进行放大处理。用于传感器信号放大的电路最好具有很高的共模抑制比（CMMR）以及高增益、低噪声和高输入阻抗，满足这种要求的放大电路习惯上被称作测量放大器（或精密放大器、仪表放大器）。

测量放大器可以用多个通用运算放大器按一定的电路结构组合而成，也有各种各样的集成测量放大器，不过集成测量放大器的价格比较昂贵，可以根据具体情况选择合适的器件。实际上，用运算放大器自行组构，也可以组成性价比高的测量放大电路。

本章将列举信号处理的部分电路，并加以详细分析。

11.2 传感器的信号引出

11.2.1 电荷放大器

1. 电荷放大器工作原理

图 11-3(a)为电荷放大器的原理电路，放大器的反相输入端与传感器相连，反馈电容 C_f 的作用是将输出反馈至输入端。

在理想情况下，若放大器开环增益 A_d 很大，则反相输入端虚地点对地电位趋近于零。由于放大器的直流输入电阻很高，因此传感器的输出电荷 Q 只对电容 C_f 充电，C_f 上的充电电压 $U_c = Q/C_f$，此电压就是电荷放大器的输出电压($U_o = -Q/C_f$)。也就是说，电荷放大器的输出电压仅与输入电荷成正比，与反馈电容 C_f 成反比，与其他电路参数、输入信号频率都无关。

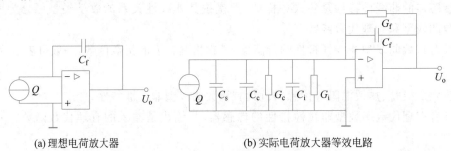

(a) 理想电荷放大器   (b) 实际电荷放大器等效电路

图 11-3 电荷放大器的原理电路

实际上，由于分布电容、漏电导等各种因素的影响，电荷放大器的实际输出并不这么理想。图 11-3(b)为实际情况下电荷放大器的等效电路，其中 C_s 为传感器固有电容，C_c 为输入电缆等效电容，C_i 为放大器输入电容，C_f 为反馈电容，G_c 为输入电缆的漏电导，G_i 为放大器的输入电导，G_f 为反馈电导。

图 11-3(b)为将传感器作为电荷源等效的电路，也可以用图 11-1(b)所示的电压源代替，即与电容 C_s 串联的电压源 e_i。

根据等效电路可得

$$(e_i - U_F)j\omega C_s = U_F[(G_c + G_i) + j\omega(C_c + C_i)] + (U_F - U_o)(G_f + j\omega C_f) \quad (11\text{-}8)$$

式中：U_F 为运算放大器反向端电压。

对于理想运算放大器，$U_o = -A_d U_F$，因此有

$$U_o = \frac{-j\omega Q A_d}{(G_f + j\omega C_f)(1 + A_d) + G_i + G_c + j\omega(C_c + C_i + C_s)} \quad (11\text{-}9)$$

可见，对于一个实际的电荷放大器，其输出电压不仅和输入电荷 Q 有关，而且与电路

的其他参数有关,包括传感器固有电容、输入电缆等效电容、放大器输入电容、反馈电容、输入电缆的漏电导、放大器的输入电导、反馈电导、信号频率、放大器的开环增益等。

在通常情况下,G_c、G_i 和 G_f 均很小,因此,式(11-9)可简化为

$$U_o = \frac{-QA_d}{C_f(1+A_d)+(C_c+C_i+C_s)} \tag{11-10}$$

若再进一步假设 C_s(一般为几十皮法)、C_c(约为 100pF/m)和 C_i(一般为 $10^2 \sim 10^5$ pF)也很小,且运算放大器的开环增益很大,则电荷放大器的理想特性就与图 11-3(a) 的理想电路完全一样,即电荷放大器的输出电压 $U_o = -Q/C_f$。这就意味着,只有在满足前面各种假设的条件下,电荷放大器才能获得近似的理想特性。

2. 电荷放大器的误差特性

电荷放大器是一种具有电容反馈的运算放大器,运算放大器的运算误差与其开环电压增益成反比。定义电荷放大器的测量误差 δ =(理想电荷放大器输出−实际电荷放大器输出)/理想电荷放大器输出。当 C_i 很小时,实际电荷放大器的测量误差 δ 与开环电压增益 A_d 成反比,即

$$
\begin{aligned}
\delta &= \frac{-Q/C_f - \left[-\dfrac{A_d Q}{C_f(1+A_d)+C_c+C_s}\right]}{-Q/C_f} \times 100\% \\
&= \frac{C_c+C_f+C_s}{C_f(1+A_d)+C_c+C_s} \times 100\%
\end{aligned} \tag{11-11}
$$

3. 电荷放大器的频率特性

若运算放大器的开环增益 A_d 足够大,则式(11-9)可以简化为

$$U_o = \frac{-j\omega Q A_d}{(G_f+j\omega C_f)(1+A_d)} = \frac{-j\omega Q}{G_f+j\omega C_f} \tag{11-12}$$

放大电路的幅频与相频特性为

$$|U_o| = \frac{-\omega Q}{\sqrt{G_f^2+(\omega C_f)^2}} = \frac{-Q}{\sqrt{(G_f/\omega)^2+C_f^2}} \tag{11-13}$$

$$\varphi = \frac{\pi}{2} - \arctan(\omega C_f/G_f) \tag{11-14}$$

式(11-13)、式(11-14)表明,电荷放大器的输出电压 U_o 与信号角频率 ω 密切相关,低频信号的 ω 低、$|G_f/\omega|$ 大,放大电路的输出幅值小;相反,高频信号的 ω 高、$|G_f/\omega|$ 小,放大电路的输出幅值大,当 ω 达到一定程度时,可以忽略 $|G_f/\omega|$。

令电荷放大器的时间常数 $t=C_f/G_f$,那么电荷放大器的低频截止频率为

$$f_L = \frac{1}{2\pi t} \tag{11-15}$$

若要设计下限截止频率 f_L 很低的电荷放大器,则需要选择足够大的反馈电容 C_f 及反馈电阻 $R_f(=1/G_f)$,也就是增大反馈回路时间常数 t。为了得到很大的反馈电阻 R_f,可以采用高输入阻抗场效应管作输入级,从而保证有强的直流负反馈以减小输入级零点

漂移。例如，$G_f=10^{-10}\Omega^{-1}$，$A_d=10^4$，$C_f=100\text{pF}$，则下限截止频率为 0.16Hz；同样，开环增益的放大器，若 $C_f=10000\text{pF}$，$G_f=10^{-12}\Omega^{-1}$，则下限截止频率为 0.16×10^{-4}Hz。

限制电荷放大器的高频响应特性的器件主要是输入电缆的分布电容 C_c，尤其是输入电缆很长（达数百米甚至数千米）的情况下。若电缆分布电容以 100pF/m 计，则 100m 电缆的等效分布电容为 10^4pF，1000m 电缆的等效分布电容为 10^5pF。当输入电缆很长时，电缆本身的直流电阻 R_c 也随之增大。通常情况下，100m 输入电缆的直流电阻 R_c 为几十欧。若将长电缆分布电容及直流电阻用一等效电容 C_c 及等效电阻 R_c 代替，则可以求得电荷放大器上限截止频率为

$$f_H=\frac{1}{2\pi R_c(C_c+C_s)} \tag{11-16}$$

4. 电荷放大器的噪声及漂移特性

由于电荷放大器的输入电缆可以达数百米甚至更长，因此电缆带来的噪声是电荷放大器噪声的重要来源之一，电荷放大器噪声的另一个主要来源是输入级元器件的电噪声。

与其他放大器一样，电荷放大器的零点漂移主要是输入级的差动晶体管的失调电压及失调电流产生的。若输入级用场效应管，则输入偏置电流很小，放大器的失调电压成为引起零点漂移的主要原因。

图 11-4 为输入端含有噪声和零漂的电荷放大器等效电路，图中各元件含义同图 11-3(b) 的标注。其中，U_n 是等效输入噪声电压，U_{offset} 是等效输入失调电压。

撤开输入电荷 Q 及零漂电压 U_{offset}，单独分析噪声 U_n 产生的噪声输出电压 U_1：

$$U_n[j\omega(C_c+C_s)+G_i+G_c]=(U_1-U_n)(j\omega C_f+G_f) \tag{11-17}$$

或

$$U_1=\left[1+\frac{j\omega(C_f+C_s)+G_i+G_c}{j\omega C_f+G_f}\right]U_n \tag{11-18}$$

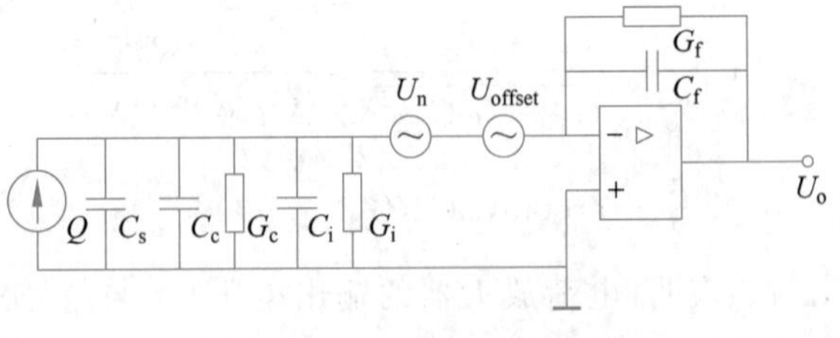

图 11-4　带噪声和零漂的电荷放大器等效电路

可见，当等效输入噪声电压 U_n 一定时，C_s 和 C_c 越小，C_f 越大，输出噪声电压 U_1 越小。相反，若输入电缆越长（C_c 越大），反馈电容 C_f 越小，则相应噪声电压 U_n 的增益越大，在输出端引起的噪声电压 U_1 也就越大。

同样，可以撤开输入电荷 Q 及零漂电压 U_n，单独分析电荷放大器的零漂 U_{offset} 产生的输出漂移电压 U_2：

$$U_2 = \left[1 + \frac{j\omega(C_c + C_s) + G_i + G_c}{j\omega C_f + G_f} \right] U_{offset} \tag{11-19}$$

零漂的变化总是比较缓慢的,因此可以认为式(11-19)中的 $\omega = 0$,则有

$$U_2 = \left[1 + \frac{G_i + G_c}{G_f} \right] U_{offset} \tag{11-20}$$

可见,为了减小电荷放大器的零漂,必须减小 G_i、G_c,即需要提高放大器的输入电阻及电缆绝缘电阻,同时要增大 G_f,即减小反馈电阻 R_f。不过,减小 R_f 会导致下限截止频率的提高。因此,减小零点漂移与降低下限截止频率是互相矛盾的,必须根据具体使用情况选择适当的 R_f 值。

此外,由于电荷放大器是电容反馈,放大器供电电源的纹波电压很容易通过杂散电容耦合到输入端,C_f 越小,杂散电容对电荷放大器的影响也越灵敏。为了减小电源的纹波电压干扰,电荷放大器的输入端必须进行严格的静电屏蔽。

11.2.2 射极跟随器

射极跟随器一般拾取传感器信号后,输出具有特定输出阻抗的信号,其输出阻抗同后续电路的输入阻抗相匹配。对于传感器来说,如果其具有高的输出阻抗,则对信号的引出是不利的。为了能够更好地拾取传感器输出信号,常采用高输入阻抗的射极跟随器作为前置电路,以将传感器的高阻抗信号转换为低输出阻抗的信号。

图 11-5(a)为简单的共集电极射极跟随电路,它采用晶体管 VT_1 作为输入级放大元件,具有内阻 R_s 的传感器信号 U_s 通过耦合电容 C_1 接入电路,偏置电阻 R_1、R_2 为晶体管 VT_1 提供基极偏置,发射极电阻 R_e 作为反馈电阻,起到稳定晶体管工作点的作用。负载电阻 R_L 通过电容 C_2 与集电极电阻并联,电路输出电压 U_{out}。电路的交流等效电路如图 11-5(b)所示。

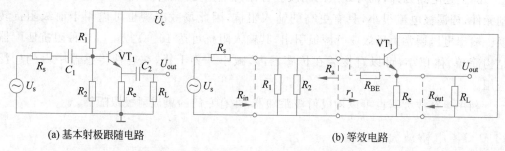

(a) 基本射极跟随电路 　　　　　　　　　(b) 等效电路

图 11-5 共集电极射极跟随器及其等效电路

电路的输入阻抗 R_{in} 由偏置电阻 R_1、R_2 和晶体管输入电阻 r_1 的并联构成,即

$$R_{in} = R_1 /\!/ R_2 /\!/ r_1 \tag{11-21}$$

式中:$r_1 = R_1 + (1+\beta)R_e /\!/ R_L$,$\beta$ 为电流放大系数。

将 r_1 代入式(11-21)并近似取值,可得输入阻抗为

$$R_{in} \approx R_1 /\!/ R_2 /\!/ \left(\beta \frac{R_e R_L}{R_e + R_L} \right) \tag{11-22}$$

电路的输出阻抗 R_{out} 由电阻 R_a、发射极电阻 R_e 和晶体管基极-发射极电阻 R_{BE} 构成，即

$$R_{out} = R_e // \left(\frac{R_{BE} + R_a}{1 + \beta} \right) \tag{11-23}$$

式中：$R_a = R_1 // R_2 // R_s$。

为了进一步提高射极跟随器的输入阻抗，可以将图 11-5 的电路改进为自举式射极跟随电路，如图 11-6(a)所示。电路的输入阻抗由自举电阻 R_3、射极电阻 R_e 和晶体管基极-发射极电阻 R_{BE}、输出电阻 R_L 决定，即

$$R_{in} = \beta(R_e // R_L) // \left(\beta R_3 \frac{R_e // R_L}{R_{BE}} \right) \tag{11-24}$$

如果负载电阻 R_L 不够大，则图 11-5(a)、图 11-6(a)所示的自举电路输入阻抗就不会得到太大的提高，在这种情况下，可以采用达林顿电路解决问题，如图 11-6(b)所示。电路中 R_1、R_2、R_{e1} 的取值宜小不宜大，其中的 R_{e1} 也可以不用。电路的输入电阻为

$$R_{in} \approx \beta_1 R_{BE2} + \beta_1 \beta_2 R_{e2} // R_L \tag{11-25}$$

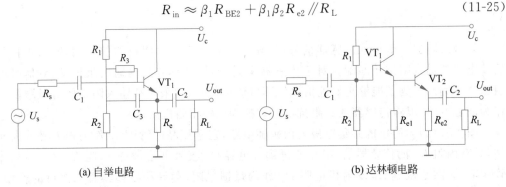

(a) 自举电路　　　　　　　　　　　　　(b) 达林顿电路

图 11-6　改进的射极跟随电路

除上述电路以外，也可以采用场效应管作为阻抗变换器件。由于场效应管是电平驱动元件，栅漏极电流很小，具有更高的输入阻抗，因此场效应管也可以用于前级阻抗转换。输出电压通常由场效应管源极引出，其输入阻抗可达 $10^{12}\ \Omega$ 以上。这种阻抗匹配器结构简单、体积小，可以直接装在传感器内，减小外界干扰，在容性传感器中得到广泛应用。

利用运算放大器也可以构成射极跟随器，并有专门的集成射极跟随器。

11.2.3　电桥放大器

对于电阻型传感器，随外界物理量而变化的传感器电阻需要借助于适当的电路转换为电压或电流才能供后续电路使用。常见的转换电路是惠斯通电桥。理论上，惠斯通电桥的负载要求达到无穷大，因此，后续放大电路的输入阻抗必须很大，这在实际应用中需要注意。

这里介绍电桥与运算放大器一体化的电桥放大器。电桥放大器的结构形式很多，主要的区别在于：供给桥路的电源是接地还是浮地、传感元件是接地还是浮地；输出电压与传感器电阻变化率之间的关系是线性的还是非线性的。下面介绍的几种常见的电桥

放大器,每种电路各具特点,读者可以根据具体的应用场合选用适当的电桥放大器。

1. 半桥式放大器

图 11-7 为半桥式放大器结构,这种桥路结构简单,基准电压 U_R 不受运放共模电压范围限制,但要求 U_R 稳定、正负对称、噪声和纹波小。其中 R_s 为传感器,在平衡条件下,$R_s=R_1=R$。若传感器电阻为 R,则电路输出电压 U_o 为零;若传感器电阻由 R_s 变化到 $R(1+\delta)$,电路的电压以及反馈电流分别为

$$U_o = I_3 R_f \tag{11-26}$$

$$I_3 = I_2 - I_1 = \frac{U_R}{R} - \frac{U_R}{R(1+\delta)} = \frac{U_R}{R}\frac{\delta}{1+\delta} \tag{11-27}$$

综合式(11-26)、式(11-27)可得

$$U_o = \frac{R_f}{R}\left(\frac{\delta}{1-\delta}\right)U_R \tag{11-28}$$

式中:$\delta = \Delta R/R$ 为传感器电阻的相对变化率。

当 $\delta \ll 1$ 时,有

$$U_o = \frac{R_f}{R}\delta(1-\delta)U_R \approx \frac{R_f}{R}U_R\delta \tag{11-29}$$

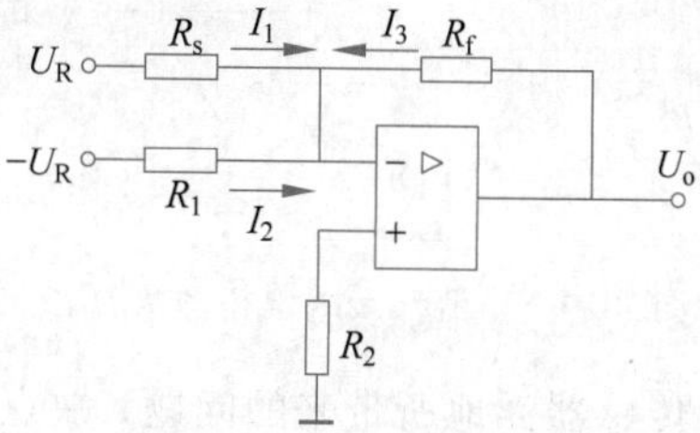

图 11-7 半桥式放大器

半桥式放大器的输出电压与传感器电阻相对变化率之间的关系是非线性的,由式(11-28)并根据非线性误差的计算关系可以推导出非线性相对误差为 δ^2。如果测量范围小,传感器电阻变化不大(δ 很小),由式(11-29)可以看出,输出电压和电阻变量之间近似呈线性关系。半桥式放大器抗干扰能力较差,要求输入引线短,并加屏蔽。

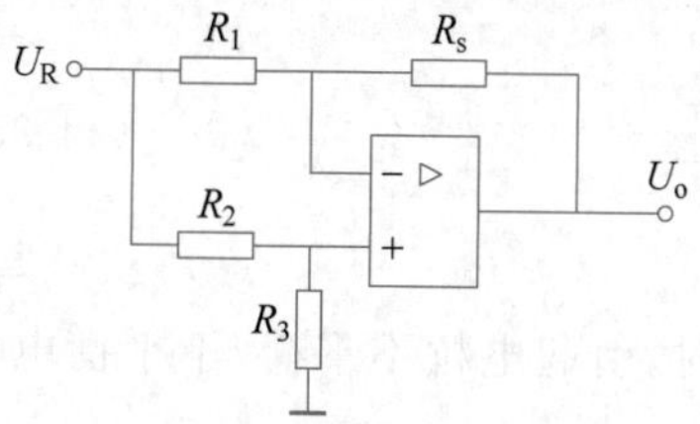

图 11-8 传感器反馈式放大器

2. 传感器反馈式放大器

图 11-8 为传感器反馈式放大器,电路将传感器作为运算放大器的反馈电阻,传感器的电阻变化将使放大器的放大倍数发生变化,电路的输出电压也随之变化。分析运算放大器的同向端与反向端两个节点,不难得出下列关系式:

$$U_F = \frac{U_R - U_o}{R_1 + R_s}R_s + U_o$$

$$U_T = \frac{R_3}{R_2 + R_3}U_R$$

$$U_T = U_F \tag{11-30}$$

综合以上各式,可得电路的电压输出为

$$U_o = \frac{R_3 - \frac{R_2}{R_1}R_s}{R_2 + R_3}U_R \tag{11-31}$$

取 $R_1 = R_2 = R_3 = R$,$R_s = R(1+\delta)$,则输出为

$$U_o = -0.5\delta U_R \tag{11-32}$$

传感器反馈式放大器的输出电压 U_o 与电阻的相对变化率 δ 之间呈线性关系，特别适用于电阻变化大的场合。由于参考电压 U_R 使运放承受共模电压，所以运算放大器宜选择共模电压范围足够宽、共模抑制比大的放大器，并且注意放大器同向及反向端的电阻匹配。图 11-8 所示电路中的传感器是浮地的，这对于克服干扰不利，为此，可以将传感元件放在 R_3 的位置上。

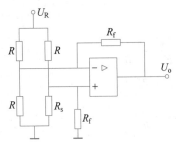

图 11-9　电流放大式电桥放大器

3. 电流放大式放大器

图 11-9 为电流放大式电桥放大器，为差动输入方式。其中 R_s 为传感器，$R_s = R(1+\delta)$，当 $R_f \gg R$，$\delta \ll 1$ 时，可以推导出电路的输出电压为

$$U_o = \frac{R_f}{R}\frac{1}{(1+\delta)(1+R/R_f)+1}\delta U_R \approx \frac{1}{2}\frac{R_f}{R}\delta U_R \tag{11-33}$$

电流放大式电桥放大器的优点是传感器接地，避免了传感器浮地所带来的问题；缺点是灵敏度与电桥的输出阻抗有关。

电路的测量误差与运放的共模抑制比有关，共模抑制比引起的测量误差为

$$\Delta U_1 = \frac{1}{2CMMR}U_R \tag{11-34}$$

电路的测量误差还与运放的失调电压 U_{os}、失调电流 I_{os} 有关，两者引起的测量误差为

$$\Delta U_2 = \frac{2R_f + R}{R}U_{os} + RI_{os} \tag{11-35}$$

4. 参考源浮地式放大器

图 11-10 是参考源浮地式放大器，传感器发生变化时，引起电桥不平衡，不平衡电桥的输出电压就是图中 A 点相对于地的电位 U_A，且

$$U_A = \frac{\delta}{2(2+\delta)}U_R \tag{11-36}$$

电路的输出电压为

$$U_o = \frac{R_1 + R_f}{R_1}$$

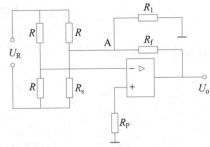

图 11-10　参考源浮地式放大器

$$U_A = \frac{R_1 + R_f}{R_1}\frac{\delta}{2(2+\delta)}U_R \approx \frac{R_1 + R_f}{R_1}\frac{\delta}{4}U_R \tag{11-37}$$

可见，在测量范围小的情况下，输出电压与电阻变量近似呈线性关系，该电路对电桥的不平衡电压有放大作用，调节 R_f 或 R_1 可方便地调整增益。由于运放的输入阻抗很高，电桥几乎处于空载状态。由于是单端输入，放大器可采用斩波器稳零放大器。

电路以浮地参考电源供电,这一点有时会使电路设计复杂化。

5．同相输入式放大器

同相输入式电桥放大器如图 11-11 所示,传感器电阻 $R_s = R(1+\delta)$,当 $\delta \ll 1$ 时,输出电压为

$$U_o = \frac{\delta}{4}\left(1+\frac{R_f}{R_1}\right)U_R \qquad (11\text{-}38)$$

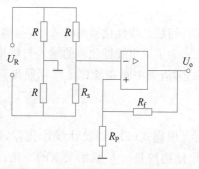

可见,电路的输出电压与传感器电阻变化之间呈线性关系。和一般同相输入比例放大器一样,该电路具有输入阻抗高的优点,但要求运放具有较高的共模抑制比及较宽的共模电压范围,对参考电压则要求浮地及稳定性好。

图 11-11　同相输入式电桥放大器

11.3　信号补偿电路

11.3.1　非线性补偿

有些传感器的输出与被测量物理量之间的关系是非线性的,一般情况下,如果在整个测量范围内非线性程度不是特别严重,或者说非线性误差可以忽略,就可以简单地采用线性逼近的办法将传感器的输出近似地用线性关系代替。线性逼近方法有许多种,如端点法、最小二乘法等。

但对于在整个测量范围内非线性程度严重,或者说非线性误差不可忽略的情况,就需要采用另外的非线性补偿手段。这里介绍几种常用的非线性补偿方法。

1．开环补偿法

开环补偿就是在传感器信号(或者经过放大的传感器信号)之后串接一个适当的补偿环节(又称“线性化器”),补偿环节本身输出与输入关系是非线性的,电路利用补偿环节的非线性特性,将来自传感器的非线性特性的输入信号变换为呈线性特性的输出信号。电路中,补偿环节仅仅接受非线性输入信号,输出线性化信号,电路中的各个环节相互独立。

开环补偿结构框图如图 11-12 所示。图中传感器是非线性的,因此,传感器的输出 U_1 与外界物理量 x 之间的关系是非线性函数,即

$$U_1 = f(x) \qquad (11\text{-}39)$$

图 11-12　开环补偿结构框图

U_1 经放大器放大后可获得一个电平较高的电量 U_2,假设电路采用的是线性度很好的放大器,放大器的放大倍数为 K,那么

$$U_2 = a + KU_1 \qquad (11\text{-}40)$$

U_2 与 x 仍然是非线性关系,U_2 作为线性化器的输入,从线性化器输出的电量 U_o 与

物理量 x 之间则是线性关系的,也就是说,U_o 与 x 之间满足

$$U_o = b + Sx \tag{11-41}$$

问题是线性化器的输入 U_2 与输出 U_o 之间的关系如何,才能在物理上实现式(11-41)?

为了求出线性化器的输入与输出关系表达式 $U_o = f_2(U_2)$,可将式(11-40)、式(11-41)联立,消去中间变量 U_1、x,从而得到线性化器输出与输入关系的表达式为

$$U_2 = a + Kf\frac{U_o - b}{S} \tag{11-42}$$

根据式(11-42)设计线性化器,就可以将传感器的非线性输出转换为电路输出电压 U_o 随物理量 x 呈线性关系的变化。例如,铂热电阻的电阻相对变化 $\Delta R/R_0$ 与温度 t 之间的关系为非线性的,即

$$\Delta R/R_0 = A + Bt + Ct^2 + Dt^3 \tag{11-43}$$

经桥路放大器转换为电压值 U_2,设

$$U_2 = K(\Delta R/R_0)E \tag{11-44}$$

式中: E 为桥路供电电压。

设经线性化器后,电路的输出 U_o 与温度 t 之间满足

$$U_o = St \tag{11-45}$$

将式(11-43)～式(11-45)联立,可得

$$U_2 = KEA + \frac{B}{S}U_o + \frac{C}{S^2}U_o + \frac{D}{S^3}U_o^3 \tag{11-46}$$

式(11-46)就是线性化器的输入与输出关系的表达式。式中的 K、E、A、B、C、D、S 均是已知的常数,因此式(11-46)的函数关系被唯一确定。按照这样的输出与输入的关系即可设计线性化器,同时也意味着,用这样的线性化器可以将铂热电阻的非线性输出进行线性补偿。

2. 闭环补偿法

图 11-13 为闭环补偿结构框图。图中传感器是非线性的,与开环补偿不同的是,闭环补偿的放大器具有反馈网络,并且放大器的放大倍数足够大,有限的输出 U_o 要求放大器输入 ΔU 足够小,这样 U_1 与 U_F 十分接近,使得带有闭环反馈网络的放大器输出 U_o 和输入 U_1 之间的关系主要由反馈网络决定。

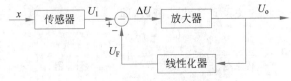

图 11-13　闭环补偿结构框图

设图 11-13 中传感器的输入与输出之间非线性关系的表达式为

$$U_1 = f(x) \tag{11-47}$$

放大器的输入与输出关系的表达式为

$$U_o = K\Delta U \tag{11-48}$$

式中

$$\Delta U = U_1 - U_F \tag{11-49}$$

整个电路的输出 U_o 与物理量 x 的关系为线性,即

$$U_o = Sx \tag{11-50}$$

联立式(11-47)～式(11-50),消去中间变量 x、ΔU、U_1,可以得到所求的非线性反馈环节的表达式为

$$U_F = f\left(\frac{U_o}{S}\right) - \frac{U_o}{K} \tag{11-51}$$

为了使电路的输出 U_o 与被测量的物理量 x 之间满足线性关系,有意将反馈网络设计成非线性的,其目的是利用它的非线性特性来补偿传感器的非线性。

3. 分段补偿法

分段补偿法是将传感器输出特性分解成若干段,然后分别将各端修正到希望的输出状态,如图 11-14 所示。希望将传感器的非线性输出曲线 $U_s = f(x)$ 修正成图 11-14(c) 中的目标直线 $U_c = K_c x$。为此,将传感器输出曲线分为 n 段,如图 11-14(a)所示,当 n 足够大时,每一小段均可看成是直线,如图 11-14(b)所示,各段折线方程为

$$U_{si} = U_i + K_i(x - x_i) \tag{11-52}$$

式中:K_i 为 i 段直线斜率。

将各折线段的直线补偿至直线 $U_c = K_c x$ 对应段,即

$$U_{ci} = (U_i - b_i) + K_c(x - x_i) \tag{11-53}$$

式中:U_i 为该段的初始值;b_i 为折线段 i 段与目标直线 i 段的初始值之差。

联立式(11-52)、式(11-53),消除 U_i,可得

$$U_{ci} = U_{si} - K_i(x - x_i) - b_i + K_c(x - x_i)$$
$$= U_{si} - b_i + (K_c - K_i)(x - x_i) \tag{11-54}$$

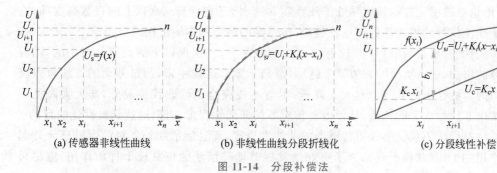

(a) 传感器非线性曲线   (b) 非线性曲线分段折线化   (c) 分段线性补偿

图 11-14 分段补偿法

令第 i 折线段的斜率 K_i 与目标直线段的斜率 K_c 之差为 ΔK,即 $\Delta K = K_c - K_i$。将式(11-53)代入式(11-54),消除 $x - x_i$ 后,可得

$$U_{ci} = U_{si} - b_i + \frac{\Delta K}{K_i}(U_{si} - U_i)$$

$$= \left(1 + \frac{\Delta K}{K_i}\right)U_{si} - \left(b_i + \frac{\Delta K}{K_i}U_i\right) \tag{11-55}$$

式中：b_i、K_c、ΔK、K_i、U_i都是事先已知的值，式(11-55)可由图 11-15 所示电路来实现。线性补偿电路以传感器的非线性信号 U_{si} 为输入量，输出电压 U_{ci} 满足式(11-55)的计算关系，其中的 b_i、U_i、ΔK、K_i 是依靠初值分段比较电路及逻辑控制电路实现切换的，变换的结果是电路输出 U_c 与传感器所测量的物理量 x 之间为线性的关系。

初值比较及逻辑控制电路这里不再赘述。

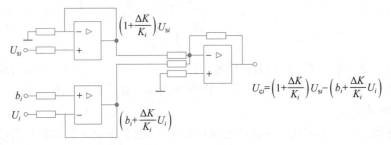

图 11-15　分段补偿法电路

4. 差动补偿法

差动补偿法是常用而且十分有效的非线性补偿办法，它主要依靠传感器结构上的设计来实现线性化的。结构上，传感器的信号输出有两路，两路信号尽管都是非线性的，但两者的变化方向是相反的。

设传感器的两路基本输出 $y_1(x)$、$y_2(-x)$ 分别为

$$y_1(x) = a_0 + a_1 x + a_2 x^2 + \cdots + a_{2n} x^{2n} \tag{11-56}$$

$$y_2(-x) = a_0 + a_1(-x) + a_2(-x)^2 + \cdots + a_{2n}(-x)^{2n} \tag{11-57}$$

电路中，将两路差动信号相减得到输出为

$$\Delta y(x) = y_1(x) - y_2(-x) = 2(a_1 x + a_3 x^3 + a_5 x^5 + \cdots + a_{2n-1} x^{2n-1}) \tag{11-58}$$

式中，传感器敏感元件的输出项除了线性项 $a_1 x$ 外，还包含有三次以上的奇数高次项，它们是非线性信号的组成部分。也就是说，传感器的两路基本输出相减得到输出 $\Delta y(x)$ 依然是非线性的，不过，在信号 x 较小($x \ll 1$)的情况下，三次项以上的数值是很小的，随着幂次数的增加，x 高次项的数值越来越小，渐趋于零。这样一来，通过差动的方法可以将信号中的非线性项的数值总和大大降低，尽管不能完全消除非线性成分，却大大降低了输出量中非线性成分的比例，从而改善传感器的非线性程度，有限地达到线性化的目的。

差动补偿法不仅能够改善传感器的非线性程度，而且能消除外界对两个敏感元件起同样作用的干扰(共模干扰)，为了更好地发挥差动补偿法的抗共模干扰的作用，应尽可能地采用各项性能指标一致的两个传感器。

11.3.2　温度补偿

温度是自然环境中最普遍存在的物理量，任何的传感器，无论其被置于何种应用条件，都脱离不了温度的影响，除非传感器是用来测量温度的，否则或多或少会受温度的影响，导致测量误差。

对传感器进行温度补偿的电路多种多样，没有一成不变的电路结构。不过，根据温

度对传感器影响的表现形式,一般对传感器的温度补偿主要目的有两个:一是克服温度对传感器零点的漂移;二是克服温度对传感器灵敏度的影响。

1. 零点温度补偿

一般设定一个随温度变化的量,使它与传感器零点输出随温度的变化相抵消(减法运算)。灵敏度温度补偿是调整传感器灵敏度,使其不随温度变化,或限制该变化在一定的范围内。具体来讲,就是在传感器信号输出电路中附加一个电路(温度补偿环节),如图 11-16 所示,这个电路的输出随温度变化而变化,并且满足

$$U(T) = f_b(T) \tag{11-59}$$

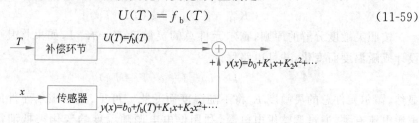

图 11-16 零点温度补偿原理框图

温度补偿环节的电压输出与传感器的信号相减,就可以消除环境温度 T 对传感器零点的漂移。显然,这里的补偿环节电路含温度传感器,如热敏电阻、热电阻、集成热敏传感器等。因此,温度补偿环节实际上就是一个温度测量电路,只不过电路的电压输出与温度之间的关系满足式(11-59),从而,在数值上抵消了传感器信号输出中零点的温度变化项。

为进一步阐述零点温度补偿问题,不妨以薄膜应变片为例加以具体分析。第8章中介绍了应变片的电阻会随温度发生单方向变化即温度零漂现象。为了精确测量应变(压力),有必要对薄膜应变片的零漂加以补偿。

在图 11-17 中,应变片 R_{t1}、R_{t2}、R_{t3}、R_{t4} 构成电桥,电桥的零点温度漂移 $0.25\text{mV}/℃$,经运算放大器 A_1 放大 10 倍后为 $+2.5\text{mV}/℃$,接入运算放大器 A_3。二极管 VD_1 具有 $(-2.5\sim-2.0)\text{mV}/℃$ 的温度灵敏度,经运算放大器 A_2 放大一定的倍率(倍率可调)后以 $-2.5\text{mV}/℃$ 接入运算放大器 A_3。两路温度漂移信号经运算放大器 A_3 差动放大就可以消除温度的零点漂移。

图 11-17 中的二极管 VD_1 可以用集成温度传感器 AD590 代替。

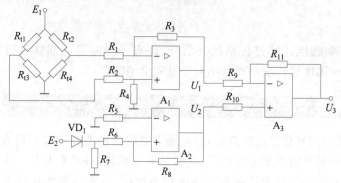

图 11-17 应变片零点温度补偿原理电路

2. 灵敏度温度补偿

对传感器灵敏度的温度补偿，可以设定一个随温度变化的量，并将它与传感器输出信号相乘，从而抵消传感器灵敏度随温度而变化的值（乘法运算）。

实现传感器灵敏度的温度补偿的具体途径之一是将传感器的灵敏度进行分解，并使其中一个分解项可以人为地设计成受温度控制的量，最终在总的数值上抵消灵敏度随温度的变化。

例如，霍尔元件的霍尔电势 $V_H = K_H I B$，其中霍尔系数 K_H 随温度而变化，并且

$$K_H = K_{H0}[1 + \alpha(T - T_0)] \tag{11-60}$$

按照灵敏度分解的原则，霍尔元件总的灵敏度 $K = K_H I$，如果将其中的供电电流 I 设计成随温度而变化，并且电路保证

$$I = I_0 / [1 + \alpha(T - T_0)] \tag{11-61}$$

显然，霍尔元件总的灵敏度 K 将不随温度而变化。可见，由于霍尔元件的灵敏度与供电电源电流有关，通过调整供电电源，利用供电电源随温度的变化来抵消霍尔元件灵敏度随温度的变化，可以达到对传感器灵敏度温度漂移的补偿目的。

实现传感器灵敏度温度补偿的另一个办法是将传感器信号放大电路的放大倍数设计成随温度而变化，最终结果就是在总的数值上抵消灵敏度随温度的变化。

仍以霍尔元件为例，将霍尔元件的霍尔电势放大 $K(T)$ 倍，从而得到电压，即

$$U = K(T) K_H I B \tag{11-62}$$

式中：$K(T) = K_0 / [1 + \alpha(T - T_0)]$。

这里的实现电路可以是运算放大器，放大器中与放大倍数有关的某一个或几个电阻采用热敏元件，通过适当调整电气参数，达到对传感器灵敏度温度误差的最佳补偿的目的。

图 11-18 给出了霍尔元件温度补偿的三种电路。

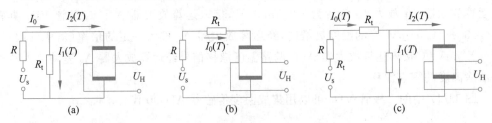

图 11-18　霍尔元件温度补偿的三种电路

除了对传感器温度漂移进行精确补偿外，还有一些对温度漂移进行部分补偿的办法，能将传感器的温度漂移减小到最小但不是完全消除。

11.4　测量放大器

传感器的输出信号往往比较微弱，有时还需要将传感器置于远离放大电路的位置进行远程测量，这些信号的电平分布很广，低的只有几微伏，高的有几伏。由于信号远离运算放大器，传感器与运算放大器两者的地电位不能统一，不可避免地存在长线干扰和传

输网络阻抗不对称引入的误差,包含工频、静电和电磁耦合等共模干扰,这些共模干扰信号可能高达几伏。为了抑制干扰,运算放大器常用差动输入方式,对这种信号的放大就需要放大电路具有很高的性能。

一般来说,对测量电路有以下基本要求:

(1) 高输入阻抗,以减轻信号源的负载效应和抑制传输网络电阻不对称引入的误差。

(2) 高共模抑制比,以抑制各种共模干扰引入的误差。

(3) 高增益及宽的增益调节范围,以适应信号源电平的宽范围要求。

(4) 非线性误差要小。

(5) 零点的温度稳定性要高,零位可调,或者能自动校零。

(6) 具有优良的动态特性,即放大器的输出信号应尽可能快地跟随被测量的变化。

(7) 低噪声。

为了满足以上技术要求,通常采用多运算放大器组合构成高性能放大电路,习惯上将具有这种特点的放大器称为测量放大器或仪表放大器。

测量放大器的典型组合方式有二运算放大器同相串联式测量放大器、四运算放大器高共模抑制比测量放大器、三运算放大器同相并联式测量放大器。最常见的是三运算放大器同相并联式测量放大器,下面主要介绍此测量放大器。

11.4.1 工作原理

三运算放大器结构的测量放大器由两级组成,两个对称的同相放大器构成第一级,第二级为差动放大器,如图 11-19 所示。

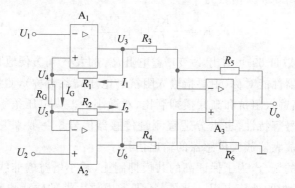

图 11-19 测量放大器

设加在运算放大器 A_1 同相端的输入电压为 U_1,加在运算放大器 A_2 同相端的输入电压为 U_2,如果 A_1、A_2、A_3 都是理想运算放大器,则 $U_1=U_4$,$U_2=U_5$。因此,有

$$I_1=\frac{U_3-U_4}{R_1}$$

$$I_2=\frac{U_5-U_6}{R_2}$$

$$I_G = \frac{U_4 - U_5}{R_G} = \frac{U_1 - U_2}{R_G}$$

$$I_1 = I_2 = I_G \tag{11-63}$$

综合以上各式，可得测量放大器第一级的闭环放大倍数为

$$K_1 = \frac{U_3 - U_6}{U_1 - U_2} = \left(1 + \frac{R_1 + R_2}{R_G}\right) \tag{11-64}$$

差动信号 $U_3 - U_6$ 经第二级差动放大后，放大器的输出电压为

$$U_o = \frac{R_6}{R_4 + R_6}\left(1 + \frac{R_5}{R_3}\right)U_6 - \frac{R_5}{R_3}U_3 \tag{11-65}$$

为了提高电路的抗共模干扰能力和抑制漂移的影响，应根据上下对称的原则选择电阻，若取 $R_3 = R_4 = R$、$R_5 = R_6 = R_F$，则式(11-65)可改写为

$$U_o = \frac{R_F}{R}(U_6 - U_3) \tag{11-66}$$

综合式(11-65)，可以得到测量放大器输出电压为

$$U_o = -\frac{R_F}{R}\left(1 + \frac{R_1 + R_2}{R_G}\right)(U_1 - U_2) \tag{11-67}$$

一般情况下也应保持第一级放大电路的对称性，取 $R_1 = R_2 = R_0$，可得

$$U_o = -\frac{R_F}{R}\left(1 + \frac{2R_0}{R_G}\right)(U_1 - U_2) \tag{11-68}$$

测量放大器的闭环放大倍数为

$$K = -\frac{R_F}{R}\left(1 + \frac{2R_0}{R_G}\right) \tag{11-69}$$

由式(11-68)或式(11-69)可看出，改变增益电阻 R_G 的大小，可方便地调节放大器的增益。

只要运算放大器性能对称（主要指输入阻抗和电压增益对称），测量放大器的漂移将大大减少，并具有高输入阻抗和高共模抑制比，对微小的差模电压很敏感，适用于测量远距离传输过来的信号等特性，也十分适宜测量传感器信号。一般来说，可以采用通用运算放大器组成测量放大器放大传感器的输出信号。

对于要求较高的场合，为了保证高的共模抑制比，减小增益的非线性度，保证测量精度，需要采用精密匹配的外接电阻。此外，还需考虑放大器的输入电路与传感器的输出阻抗的匹配问题。这种情况下，可以采用集成测量放大器。在集成化的测量放大器中，R_G 是外接电阻，用户可根据需要来选择 R_G 的值。

11.4.2 共模抑制比

1. 基本概念

测量放大器的共模抑制能力受本身的共模抑制比的影响，不妨将图 11-19 所示的测量放大器等效为两级放大，第一级由运算放大器 A_1 和 A_2 构成，第二级由运算放大器 A_3 构成，如图 11-20。设第一级的共模抑制比为 $CMRR_A$，第二级的共模抑制比为 $CMRR_B$，

第一级的增益为 K_A，那么测量放大器总的共模抑制比为

$$CMRR = \frac{K_A CMRR_B CMRR_A}{K_A CMRR_B + CMRR_A} \qquad (11\text{-}70)$$

当 $CMRR_A \gg K_A CMRR_B$ 时，式(11-70)可简化为

$$CMRR = K_A CMRR_B \qquad (11\text{-}71)$$

可见，为提高测量放大器的共模抑制能力，通常将第一级的增益设计得大一些，而第二级的增益设计得小一些，把提高第二级的共模抑制比 $CMRR_B$ 放在首位，以提高整个放大器的共模抑制比。

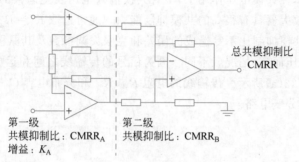

图 11-20　两级共模抑制比

第一级的共模抑制比 $CMRR_A$ 主要由运算放大器 A_1 和 A_2 的共模抑制比决定，设运算放大器 A_1 和 A_2 的共模抑制比分别为 $CMRR_1$、$CMRR_2$，则不难推导出测量放大器第一级的共模抑制比为

$$CMRR_A = \frac{CMRR_1 \cdot CMRR_2}{|CMRR_1 \cdot CMRR_2|} \qquad (11\text{-}72)$$

当 $CMRR_1 = CMRR_2$ 时，第一级共模抑制比趋于无穷大。所以提高第一级共模抑制比的关键是 $CMRR_1$ 尽量接近 $CMRR_2$。在电路制作时，应尽可能地选配好第一级放大器的两个放大器件，尽可能使 $CMRR_1$ 与 $CMRR_2$ 相等或相近。

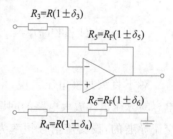

图 11-21　第二级的电阻不匹配与共模抑制比的关系

第二级差动放大器的共模抑制比 $CMRR_B$ 主要由电阻的不匹配引起的。如图 11-21 中由于电阻 R_3、R_4、R_5、R_6 存在匹配公差，使各阻值分别为 $R_3 = R(1 \pm \delta_3)$，$R_4 = R(1 \pm \delta_4)$，$R_5 = R_F(1 \pm \delta_5)$，$R_6 = R_F(1 \pm \delta_6)$，由于电阻的失配所引起的共模抑制比 $CMRR_R$ 为

$$CMRR_R = (1 + K_B) \frac{1}{\pm \delta_3 \pm \delta_4 \pm \delta_5 \pm \delta_6} \qquad (11\text{-}73)$$

式中：K_B 为第三级放大器(由 A_3 构成)的增益。

第二级运算放大器的共模抑制比 $CMRR_B$ 为

$$CMRR_B = \frac{CMRR_R \cdot CMRR_3}{CMRR_R + CMRR_3} \qquad (11\text{-}74)$$

式中：$CMRR_3$ 为运算放大器 A_3 本身的共模抑制比。

由式(11-73)、式(11-74)可见,为了提高第二级运算放大器的共模抑制能力,必须选择共模抑制比高的集成运算放大器,严格选配运放的外围四个电阻,注意调整电阻的公差方向,避免因电阻的公差方向一致而出现最坏的组合。

2. 交流共模抑制

由于作用于增益电阻 R_G 两端的共模电压不会在电路的输入端产生电位差,从而 R_G 上不存在共模分量对应的电流。由式(11-68)可知,输出电压 $U_o = 0$,也就是说不会引起电压输出。可见,在共模电压作用下,不管共模输入电压发生怎样的变化,也不会引起输出。因此,测量放大器具有很高的共模抑制能力。通常选取 $R_1 = R_2$,其目的是抵消运放 A_1 和 A_2 本身共模抑制比不等造成的误差和克服失调参数及其漂移的影响。

对交流共模电压而言,情况就不同。因为信号的传输线之间和运放的输入端均存在寄生电容,如图 11-22(a)所示。传输线的电阻 R_{i1}、R_{i2} 和分布电容 $C_1 + C_1'$、$C_2 + C_2'$ 各自分别构成两个交流分压电路。

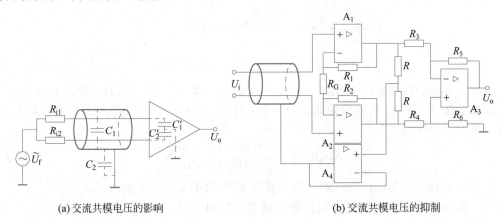

(a) 交流共模电压的影响   (b) 交流共模电压的抑制

图 11-22 交流共模抑制

对于直流共模电压来说,由于分布电容 $C_1 + C_1'$、$C_2 + C_2'$ 是开路的,所以不存在分布电容的分压窜入放大电路的问题。但对于交流共模电压来说,分布电容 $C_1 + C_1'$、$C_2 + C_2'$ 是交流导通的,设交流信号频率为 ω,那么在放大器 A_1、A_2 输入端的共模电压分别为

$$\Delta U_{f1} = \frac{1}{1 + j\omega R_{i1}(C_1 + C_1')} U_f \tag{11-75}$$

$$\Delta U_{f2} = \frac{1}{1 + j\omega R_{i2}(C_2 + C_2')} U_f \tag{11-76}$$

由于 $C_1 + C_1'$、R_{i1} 和 $C_2 + C_2'$、R_{i2} 在数值上不可能完全一样,所以在测量放大器的两个输入端的干扰电压 ΔU_{f1}、ΔU_{f2} 也就不可能完全一样,从而在测量放大器的输出就存在共模误差电压,而且该电压随着共模电压频率的增高而增加。

为了克服交流共模电压的影响,在电路中采用"驱动屏蔽"技术。将传输线的屏蔽层不接地,而改为跟踪共模电压相对应的电位。这样,屏蔽层和传输线之间就不存在瞬时电位差,上述的不对称分压作用也就不存在。保护电位可取自运算放大器 A_1 和 A_2 输出端的中点,其电位正好是交流共模电压 U_c 值,如图 11-22(b)所示。所取的电位经运算放大器 A_4 组成的电压跟随器驱动电缆的屏蔽层,这样做较好地解决了抑制交流共模电压的干扰问题。

3. 失调参数的影响

假设由三个运算放大器的失调电压 U_{os} 失调电流 I_{os} 所引起的误差电压折算到各运算放大器输入端的值分别为 ΔU_1、ΔU_2、ΔU_3,误差电压的极性如图 11-23 所示。为便于分析,假设输入信号为零,则输出误差电压为

$$\Delta U_o = \left(1 + \frac{R_0}{R_G}\right)\frac{R_F}{R}(\Delta U_1 - \Delta U_2) + \Delta U_3\left(1 + \frac{R_F}{R}\right) \tag{11-77}$$

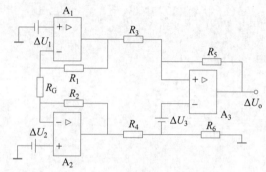

图 11-23 失调参数的影响

由式(11-77)可知,图 11-23 所示的失调等效输入电压 ΔU_1 和 ΔU_2(极性如图所示)所引起的输出误差是相互抵消的。若运算放大器 A_1 和 A_2 的参数匹配,则失调误差大为减小。ΔU_3 折算到放大器输入端的值为 $[(1 + R_F/R)]\Delta U_3/K_1$,所以等效失调参数很小,也就是说对运算放大器 A_3 的失调参数要求可相对降低。

4. 集成测量放大器

从前面的分析可知,为了提高测量放大器的综合性能、保证测量精度,必须选用精密匹配的外接电阻以及性能匹配的运算放大器,在应用普通运算放大器很难满足要求的情况下,可以采用集成测量放大器。

集成测量放大器多数采用厚膜工艺制成模块形式,其外接元件少,无须精密匹配电阻,使用灵活,能够处理几微伏到几伏的电压信号,可对差分直流和交流信号进行精密放大,能进行快速采样,抑制由直流到数百兆的广泛频域的噪声,因此,很适合精密测量场合,用于对传感器特别是远距离传感信号的精密放大。

有些测量放大器设有 R 端和 S 端,其中 S 端称为敏感端或采样端、检测端,可在输出端接有远距离负载或作电流放大器时使用。在接远距离负载时,传输导线电阻的原因,放大器的输出端与负载端的连线上会产生明显的压降,负载上的电压与放大器输出端的电压也就明显不同。如果将 S 端与负载端相连,可消除压降的影响。在加接跟随器时也要将 S 端与负载相连,以减少跟随器漂移的影响。R 端为参考端,可用于调节输出电平。如果在 R 端加一参考电源,相当于在输出级放大器的同相端加上一个固定电压,从而改变了输出电平。一般利用参考源经一个跟随器以后再接入 R 端,以隔离参考源内阻,防止测量放大器共模抑制比减小。

附

录

传感器原理涉及的知识面较广,有些内容需要具有一定的背景知识作为基础。为了便于读者理解本书中所讲述的内容,对传感器相关的基础知识本书以附录的形式单独列出来,目的是保持正文的阅读连续性,同时避免读者另行查阅相关资料之麻烦。

附录 A 拉普拉斯变换与微分方程求解

1. 拉普拉斯变换

拉普拉斯变换可以看作傅里叶变换的扩展形式,它将时域中的方程(或信号)变换为复频域中。

1) 拉普拉斯变换

设函数 $f(t)$ 的定义域为 $0 \leqslant t < +\infty$,有积分 $\mathcal{L}[f(t)]$:

$$\mathcal{L}[f(t)] = \int_0^{+\infty} f(t) e^{-st} \, \mathrm{d}t \tag{A-1}$$

若积分 $\mathcal{L}[f(t)]$ 在变量 s 的某个区域内收敛,从而确定了一个关于变量 s 的函数,记为 $F(s)$。则称 $F(s)$ 为 $f(t)$ 的拉普拉斯变换,即

$$\mathcal{L}[f(t)] = F(s) = \int_0^{\infty} f(t) e^{-st} \, \mathrm{d}t \tag{A-2}$$

对于电信号而言,将变量 s 称作"复频域",且 $s = \sigma + \mathrm{j}\omega$,其中,$\sigma$ 为初始相位,ω 为角频率。

$F(s)$ 又称为 $f(t)$ 的象函数,而 $f(t)$ 称为 $F(s)$ 的原函数,通常用"$\mathcal{L}[\ ]$"表示对方括号内的函数做拉普拉斯变换。

2) 拉普拉斯逆变换

设函数 $f(t)$ 的拉普拉斯变换为 $F(s)$,即

$$F(s) = \int_0^{+\infty} e^{-st} f(x) \, \mathrm{d}x \tag{A-3}$$

则称 $f(t)$ 为 $F(s)$ 的拉普拉斯逆变换,即

$$f(t) = \mathcal{L}^{-1}[F(s)] \tag{A-4}$$

2. 微分方程求解

1) 求解过程

拉普拉斯变换可用于求解线性常系数微分方程,它可以将时域的常系数线性微分方程变换为复频域中的常系数线性代数方程,具有计算过程简单、结构形式简洁的优点。应用拉普拉斯变换得到的解是线性微分方程的全解,并且拉普拉斯变换及拉普拉斯逆变换都有表可查,其计算大为简化。

利用拉普拉斯变换解线性微分方程大致可分为以下三个步骤:

(1) 对线性微分方程中每一项进行拉普拉斯变换,使微分方程变为复变量的代数方程(称为变换方程)。

(2) 求解变换方程,得出系统输出变量的象函数表达式:

设 $\mathcal{L}[y(t)] = Y(s)$,对关于 $y(t)$ 的常微分方程两边进行拉普拉斯变换,这样就得到

一个关于 $Y(s)$ 的代数方程，称为象方程；解象方程，得到 $Y(s)$。

（3）对 $Y(s)$ 求逆变换，得到微分方程的解。

2）求解

若函数 $y=y(t)$，且其微分 $y^{(n)}=\mathrm{d}^n y/\mathrm{d}t^n$。设 $\mathcal{L}[y]=Y(s)$，根据拉普拉斯变换的微分性质 $\mathcal{L}[f'(t)]=sF(s)-f(0)$，可得

$$\mathcal{L}[y']=sY(s)-y(0)$$

$$\mathcal{L}[y'']=\mathcal{L}[(y')']=s(sY(s)-y(0))-y'(0)$$
$$=s^2Y(s)-sy(0)-y'(0)$$

$$\mathcal{L}[y''']=\mathcal{L}[(y'')']=s(s^2Y(s)-sy(0)-y'(0))-y''(0)$$
$$=s^3Y(s)-s^2y(0)-sy'(0)-y''(0)$$

$$\cdots\cdots$$

$$\mathcal{L}[y^{(n)}]=s^nY(s)-s^{n-1}y(0)-s^{n-2}y'(0)-\cdots-sy^{(n-2)}(0)-y^{(n-1)}(0)$$
$$=s^nY(s)-\sum_{i=1}^n s^{n-i}y^{(i-1)}(0)$$

附录 B　半导体光电效应

与光有关的新型效应有光电导效应、光伏效应、克尔效应、光弹效应等，以及光的多普勒效应等。

1. 光电导效应

在光辐射作用下，材料的电导率发生变化，这种变化与光辐射强度呈稳定的对应关系，这种现象就是光电导效应。光电导效应属于内光电效应。

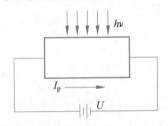

图 B-1　光电导效应

如图 B-1 所示，如果在材质均匀的光电材料两端加上一定电压，当光照射到材料上时，由光照产生的光生载流子在外加电场作用下沿一定方向运动，在回路中产生电流 I_p，电流的大小受光照强度的控制，用这种光电导效应制作的典型器件就是光敏电阻。

光电导材料有两种类型，即本征型和掺杂型，本征型光电导材料只有当入射光子能量 $h\nu$ 等于或大于半导体材料的禁带宽度 E_g 时才激发一个电子-空穴对，在外加电场作用下形成光电流，能带图如图 B-2(a) 所示。掺杂型光电导材料如图 B-2(b) 所示，是 N 型半导体，光子的能量 $h\nu$ 只要等于或大于杂质电离能 ΔE 时，就能把施主能级上的电子激发到导带而形成导电电子，在外加电场作用下形成电流。

光电导器件（如光敏电阻）的光电流与入射光通量之间存在着一定的关系（称光电特性），当器件两电极间加定值电压 U 时，光电流和照度关系曲线如图 B-3 所示。光照度在 $10^{-1}\sim10^4\mathrm{lx}$ 范围内，光电流为

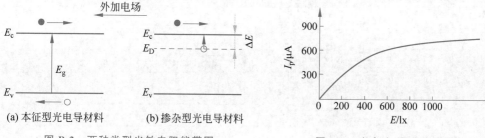

(a) 本征型光电导材料　　(b) 掺杂型光电导材料

图 B-2　两种类型光敏电阻能带图　　　图 B-3　光电流-照度特性曲线

$$I_p = S_g UE = g_p U \tag{B-1}$$

式中：E 为入射光的光照度；g_p 为光敏电阻的光电导；S_g 为光电导灵敏度。

若考虑暗电导 g_d 产生的暗电流 I_d 时，则流过光电导器件的电流为

$$I = I_p + I_d = g_p U + g_d U \tag{B-2}$$

电导的单位为西，符号为 S。光电导灵敏度 S_g 用光度量单位时，其单位为西/流(S/lm)或西/勒(S/lx)。若用辐射度量单位时，其单位为西/微瓦(S/μW)或西/(微瓦·厘米$^{-2}$)(S/(μW·cm^{-2}))。光度量单位的基本概念参见附录 D。

基于光电导效应的典型器件是光敏电阻，如 GeAs 等，它们具有与人眼十分相近的光谱响应特征。在可见光亮度测量中广泛采用光敏电阻，例如照相机自动曝光系统中的亮度测量等。

2. PN 结光伏效应及其元件

当光照射 PN 结时，只要入射光子能量大于材料禁带宽度，就会在结区产生电子-空穴对。这些非平衡载流子在内建电场的作用下按一定方向运动，在开路状态下形成电荷积累，产生了一个与内建电场方向相反的光生电场，即光生电压 U_{oc}，这就是光伏效应。只要光照不停止，这个光生电压将永远存在。光生电压 U_{oc} 的大小与 PN 结的性质及光照度有关。

若 PN 结两边外接一负载电阻 R_L[图 B-4(a)]，则会在 PN 结内出现两种方向相反的电流：一种是光激发产生的电子-空穴对，在内建电场作用下形成的光生电流 I_p，它与光照有关，其方向与 PN 结反向饱和电流相同；另一种是光生电流 I_p 流过负载电阻 R_L 产生电压降，相当于在 PN 结施加正向偏置电压，从而产生的正向电流 I_D。图 B-4(b)为 PN 结在光伏工作模式下的等效电路，图中，I_p 为光生电流，I_D 为流过 PN 结的正向电流，C_j 为结电容，R_s 表示串联电阻(引线电阻、接触电阻等之和，其值一般很小，可忽略)，R_{sh} 为 PN 结的漏电阻(又称动态电阻或结电阻)，它比 PN 结的正向电阻大得多，故流过电流很小，往往可略去。这样，流过负载 R_L 的总电流 $I_L = I_D - I_p$。因为 I_D 与施加在 PN 结两端的正向电压 $U = I_L(R_L + R_S)$ 有关，即

$$I_D = I_0 (e^{qU/(kT)} - 1) \tag{B-3}$$

式中：I_0 为反向饱和电流；T 为热力学温度；k 为玻耳兹曼常数；q 为电子电荷。

负载电流为

$$I_L = I_p - I_D = I_p - I_0(e^{qU/(kT)} - 1) = S_E[E - I_0(e^{qU/(kT)} - 1)] \tag{B-4}$$

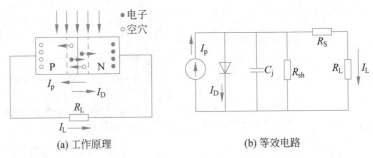

(a) 工作原理 (b) 等效电路

图 B-4　光照 PN 结原理及其等效电路

式中：S_E 为光电灵敏度（也称光照灵敏度），并且有

$$S_E = q\eta A/(h\nu)$$

式中：q 为电子电荷；η 为材料的量子效率；A 为受光面积；$h\nu$ 为光子的能量。

结型光电器件用作探测器时有两种工作模式，即工作在反偏置的光电导工作模式或零偏置的光伏工作模式。

当负载电阻 R_L 断开（$I_L = 0$）时，PN 结两端的电压称为开路电压，其可表示为

$$U_{oc} = \frac{kT}{q}\ln\left(1 + \frac{I_p}{I_0}\right) \approx \frac{kT}{q}\ln\left(\frac{S_E E}{I_0}\right) \tag{B-5}$$

当负载电阻短路（$R_L = 0$）时，光生电压接近于零，流过器件的电流称为短路电流 I_{sc}。其方向从 PN 结内部看是从 N 区指向 P 区，这时光生载流子不再积累于 PN 结两侧，所以 PN 结又恢复到平衡状态。费米能级被拉平，而势垒高度恢复到无光照时的水平。短路电流为

$$I_{sc} = I_p = S_E E \tag{B-6}$$

这时 PN 结光电器件的短路光电流 I_{sc} 与光照度 E 呈正比。

如果给 PN 结加上一个反向偏置电压 U_b，那么外加电压所建的电场方向与 PN 结内建电场方向相同，PN 结的势垒高度增加，使光照产生的电子-空穴对在强电场作用下更容易产生漂移运动，提高了器件的频率特性。

基于光伏效应的 PN 结光电器件有光敏二极管、光敏三极管和硅光电池。光敏二极管和硅光电池的伏安特性一致，只不过是工作于不同的偏置下；光电三极管则可以看作用光电二极管注入基极电流的普通三极管，其伏安特性与普通三极管相同，只不过其曲线中的基极电流为光生电流。

PN 结光电器件在不同照度下的伏安特性曲线如图 B-5（a）所示。无光照时，伏安特性曲线与一般二极管的伏安特性曲线相同，受光照后，光生电子-空穴对在电场作用下形成大于反向饱和导通电流 I_0 的光电流，曲线沿电流轴（图中 I 轴）向下平移，平移的幅度与光照度的变化成正比，即 $I_p = S_E E$。当 PN 结上加有反偏压时，暗电流随反向偏压的增大有所增大，最后等于反向饱和电流 I_0，而光电流 I_p 几乎与反向电压的高低无关。图 B-5（b）为光敏三极管的伏安特性曲线。图 B-5（c）为硅光电池的伏安特性曲线。

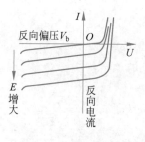

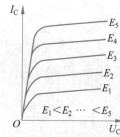

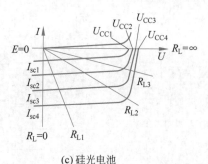

(a) 负载PN结伏安特性　　　　(b) 光敏三极管伏安特性　　　　(c) 硅光电池

图 B-5　三种光电管的伏安特性

附录 C　结型光电传感阵列

1. 象限探测器

利用光刻技术将一个整块的圆形或方形光敏器件敏感面分隔成若干个面积相等、形状相同、位置对称的区域,并且背面仍为一个整体,各分隔面引出导线,这就构成了象限探测器。根据实际应用的需要,可以将敏感面分隔成所需要的形状,因此就有了如图 C-1 所示的各类象限探测器。象限探测器可以用来确定光点在二维平面上的位置坐标,一般用于准直、定位、跟踪等方面。

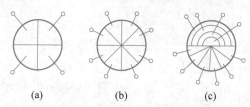

图 C-1　象限探测器示意图

典型的象限探测器有四象限光电二极管、四象限硅光电池和四象限光电倍增管,也有二象限的硅光电池和光敏电阻等。若采用四象限探测器来确定光斑的中心位置,则根据探测器坐标轴线和测量系统基准线间的安装角度不同,有以下两种形式。

1) 直差电路形式

图 C-2 为四象限探测器直差电路,器件的坐标线和基准线间成 45°角安装,这种布置形式直接形成 x、y 轴各自具有两个对称的光电器件,分别两两独立地计算坐标值,很直接,也十分容易理解。对角信号直接相减就可以确定光点位置,故称"直差"。在这种情况下,输出偏移量为

$$\begin{cases} U_x = K\dfrac{U_A - U_C}{U_A + U_B + U_C + U_D} \\ U_y = K\dfrac{U_B - U_D}{U_A + U_B + U_C + U_D} \end{cases} \tag{C-1}$$

直差形式的电路简单,但灵敏度不高。

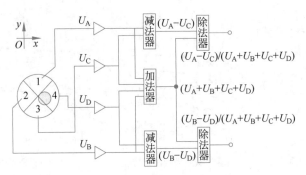

图 C-2　四象限探测器直差电路

可采用不同的数据运算电路。

2）和差电路形式

图 C-3 给出了四象限探测器和差电路，图中器件的坐标线和基准线间成水平安装。为了判断光点重心在某一坐标轴（如 x 轴）的值，只要有两块相对于 y 轴对称的光电器件，就能判断 x 坐标值。

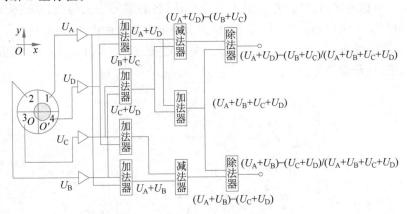

图 C-3　四象限探测器和差电路

为此，将 1、4 象限光电器件合并（$U_A + U_D$），将 2、3 象限光电器件合并（$U_B + U_C$），这样就形成实质上的两块相对于 y 轴对称的光电器件，然后两者相减 $[(U_A + U_D) - (U_B + U_C)]$，就可以得到 x 坐标的间接值（电压值）。y 轴采用相同的方法。

电路的连接是先计算相邻象限信号的和，再计算信号的差，所以称作和差电路。设光斑形状是弥散圆，半径为 r，光密度均匀，光斑中心 O' 相对探测器中心的偏移量 $OO' = \rho$（当然，也可用笛卡儿坐标 x、y 表示），按图 C-3 连接后，由运算电路输出偏离信号 U_x 和 U_y，分别为

$$
\begin{cases}
U_x = K[(U_A + U_D) - (U_B + U_C)] \\
U_y = K[(U_A + U_B) - (U_C + U_D)]
\end{cases}
\tag{C-2}
$$

式中：U_A、U_B、U_C、U_D 为四个探测器经放大后的输出电压值；K 为电路放大系数，它与光斑直径和功率有关。

为了消除光斑自身总能量变化,通常采用和差比幅电路,其输出电压为

$$\begin{cases} U_x = K \dfrac{(U_A + U_D) - (U_B + U_C)}{U_A + U_B + U_C + U_D} \\[3mm] U_y = K \dfrac{(U_A + U_B) - (U_C + U_D)}{U_A + U_B + U_C + U_D} \end{cases} \tag{C-3}$$

从以上分析可见,和差电路与直差电路的区别在于其运算电路不同,但无论是哪个电路,都必须首先对探测器的输出信号加以放大,放大电路的设计根据探测器的不同类型而不同。如前面所提到的,象限探测器的光电敏感元件有光电二极管、三极管和硅光电池等,不同的光电敏感元件,需要采用不同的对应电路。

象限探测器有以下明显缺点:

(1) 它需要分割,从而产生死区,尤其当光斑很小时,死区的影响更明显。

(2) 若被测光斑全部落入某个象限时,输出的电信号无法表示光斑位置,因此它的测量范围、控制范围都不大。

(3) 测量精度与光强变化及漂移密切相关,因此它的分辨率和精度受到限制。

2. 光敏管阵列

光敏管阵列是将 N 个光敏管(光电二极管或光电三极管)集成在一个硅片上,将各管的同一极端连接在一起,另一端各自单独引出。这种器件的工作原理及特性与分立光电二极管完全相同,只不过外形结构不同。阵列的每一个光电管称作像素,通常也称它们为连续工作方式。

如图 C-4 所示,光敏管阵列的多个光电元件(像素)以直线方式并列分布,每个像素各自分开,引线独立,外形结构有可靠性较高的多引线金属封装或者双列直插式陶瓷封装两种,光敏像素为 $10 \sim 32$ 个。各像素的外围信号处理电路可根据普通光敏管的电路设计方法加以设计和计算。

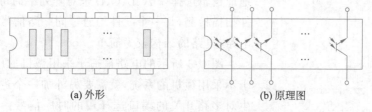

(a) 外形　　　　　　　　　　　(b) 原理图

图 C-4　光敏阵列的外形及原理图

表 C-1 列出了国产的部分光敏阵列参数。

表 C-1　国产的部分光敏阵列参数

序号	型号	暗电流/μA	暗电压/V	最小光生电流/μA	最小光生电压/V	窗口尺寸/(mm×mm)	像素间距/mm	最高电压/V	最高电流/μA
1	100PA	1.0	30	45	30	0.8×3	2	30	ID
	100PB	0.4	30	45	30	0.8×3	2	30	ID
	100PC	0.1	30	45	30	0.8×3	2	30	ID

序号	型号	暗电流/μA	暗电压/V	最小光生电流/μA	最小光生电压/V	窗口尺寸/(mm×mm)	像素间距/mm	最高电压/V	最高电流/μA
2	10G	0.5	U_{max}	20	U_{max}	0.8×1.5	2	20	0.5
3	10PA	1.0	30	22	30	0.8×1.5	2	30	ID
	10PB	0.4	30	22	30	0.8×1.5	2	30	ID
	10PC	0.1	30	22	30	0.8×1.5	2	30	ID
4	13NA	1.0	30	27	30	0.8×1.8	2	30	ID
	13NB	0.3	30	27	30	0.8×1.8	2	30	ID
	13NC	0.1	30	27	30	0.8×1.8	2	30	ID
5	15G	0.5	U_{max}	20	U_{max}	0.8×1.5	2	20	0.5
6	15PA	1.0	30	22	30	0.8×1.5	2	30	ID
	15PB	0.4	30	22	30	0.8×1.5	2	30	ID
	15PC	0.1	30	22	30	0.8×1.5	2	30	ID
7	16PA	1.0	30	27	30	0.8×1.8	2	30	ID
	16PB	0.3	30	27	30	0.8×1.8	2	30	ID
	16PC	0.1	30	27	30	0.8×1.8	2	30	ID

注：所有元件的波长范围为 0.4~1.1μm，峰值波长为 0.9μm。

光敏管阵列的信号引出比较复杂，这主要是阵列中像素相互独立，每个像素信号的引出需要一个独立的电路，有多少个像素（或者用户需要利用其中的多少个像素）就需要多少路信号放大和处理电路，电路过于复杂，可靠性也就难以得到保证。因此，减少外围电路的结构是很必要的。

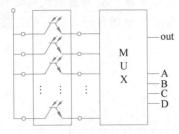

图 C-5 光敏元件阵列的信号引出

图 C-5 为信号引出的一种较简单的电路，电路采用多路选择开关与每一个光敏元件的输出引线相连，通过地址逻辑选择端 A、B、C、D 来对阵列中的每一个光敏元件扫描检测，每一个元件均通过同一路信号放大或调理电路，电路的结构较为简单。

图 C-5 所示的电路最适于采用微机的应用系统，对不采用微机的系统，就需要另外加一个逻辑电路以产生对多路开关的端口选择用的时序信号。如果需要的像素很多，如 64 像素以上，这种光敏元件阵列的外围电路就显得过于复杂。

实际上，在这种情况下采用自扫描光电二极管阵列更为适合。

附录 D 光辐射及其度量

在国际照明委员会体系中规定以发光强度的单位作为基本单位。这是因为表征一定发光强度的标准光源和标准具容易复制，且具有良好的客观性和较高的准确性。

最初，发光强度的单位是以具有一定规格蜡烛在一定条件下点燃时，取烛焰在某一方向上的发光强度作为单位，称为烛光。后来采用戊烷焰灯，再后来采用标准电灯。这些标准具的稳定性和再现性都不佳,不能满足光度学中作为标准的需要。因此,从 1941 年 1 月 1 日起采用绝对黑体作为标准光源,称为基准器。它是利用熔融白金在凝固过程中一段时间内具有相对稳定的温度这一特点而制成。为适应这一基准器,将发光强度的单位改为坎德拉,符号为 cd。但 1cd 的发光强度的定义也曾几经改变,现在使用的定义是在 1979 年第十一届国际度量衡会议上规定的,即 1cd 光源在给定方向上,在每一球面度立体角内发出 $1/683=0.00146\mathrm{W}$、频率为 $540\times10^{12}\,\mathrm{Hz}$ 的单色辐射(光波长 555nm)能通量时的发光强度。

有了发光强度的单位,其他物理量的单位可以根据它们与发光强度的关系作出。光通量的单位是流明,国际代号为 lm。1lm 等于发光强度为 1cd 的均匀发光点光源在 1sr 立体角内所发出的光通量,即

$$1\mathrm{lm} = 1\mathrm{cd}\times1\mathrm{sr} \tag{D-1}$$

按此,1cd 的电光源发出的光通量为

$$\Phi = 4\pi I_0 = 4\pi\mathrm{lm}(=12.566\mathrm{lm})$$

光照度的单位是勒克司,国际代码为 lx。1lx 等于 1lm 的光通量均匀地照射在 $1\mathrm{m}^2$ 的面积上所产生的照度,即

$$1\mathrm{lx} = 1\mathrm{lm}/1\mathrm{m}^2 = 1\mathrm{cd}\times1\mathrm{sr}/1\mathrm{m}^2 \tag{D-2}$$

按此,如果在半径 1m 的圆球球心上放一发光强度为 1cd 的点光源,则在球面上产生的光照度正好是 1lx。

表 D-1 列出了一些情况下的光照度。

表 D-1　一些情况下的光照度　　　　　　　　　　　　　　　单位:lx

眼睛能感受的最低照度	1×10^{-9}	精细工作时所需的光照度	100~200
夜间无月光时的光照度	3×10^{-4}	晴朗夏天室内的光照度	100~500
月光下的光照度	0.2	没有阳光时室外的光照度	1000~10000
辨别方向必需的光照度	1	摄影棚内所需要的光照度(拍摄时)	10000
读书必需的光照度	50	阳光直射时室外的光照度	100000

附录 E　半导体能带

1. 能带

原子核外有一定数量的电子,孤立原子外层的电子按照一定的壳层排列,每个壳层上的电子具有分立的能量值,也就是电子按能级分布。为简明起见,在表示能量高低的图上用一条条高低不同的水平线表示电子的能级,此图称为电子能级图,如图 E-1 所示。

当两个原子相距很远时,如同两个孤立的原子,每个能级是二度简并的。当两个原子互相靠近时,每个原子中的电子除了受到本身原子势场的作用外,还要受到另一个原子势场的作用,其结果是每一个二度简并的能级都分裂为两个彼此相距很近的能级,两个原子靠得越近,分裂得越厉害。晶体中大量的原子集合在一起,相互之间距离很近(如硅原子之间最短距离为 0.235nm),致使离原子核较远的壳层发生交叠,壳层交叠使电子不再局限于某个原子上,有可能转移到相邻原子的相似壳层上,也可能从相邻原子运动

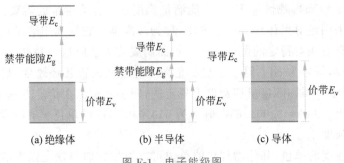

图 E-1　电子能级图

到更远的原子壳层上,电子可以在整个晶体中运动,这种运动称为电子的共有化运动,如图 E-2 所示。电子的共有化使得本来处于同一能量状态的电子产生微小的能量差异,与此相对应的能级扩展为能带。电子只能在相似壳层间转移,最外层电子的共有化运动最显著。

图 E-2　电子共有化运动

(1) 导带:价带以上能量最低的允许带称为导带,导带的底能级表示为 E_c,即导带电子的最低能量。

(2) 价带:原子中最外层的电子称为价电子,价带的顶能级表示为 E_v,即价带电子的最高能量。

(3) 禁带:允许被电子占据的能带称为允许带,允许带之间的范围是不允许电子占据的,此范围称为禁带,E_c 与 E_v 之间的能量间隔为禁带 E_g。

不同材料的禁带宽度不同,导带中电子的数目也不同,从而有不同的导电性。例如,绝缘材料 SiO_2 的 $E_g \approx 5.2eV$,导带中电子极少,所以导电性不好,电阻率大于 $10^{12}\Omega \cdot cm$。半导体 Si 的 $E_g \approx 1.1eV$,导带中有一定数目的电子,从而有一定的导电性,电阻率为 $10^{-3} \sim 10^{12}\Omega \cdot cm$。金属的导带与价带有一定程度的重合,$E_g = 0$,价电子可以在金属中自由运动,所以导电性好,电阻率为 $10^{-6} \sim 10^{-3}\Omega \cdot cm$。导体或半导体的导电作用是通过带电粒子的运动(形成电流)来实现的,这种电流的载体称为载流子。导体中的载流子是自由电子,半导体中的载流子则是带负电的电子和带正电的空穴。

2. 半导体能带特点

如图 E-3 所示,在 0K 时,电子填满价带中所有能级;在一定温度下,价电子有可能依靠热激发,获得能量脱离共价键,成为能带图中导带上的电子,在晶体中自由运动,成为准自由电子。脱离共价键所需的最小能量就是禁带宽度 E_g。禁带的中央能级 $E_i = (E_c + E_v)/2$。

在一定温度下,半导体中的大量电子不停地做无规则热运动,从一个电子来看,它所具有的能量时大时小,经常变化。但是,从大量电子的整体来看,在热平衡状态下,电子按能量大小具有一定的统计分布规律性,即电子在不同能量的量子态上统计分布概率是一定的。根据量子统计理论,服从泡利不相容原理的电子遵循费米统计律。

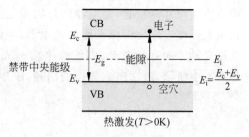

图 E-3　热激发的电子运动

对于能量为 E 的一个量子态被一个电子占据的概率为

$$f(E) = \frac{1}{1 + e^{\frac{E-E_f}{kT}}} \tag{E-1}$$

式中:分布概率 $f(E)$ 又被称作电子的费米分布函数,它是描述热平衡状态下,电子在允许的量子态上如何分布的一个统计分布函数;k 为玻耳兹曼常数;T 是热力学温度;E_f 为费米能级或费米能量,它和温度、半导体材料的导电类型、杂质的含量以及能量零点的选取有关。

E_f 是一个很重要的物理参数,只要知道了 E_f 值,在一定温度下,电子和空穴在各量子态上的统计分布就完全确定,即

$$n = n_i \exp[(E_f - E_i)/kT] \tag{E-2}$$

$$p = n_i \exp[-(E_f - E_i)/kT] \tag{E-3}$$

式中:$k = 8.62 \times 10^{-5} \, \text{eV/K}$;$n_i$ 为本征载流子浓度,$n_i = \sqrt{n_0 p_0}$,n_0、p_0 分别为热平衡条件下的电子和空穴浓度。

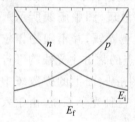

图 E-4　载流子浓度

电子和空穴随着禁带中央能级 E_i 而改变,从图 E-4 不难看出:

(1) 当禁带中央能级 E_i 等于费米能级 E_f 时,电子浓度 n 等于空穴浓度 p。

(2) 当禁带中央能级 E_i 小于费米能级 E_f 时,电子浓度 n 大于空穴浓度 p。

(3) 当禁带中央能级 E_i 大于费米能级 E_f 时,电子浓度 n 小于空穴浓度 p。

附录 F　远心光路

在光电检测中,常对工件进行线性尺寸的测量,特别在生产线上对工件进行动态测量时,如测钢丝直径、玻管直径等,为了提高测量精度,常采用远心光路。其测量原理如下:

对物体(工件)大小的测量,是将物体按一定的倍率要求,经光学系统成像在 CCD 的接收面上。光信号转变成电信号后,经微机处理,可数字显示测量结果。按此方法进行

物体线性尺寸测量时,光电器件与物镜之间的距离(装调好后)应保持不变,其测量精度在很大程度上取决于像平面与光电器件接收面的重合程度。由于在动态测量中工件常常沿光轴方向有所摆动,则使像平面与光电接收面不可能真正重合,因而产生了误差。如图 F-1 所示,$P_1'P'P_2'$ 为物镜的出瞳,$B_1'B_2'$ 为被测工件像的大小。

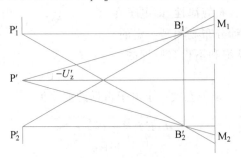

图 F-1　远心光路(一)

M_1M_2 为光电器件的接收面。由于二者不重合,使像点 B_1' 和 B_2' 在 M_1M_2 上形成弥散斑。那么,在 CCD 器件接收面上,实际测量像的大小为 M_1M_2,显然它与真实的像长 $B_1'B_2'$ 是不同的。为了消除或减小其测量误差,可以通过控制轴外点主光线的方向来达到。

如图 F-2(a)所示,在物镜的像方焦平面处设置孔径光阑,即为物镜的出瞳,其入瞳位于物方无限远处。物体上各点发出的光束,经物镜后,其主光线必通过光阑中心所在的像方焦点 F',而其物方主光线均平行于光轴。如果物体 B_1B_2 正确地位于与光电器件接收面 M_1M_2 相共轭的位置 A_1 处,则在光电器件上像的长度为 M_1M_2。如果物体 B_1B_2 沿光轴有所移动,不在位置 A_1 处而在位置 A_2 处时,它的像面 $B_1'B_2'$ 将与光电器件接收面不重合,而在光电器件上得到的是 B_1' 和 B_1' 点的投影像,它为一弥散斑(图中虚线所示)。但是在物方空间,由于物体上同一点如 B_1 点或 B_2 点发出光束的主光线,并不随物体位置的移动而变化,如物体 B_1B_2 在 A_1 处或在 A_2 处时,B_1 点和 B_2 点的物方主光线均平行于光轴,则其像方主光线必通过像方焦点 F'。因此,通过光电器件接收面上的弥散斑中心的主光线仍通过 M_1 点和 M_2 点,按此测出的像长仍为 M_1M_2。这种光学系统,由于入瞳位于物方无限远,物方主光线平行于光轴,因此称为物方远心光路。

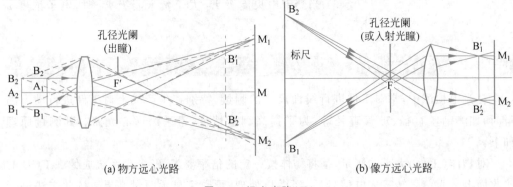

(a)物方远心光路　　　　　　　　　　(b)像方远心光路

图 F-2　远心光路(二)

　　另外,在各类测距的光学系统中,为了提高测量精度,常采用像方远心光路,如图 F-2(b)所示,在物镜的物方焦平面 F 处,设置孔径光阑,即为物镜的入瞳。由物体上各点,如 B_1 点和 B_2 点发出光束的主光线均通过光阑中心 F 点,经物镜后,其像方主光线必平行于光轴。若物体 B_1B_2 的像平面 $B_1'B_2'$ 与光电接收器的接收面不重合,则在其上得到的是 B_1' 点和 B_2' 点的投影像(为一弥散斑),但其像方主光线仍通过 M_1 点和 M_2 点。图中所示的 B_1' 点和 B_2' 点两个弥散斑的中心距 M_1M_2 与实际像长 $B_1'B_2'$ 相等。这种光学系统,由于出瞳位于像方无限远,像方主光线平行于光轴,因此称为像方远心光路。

附录 G　超导量子干涉仪

　　超导量子干涉仪(SQUID)是在约瑟夫森结上发展起来的基于量子干涉原理的仪器,可以用于测量与磁通量相关的量(磁场、磁场梯度、磁化率),是一种具有超高灵敏度的测量及分析装置。其主要有直流和射频两类。

　　图 G-1 是电流驱动下的 SQUID,磁场穿过超导环,并在约瑟夫森结之间形成电流的微小变化。图 G-2 是 SQUID 等效电路。

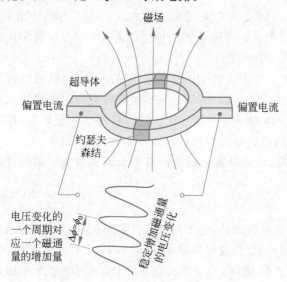

图 G-1　SQUID 示意图

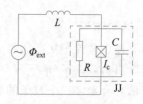

图 G-2　SQUID 等效电路

　　库珀对是玻色子,故它能通过隧道效应穿过势垒。当 $V \neq 0$ 时,库珀对从结的一侧贯穿到另一侧,必须将多余的能量释放出来,即发射一个频率为 ν 的光子,其中 $\nu = 2qV/h$,相当于电子对穿过结区时,将在结区产生频率为 ν 的电磁波,沿着结区平面平行的方向传播的,结区有一交变的电流分布,如图 G-3 所示。

　　加在结区的磁场 B(与 x 方向垂直)将对这一电流进行调制,因为释放的光子或电磁波将与磁场产生相互作用。根据电磁理论中的最小耦合原理,结区的交变的电流为

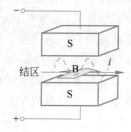

图 G-3　结区的交变电流

$$i = i_c \sin\left(\frac{2qV}{h}t - \frac{p}{h}x + \frac{2q}{ch}Ax + \varphi_0\right) \tag{G-1}$$

式中：A 为磁场沿 x 方向的矢量势；c 为光速。

矢量势 A 的大小将影响电流 i 的相位，决定其 x 轴向的分布，由于磁场在交变电流中起着位相作用，而波的频率（$2qV/h$）又相当大，故磁场的一个微小变化也会导致一个显著的相位改变，使得电流也有一个相当大的变化。如果使用两个结，利用两个电流的相干作用，效果会更好，会使电流的值更大。这和光学中用双缝加强光度比用单缝的效果要好一样。SQUID 就是根据这一原理设计而成，其灵敏度可达到 10^{-7} T[①]，仅相当于地磁场的一百亿分之一。

附录 H　半导体的热生成与复合过程

窄带隙半导体的热生成与复合过程有三种，即肖克莱-里德、辐射和俄歇生成复合过程。

1. 肖克莱-里德过程

由于是通过禁带能隙中的能级形成肖克莱-里德（Shockley-Read，SR）生成机理，所以 SR 生成并不是一种本征基本过程。n 类和 p 类两种材料的 SR 中心位置在从价带附近到导带附近的范围内处处均可。

SR 机理很可能是决定轻掺杂 n 类和 p 类 $Hg_{1-x}Cd_xTe$ 的寿命的，可能因素是与固有缺陷和残余杂质有关的 SR 中心。在 p 类 HgCdTe 中，通常将寿命随温度降低而缩短归因于 SR 机理。稳态低温光电导体的寿命一般远比暂态寿命短。一般而言，掺杂铜和金材料的寿命要比含有相同空穴浓度的空位掺杂材料高一个数量级，掺杂 $Hg_{1-x}Cd_xTe$ 的寿命将随 SR 中心的减少而提高，可能是掺杂层的低温生长或者掺杂材料的低温退火所致。

2. 俄歇过程

半导体中载流子从高能级到低能级跃迁，电子与空穴复合时把能量通过碰撞而转移给第三个自由载流子（电子或空穴）的复合过程叫俄歇复合。

俄歇复合牵涉三个粒子的相互作用，电子与空穴直接复合，同时将多余的能量传给另一个载流子而不是发射光，使其激发到更高能态。然后，激发到高能态的载流子将通过释放多个声子的方式，弛豫回到它初始所在的能级（导带底或价带顶）。俄歇复合是一种非辐射复合，基本上是费米-狄拉克分布高能盘拖尾中空穴和电子的碰撞电离化，是碰撞电离效应的逆过程。这种复合不同于带间直接复合，也不同于通过复合中心的间接复合（Shockley-Hall-Read 复合）。

对具有充足的电子和空穴的材料来说，直接带隙材料的复合寿命比间接带隙材料的小得多。Si 中载流子的寿命通常取决于通过复合中心的间接复合过程（因为 SHR 寿命

---

① 地磁场的磁感应强度为 10^3 T；环境磁噪声的磁感应强度为 $10^{-4} \sim 10^{-1}$ T；人类肺、心、脑所产生的生物磁感应强度分别为 10^{-1} T、10^{-2} T 和 10^{-5} T。

最短）。对于 N 型半导体，少数载流子（空穴）的俄歇复合寿命与多数载流子（电子）浓度的 n^2 呈反比，即 $\tau_A \propto 1/n^2$。在重掺杂时，电子浓度 n 很大，则 τ_A 的数值很小，即俄歇复合将使得少数载流子的寿命大大降低。

p 型半导体中俄歇复合率为

$$R_{Auger} = C_p n p^2 \tag{H-1}$$

n 型半导体中的俄歇复合率为

$$R_{Auger} = C_n n^2 p \tag{H-2}$$

高激发密度下，有

$$R_{Auger} = (C_p + C_n)n^3 = Cn^3 \tag{H-3}$$

式中：C 为俄歇系数，传统 Ⅲ-Ⅴ 族半导体其值一般为 $10^{-29} \sim 10^{-28} \text{cm}^6/\text{s}$，Ⅲ族 N 化物的俄歇系数为 $10^{-31} \sim 10^{-29} \text{cm}^6/\text{s}$。

附录 Ⅰ　光导纤维

1. 光导纤维结构

光导纤维（简称光纤）作为远距离传输光波信号的媒质最早用于光通信技术，但是在实际光通信过程中发现，光纤受到压力、温度、电场、磁场等环境条件变化的影响，将引起在光纤中传输的光波的某些物理量如光强、相位、频率、偏振态等发生变化。这些现象自然而然地引起人们的推测，如果能测量出光波中的物理量的变化大小，就可以知道导致这些光波特性变化的压力、温度、电场、磁场等物理量的大小，于是就出现了光纤传感器。

光导纤维由三层构成：中央有一个细芯（半径为 α，折射率为 n_1），称为纤芯，直径只有几十微米；纤芯的外面有一层薄薄的包层，包层折射率 $n_2 < n_1$；光纤最外层为保护层，其折射率 $n_3 > n_2$。这样的构造可以保证入射到光纤内的光波以全反射的方式集中在纤芯内传输。

如果光纤的纤芯是用高折射率玻璃材料制成，包层是用低折射率的玻璃或塑料制成，具有这种结构的光纤称为阶跃光纤。如果纤芯的折射率高，越接近包层折射率越低，折射率的分布是从中央高折射率逐渐变化到包层的低折射率，这种光纤称为梯度光纤。

光线以不同角度入射到纤芯并射至纤芯与包层的交界面时，光线在该处一部分透射，另一部分反射。当光线在纤维断面中心的入射角 θ 小于临界入射角 θ_c 时，光线在纤芯与包层的交界面的入射角大于全反射的临界角，光线不会透射出界面，而全部被反射。光在界面上无数次反射，呈锯齿形状路线向前传播，最后从纤芯的另一端传出，这就是光纤的传光原理。数值孔径 NA 是表示向光导纤维入射的信号光波难易程度的参数，且

$$NA = \sin\theta \sqrt{n_1^2 - n_2^2} \tag{I-1}$$

光纤的临界入射角的大小是由光导纤维本身的性质（折射率 n_1、n_2）所决定的，光导纤维的 NA 越大，表明它可以在较大入射角范围内输入全反射光，并保证此光波沿纤芯传播。

2. 光在光纤中的传播

沿纤芯传输的光可以分解为两部分平面波成分，一部分沿轴向，另一部分沿径向。

因为沿径向传输的平面波是在纤芯与包层的界面处全反射的，所以每一往复传输的相位变化是 2π 的整数倍时，就可以对径向形成驻波。这样的驻波光线又成为"模"。"模"只能离散地存在。也就是说，光导纤维内只能存在特定数目的"模"传输光波。如果用归一化频率 ν 表达这些传输模的总数，其值一般为 $\nu^2/4\sim\nu^2$。归一化频率为

$$\nu = 2\pi r \mathrm{NA}/\lambda \qquad\qquad (\text{I-2})$$

式中：r 为纤芯的直径；λ 为传输光的波长。

能够传输较大 ν 值的光导纤维（能够传输较多的模）称为多模光导纤维；仅能传输 ν 值小于 2.41 的光导纤维称为单模光导纤维。

多模光导纤维和单模光导纤维都属于普通光导纤维；此外，还有一些具有特殊性能的光导纤维，称作特殊光导纤维，例如可以保持偏振面的光导纤维称为"保偏光导纤维"。

多模光导纤维纤芯与包层折射率之差较大，因此能传输的光亮也比较多。当把纤芯直径降至 $6\mu m$ 以下，把折射率差缩至约 0.005 时，光导纤维所能传输的光亮就大为减小，只能传输基模光波。

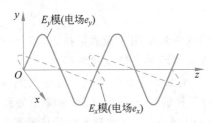

图 I-1　线偏振光波的传输

基模光波可以看作是相互垂直的 E_x 模和 E_y 模的合成，如图 I-1 所示。如果用 (x,y,z) 笛卡儿坐标系描述光波传输的情形，则 E_x、E_y 模可以表示在 xOz、yOz 平面内振动并沿 z 方向传输的光波的状态。

光波虽是电磁波，但为了简化问题，不妨认为 $E_x(e_x\neq0,e_y=0)$ 只在 x 方向上具有一定的电场强度，而 $E_y(e_y\neq0,e_x=0)$ 仅在 y 方向上具有一定的电场强度。按照麦克斯韦方程，这两个电场分量分别为

$$\begin{cases} e_x = A_x(x,y)\mathrm{e}^{\mathrm{j}(\omega t - \beta_x^z)} \\[2mm] e_y = A_y(x,y)\mathrm{e}^{\mathrm{j}(\omega t - \beta_y^z)} \end{cases} \qquad (\text{I-3})$$

式中：A_x、A_y 分别为 E_x、E_y 在截面方向上的电场峰值；ω 为光的角频率；t 为时间；β_x、β_y 分别为 E_x、E_y 模的轴向传输系数，β_x、β_y 的物理意义可以理解为 E_x、E_y 模在轴向单位长度内相位角的变化量。

之所以说单模光导纤维在传感器技术中非常重要，还在于它所传输的是线偏振光。这样，就可以把讨论多模光导纤维时被略去的"偏振面"以及光波的传输"相位"变化等光学状态利用起来，进行多种物理量的传感。

如果光导纤维的纤芯是无任何畸变的圆形理想构造，模传输系数 $\beta_x=\beta_y$，即两种模以同一速度传输，这时，两种模毫无区别，甚至可以完全看作一种模。但是实际的光导纤维形状并非是理想的圆形，而且纤芯与包层材质差异所带来的热胀系数的不同也会造成纤芯的某种畸变。于是，$\beta_x\neq\beta_y$。这就是说，实际光导纤维中所传输的 E_x、E_y 模是不以同一速度传输的。

为分析单模光导纤维输出光波的偏振特性，假定 E_x、E_y 模同时以同一振幅 A 传输，

则 $A=A_x=A_y$，去掉 ωt 项，整理可得

$$A_x^2+A_x^2-2A_xA_x\cos\Delta\beta=A^2\sin\Delta\beta \qquad (\text{I-4})$$

式中：$\Delta\beta=|\beta_x-\beta_y|$，为 z 方向上的模传输系数差。

显然，式(I-4)表示电场的轨迹是一个椭圆。实际上，当 $\Delta\beta_x=m\pi(m=0,1,2,\cdots)$ 时，偏振面不随时间变化，即为线偏振光。当 $\Delta\beta=(2m+1)\pi/2(m=0,1,2,\cdots)$ 时，偏振光变化呈圆形，为圆偏振光。在 $\Delta\beta$ 为一般情形时，偏振光变化轨迹为椭圆，故称为椭圆偏振光。

用普通光导纤维的单模光导纤维难以解决许多物理量的传感问题，或者说，很难保证所需的测量精度。为解决这一难题，人们进一步研制出了一些用于传感技术的特殊光导纤维。这里以保偏光导纤维为例，简单介绍光在保偏光导纤维中传输的情形。

在单模光导纤维的输入端虽然仅仅是射入 E_y 模的线偏振光，但是，当随机的外界干扰量作用在光导纤维时，偏振光特性将因此而发生变化，产生出 E_x 模。

因外界干扰量的不同，模之间的功率交换比例可由下式给出：

$$\eta=|e_x|^2/|e_y|^2=\tanh(KL/\Delta\beta m) \qquad (\text{I-5})$$

式中：η 为消化比，一般用分贝(dB)表示($10\lg\eta$)；K 为常数；L 为光导纤维长度；m 为外界随机干扰量常数，一般取为 4、6 或 8。

为了在较长距离内保持偏振面状态不变，即尽量缩小 η 值，必须加大 $\Delta\beta$。然而，理想构造的普通光导纤维 $\beta_x=\beta_y(\Delta\beta=0)$，所以即使在极短的光导纤维内，力图保持所传输光波的偏振面也是极端困难的。也就是说，普通光导纤维保持偏振面的特性不是那么简单。

理论计算与实际应用表明，只有 $\Delta\beta$ 在 3000rad/m 以上才能防止两种模间的能量交换，进而保持住偏振面固定不变。

附录 J　常见的光纤干涉仪

常见的迈克尔逊光纤干涉仪、马赫-泽德光纤干涉仪、法布里-珀罗干涉仪都能制成全光纤型。在干涉仪中引入光纤能使干涉仪双臂安装调试变得容易，且提高了相位调制对环境参数的灵敏度。设计合理的光纤干涉仪能使干涉测量变为紧凑实用的测量。

1. 马赫-泽德光纤干涉仪

马赫-泽德光纤干涉仪原理如图 J-1 所示。激光器发出的相干光通过蚀刻或搭接的 3dB 耦合器分成两个相等的光束，一束为信号臂；另一束为参考臂。外界信号 $S(t)$ 作用于信号臂。第二个 3dB 耦合器把两束光再耦合，再分成两束经光纤传送到光探测器 D_1 和 D_2。

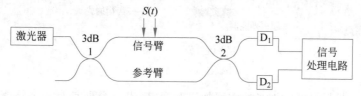

图 J-1　马赫-泽德光纤干涉仪原理

根据双光束干涉原理，D_1 和 D_2 两个光探测器接收到的光强分别为

$$\begin{cases} I_1 = 0.5 I_0 (1 + \alpha \cos\varphi_s) \\ I_2 = 0.5 I_0 (1 - \alpha \cos\varphi_s) \end{cases} \tag{J-1}$$

式中：I_0 为激光源发出的光强；α 为耦合系数；φ_s 为外界信号 $S(t)$ 引起的相位移。

式(J-1)表明马赫-泽德光纤干涉仪将外界信号 $S(t)$ 引起的相位移变换为光强的变化。经过适当的信号处理系统能将信号 $S(t)$ 从光强中解调检测出来。

2．迈克尔逊光纤干涉仪

迈克尔逊光纤干涉仪结构如图 J-2 所示，光束被 3dB 耦合器分成两路入射到光纤，光从末端反射回来并经耦合器输出到探测器。如果外界信号 $S(t)$ 作用于信号臂，则在信号臂和参考臂之间产生光程差，通过探测器就能知道其大小，从而确定 $S(t)$。迈克尔逊光纤干涉仪两臂的光程彼此独立，因而可分别对两臂的光采用相位和偏振态的补偿方法。

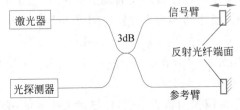

图 J-2　迈克尔逊光纤干涉仪

附录 K　声光调制器

声光调制器是外差干涉技术中最常用的双频器件，如图 K-1 所示，超声信号源驱动超声换能器发出超声波，在声光调制介质中传播的超声波引起介质的折射率发生变化，形成呈正弦分布的周期性的疏密变化，其空间波长为 λ_1，正弦波的角频率为 ω_1。这样的介质分布相当于一个正弦光栅，当角频率为 ω_0 的光束通过声光调制介质时，光波受到衍射调制，其零级衍射光束的频率与入射光相同，正一级和负一级衍射光束的频率分别为 $\omega_0 + \omega_1$ 和 $\omega_0 - \omega_1$，正二级和负二级衍射光束的频率分别为 $\omega_0 + 2\omega_1$ 和 $\omega_0 - 2\omega_1$，其余以此类推。

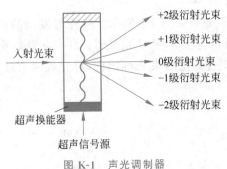

图 K-1　声光调制器

可见，声光调制器可以把光的频率加以改变，输出一系列具有一定频率差的光束，并

且这些光束在空间上相互分开。调整超声信号源的频率就可以得到所需要的频移光束。

目前使用的声光介质有石英、铌酸锂、钼酸铅等,一级衍射光束的频率偏移一般可以达到几十兆赫。

附录 L 常见光学器件

1. 波片

波片是用各向异性透明材料按一定方式切割的具有一定厚度的平行平板。当垂直入射的线偏振光进入波片后,分解为 O 光和 E 光,它们的光矢量相互垂直且方向一致,但传播速度不同。这样,光通过波片后,O 光和 E 光将产生一定的相位差。设波片的厚度为 d,O 光和 E 光的光程差为

$$\Delta = |n_O - n_E| d \qquad\qquad (L-1)$$

相位差为

$$\delta = (2\pi/\lambda) |n_O - n_E| d \qquad\qquad (L-2)$$

这样两束光矢量互相垂直且有一定相位差的线偏振光,叠加结果一般为椭圆偏振光,椭圆的形状、方位、旋转方向均随相位差 δ 而改变。

如果波片产生的光程差为

$$\Delta = |n_O - n_E| d = (m + 1/4)\lambda \qquad\qquad (L-3)$$

式中:m 为整数。

则这样的波片称为 1/4 波片。当入射的线偏振光的矢量与波片产生的 E 光(或 O 光)的光矢量成 $\pm 45°$ 角时,通过 1/4 波片后得到圆偏振光。反之,1/4 波片能将偏振光或椭圆偏振光变成线偏振光。

如果波片产生的光程差为 0.5λ,则这样的波片称为半波片或 1/2 波片。圆偏振光通过半波片仍为圆偏振光,但旋向改变。线偏振光通过半波片后仍然是线偏振光,但光矢量方向改变;如果波片产生的光程差为 λ,则称为全波片。

值得注意的是,1/4 波片、半波片或全波片都是针对某一特定波长而言的。波片只能产生固定的相位差,如果需要产生连续改变的相位差则需要采用补偿器。

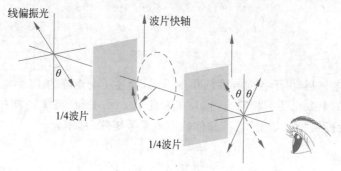

图 L-1　线偏振光两次经过 1/4 波片

图 L-1 为线偏振光两次经过 1/4 波片的情况。第一次经过 1/4 波片后,线偏振光转

变成了圆偏振光；第二次经过 1/4 波片后，圆偏振光再次转变成为线偏振光。线偏振光入射前的偏振方向与波片的轴方向夹角为 θ，两次经过 1/4 波片之后，线偏振光的偏振方向发生偏转，相对于波片快轴方向对称地偏转了 2θ 角。

2. 石英晶体

石英晶体俗称水晶，其化学成分为 SiO_2，晶体的理想形状为六角锥体，如图 L-2 所示。其六边形横截面的棱线方向为 x 轴（电轴）、六边形横截面的对边方向为 y 轴（机械轴），通过锥顶端的轴线为 z 轴（光轴）。在电轴和机械轴方向，石英晶体具有压电效应；而在光轴方向，具有光的双折射效应。

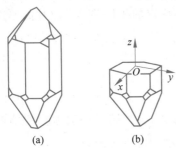

(a)   (b)

图 L-2   石英晶体外形及坐标设定

石英晶体是电绝缘的离子型晶体电解质材料，在其表面淀积金属电极引线，其极间漏电阻是很大的。

石英晶体在外力 T 的作用下产生机械变形，引起其内部的正、负电荷中心相对位移从而产生电的极化，在晶体表面出现电荷积累，设积聚的电荷密度为 σ，则有

$$\sigma_{ij} = d_{ij}T_j \qquad (L\text{-}4)$$

式中：i 为电效应（场强、极化）方向的下标，$i=1,2,3$；j 为力效应（应力、应变）方向的下标，$j=1,2,\cdots,6$；T_j 为 j 方向的外施应力分量（Pa）；σ_{ij} 为 j 方向的应力在 i 方向的极化强度（或 i 面上的电荷密度）（C/m^2）；d_{ij} 为 j 方向应力引起 i 面产生电荷时的压电常数（C/N）。

在三维笛卡儿坐标系方向对晶体施加外力，设沿 x、y、z 向的正应力分量（压应力为负）分别为 T_1、T_2、T_3，绕 x、y、z 轴的切应力分量（顺时钟方向为负）分别为 T_4、T_5、T_6，那么在 x、y、z 面上将有电荷积聚，电荷密度（或电位移 D）分别为 σ_1、σ_2、σ_3。

可以用矩阵形式将式（L-4）展开，写成

$$\begin{bmatrix} \sigma_1 \\ \sigma_2 \\ \sigma_3 \end{bmatrix} = \begin{bmatrix} d_{11} & d_{12} & d_{13} & d_{14} & d_{15} & d_{16} \\ d_{21} & d_{22} & d_{23} & d_{24} & d_{25} & d_{26} \\ d_{31} & d_{32} & d_{33} & d_{34} & d_{35} & d_{36} \end{bmatrix} \begin{bmatrix} T_1 \\ T_2 \\ T_3 \\ T_4 \\ T_5 \\ T_6 \end{bmatrix} \qquad (L\text{-}5)$$

对于不同的压电材料，由于各向异性的程度不同，上述压电矩阵的 18 个压电常数 d_{ij} 中，实际独立存在的个数也各不相同。例如，在垂直于 x、y 平面、与 x 方向相垂直的方向切一个长方体，所得到"$X_0°$切型"石英晶体的压电常数矩阵，具体为

$$\boldsymbol{d}_{ij} = \begin{bmatrix} d_{11} & d_{12} & 0 & d_{14} & 0 & 0 \\ 0 & 0 & 0 & 0 & d_{25} & d_{26} \\ 0 & 0 & 0 & 0 & 0 & 0 \end{bmatrix} \qquad (L\text{-}6)$$

式中：$d_{11} = -d_{12} = -0.5d_{26} = \pm 2.31 \times 10^{-12} C/N$；$d_{14} = -d_{25} = \pm 2.31 \times 10^{-12} C/N$。

±号表示：左旋石英晶体在受拉时取"＋"，受压时取"－"；右旋石英晶体在受拉时取"－"，受压时取"＋"。

3. 旋光效应

一束线偏振光沿石英晶体的光轴方向传播时，其振动方向会发生偏转，离开石英晶体之后，振动方向相对于原方向转过一个角度，如图 L-3 所示。这就是旋光现象，即旋光效应。这是一种自然的旋光现象，并非外界物理界的作用引起的。自然旋光介质具有互易性，入射平面偏振光的偏振面旋转方向与光的传播方向无关。

石英晶体存在两种结构，即左旋和右旋，一种结构是另一种结构的镜像。相应的，线偏振光穿过石英晶体的旋光现象也存在两种情况，即左旋和右旋。由于自然旋光的互易性，例如同一块右旋晶体，如果迎着光的传播方向观察，光的偏振方向顺时针旋转；沿着光的传播方向观察，光的偏振方向则是逆时针旋转。因此，当透射光波由于反射而再次反向穿过自然旋光介质时，其偏振面将回到初始位置。

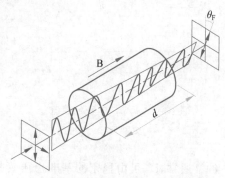

图 L-3　石英晶体的旋光效应

光的偏振方向的旋转角度为

$$\varphi = \alpha d \tag{L-7}$$

式中：φ 为沿旋光性晶体光轴方向传播的单色平面偏振光的偏振面相对于入射点的振动面之转角；d 为光波在晶体中的传播距离；α 为晶体的旋光率，是波长的函数，单位为（°）/mm。

由于热胀冷缩，当石英晶体的温度发生变化时，式(L-7)应该考虑厚度的变化，即

$$\varphi = \alpha(d + \gamma \Delta T) \tag{L-8}$$

式中：γ 为石英晶体沿着光轴方向的线膨胀系数，$\gamma = 7.97 \times 10^{-6}\,℃^{-1}$；$\Delta T$ 为温度的变化量。当一束单色平面偏振光正入射到石英晶体时，只要测出通过石英晶体后平偏振面旋转的角度 φ，就可以得出旋光率 α。对于同一波长，石英晶体的旋光率随着温度的升高而增大。对于同一温度变化，旋光率的变化随波长的减小而增加。

4. 偏振分光棱镜

偏振分光棱镜（PBS）是一种特殊的分光器件，它能按照正交的两个偏振方向将入射光（自然光或者偏振光）分成两束偏振方向垂直的线偏光。其中，P 偏光完全通过，而 S 偏光以 45°角被反射，出射方向与 P 光成 90°角，如图 L-4。在光路中，PBS 可以视作起偏器或检偏器，P 光方向视为透光轴方向，这样有利于简化 PBS 在光路中的分析。

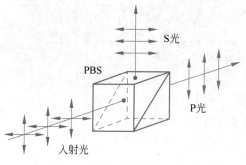

图 L-4　石英晶体的旋光效应

附录 M 光源的驱动

若光电检测系统用于较精密的定量检测,则必须考虑光源稳定性对测量精度的影响。下面将讨论一些常见的稳定半导体发光光源的方法。

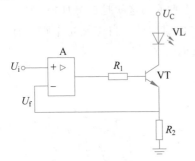

图 M-1 发光二极管的恒流
驱动电路

1. 恒源驱动电路

一般来说,光源发射光功率的大小与驱动光源的电压或电流有关。因此,要使光源稳定,首先必须有一个稳定的光源驱动电路。例如,半导体发光二极管(如图 M-1 中的 VL)的发射功率在一定范围内几乎与驱动电流成正比。因此,要使 VL 的发射光功率稳定,宜采用恒流驱动电路。根据运算放大器的性能,$U_f \approx U_i$。因此,流过 VL 的驱动电流为

$$I_c \approx I_e = U_f / R_2 \approx U_i / R_2 \qquad \text{(M-1)}$$

所以,只要保证 U_i 恒定,就能达到恒流驱动的目的。通常,U_i 可由稳定的基准稳压管提供。调整电阻 R_2 的值,就可以调整电路的驱动电流。

恒流驱动可以改善 VL 光源的稳定性。但即使驱动电流恒定时,温度变化也将引起 VL 发射功率的变化。例如,AIGaAs 发光二极管的发射功率几乎随着温度的上升线性地下降。因此,可以用线性良好的温度传感器来补偿。图 M-2 给出了两种具有温度补偿的发光二极管驱动电路。

在图 M-2(a)中,S-8100A 为集成温度传感器,其输出电压随温度上升而上升,灵敏度为 $10\text{mV}/^{\circ}\text{C}$,在 $-80 \sim -20^{\circ}\text{C}$ 具有良好的线性。当温度恒定不变时,只要保证 $+5\text{V}$ 电源恒定,图 M-2(a)的电路即为一恒流驱动电路。当温度上升时,S-8100A 的输出电压上升,使运算放大器输出增大,流过发光二极管的驱动电流 I_{LED} 也增加,由此来补偿发光二极管的负温度特性。若要使 $I_{\text{LED}} = 50\text{mA}$,宜取 $R_{E1} = 200\Omega$,$R_{E2} = 82\Omega$。而要使 $I_{\text{LED}} = 100\text{mA}$,宜取 $R_{E1} = 100\Omega$,$R_{E2} = 40\Omega$。R_{E1} 用于 I_{LED} 的微调,R_2 用于调整温度特性的匹配。

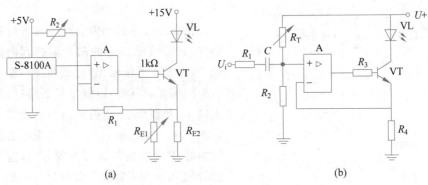

(a) (b)

图 M-2 具有温度补偿的发光二极管驱动电路

图 M-2(b)为另一种发光二极管温度补偿电路,该电路利用热敏电阻 R_T 随温度上升阻值下降的特性来补偿发光二极管 VL 的温度系数。若在输入端加上交变电压 U_i,则发光二极管可发出交变的光强信号。

上述电路对发光二极管的温漂有很好的补偿,但在对光源稳定性要求更高的场合,仅是采用开环补偿是很难达到要求的。例如,在采用了温度补偿的电路中,发光二极管的时漂、老化以及一些随机因素引起的波动等仍将影响光源的稳定性。因此,比较好的解决方法是采用光强负反馈的方法来稳定光源的辐射功率。图 M-3 为采用光反馈稳功率的发光二极管驱动电路。发光二极管发射的光用一放置在旁边的 PIN 光电二极管 PIN-PD 监视。其输出经放大后反馈到差分放大器的输入端,与稳定的基准电压 U_R 比较,经差分放大后控制发光二极管的驱动电流。如果各种因素的影响使发光二极管的发射功率增大,则反馈信号 U_F 增大,使放大器的输入信号 $\Delta U=U_R-U_F$ 减小,发光二极管的驱动电流也随之下降,从而使它的发射功率回复到恒定的值。调节 U_R 值即可调整发光二极管的发射光功率的大小。该电路只要保证 U_R 及反馈环节充分稳定,正向放大倍数足够大,则能起到很好的稳定光功率的作用。

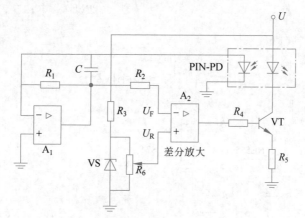

图 M-3　光反馈稳功率的发光二极管驱动电路

2. 调制

光源的调制就是将光通量恒定的光源调制成光通量以某一固定频率交替变化的光源。调制方法一般有机械调制和电调制两种,这里主要介绍电调制。

对于快速响应的光源如半导体发光二极管、半导体激光器等可采用电调制的方法,即直接用交变电源去驱动光源,使其发出交变光。图 M-4 给出了一种简单的发光二极管调制驱动电路。在图中,用集成电路 NE555 作为方波振荡器,其输出经三极管 VT 驱动发光二极管

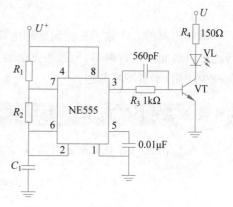

图 M-4　一种简单的发光二极管调制
驱动电路

发光。调制频率和调制光的占空比可由 R_1、R_2、C_1 来决定,R_4 为限流电阻。在方波驱动的发光二极管脉冲发光电路中,其脉冲驱动电流允许大于发光二极管的允许直流驱动电流,只要保证平均驱动电流小于允许值即可。

稳定调制光幅值的方法还可采用光反馈的方法。图 M-5 给出了稳幅的发光二极管调制驱动电路。这里仍采用集成电路 NE555 作为多谐振荡器,其产生的方波周期为

$$f = 1.44/[(R_1 + 2R_2)C_1] \tag{M-2}$$

该信号经由 74LS74 构成的 T 触发器后调整成频率为 $f/2$,占空比为 1∶1 的方波。该方波信号控制模拟开关 CD4066 将差动放大器 A_1 的输出斩波,再经晶体管 VT 驱动发光二极管,使其发出频率为 $f/2$,占空比为 1∶1 的脉冲光。该输出光同时又由放置在发光二极管 VL 旁边的光电二极管 PIN-PD 接收,经 A_2 前置放大及 RC 低通滤波后得到与输出光幅值成正比的直流参考信号 U_F,该信号反馈到差动放大器 A_1 的输入端与基准电压比较,以调整驱动发光二极管 VL 的方波电压幅值,使 VL 发出的脉冲光幅值恒定。

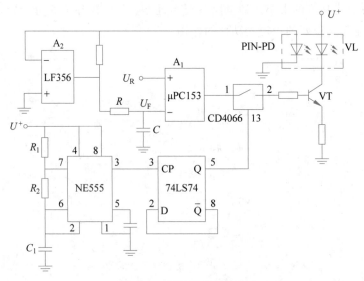

图 M-5　反馈法稳定光强

调制光源的方法除了机械调制和电调制两种以外,利用干涉、偏振、法拉第旋光效应等也可以对光源进行调制,但这些方法通常会引起较大的光损失,除了一些特殊场合,一般较少使用,本书不再赘述。

附录 N　二极管的温敏特性

二极管的正向导通电流密度为

$$J = J_S \exp\left(\frac{qV_F}{kT} - 1\right) \tag{N-1}$$

式中,J_S 为反向饱和电流密度,V_F 为 PN 结的正向电压。当 PN 结处于正向偏压的情况下,一般会有 $V_F \gg kT/q$,因此,式(N-1)可简化为

$$J = J_S \exp\left(\frac{qV_F}{kT}\right) \tag{N-2}$$

反向饱和电流密度 J_S 为

$$J_S = \frac{qD_n n_{p0}}{L_n} + \frac{qD_p p_{n0}}{L_p} \tag{N-3}$$

式中,D_n 为电子扩散系数,D_p 为孔穴扩散系数,L_n 为电子扩散长度,L_p 为孔穴扩散长度。

若载流子浓度满足 $n \gg p$,则

$$J_S \approx \frac{qD_n n_{p0}}{L_n} = BT^\gamma e^{-\frac{qV_{g0}}{kT}} \tag{N-4}$$

式中,B 为结面积,γ 为与温度无关的常数,V_{g0} 为绝对零度下导带底和价带顶的电位差,$V_{g0} = E_{g0}/q$。

综合式(N-2)、式(N-4),可得二极管的正向电压为

$$V_F = V_{g0} - \frac{kT}{q}\left[\ln B + \gamma \ln T - \ln J\right] \tag{N-5}$$

可见,二极管的正向电压与温度 T 相关。图 N-1 给出了硅和锗两种材料的二极管的正向电压与温度的关系曲线,随着温度的升高,二极管的正向电压随之下降,接近线性变化关系。

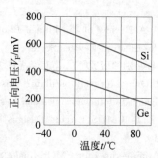

图 N-1　两种材料二极管的温度特性关系曲线

参 考 文 献

[1] Howard J,Murashov V,Cauda E,et al. Advanced sensor technologies and the future of work[J]. American Journal of Industrial Medicine,2022,65(1)：3-11.

[2] Lucovsky. Photoeffects in nonuniformly irradiated p-n junctions[J]. Journal of Applied Physics, 1960,31(6)：1088-1095.

[3] Dyck R H,Weckler G P. Integrated arrays of silicon photodetectors for image sensing[J]. IEEE Transactions on Electron Devices,1968,15(4)：196-201.

[4] 何清义,袁祥辉,黄友恕,等. CL128E 与 CL256C 型自扫描光电二极管列阵的研究[J]. 西南师范大学学报(自然科学版),1991,16(1)：136-142.

[5] Bigasa M,Cabruja E,Forest J,et al. Review of CMOS image sensors,Microelectronics Journal[J]. Elsevier,2006,37：433-451.

[6] Vidal M P,Bafleur M,Buxo J,et al. A bipolar photodetector compatible with standard CMOS technology[J]. Solid-State Electronics,1991,34(8)：809-814.

[7] Takahiro Numai. A design of absorption layers in stacked color sensors[J]. Sensors and Actuators A,2006,125：156-158.

[8] Atsutaka Miyamichi,Atsushi Ono,Keiichiro Kagawa,et al. Plasmonic Color Filter Array with High Color Purity for CMOS Image Sensors[J]. Sensors,2019,19(8)：1750.

[9] Fujimori I L. CMOS Passive Pixel Imager Design Techniques [D]. Massachusetts Institute of Technology,1997.

[10] Fossum E R,Hondongwa D B. A Review of the Pinned Photodiode for CCD and CMOS Image Sensors[J]. IEEE Journal of the Electron Devices Society,2014,2(3)：33-43.

[11] 唐东明. 人民币图像特征识别与鉴别的研究[D]. 南京：南京大学,2013.

[12] Brendel R,Chirouf F,Gillet D. Quartz crystal oscillator classification by dipolar analysis [C]. Proc. of the Conference on Advanced Optoelectronies and Lasers,2003：233-243.

[13] Jacob B R,Harry W L,David E B. CMOS Circuit Design, Layout, and Simulation [M]. New York：Willey-IEEE Press,2010.

[14] Saffih F. Foveated Sampling Architectures for CMOS Image Sensors[D]. University of Waterloo, 2005.

[15] Hiskett P A,Buller G S,Loudon A Y,et al. Performance and design of InGaAs/InP photodiodes for single-photon counting at 1.55μm[J]. Applied Optics,2000,39(36)：6818-6829.

[16] Ma J,Bai B,Wang L J,et al. Design considerations of high-performance InGaAs/InP single-photon avalanche diodes for quantum key distribution[J]. Applied Optics,2016,55(27)：7497-7502.

[17] Hiskett P A,Smith J M,Buller G S,et al. Low-noise single-photon detection at wavelength 1.55μm [J]. Electronics Letters,2001,39(17)：1081-1803.

[18] 赵峰,郑力明,廖常俊,等. 红外单光子探测器暗计数的研究[J]. 激光与光电子学进展,2005, 42(8)：4.

[19] Valdinoci M,Ventura D,Vecchi M C,et al. Impact-ionization in silicon at large operating temperature[C]. Proc. Intenational Conference on Simulation of Semiconductor Processes and Devices,1999：27-30.

[20] 胡泊,李彬华. 低温下 EMCCD 电子倍增模型[J]. 电子学报,2013.

[21] 赖积斌. EMCCD 倍增增益驱动技术研究[D]. 北京：中国科学院研究生院,2016.

[22] 胡泊. EMCCD 倍增特性及光子计数成像策略研究[D]. 昆明：昆明理工大学,2014.

[23] 张灿林. 电子倍增 CCD 的倍增机理研究[D]. 南京：南京理工大学,2014.

[24] 杨俊超. 高性能 EMCCD 成像系统关键技术[D]. 南京：南京理工大学,2019.

[25] 张闻文,陈钱. 电子倍增 CCD 噪音特性研究[J]. 光子学报,2009,38(4)：756-760.

[26] Jay R,Unruh,Gratton E. Analysis of molecular concentration and brightness from fluorescence fluctuation data with an electron multiplied CCD camera[J]. Biophysical Journal,2008,95(12)：5385-5398.

[27] Jerram P A,Pool P J,Burt D J,et al. Electron multiplying CCDs[J]. SNIC Symposium,Stanford,California,2006,5：1-6.

[28] 张闻文. 基于噪声特性的电子倍增 CCD 最佳工作模式研究[D]. 南京：南京理工大学,2009.

[29] E2v technologies Inc. CCD201-20 Datasheet Electron Multiplying CCD Sensor Back Illuminated,1024×1024 Pixels 2-Phase IMO [EB/OL]. 2019. 08. http://Teledyne-e2v. com.

[30] 程亮. EMCCD 成像系统电路设计[D]. 南京：南京理工大学,2016.

[31] Janesick J R. Scientific Charge-Coupled Devices[M]. Belingham,Washington：SPIE Press,2001.

[32] Hynecek J,Nishiwaki T. Excess noise and other important characteristics of low light level imaging using charge multiplying CCDs[J]. IEEE transactions on Electron Devices,2003,50(1)：239-245.

[33] Plakhotnik T,Chennu A,Zvyagin A V. Statistics of single-electron signals in electron-multiplying charge-coupled devices[J]. IEEE Transactions on Electron Devices,2006,53(4)：618-622.

[34] Tulloch S,Miranda C,Alta B. Optimisation of an EMCCD[EB/OL]. http://qucam. com/assets/emccd_optimisation. pdf.

[35] 彼得·塞茨,艾伯特 JP 塞尤维森. 单光子成像[M]. 孙志斌,黄晓英,胡爱稳,等译. 北京：国防工业出版社,2015.

[36] 孙飞阳. 基于 SPAD 的光子飞行时间探测器像素单元研究与设计[D]. 南京：南京邮电大学,2020.

[37] 尹丽菊,高明亮,潘金凤. 单光子技术成像技术[M]. 北京：科学出版社,2020.

[38] 蒋文浩. 高性能半导体单光子探测器研究[D]. 合肥：中国科学技术大学,2018.

[39] 权菊香,张东升,丁良恩. Si-APD 单光子探测器的全主动抑制技术[J]. 激光与光电子学进展,2006(5)：43-46.

[40] Zheng F,Wang F L,Wang C,et al. Free-running InGaAs/InP single photon detector with feedback quenching IC[J]. Nuclear Instruments and Methods in Physics Research A,2015,799：25-28.

[41] Vornicu I,Carmona-Galán R,Pérez-Verdú B,et al. Compact CMOS active quenching/recharge circuit for SPAD arrays[J]. International Journal of Circuit Theory and Applications,2016,44(4)：917-928.

[42] Vagle O,Olsen Ø,Johansen G A. A simple and efficient active quenching circuit for Geiger-Müller counters[J]. Nuclear Instruments and Methods in Physics Research A,2007,580(1)：358-361.

[43] Prochazka,Ivan,Blazej,et al. Effective dark count rate reduction by modified SPAD gating circuit[J]. Nuclear Instruments and Methods in Physics Research A,2015,787：212-215.

[44] Blanco R,Kraemer C,Perić I. Silicon photomultiplier detector with multipurpose in-pixel electronics in standard CMOS technology[J]. Nuclear Inst. and Methods in Physics Research A,2019,936：699-700.

[45] Xu Y,Lu J Y,Wu Z. A compact high-speed active quenching and recharging circuit for SPAD

detectors[J]. IEEE Photonics Journal,2020,12(5)：99.

[46] 傅胡叶. GM-APD 64×64 阵列型全集成传感读出电路设计[D]. 南京：东南大学,2015.

[47] Ajane A,Furth P M,Johnson E E,et al. Comparison of binary and LFSR counters and efficient LFSR decoding algorithm[C]. 2011 IEEE 54th International Midwest Symposium on Circuits and Systems（MWSCAS）,2011.

[48] Aull B,Burns J,Chen C,et al. Laser radar imager based on 3D integration of geiger-mode avalanche photodiodes with two SOI timing circuit layers[J]. 2006 ISSCC Int. Solid-State Circuits Proceedings,Digest of Technical Papers,2006,49：304-305.

[49] 邓亚楠. 单光子探测淬灭技术的研究[D]. 成都：电子科技大学,2013.

[50] 邢海龙. 红外增强型硅基单光子雪崩二极管的研究[D]. 西安：西安电子科技大学,2020.

[51] 曾庆勇. 微弱信号检测[M]. 杭州：浙江大学出版社,1986.

[52] Remondino F,Stoppa D. 飞行时间测距成像相机[M]. 孙志斌,邵秋峰,王波,等译. 北京：国防工业出版社,2016.

[53] Becker W. 高级时间相关单光子计数技术[M]. 屈军乐,译. 北京：科学出版社,2009.

[54] 张彪,陈奇,管焰秋,等. 超导纳米线单光子探测器光子响应机制研究进展[J]. 物理学报,2021,1-19.

[55] 周品嘉,常相辉,韦联福,等. TES-基于热敏超导边界转变传感的单光子探测技术[J]. 物理学进展,2010,30(04).

[56] 张青雅,董文慧,何根,等. TES-超导转变边沿单光子探测器原理与研究进展[J]. 物理学报,2014,63(20).

[57] 兰香. 基于超导量子干涉器的磁异常探测[D]. 杭州：杭州电子科技大学,2018.

[58] 陶旭. 超导纳米线单光子探测器高效高速特性研究[D]. 南京：南京大学,2020.

[59] 徐睿莹. 超导纳米线单光子探测器的偏振特性研究[D]. 南京：南京大学,2019.

[60] Semenov A D,Gol'tsman G N,Sobolewski R. Hot-electron effect in superconductors and Its applications for radiation sensors[J]. Superconductor Science and Technology,2002,15(4)：1-16.

[61] Semenov A,Engel A. Probability of the resistive state formation caused by absorption of A single-photon in current-carrying superconducting nano-strips[J]. The European Physical Journal B,2005,47(4)：495-501.

[62] 郑涛. SNSPD-红外超导纳米线单光子探测器[D]. 南京：南京大学,2014.

[63] Yang J,Kerman A J,Dauler E A,et al. Modeling the electrical and thermal response of superconducting nanowire single-photon detectors[J]. IEEE Transactions on Applied Superconductivity,2007,17(2)：581-585.

[64] Kerman A J,Yang J,Molnar R J,et al. Electrothermal feedback in superconducting nanowire single-photon detectors[J]. Physical Review B,2009,79(10)：1-4.

[65] 赵博洋. SNSPD——超导纳米线单光子探测器宽带光吸收特性的建模与设计[D]. 西安：西安理工大学,2021.

[66] 郑帆. SNSPD——高效超导纳米线单光子探测器结构设计[D]. 南京：南京大学,2017.

[67] Zhang W J,You L X,Li H,et al. NBN superconducting nanowire single photon detector with efficiency over 90％ at 1550nm wavelength operational at compact cryocooler temperature[J]. Sci. China-Phys. Mech. Astron,2017,60(12)：26-35.

[68] Marsili F,Verma V B,Stern J A,et al. Detecting single infrared photons with 93％ system efficiency[J]. Nature Photonics,2013,7(3)：210-214.

[69] Hossain M M. Measurement of the london penetration depth in the meissner state of NbSe$_2$ using

low energy polarized Li[J]. Thesis, University of British Columbia, 2006.

[70] 刘想靓. MKID——应用于弱光探测的微波动态电感探测器及其阵列的研究[D]. 成都：西南交通大学, 2018.

[71] Mazin B A. Microwave Kinetic Inductance Detectors[D]. California Institute of Technology, 2005.

[72] Cao L, Grimault-Jacquin A S, Aniel F. Comparison and optimization of dispersion, and losses of planar waveguides on benzocyclobutene (BCB) at THz frequencies: coplanar waveguide (CPW), microstrip, stripline and slotline[J]. Progress in Electromagnetics Research B, 2013, 56: 161-183.

[73] Cooper L N. Bound electron pairs in a degenerate fermi gas[J]. Physical Review, 1956, 104(4): 1189-1190.

[74] Konno T, Takasu S, Hattori K, et al. Development of an optical transition-edge sensor array[J]. Journal of Low Temperature Physics, 2020, 199(1-2): 27-33.

[75] Yabuno M, Miyajima S, Miki S, et al. Scalable implementation of a superconducting nanowire single-photon detector array with a superconducting digital signal processor[J]. Optics Express, 2020, 28(8): 12047-12057.

[76] Mezzena R, Faverzani M, Ferri E, et al. Development of microwave kinetic inductance detectors for IR single-photon counting[J]. Journal of Low Temperature Physics, 2019, 199(1-2): 73-79.

[77] Joe Y I, Fang Y Z, Lee S, et al. Resonant soft X-ray scattering from stripe-ordered La_2-xBaxCuO$_4$ detected by a transition-edge sensor array detector[J]. Physical Review Applied, 2020, 13(3): 10.

[78] Burenkov I A, Gerrits T, Lita A, et al. Quantum frequency bridge: high-accuracy characterization of a nearly-noiseless parametric frequency converter[J]. Optics Express, 2017, 25(2): 907-917.

[79] Thekkadath G S, Phillips D S, Bulmer J F F, et al. Tuning between photon-number and quadrature measurements with weak-field homodyne detection[J]. Physical Review A, 2020, 101(3): 1-5.

[80] Marsili F, Verma V B, Stern J A, et al. Detecting single infrared photons with 93% system efficiency[J]. Nature Photonics, 2013, 7(3): 210-214.

[81] Zhu J, Chen Y, Zhang L, et al. Demonstration of measuring sea fog with an SNSPD-based Lidar system[J]. Sci. Rep., 2017, 7(1): 15113.

[82] Gol'tsman G N, Okunev O, Chulkova G, et al. Picosecond superconducting single-photon optical detector[J]. Applied Physics Letters, 2001, 79(6): 705-707.

[83] Verevkin A, Zhang J, Sobolewski R, et al. Detection efficiency of large-active-area NbN single-photon superconducting detectors in the ultraviolet to near-infrared range[J]. Applied Physics Letters, 2002, 80(25): 4687-4689.

[84] Dauler E A, Grein M E, Kerman A J, et al. Review of superconducting nanowire single-photon detector system design options and demonstrated performance[J]. Optical Engineering, 2014, 53(8): 13.

[85] Wollman E E, Verma V B, Lita A E, et al. Kilopixel array of superconducting nanowire single-photon detectors[J]. Optics Express, 2019, 27(24): 35279-35289.

[86] Allmaras J P, Wollman E E, Beyer A D, et al. Demonstration of a thermally coupled row-column SNSPD imaging array[J]. Nano Letters, 2020, 20(3): 2163-2168.

[87] Sinclair A K, Schroeder E, Zhu D, et al. Demonstration of microwave multiplexed readout of DC-biased superconducting nanowire detectors[J]. IEEE Transactions on Applied Superconductivity, 2019, 29(5): 1-4.

[88] Myoren H, Denda S, Ota K, et al. Readout circuit based on single-flux-quantum logic circuit for photon-number-resolving SNSPD array[J]. IEEE Transactions on Applied Superconductivity,

2018,28(4)：1-4.

[89] Gibson S J,van Kasteren B,Tekcan B,et al. Tapered InP nanowire arrays for efficient broadband high-speed single-photon detection[J]. Nat Nanotechnol,2019,14(5)：473-479.

[90] Zhu D,Colangelo M,Chen C,et al. Resolving photon numbers using a superconducting nanowire with impedance-matching taper[J]. Nano Lett,2020,20(5)：3858-3863.

[91] Yang Z,Albrow-Owen T,Cui H,et al. Single-nanowire spectrometers [J]. Science,2019,365 (6457)：1017-1020.

[92] Hartmann W,Varytis P,Gehring H,et al. Broadband spectrometer with single-photon sensitivity exploiting tailored disorder[J]. Nano Lett,2020,20(4)：2625-2631.

[93] Day P K,LeDuc H G,Mazin B A,et al. A broadband superconducting detector suitable for use in large arrays[J]. Nature,2003,1425(6960)：817-821.

[94] Doyle S,Mauskopf P,Naylon J,et al. Lumped element kinetic inductance detectors[J]. Journal of Low Temperature Physics,2008,151(2)：530-536.

[95] Guo W,Liu X,Wang Y,et al. Counting near infrared photons with microwave kinetic inductance detectors[J]. Applied Physics Letters,2017,110(21)：1-5.

[96] Vissers M R,Austermann J E,Malnou M,et al. Ultrastable millimeter-wave kinetic inductance detectors[J]. Applied Physics Letters,2020,116(3)：111-115.

[97] Yates S J C,Davis K K,Jellema W,et al. Complex beam mapping and fourier optics analysis of a wide-field microwave kinetic inductance detector camera [J]. Journal of Low Temperature Physics,2020,199(1-2)：156-163.

[98] Takekoshi T,Karatsu K,Suzuki J,et al. DESHIMA on ASTE：on-sky responsivity calibration of the integrated superconducting spectrometer[J]. Journal of Low Temperature Physics,2020,199 (1)：231-239.

[99] Rogalski A. History of infrared detectors[J]. Opto-Electronics Review,2012,20(3)：279-308.

[100] Whatmore R W. Pyroelectric devices and materials[J]. Reports on Progress in Physics,1986, 49(12)：1335.

[101] 孙杰西.钽酸锂单晶多元热释电红外器件制备与集成研究[D].成都：电子科技大学,2018.

[102] 苏玉玉.钒氧化物热敏电阻薄膜的制备与性能研究[D].北京：北京理工大学,2016.

[103] 杨建荣.碲镉汞材料物理与技术[M].北京：国防工业出版社,2012.

[104] 苏君红.红外材料与探测技术[M].杭州：浙江科学技术出版社,2015.

[105] 孙承纬,陆启生,等.激光辐照效应[M].北京：国防工业出版社,2001.

[106] Rogalski A. 红外探测器[M].周海宪,译.北京：机械工业出版社,2014.

[107] Elliott C T. An Infrared detectors with integrated signal processing [C]. Electron Devices Meeting,1982,28：175-201.

[108] 覃钢,吉凤强,夏丽昆,等.碲镉汞高工作温度红外探测器[J].红外与激光工程,2021,50(4)：1-11.

[109] 覃钢,夏菲,周笑峰,等.基于 nBn 势垒阻挡结构的碲镉汞高温器件[J].红外技术,2018,40(9)：853-862.

[110] 张坤杰.高工作温度红外探测器的研究进展及趋势[J].红外技术,2021,43(8)：766-772.

[111] Emelie P Y. Modeling and design considerations of HgCdTe infrared photodiodes under nonequilibrium operation[J]. Journal of Electronic Materials,2007,36(8)：846-851.

[112] Itsuno A M. Design and modeling of HgCdTe nBn detectors [J]. Journal of Electronic Materials,2011,40(8)：1624-1629.

[113] 周国清,周祥.面阵激光雷达成像原理、技术及应用[M].武汉:武汉大学出版社,2018.

[114] 孙佳楠.相干光时域反射仪系统的设计与实现[D].南京:南京大学,2016.

[115] 李丹丹.基于 Φ-OTDR 的分布式光纤传感系统多点定位方法与实现研究[D].北京:北京交通大学,2021.

[116] 裴雪超.提高 OFDR 性能的关键技术研究[D].成都:电子科技大学,2020.

[117] 赵梦梦.基于光频域反射技术的分布式光纤传感器研究[D].合肥:安徽大学,2020.

[118] 程亚洲.ROFDR 光纤温度传感器[D].成都:电子科技大学,2018.

[119] 袁新宇.分布式光纤传感系统平台开发[D].南京:南京大学,2021.

[120] Farahani M A,Gogolla T. Spontaneous Raman scattering in optical fibers with modulated probe light for distributed temperature Raman remote sensing[J]. Journal of Lightwave Technology, 1999,17(8): 1379-1391.

[121] 马志刚.布里渊光时域反射计的光信号分析和检测[D].杭州:浙江大学,2006.

[122] Ilic B,Craighead H G,Krylov S,et al. Attogram detection using anoelectromechanical oscillators [J]. Journal of Applied Physics,2004,95: 3694-3703.

[123] Sato M,Hubbard B E,Sievers A J,et al. Optical manipulation of intrinsic localized vibrational energy in cantilever arrays[J]. Europhysics Letters,2004,66: 318-323.

[124] Ilic B,Yang Y,Craighead H G. Virus detection using nanoelectromechanical devices[J]. Applied Physics Letters,2004,85: 2604-2606.

[125] Bhattacharya M,Hong S,Lee D,et al. Carbon nanotube based sensors for the detection of viruses[J]. Sensors and Actuators B: Chemical,2011,155(1): 67-74.

[126] Luis-Garcí R,Alberola-Ló C,Aghzout O,et al. Biometric identification systems [J]. Signal Processing,2003,83(12): 2539-2557.

[127] 陈景良.古代的指纹鉴定与侦查破案[J].人民论坛,2022(1): 126-128.

[128] Hossam H,Hyung-Won K. CMOS capacitive fingerprint sensor based on differential sensing circuit with noise cancellation[J]. Sensors,2018,18(7): 2200.

[129] Nama J M,Jung S M,Lee M K. Design and implementation of a capacitive fingerprint sensor circuit in CMOS technology[J]. Sensors and Actuators A,2007,135(1): 283-291.